受験研究社

はじめに

参考書の決定版！『自由自在』シリーズ

当社の『小学用 **自由自在**』シリーズは，1953(昭和28)年の『小学高学年 **算数自由自在**』の刊行以来，その内容のくわしさとわかりやすさで，多くの小学生に愛され続け，ロングセラーになっているスーパー参考書です。

本シリーズは，小学生の学力を**最高レベルにまで引き上げる**ことを目的として，“**使いやすく，くわしく，わかりやすく，確実に学力がつく**”ように，内容のまとめ方や問題の選び方などをいろいろと工夫して編集してあります。

基礎を固め，応用力をのばすのに最適！

この本は，小学1・2年で学習する算数のすべての内容を系統立ててまとめてあるので，学習効率が非常によく，まとめ方もとてもわかりやすく，しかもくわしいので，**基礎を固め，応用力をのばすのに最適**の参考書です。

また，学習効果をよりいっそう高めるために，関連のある3年の学習内容も一部取り上げているので，この本を活用すると“小学低学年**算数の総復習**”ができるようにもなっています。

家庭で学習指導ができる「指導のポイント」と「答えとアドバイス」付き！

指導される方が学習指導の要点をつかむことができるように，学習のねらいや学習のポイントを簡潔にまとめた「指導のポイント」をのせてあります。

さらに，学習指導上必要なことがらをわかりやすく説明した『答えとアドバイス』が別冊として付いているので，ご家庭でも**教え方のコツをマスターして指導できる**ようにしてあります。

真の学力向上を願って！

このように，小学1・2年生の**真の学力向上**のためにいろいろと工夫してあるこの本を十二分に活用して，1・2年生の学力が最高に花開くことを心から願っています。

小学教育研究会

この本の特長と使い方

7大特長

1 学習効率のよい配列

算数の学習では，関連内容はまとめて学習することで理解が深まります。**「自由自在」**の１番の特長は，それぞれの学習内容を内容ごとに**系統立てて配列**することで，学習効果を最大まで高めていることです。

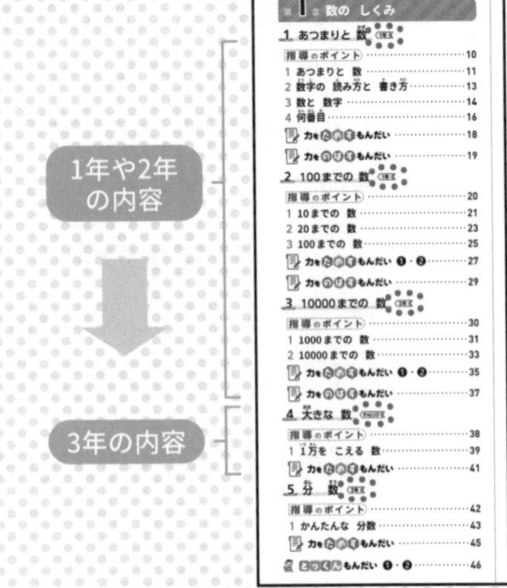

2 楽しく学習できるオールカラー構成

オールカラーなので，絵や図から問題を視覚的に理解しやすくなっています。

3 確実に学力が向上するステップ式問題

「基本問題」→「練習問題」→「発展問題」と，**問題のレベルを段階的に配列**することで無理なく確実に**学力向上**を目指せます。

4 子どもに合わせて取り組める内容

教科書内容をすべて学習できます。さらに，**発展内容**《はってん》や**3年の学習内容**》チャレンジ》も取り上げているので，状況に合わせて学習内容を調整できます。

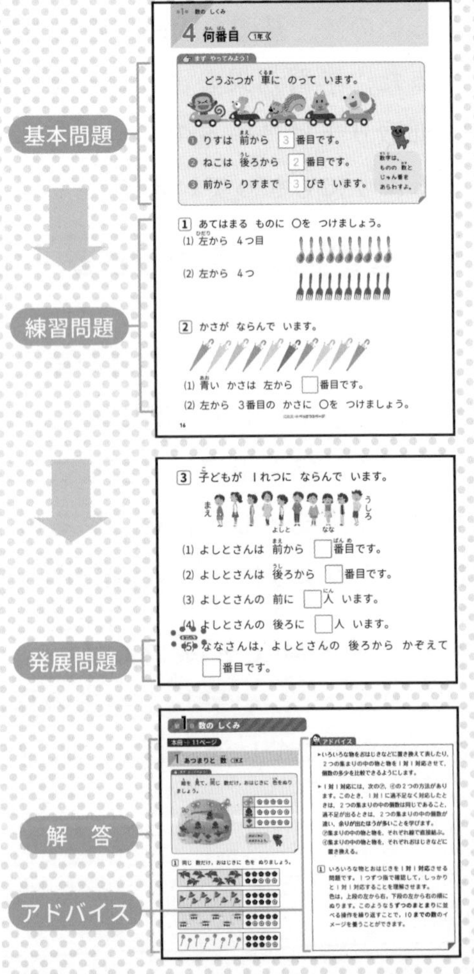

5 豊富な問題量と取り組みやすい構成

いろいろなタイプの問題を取り上げているので，理解が深まります。

6 答え合わせがしやすい別冊解答

解答は**本文と同じレイアウト**で見やすく，別冊なので確認がしやすいです。

7 指導のポイントがわかるアドバイスつき

別冊解答に，指導のポイントを**「アドバイス」**としてのせています。

しくみと使い方

基本問題 考え方や解き方を理解する

それぞれの学習項目を代表する**重要な問題**を，最初にわく囲みで取り上げています。問題の**考え方**や**解き方**を理解しましょう。

練習問題 確実に身につける

基本問題の考え方や解き方が身についたかどうかを確かめる問題です。問題の**考え方**や**解き方**を確実に身につけましょう。

力をためすもんだい 基礎学力をかためる

単元の仕上げとして，**標準レベルの問題**を中心に取り上げています。**基礎学力**をかためましょう。

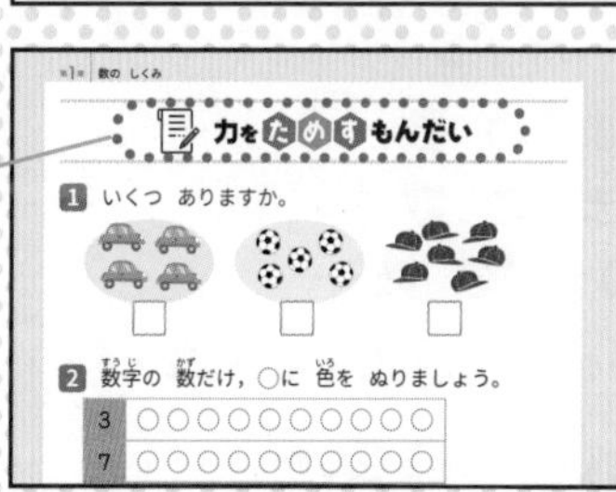

力をのばすもんだい 応用力をのばす

単元の仕上げとして，**やや程度の高い問題**を中心に取り上げています。**応用力**をのばしましょう。

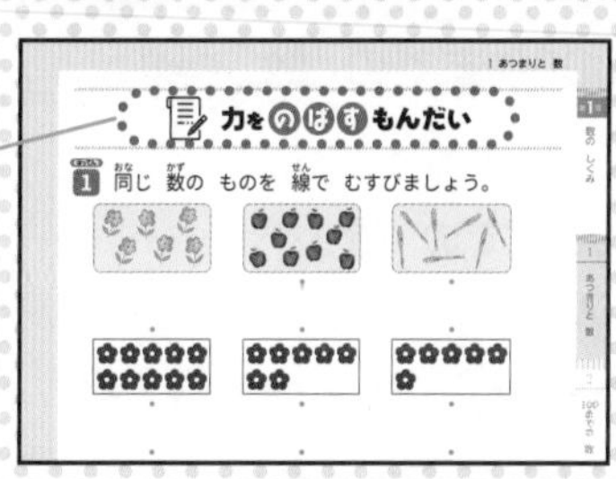

とっくんもんだい 算数マスターへ

章のまとめとして，**特にマスターしたい内容**を取り上げています。理解を深め，全問正解を目指しましょう。

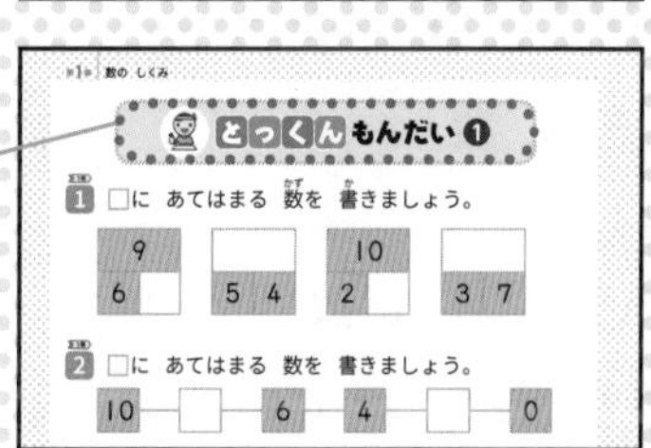

別冊解答 指導のアドバイスつき

本文と同じレイアウトで答えが見やすいです。アドバイスでは，**教え方のポイント**などを示しています。

さくいん 算数用語を調べよう

巻末に，小学校低学年で学習する**算数用語**や**重要なことがら**をのせています。わからない言葉を調べることができます。

もくじ

第1章 数の しくみ

第2章 たし算

第3章 ひき算

1 ひき算の いみ 〈1年〈〈

2 1けたの 数の ひき算 〈1年〈〈

3 2けたの 数の ひき算 〈1～2年〈〈

4 3けたの 数の ひき算 〈2年・チャレンジ〈〈

第4章 たし算と ひき算

1 図を かいて 考える 〈1～2年〈〈

もんだいを とく力を
つけよう。

数の しくみを しって，
たし算や ひき算が
できるように しようね。

第7章 せい理の しかた

1 ひょうと グラフ 〈1~2年〈〈

ひょうや グラフが
かけるように
しよう。

第8章 いろいろな 形

1 つみ木の 形 〈1年〈〈

2 三角形と 四角形 〈1~2年〈〈

3 はこの 形 〈2年〈〈

いろいろな 形に
ついて くわしく
しろうね。

楽しく 算数の
べんきょうが
できるよ。

本書に関する最新情報は，当社ホームページにある**本書の「サポート情報」**をご覧ください。
（開設していない場合もございます。）

第1章 数の しくみ

1 あつまりと 数

指導のポイント この単元では，いろいろな物をさまざまな見方で集まりに分け，その中にある個数を1対1に対応させることで，個数の相等や多少を比べることができるようにします。そして，10までの数について，数字を読んだり書いたりでき，数を用いて，物の個数や順序を正しく表すことができるようにします。

1 集まりと1対1対応 〈1年〉

2つの集まり（たとえば，りんごと皿）の中の物と物を**1対1対応**させると，個数の相等や多少を比較することができます。

（線で結ぶ）

（おはじきに置き換える）

2 数字の読み方と書き方 〈1年〉

0から10までの数字は，次のような書き方と読み方をします。

0	1	2	3	4	5	6	7	8	9	10
れい	いち	に	さん	し	ご	ろく	しち	はち	く	じゅう

ただし，4の読み方「し」は7の「しち」と発音が似ているため，混乱を避けて，4を「よん」，7を「なな」と読むことが多く，また，9は「きゅう」と読むことも多いです。

3 計量数と順序数 〈1年〉

❶「りんごが5個ある」というように，ある集まりの中の個数を表すのに用いる数を**計量数**といいます。

❷「1番，2番，……」のように，順番や位置を表すのに用いる数を**順序数**といいます。順序数では，前後，上下，左右などの位置や方向を明らかにします。また，「1番目，2番目，……，○番目」と表したときに，最後に対応した数字が，その集まり全体の個数になります。

左から4番目 → ●●●●●●●

左から4個 → ●●●●●●●

1 あつまりと 数 〈1年〈〈

まず やってみよう！

絵を 見て，同じ 数だけ，おはじきに 色をぬりましょう。

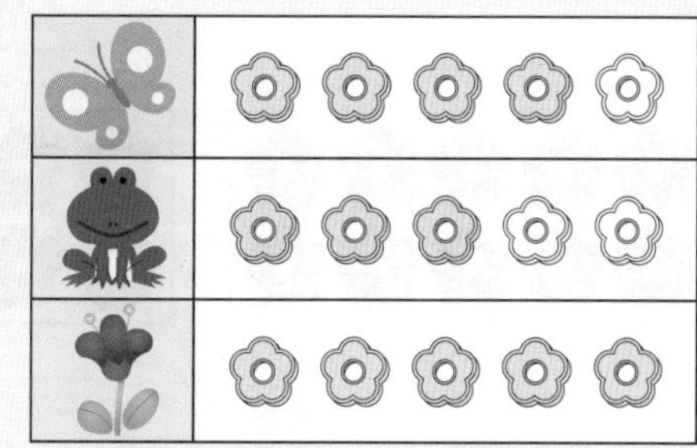

1 同じ 数だけ，おはじきに 色を ぬりましょう。

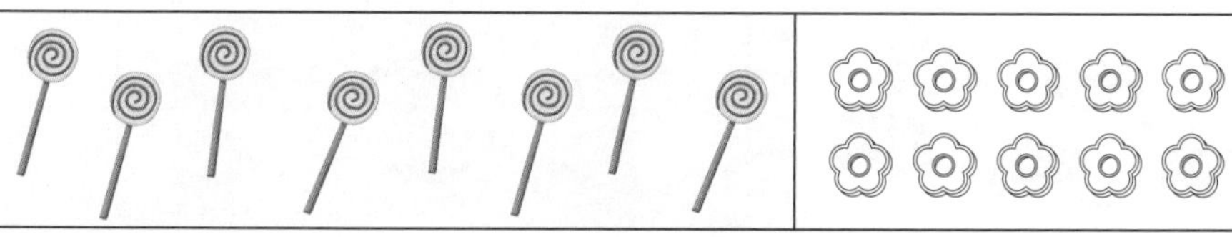

こたえ ➡ べっさつ1ページ

2 同じ(おな) 数(かず)の ものを 線(せん)で むすびましょう。

3 どちらが 多(おお)いですか。多い ほうに ○を つけましょう。

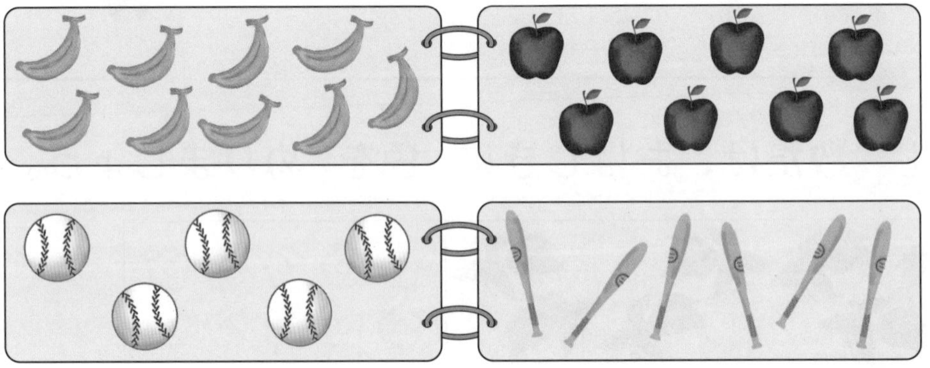

4 どちらが 少(すく)ないですか。少ない ほうに ○を つけましょう。

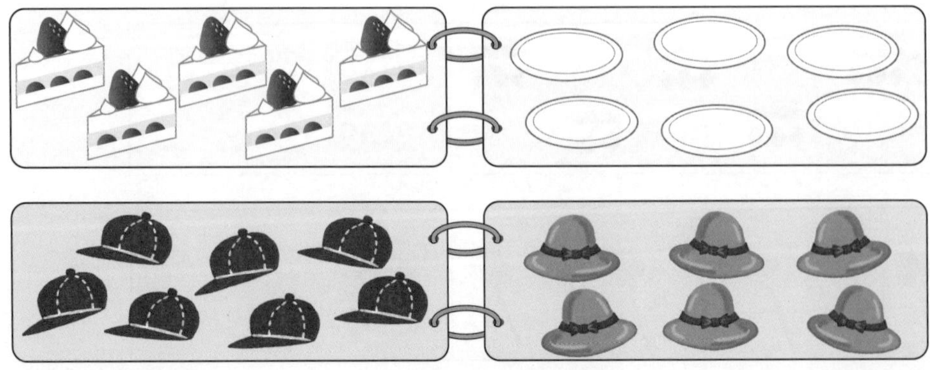

こたえ ➡ べっさつ1ページ

2 数字の 読み方と 書き方 〈1年〈〈

まず やってみよう！

0から 10までの 数字を 読んで，正しく 書きましょう。

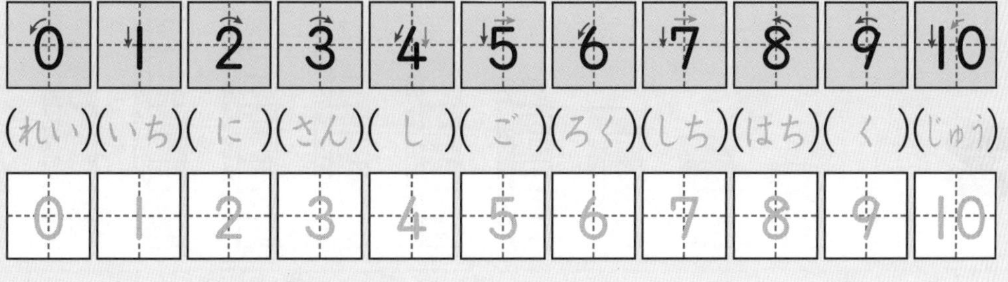

1 数字と その 読み方を 線で むすびましょう。

6　3　8　10　7　5

さん　じゅう　ご　しち　ろく　はち

2 □に あてはまる 数を 書きましょう。

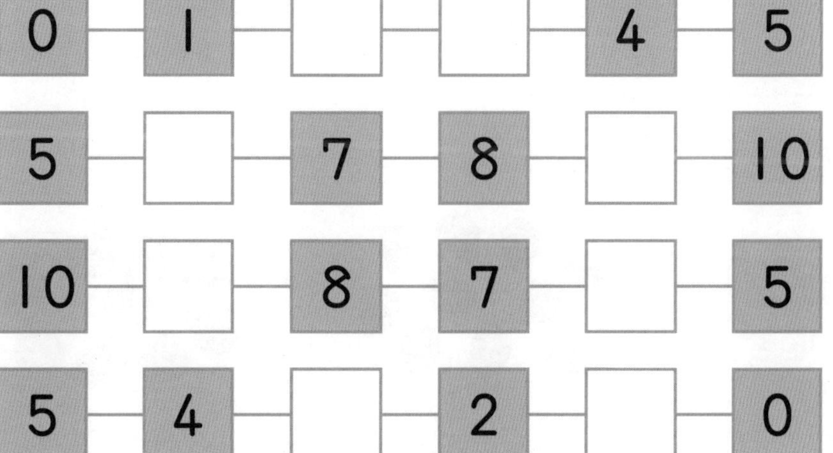

こたえ→べっさつ2ページ

3 数(かず)と 数字(すうじ) 〈1年〈〈

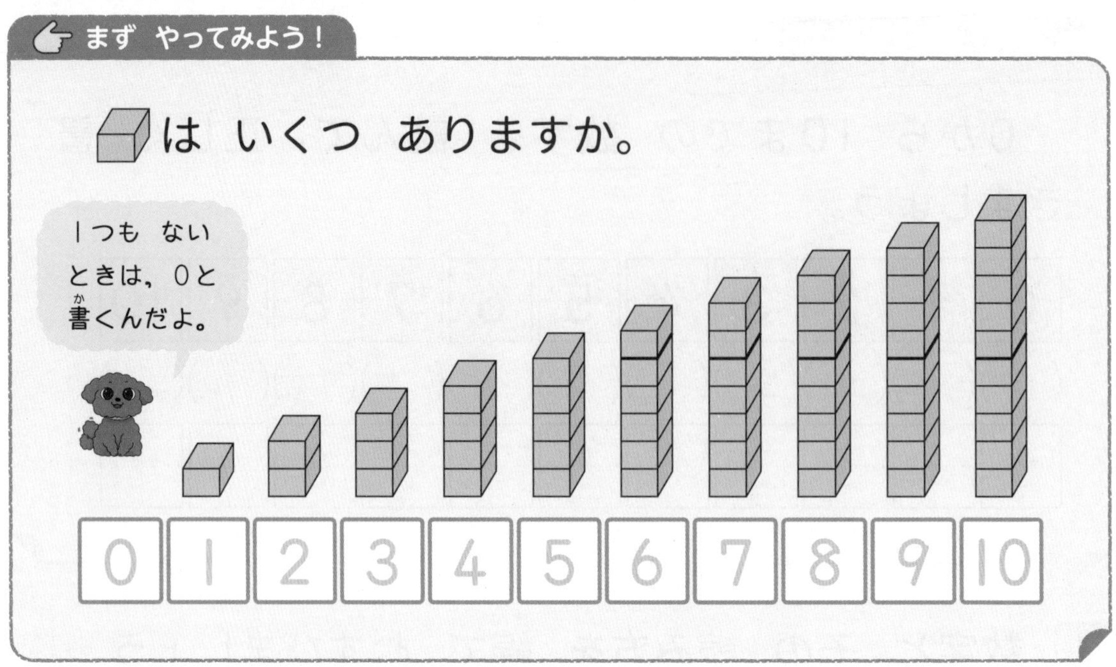

1 数字の 数だけ，◯に 色(いろ)を ぬりましょう。

8	◯◯◯◯◯◯◯◯◯◯
10	◯◯◯◯◯◯◯◯◯◯
5	◯◯◯◯◯◯◯◯◯◯
7	◯◯◯◯◯◯◯◯◯◯
9	◯◯◯◯◯◯◯◯◯◯

2 いくつ ありますか。

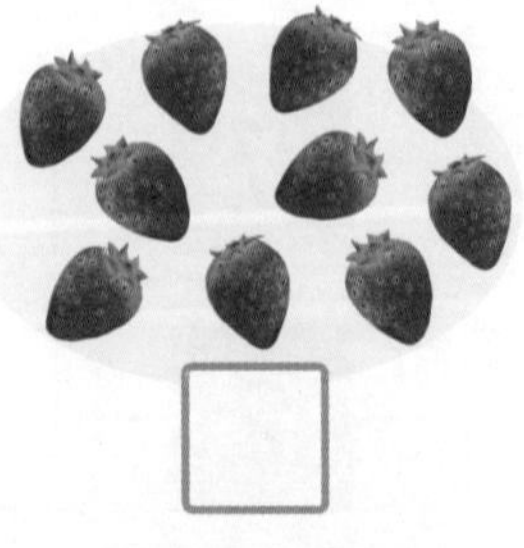

こたえ ➡ べっさつ2ページ

3 いくつですか。

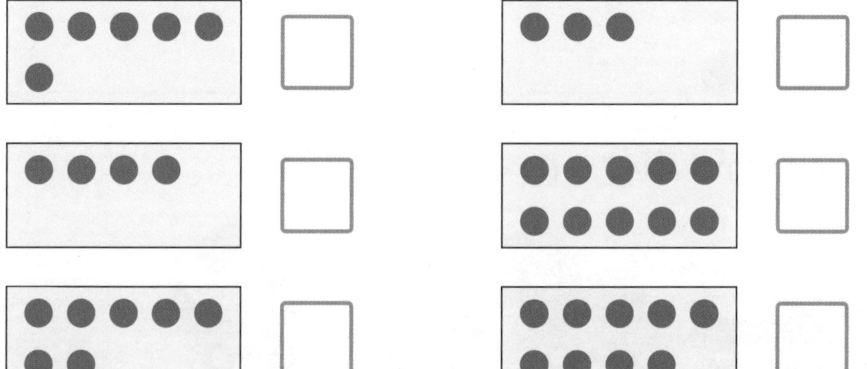

4 どちらが 大(おお)きいですか。大きい ほうに ○を つけましょう。

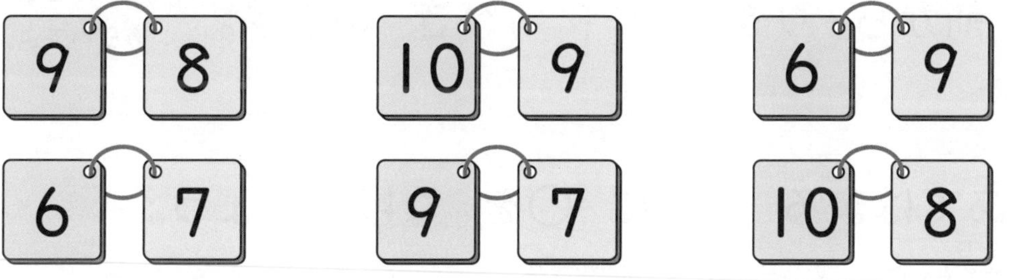

5 □に あてはまる 数字(すうじ)を 書(か)きましょう。

6の つぎは □ です。

9の 1つ 前(まえ)は □ です。

6 入(はい)って いる 玉(たま)の 数(かず)は いくつですか。

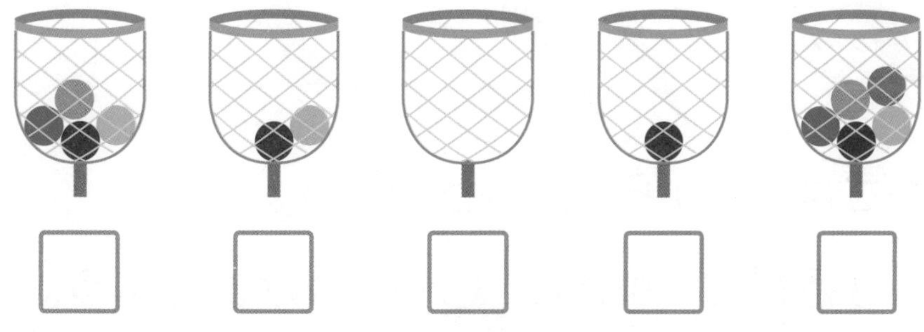

こたえ → べっさつ3ページ

4 何番目 〈1年〉

まず やってみよう！

どうぶつが 車に のって います。

❶ りすは 前から [3] 番目です。

❷ ねこは 後ろから [2] 番目です。

❸ 前から りすまで [3] びき います。

数字は、ものの 数と じゅん番を あらわすよ。

1 あてはまる ものに ○を つけましょう。

(1) 左から 4つ目

(2) 左から 4つ

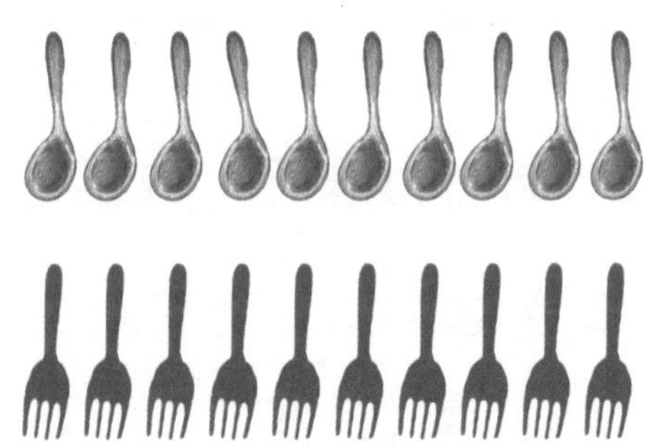

2 かさが ならんで います。

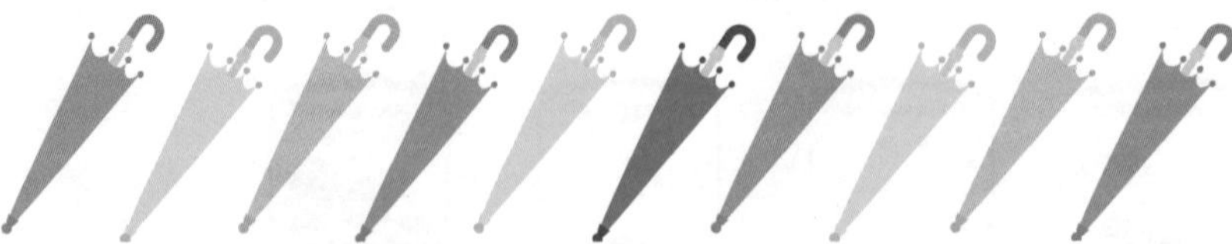

(1) 青い かさは 左から [　] 番目です。

(2) 左から 3番目の かさに ○を つけましょう。

こたえ ➝ べっさつ3ページ

3 子(こ)どもが 1れつに ならんで います。

(1) よしとさんは 前(まえ)から □番目(ばんめ)です。

(2) よしとさんは 後(うし)ろから □番目です。

(3) よしとさんの 前に □人(にん) います。

(4) よしとさんの 後ろに □人 います。

《はってん》(5) ななさんは，よしとさんの 後ろから かぞえて □番目です。

4 鳥(とり)が 木(き)に とまって います。

(1) はとは 上(うえ)から □番目です。

(2) はとは 下(した)から □番目です。

(3) つばめの 下に □羽(わ) います。

(4) からすの 上に □羽 います。

《はってん》(5) つばめは，すずめの 上から かぞえて □番目です。

《はってん》(6) にわとりは，からすの 下から かぞえて □番目です。

こたえ ➡ べっさつ4ページ

力をためすもんだい

1 いくつ ありますか。

2 数字の 数だけ，◌に 色を ぬりましょう。

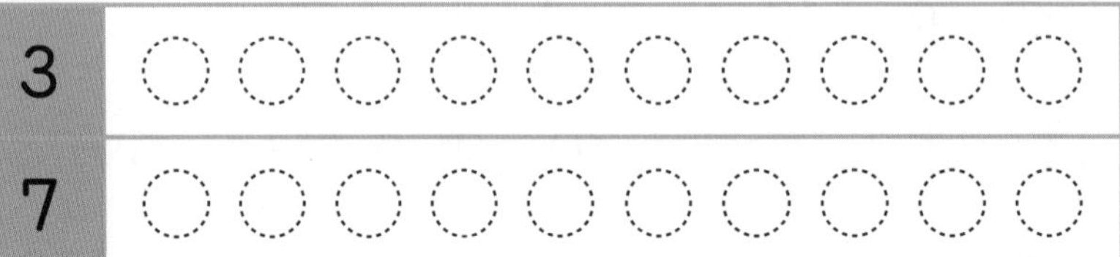

3 大きい ほうに ○を つけましょう。

4 子どもが 1れつに ならんで います。

(1) ぼうしを かぶって いる 子どもは，前から □ 番目です。

(2) ぼうしを かぶって いる 子どもの 前に □ 人 います。

こたえ ➡ べっさつ4ページ

力をのばすもんだい

《はってん》

1 同じ 数の ものを 線で むすびましょう。

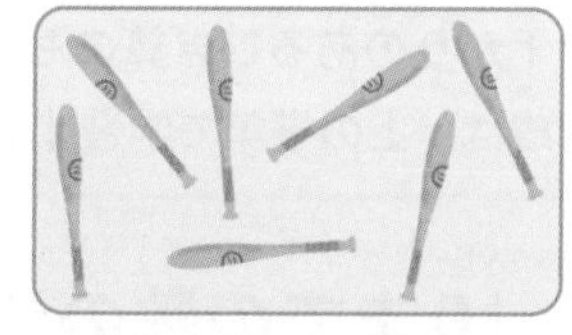

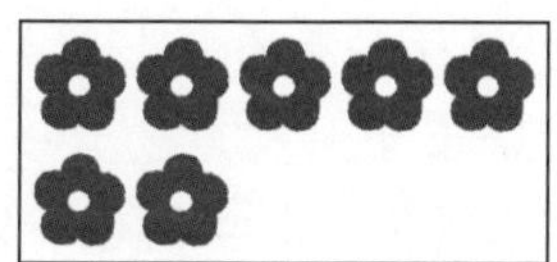

6　　7　　10

《はってん》

2 どれが いちばん 大きいですか。大きい ものに ○を つけましょう。

《はってん》

3 □に あてはまる 数を 書きましょう。

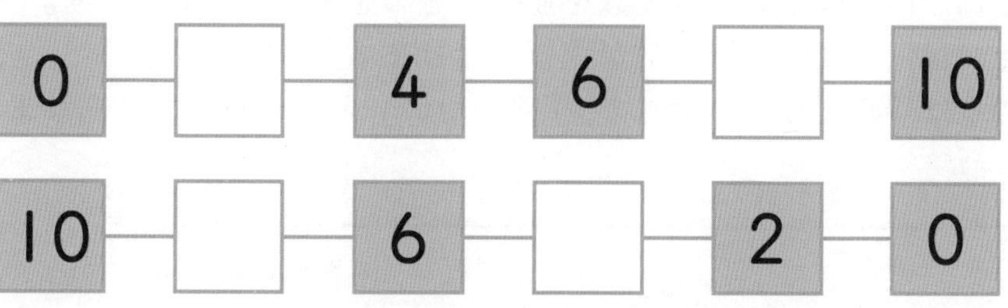

こたえ ➡ べっさつ5ページ

2　100までの 数

指導のポイント　この単元では，100までの数の構成がわかり，数のいろいろな見方ができるようにします。特に，10までの数の合成と分解は，繰り上がりのあるたし算や繰り下がりのあるひき算のもとになる内容なので，十分に時間をかけて学習します。また，数の構成は，上の学年で学習する「十進位取り記数法（じっしんくらいどりきすうほう）」に発展していく内容になっています。

1　10までの数の合成と分解　〈1年〈〈

❶ いくつかの数を合わせて１つの数にすることを**数の合成**といい，１つの数をいくつかの数に分けることを**数の分解**といいます。

❷ 数の合成・分解は，繰り上がりのあるたし算や，繰り下がりのあるひき算の考え方のもとになっています。

5＋7＝5＋(5＋2)
　　＝(5＋5)＋2
　　＝10＋2
　　＝12

12－4＝(10＋2)－4
　　＝(10－4)＋2
　　＝6＋2
　　＝8

2　100までの数の構成　〈1年〈〈

❶ 20までの数は，10をひとまとまりと見て，「10といくつ」に合成・分解できます。

12は，10と2　　18は，10と8　　20は，10と10

❷ 1が10個で10（十），10が10個で100（百）というように，10個集まれば，位が進んでいきます。
78は，10を7個と1を8個合わせた数といえます。

7	8
十の位	一の位

❸ 2けたの数の大小比較は，次の手順でします。
㋐十の位の数字で比べる。
㋑十の位の数字が同じ場合は，一の位の数字で比べる。

大　小
86＞79
59＞54

3　数直線（1・2年では，数の線といいます。）　〈1年〈〈

❶ 一直線上に，同じ間隔を開けて数を並べたものを**数直線**といいます。

❷ 数直線上では，右にいくほど数が大きくなります。

❸ 数直線の0は「始まり」の意味で，「何もない」という意味ではありません。

0　7　10　20　30　35　40　50　57　60　70　80　82　90　100
大きくなる

1 10までの 数（かず） 〈1年〈〈

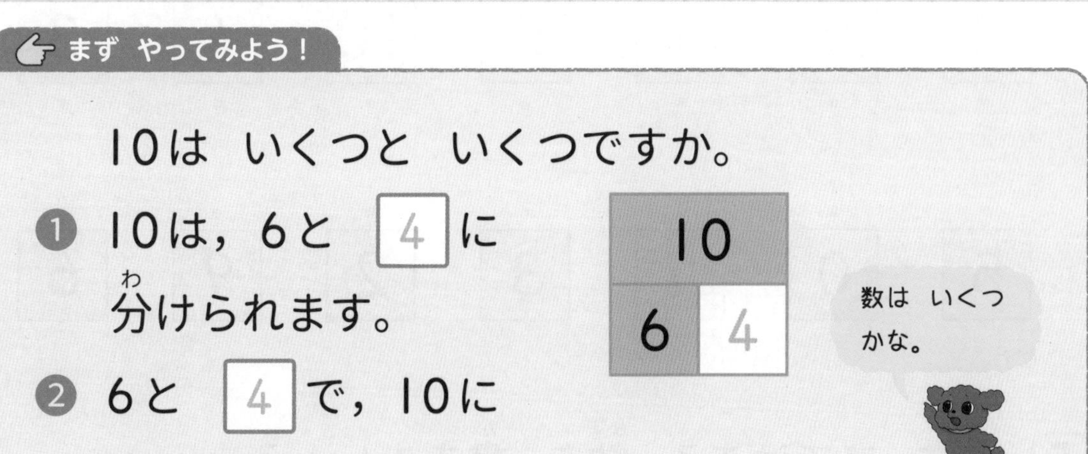

まず やってみよう！
10は いくつと いくつですか。
❶ 10は，6と 4 に
分（わ）けられます。
❷ 6と 4 で，10に
なります。
10
6 4
数は いくつ
かな。

1 いくつと いくつですか。

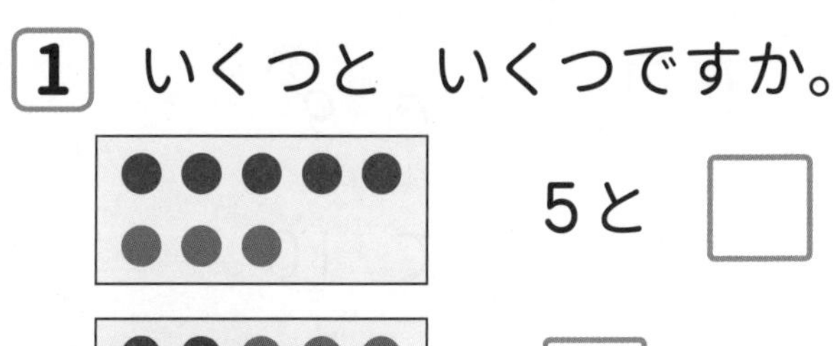

2 7に なるように，線（せん）で むすびましょう。

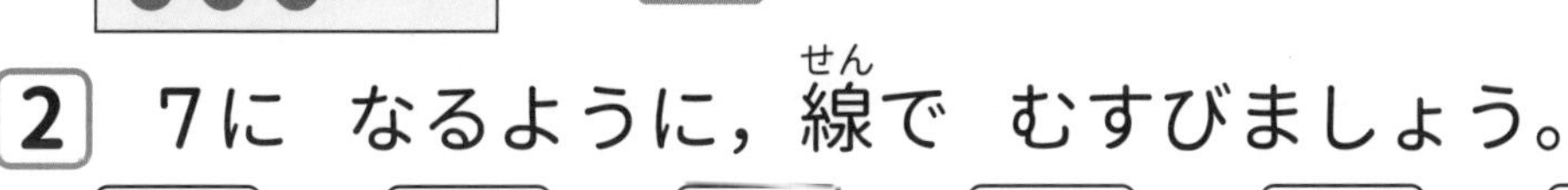

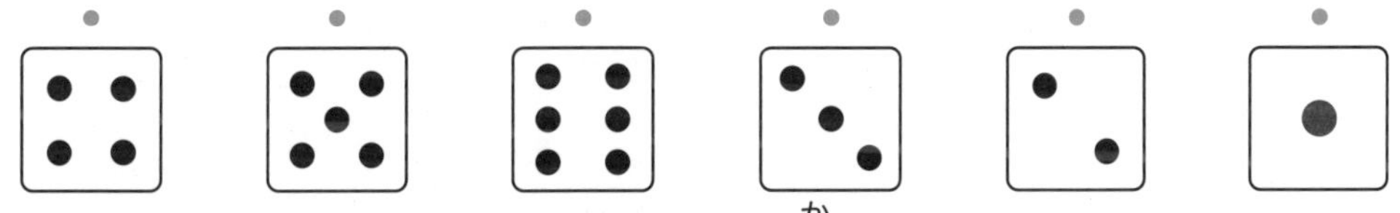

3 □に あてはまる 数を 書（か）きましょう。

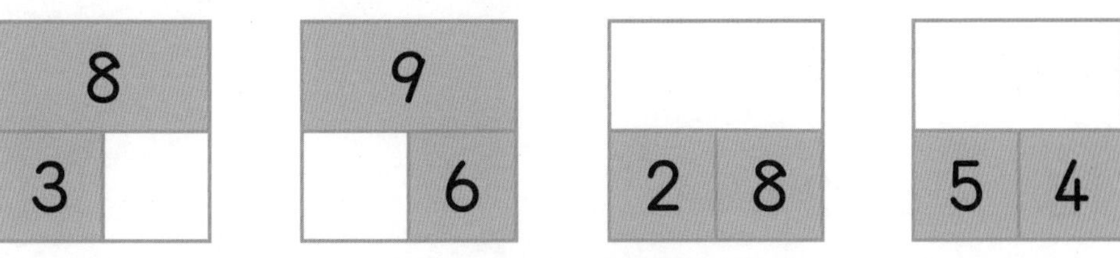

こたえ ➡ べっさつ5ページ

4 10に なるように，線(せん)で むすびましょう。

8	7	1	5	10	4	3
5	0	7	3	2	9	6

5 □に あてはまる 数(かず)を 書(か)きましょう。

5と 2で □　　7と 3で □

□と 3で 7　　□と 1で 9

6と □で 8　　2と □で 10

6 □に あてはまる 数を 書きましょう。

8は 2と □　　10は 4と □

10は □と 5　　9は □と 7

□は 1と 9　　□は 3と 4

《はってん》

7 □に あてはまる 数を 書きましょう。

3と 5と 2で，□

□は，4と 2と 1

こたえ ➡ べっさつ6ページ

2 20までの 数(かず) 〈1年〉

まず やってみよう！

おはじきの 数は いくつですか。

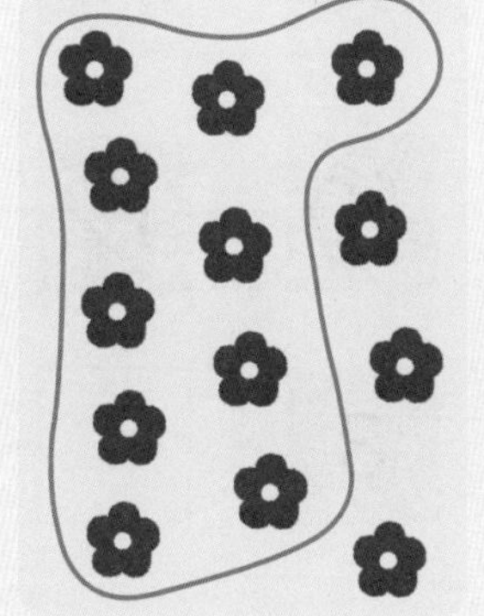

❶ 1を 10こ あつめると，

10

❷ 10と 3で 13

❸ 13は 十三 と 読(よ)みます。

1 数は いくつですか。

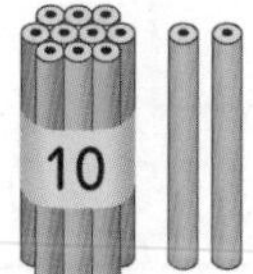

2 □に あてはまる 数を 書(か)きましょう。

10と 4で □　　10と 6で □

10と □で 15　　10と □で 17

12は 10と □　　18は 10と □

13は □と 3　　□は 10と 10

3 大(おお)きい ほうに ○を つけましょう。

10　12

こたえ→べっさつ6ページ

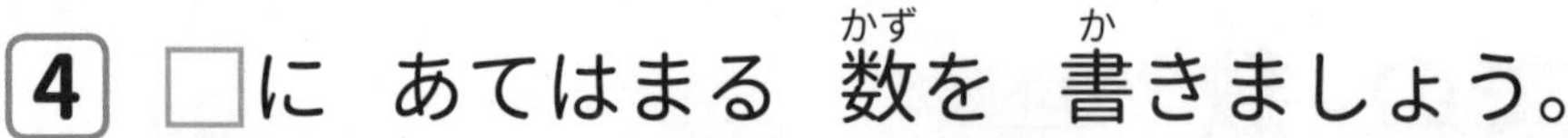

4 □に あてはまる 数を 書きましょう。

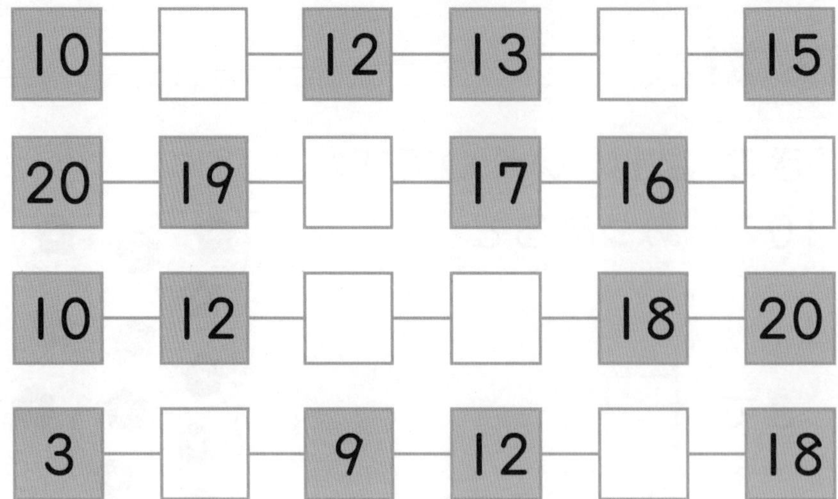

5 数の線の □は どんな 数ですか。

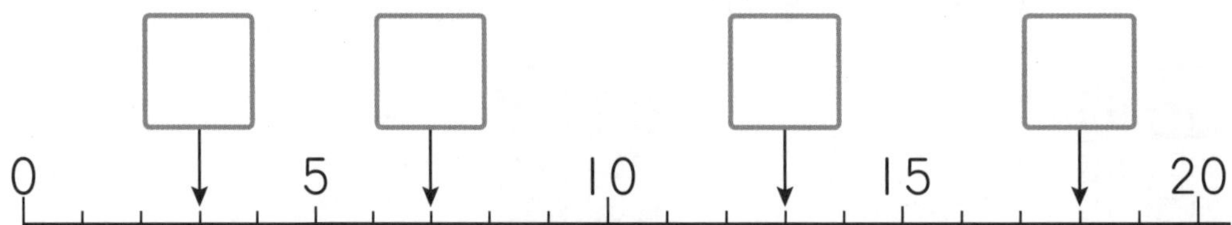

6 □に あてはまる 数を 書きましょう。

(1) 11より 3 大きい 数は □

(2) 19より 4 小さい 数は □

(3) 15より □ 大きい 数は 20

(4) 18より □ 小さい 数は 11

(5) □より 6 大きい 数は 18

(6) □より 7 小さい 数は 12

こたえ ➡ べっさつ7ページ

3 100までの 数（かず） 〈1年〈〈

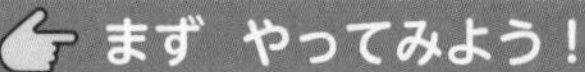

2けたの 数 37に ついて，しらべましょう。

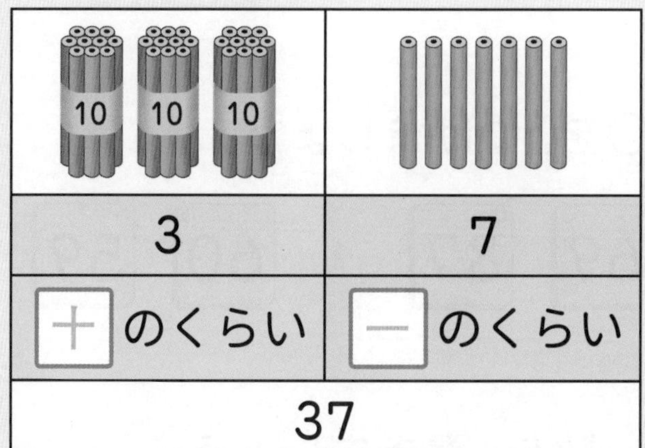

10 10 10	｜｜｜｜｜｜｜
3	7
十 のくらい	一 のくらい
37	

10を 10こ あつめた 数は 100で，百（ひゃく）と 読（よ）むんだよ。

37の 3は 十 のくらい，7は 一 のくらいの 数字（すうじ）です。

1 数は いくつですか。

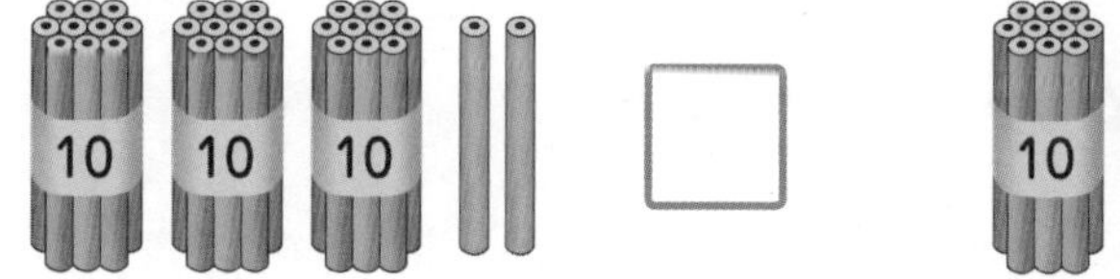

□

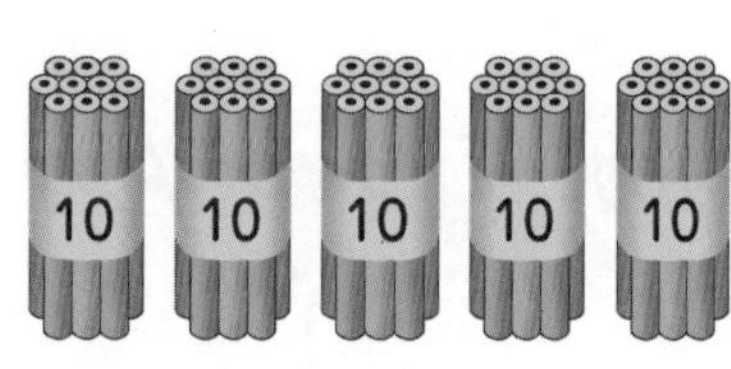

□

2 □に あてはまる 数を 書（か）きましょう。

(1) 10が 8こと 1が 9こで，□

(2) 10が 7こで，□

(3) 68は，10が □こと 1が □こ

(4) □は，10が 8こ

こたえ ➡ べっさつ7ページ

3 □に あてはまる 数を 書きましょう。

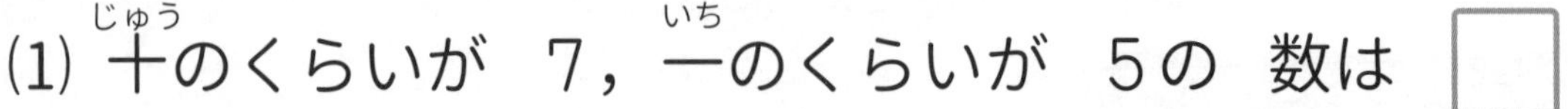

(1) 十のくらいが 7，一のくらいが 5の 数は □

(2) 52は，十のくらいが □，一のくらいが □

4 大きい ほうに ○を つけましょう。

5 □に あてはまる 数を 書きましょう。

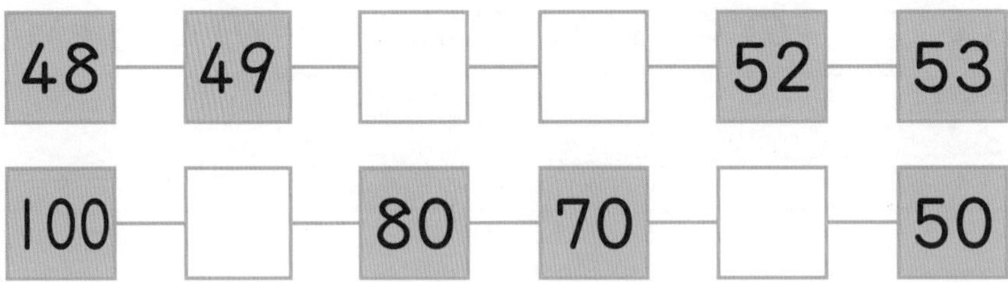

6 数の線の □は どんな 数ですか。

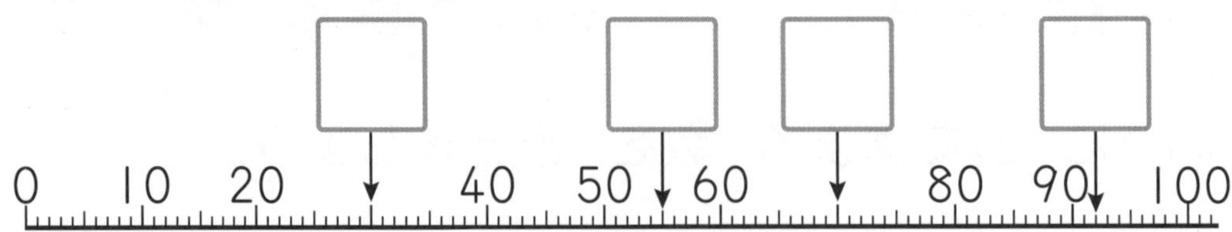

7 □に あてはまる 数を 書きましょう。

(1) 78より 5 大きい 数は □

(2) 98より 3 小さい 数は □

こたえ→べっさつ8ページ

力を ためす もんだい 1

1 9に なるように，線(せん)で むすびましょう。

3	5	8	2	9	4	7
4	7	0	6	5	1	2

2 □に あてはまる 数(かず)を 書(か)きましょう。

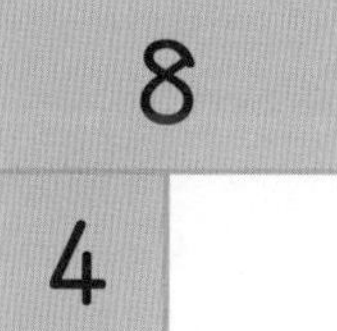

8			10	7
4 □	3 6		□ 8	5 □

3 □に あてはまる 数を 書きましょう。

4と 5で □　　　　□と 1で 7

10と 3で □　　　　10と □で 19

9は □と 6　　　　10は 5と □

17は 10と □　　　　19は □と 9

4 □に あてはまる 数を 書きましょう。

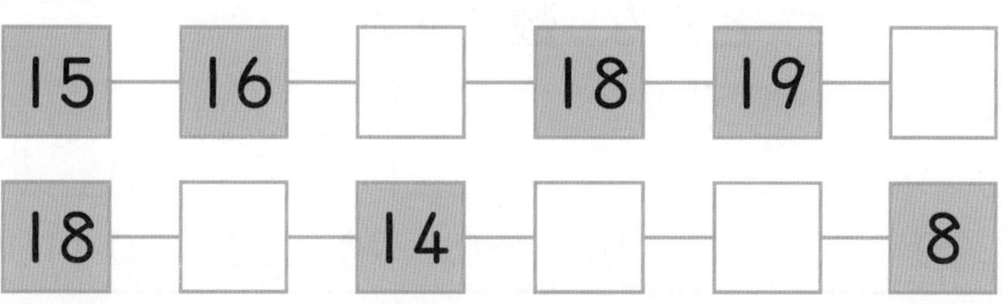

15 — 16 — □ — 18 — 19 — □

18 — □ — 14 — □ — □ — 8

こたえ→べっさつ8ページ

1 数(かず)は いくつですか。

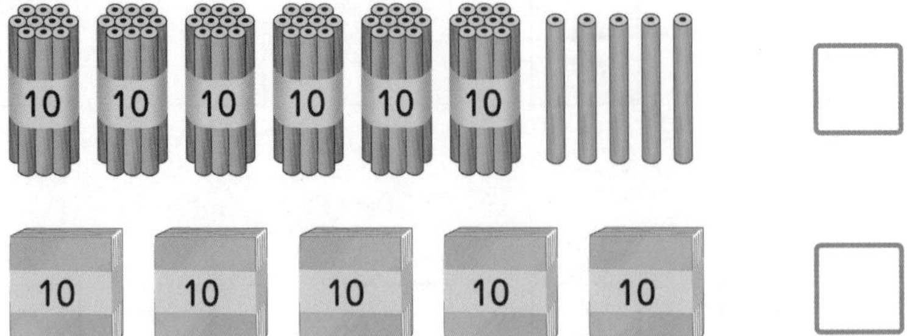

2 □に あてはまる 数を 書(か)きましょう。

(1) 10が 3こと 1が 7こで, □

(2) 76は, 10が □こと 1が □こ

3 □に あてはまる 数を 書きましょう。

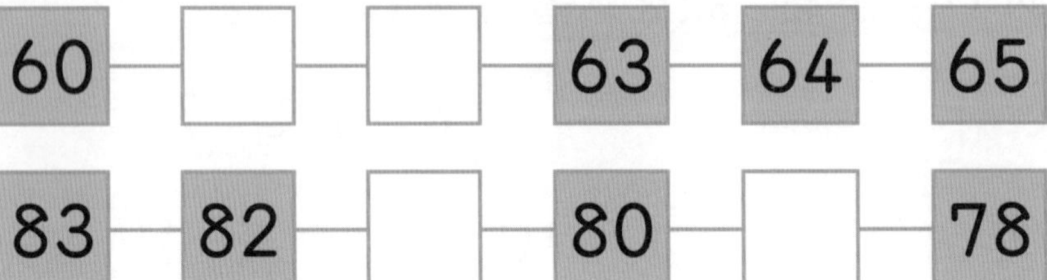

4 大(おお)きい ほうに ○を つけましょう。

5 数の線(せん)の □は どんな 数ですか。

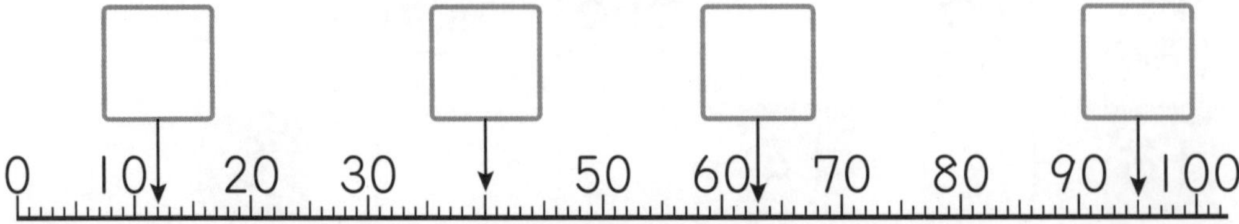

こたえ ➡ べっさつ9ページ

力をのばすもんだい

《はってん》
1 □に あてはまる 数(かず)を 書(か)きましょう。

(1) 4と 2と 3で，□

(2) 9は，5と □と 2

2 □に あてはまる 数を 書きましょう。

(1) 45の 十(じゅう)のくらいは □，一(いち)のくらいは □

(2) □は，十のくらいが 8，一のくらいが 0

3 □に あてはまる 数を 書きましょう。

(1) 35より 7 大(おお)きい 数は □

(2) 72より 6 小(ちい)さい 数は □

《はってん》
4 □に あてはまる 数を 書きましょう。

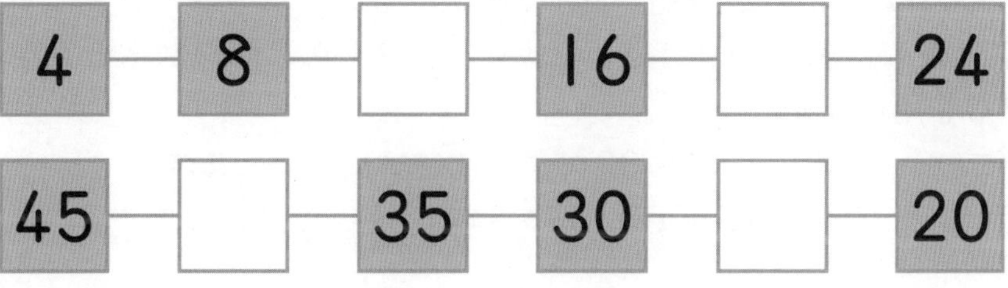

《はってん》
5 大きい じゅんに ならべましょう。

18　42　39
(　　　　　　　　)

68　75　80
(　　　　　　　　)

こたえ ➡ べっさつ9ページ

3　10000までの　数

指導のポイント　この単元では，数の範囲を1000や10000まで広げて，10000までの数の表し方のしくみ（十進位取り記数法）を理解し，十や百や千を単位とした数の見方ができるようにします。また，3けたや4けたの数の大小関係が，各位の数字の大小を比べることでわかるようにします。

1　数の構成　〈2年〈〈

❶

1が10個集まると，　　10（十）
10が10個集まると，　　100（百）
100が10個集まると，　1000（千）
1000が10個集まると，10000（一万）

というように，ある位の数が10個集まるごとに位が1つずつ上がっていく数の表し方を，**十進位取り記数法**といいます。

❷ 同じ数字でも，数字の書かれた位置によって，数の大きさが異なります。

❸ 4309は，1000を4個，100を3個，1を9個合わせた数です。
4，3，0，9の数字は，その位の数が何個集まっているかを示しています。

4	3	0	9
千の位	百の位	十の位	一の位

2　数の読み方と書き方　〈2年〈〈

❶ 数を読むときは，「一，二，三，……，九」の数字と，「十，百，千，……」の位を表す言葉を組み合わせます。
938の読み方は「九百三十八」，2057の読み方は「二千五十七」です。

❷ 数を数字で書くときは，「1，2，3，……，9」の9個の数字と，空位を表す数0を用います。
六百四十二　→　642　（600402の書き間違いに注意します。）
五千八百七　→　5807（50008007の書き間違いに注意します。）

3　数の大小比較　〈2年〈〈

❶ 数の大小を比較するには，位取り記数法にもとづいて，上の位の数字から順に比べます。

❷ ＞や＜は，数の大小を表す記号です。大きさが同じときは，＝を使います。

645＞598
759＜765
485＞483
576＝576

1 1000までの 数(かず) 〈2年〈〈

まず やってみよう！

1000までの 数に ついて，しらべましょう。

❶ 367は，100を [3] こ，10を [6] こ，1を [7] こ あわせた 数で，[三百六十七] と 読(よ)みます。

3	6	7
百のくらい	十のくらい	一のくらい

❷ 100を 10こ あつめた 数を [1000] と 書(か)き，[千] と 読みます。

999の つぎが 1000(千(せん))だよ。

1 数は いくつですか。

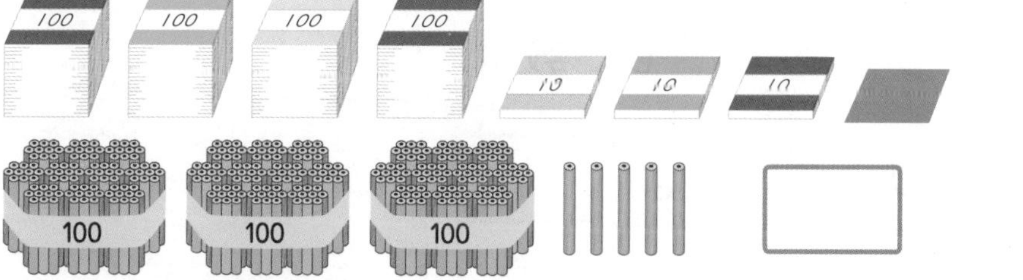

2 数を 読みましょう。

683 (　　　)　215 (　　　)　908 (　　　)

3 数字(すうじ)で 書きましょう。

百六十八 (　　　)　三百五十 (　　　)　四百七 (　　　)　八百 (　　　)

こたえ ➡ べっさつ10ページ

4 □に あてはまる 数(かず)を 書(か)きましょう。

(1) 100を 5こ，10を 6こ，1を 3こ あわせた 数は □

(2) 10を 76こ あつめた 数は □

(3) 430は，100を □こ，10を □こ あわせた 数

(4) 580は，10を □こ あつめた 数

(5) 一(いち)のくらいが 5，十(じゅう)のくらいが 7，百(ひゃく)のくらいが 4の 数は □

5 □に あてはまる 数を 書きましょう。

(1) 600より 100 大(おお)きい 数は □

(2) 1000より 1 小(ちい)さい 数は □

(3) 850の つぎの 数は □

6 数の線(せん)の □は どんな 数ですか。

□ □ □ □

0 100 200 300 400 500 700 800 900 1000

7 □に あてはまる >，<を 書きましょう。

682 □ 593　　467 □ 471　　856 □ 852

こたえ ➡ べっさつ10ページ

2 10000までの 数 〈2年〈〈

まず やってみよう！

10000までの 数に ついて，しらべましょう。

❶ 3205は，1000を [3] こ，100を [2] こ，1を [5] こ あわせた 数で，[三千二百五] と 読みます。

3	2	0	5
[千]のくらい	[百]のくらい	[十]のくらい	[一]のくらい

❷ 1000を 10こ あつめた 数を [10000] と 書き，[一万] と 読みます。

9999の つぎが
10000(一万)だよ。

1 数は いくつですか。

1000 1000 1000 100 100 10 10 10

[　　　]

2 数を 読みましょう。

4985 (　　　　) 9120 (　　　　) 6013 (　　　　)

3 数字で 書きましょう。

千五百六十八 (　　　) 四千九 (　　　) 八千 (　　　) 五千六十 (　　　)

こたえ → べっさつ11ページ

4 □に あてはまる 数(かず)を 書(か)きましょう。

(1) 1000を 6こ，100を 2こ，1を 4こ あわせた 数は □

(2) 5037は，1000を □こ，10を □こ，1を □こ あわせた 数

(3) 100を 56こ あつめた 数は □

(4) 千(せん)のくらいが 4，百(ひゃく)のくらいが 9，十(じゅう)のくらいが 0，一(いち)のくらいが 1の 数は □

5 □に あてはまる 数を 書きましょう。

(1) 6000より 1000 大(おお)きい 数は □

(2) 10000より 1 小(ちい)さい 数は □

(3) 8000の つぎの 数は □

6 数の線(せん)の □は どんな 数ですか。

□ □ □ □

0 1000 ↓ 3000 4000↓5000 6000↓7000 8000 ↓ 10000

7 □に あてはまる >，<を 書きましょう。

7998 □ 9001　　6427 □ 6423

こたえ ➡ べっさつ11ページ

1 数(かず)は いくつですか。

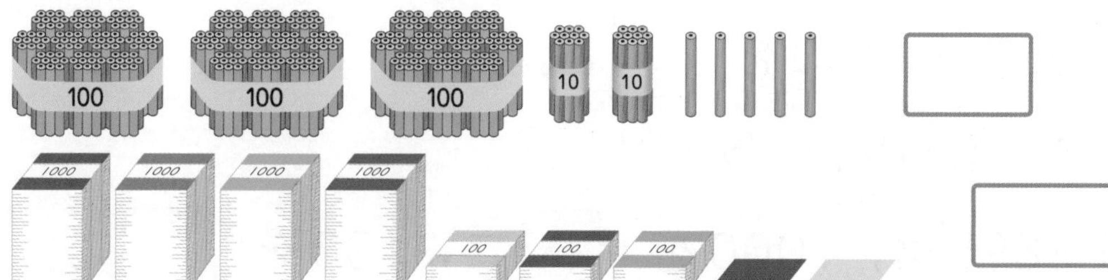

2 数を 読(よ)みましょう。

576 ( ) 302 ( ) 4092 ( )

3 数字(すうじ)で 書(か)きましょう。

三百六十 ( ) 五百二十八 ( ) 六千九 ( ) 九千五百 ( )

4 □に あてはまる 数や 読み方(かた)を 書きましょう。

(1) 678は，百(ひゃく)のくらいが □，十(じゅう)のくらいが □，一(いち)のくらいが □で，□と 読みます。

(2) 7601は，千(せん)のくらいが □，百のくらいが □，十のくらいが □，一のくらいが □で，□と 読みます。

こたえ→べっさつ12ページ

力をためすもんだい ❷

1 □に あてはまる 数(かず)を 書(か)きましょう。

(1) 867は，100を □ こ，10を □ こ，1を □ こ あわせた 数

(2) 4895は，1000を □ こ，100を □ こ，10を □ こ，1を □ こ あわせた 数

(3) 670は，10を □ こ あつめた 数

(4) 4800は，100を □ こ あつめた 数

2 数の線(せん)の □は どんな 数ですか。

300 □ □ □ 400 □

3 □に あてはまる 数を 書きましょう。

2000 ― 2400 ― □ ― □ ― 3600

□ ― 8200 ― 8000 ― □ ― 7600

4 □に あてはまる >，<を 書きましょう。

587 □ 591　887 □ 886　1000 □ 999

7531 □ 7529　4946 □ 5001　6000 □ 5972

こたえ ➡ べっさつ12ページ

力をのばすもんだい

1 □に あてはまる 数(かず)を 書(か)きましょう。

(1) 6000より 1 大(おお)きい 数は □

(2) 400より 50 大きい 数は □

(3) 7000より 1 小(ちい)さい 数は □

(4) 10000より 10 小さい 数は □

《はってん》
2 大きい ほうに ○を つけましょう。

《はってん》
3 大きい じゅんに ならべましょう。

897　1005　923　3498　3821　4000

(　　　　　　　　)(　　　　　　　　)

《はってん》
4 3，0，5，2の 数字(すうじ)を 1回(かい) つかって，3052のような 4けたの 数を つくりましょう。

(1) いちばん 大きい 数は □

(2) いちばん 小さい 数は □

(3) 5000に いちばん 近(ちか)い 数は □

こたえ→べっさつ13ページ

4 大きな 数

指導のポイント この単元では，一万までの数のしくみ（十進位取り記数法）をもとにして，数の範囲を千万の位まで広げ，さらに，一億について，その表し方や構成を知り，数についての理解を深めます。この内容は3年で学習するものですが，一万までの数の表し方の発展したものとして理解できるようにします。

1 大きな数のしくみ 〈チャレンジ〈〈

❶ 大きな数は，次のようなしくみになっています。

千が10個で，一万　1 0000（1万とも書きます。）
一万が10個で，十万　10 0000（10万とも書きます。）
十万が10個で，百万　100 0000（100万とも書きます。）
百万が10個で，千万　1000 0000（1000万とも書きます。）
千万が10個で，一億 10000 0000（1億とも書きます。）

❷ 千の位より大きな数は，4けた区切りごとに，「一，十，百，千」の繰り返しになっています。

千	百	十	一	千	百	十	一
			万				

一の位，十の位，百の位，千の位，一万の位，十万の位，百万の位，千万の位，…と続きます。

2 等号と不等号 〈チャレンジ〈〈

❶ ＝の記号を等号といいます。等号は，左側と右側の大きさが同じであることを表す記号です。

4000＋1000＝5000　　57000＝60000－3000

❷ >，<の記号を不等号といいます。不等号は，2つの数の大小関係を表す記号で，開いている側にあるほうが大きい数です。

6500 > 6300　　49000 < 50000

3 数直線 〈チャレンジ〈〈

数直線では，1目盛りの取り方によって，同じ数でも位置が変わります。

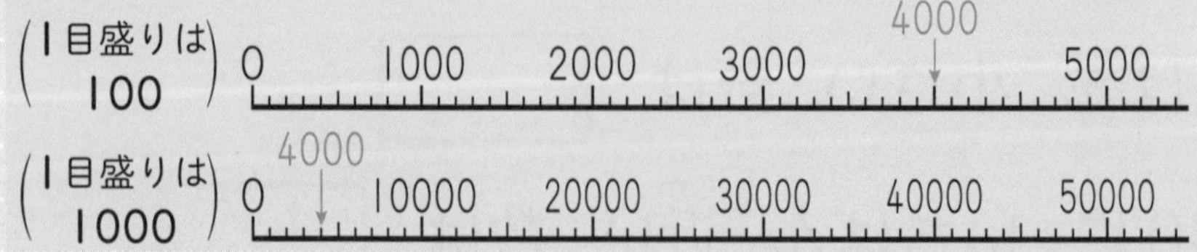

1 1万を こえる 数 〈チャレンジ〈〈

まず やってみよう！

64380251 の 数に ついて，しらべましょう。

6	4	3	8	0	2	5	1
千万のくらい	百万のくらい	十万のくらい	一万のくらい	千のくらい	百のくらい	十のくらい	一のくらい

❶ くらい の 数字は，その くらい の 数が 何こ あるかを あらわして います。

❷ 64380251は，六千四百三十八万二百五十一 と 読みます。

1 数を 読みましょう。

24078301 （　　　　　　　　）　6015700 （　　　　　　　　）

2 数字で 書きましょう。

五百七十万三千四百九十 （　　　　　）　四千六万九千八十七 （　　　　　）

十八万三千二十一 （　　　　　）　六千二十万五百十 （　　　　　）

こたえ→べっさつ13ページ

3 □に あてはまる 数や 読み方を 書きましょう。

(1) 6750000は，100万を □ こ，10万を □ こ，1万を □ こ あわせた 数で，□ と 読みます。

(2) 100万を 75こ あつめた 数は，□ です。

(3) 1億は，1000万を □ こ あつめた 数です。

4 32084071の 数に ついて，しらべましょう。

(1) 3は □ のくらい，7は □ のくらいの 数字です。

(2) 百万のくらいの 数字は □，一万のくらいの 数字は □，百のくらいの 数字は □ です。

5 数直線(数の線)の □は 何万ですか。

□ □ □ □

20万　25万　30万

6 □に あてはまる 不等号を 書きましょう。

687254 □ 59986　　4637852 □ 4795364

800000 □ 4000000　　10000000 □ 1000000

こたえ ➡ べっさつ14ページ

力をためすもんだい

1 数(かず)を 読(よ)みましょう。

3042809　　72005006

(　　　) (　　　)

2 数字(すうじ)で 書(か)きましょう。

八千十万六百　　六百八十三万四千　　四千万六十

(　　　) (　　　) (　　　)

3 50920841の 数に ついて，しらべましょう。

(1) 5は □ のくらい，8は □ のくらいの 数字です。

(2) 十万(じゅうまん)のくらいの 数字は □ です。

(3) この 数は，□ と 読みます。

4 □に あてはまる 数を 書きましょう。

468000は，10万を □ こ，1万を □ こ，1000を □ こ あわせた 数です。

5 □に あてはまる 数を 書きましょう。

(1) 8000万より 1000万 小(ちい)さい 数は □

(2) 1000万より 100万 大(おお)きい 数は □

こたえ→べっさつ14ページ

5 分　数

指導のポイント　この単元では，等分してできる部分の大きさを表す分数について学習します。分数については，3年から本格的に学習していきますが，その基礎学習として，身の回りのものを等分割した大きさをつくり，その大きさを表すのに分数を使うことを理解させます。そして，$\frac{1}{2}$や$\frac{1}{4}$などの簡単な分数の意味や読み方，書き方を学習します。

1 分　数　〈2年〈〈

❶ $\frac{1}{2}$，$\frac{1}{3}$，$\frac{2}{3}$，$\frac{1}{4}$のような数を**分数**といいます。

❷ 分数には，**分割**を表す分数，**量**を表す分数，**商**を表す分数，**割合**を表す分数などがあります。

❸ 分数では，線の下の数を**分母**といい，線の上の数を**分子**といいます。分母は1を等分した数を表し，分子は等分した1つ分を集めた数を表します。

❹ 分数を書くときは，右のように，①→②→③の順に書いていきます。

③ 1 ……分子
① ―
② 2 ……分母

2 簡単な分数　〈2年〈〈

❶ 半分にした大きさを「**二分の一**」といい，$\frac{1}{2}$と書きます。半分の半分にした大きさを「**四分の一**」といい，$\frac{1}{4}$と書きます。

❷ $\frac{1}{2}$と$\frac{1}{4}$の大きさを図で表すと，次のようになります。

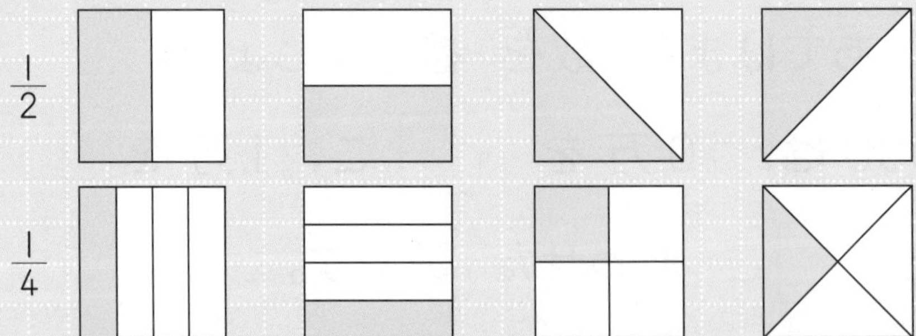

❸ 同じ大きさに3つに分けた1つ分を，もとの大きさの「**三分の一**」といい，$\frac{1}{3}$と書きます。また，2つ分をもとの大きさの「**三分の二**」といい，$\frac{2}{3}$と書きます。

1 かんたんな 分数(ぶんすう) 2年

まず やってみよう!

□に あてはまる ことばを 書(か)きましょう。

❶ 同(おな)じ 大(おお)きさに 2つに 分(わ)けた 1つ分を，もとの 大きさの 二分の一 と いい，$\frac{1}{2}$と 書きます。

❷ 同じ 大きさに 4つに 分けた 1つ分を，もとの 大きさの 四分の一 といい，$\frac{1}{4}$と 書きます。

❸ $\frac{1}{2}$や $\frac{1}{4}$のような 数(かず)を 分数 と いいます。

1 色の ついた ところは，もとの 大きさの 何分(なんぶん)の一(いち)ですか。

( )

( )

2 アの $\frac{1}{2}$の 大きさに なって いるのは どれですか。

ア

イ

ウ

エ

( )

こたえ ⇒ べっさつ15ページ

3 つぎの 大きさに 色を ぬりましょう。

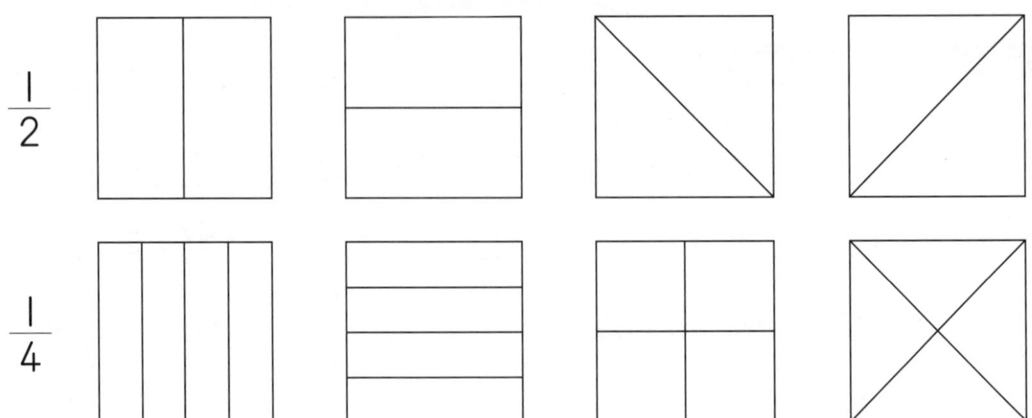

《はってん》

4 色の ついた ところは，もとの 大きさの 何分の いくつですか。

(　　　)

(　　　)

《はってん》

5 色の ついた ところは，もとの 大きさの 何分の いくつですか。

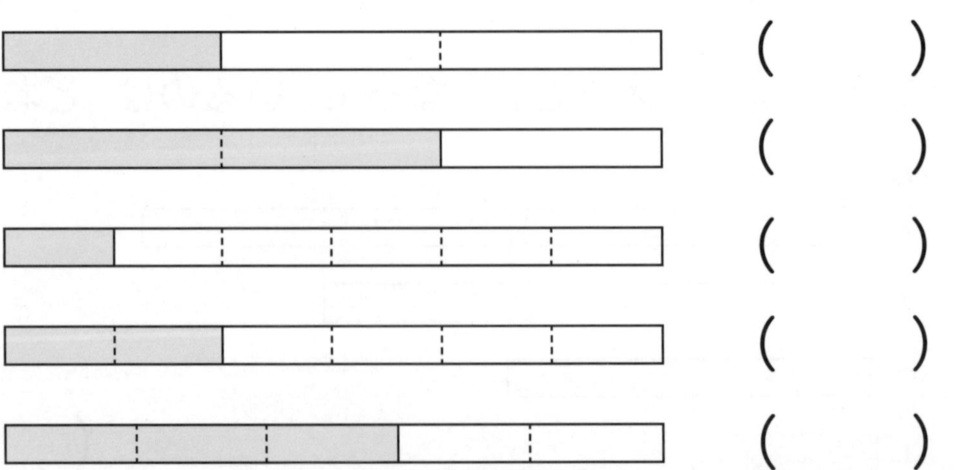

(　　　)

(　　　)

(　　　)

(　　　)

(　　　)

こたえ→べっさつ15ページ

1 もとの 大(おお)きさの $\frac{1}{8}$に 色(いろ)を ぬりましょう。

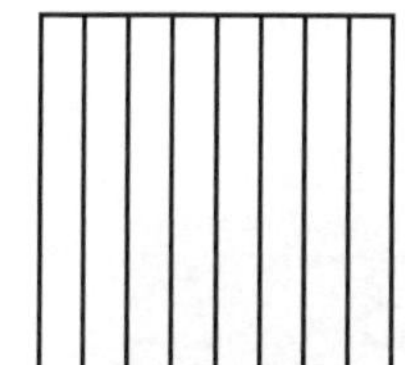 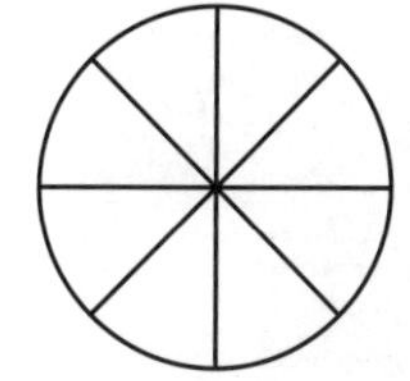 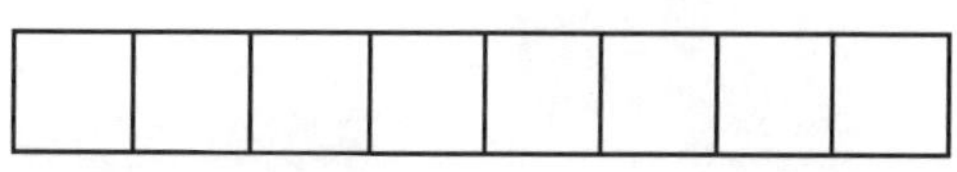

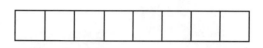

2 色の ついた ところは，もとの 大きさの 何分(なんぶん)の 一(いち)ですか。

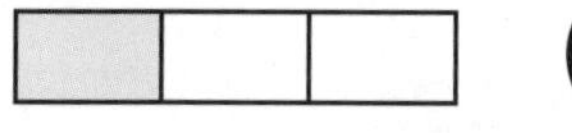   ( )　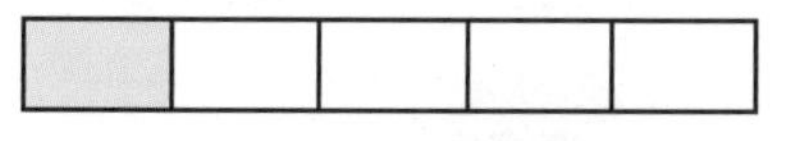   ( )

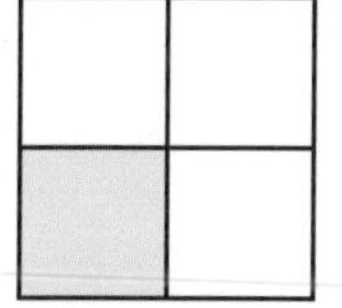 ( )　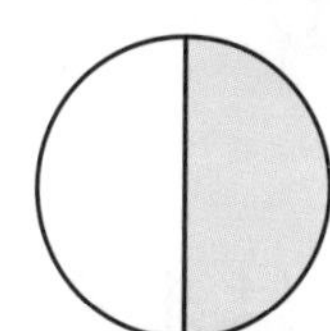 ( )

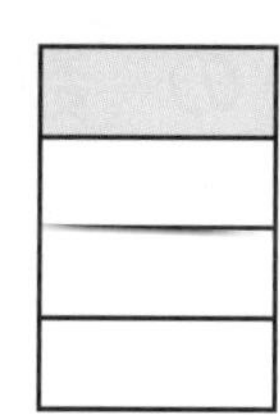 ( )　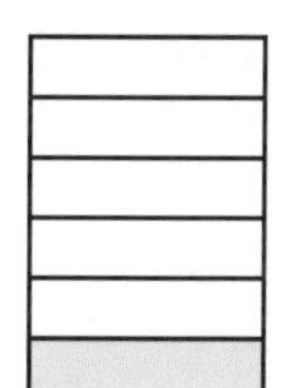 ( )

《はってん》
3 色の ついた ところは，もとの 大きさの 何分の いくつですか。

( )

( )

( )

( )

こたえ → べっさつ16ページ

1年

1 □に あてはまる 数を 書きましょう。

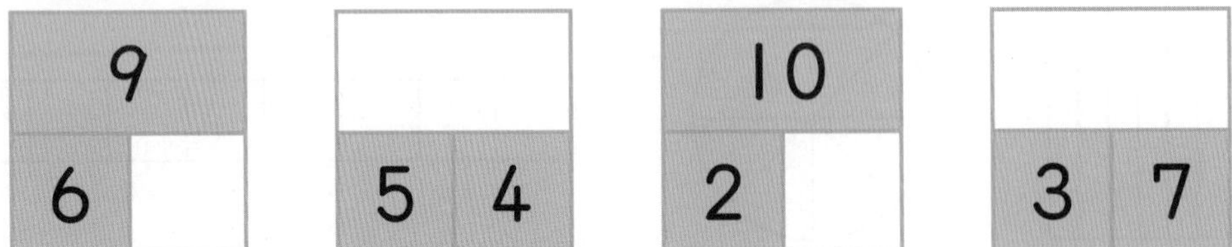

1年

2 □に あてはまる 数を 書きましょう。

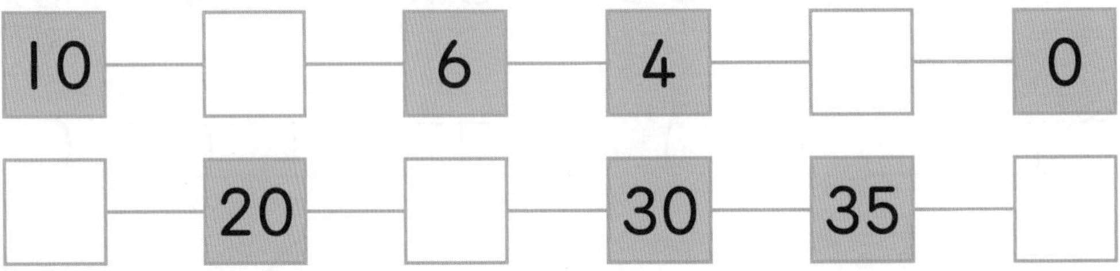

1年

3 □に あてはまる 数を 書きましょう。

(1) 十のくらいの 数字が 6，一のくらいの 数字が 4の 数は，□です。

(2) 78は，10が □こと，1が □こ

1年

4 風船が ならんで います。

(1) 黄色の 風船は，左から □番目です。

(2) 右から 4番目の 風船に ○を つけましょう。

こたえ ➡ べっさつ16ページ

とっくんもんだい 2

チャレンジ

1 □に　あてはまる　数(かず)や　読(よ)み方(かた)を　書(か)きましょう。

(1) 5360000は，100万(まん)を □こ，10万を □こ，1万を □こ　あわせた　数です。

(2) 67000は，1000を □こ　あつめた　数で，□と　読みます。

チャレンジ

2 71408906の　数に　ついて，しらべましょう。

(1) 1は □のくらいの　数字(すうじ)，8は □のくらいの　数字です。

(2) 十万(じゅうまん)のくらいの　数字は □，一万(いちまん)のくらいの数字は □です。

(3) この　数は，□と　読みます。

2年

3 □に　あてはまる　>，<を　書きましょう。

539 □ 486　　837 □ 841　　3651 □ 3657

チャレンジ

4 □に　あてはまる　数を　書きましょう。

(1) 100万(まん)より　1万　大(おお)きい　数は □

(2) 1億(おく)より　100万　小(ちい)さい　数は □

こたえ→べっさつ17ページ

第2章 たし算

1 たし算の いみ

指導のポイント この単元では，たし算の意味を理解するとともに，日常のことがらから「合併」や「増加」の場面をとらえ，それらを記号を用いてたし算の式に表すことができるようにします。また，式を用いると，日常のことがらを数字や記号で簡単に表すことができるという利点を通して，式に表すことのよさに気づかせます。

1 たし算の意味 〈1年〈〈

２つ以上の数を合わせたり，ある数を増やしたりして，全体の数を求める計算を**たし算**といいます。たし算は，**合併**と**増加**の２つの場面で用います。

2 合併と増加 〈1年〈〈

❶ 同時に存在している２つ以上の数量を合わせた大きさを求める場合を**合併**といいます。

【問題例】 みかん3個とみかん2個を合わせると，全部で何個になりますか。

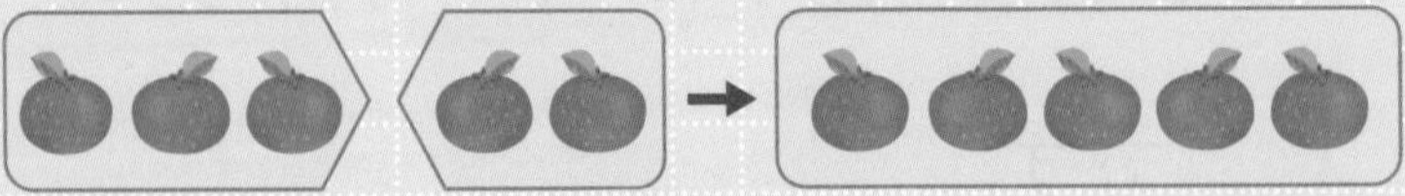

❷ 初めにある数量に，後で，ある数量を追加したときの全体の大きさを求める場合を**増加**といいます。増加の場合も，「２つ以上の数を合わせて１つの数とする」という見方からすると，結果的に合併と同じものとなります。

【問題例】 みかんが3個あって，そこへ，みかん2個が増えると，全部で何個になりますか。

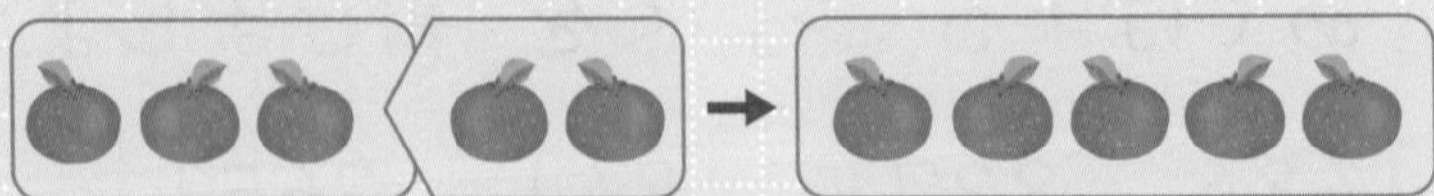

3 たし算の式 〈1年〈〈

❶ 上の２つのことがらは，どちらもたし算の**式**で表すことができます。**答え**には問題に合わせて，「人」「個」「台」などを適切に付けることができるようにします。

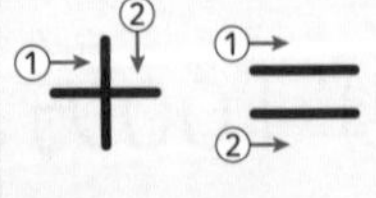

（式） 3＋2＝5 （答え） 5個 （読み方は，「3たす2は5」）

❷ 計算記号＋の前の数は**たされる数**，後ろの数は**たす数**といいます。

1 たし算の しき 1年

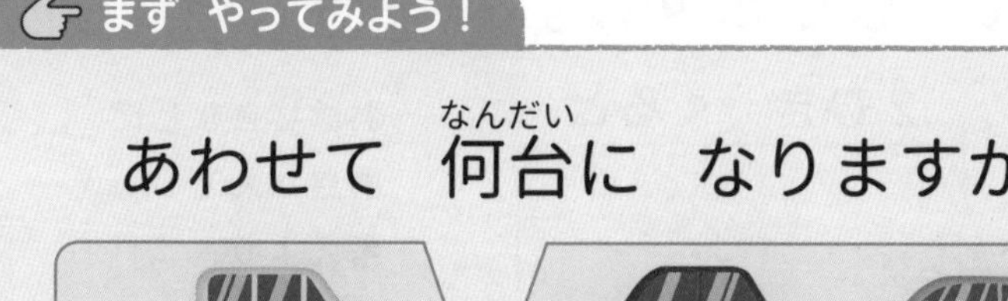

まず やってみよう！

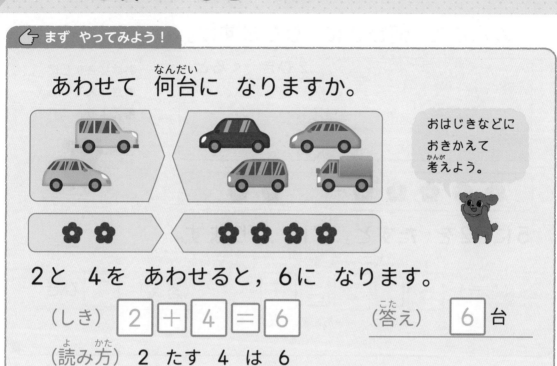

あわせて 何台に なりますか。

2と 4を あわせると，6に なります。

(しき) 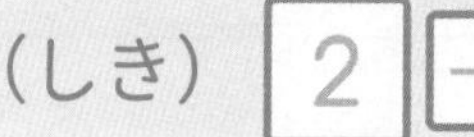 2 ＋ 4 ＝ 6 　(答え) 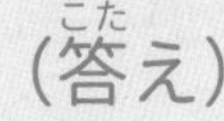 6 台 

(読み方) 2 たす 4 は 6

1 ぜんぶで 何こに なりますか。

(しき) □□□□□　(答え) □ こ

2 みんなで 何人に なりますか。

(しき) □　(答え) □ 人

こたえ → べっさつ18ページ

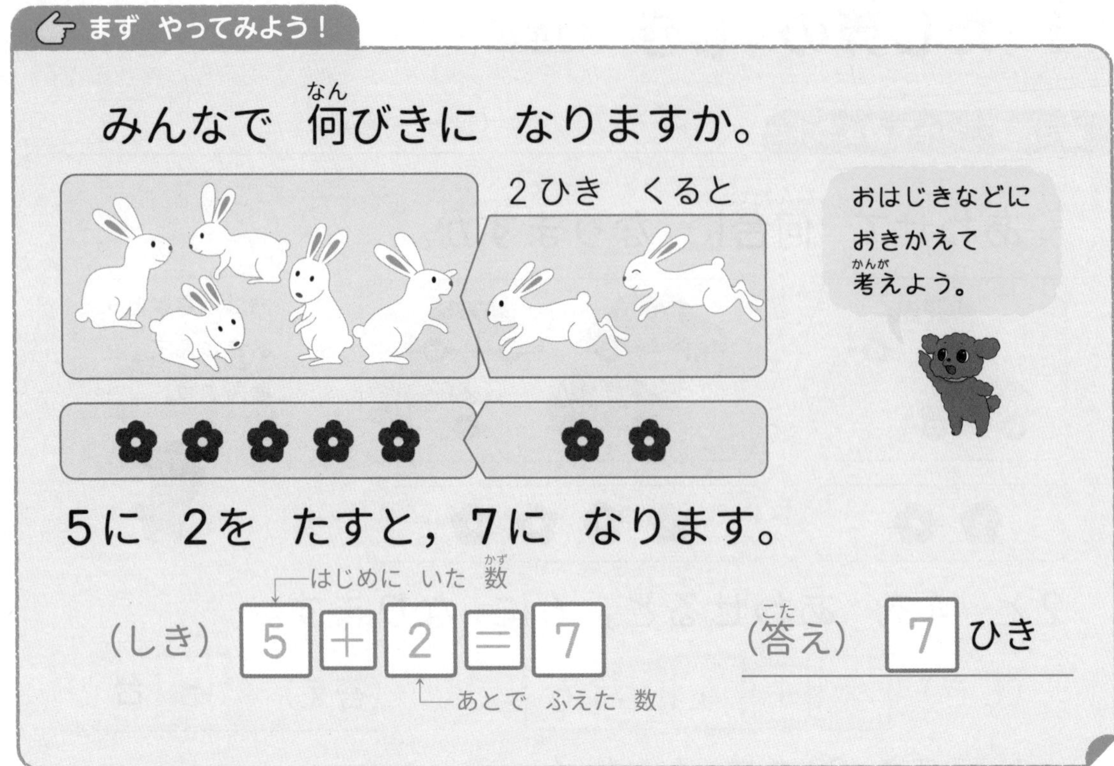

まず やってみよう！
みんなで 何(なん)びきに なりますか。
2ひき くると
おはじきなどに
おきかえて
考(かんが)えよう。
5に 2を たすと，7に なります。
はじめに いた 数(かず)
(しき) 5 ＋ 2 ＝ 7
あとで ふえた 数
(答(こた)え) 7 ひき

1 みんなで 何人(なんにん)に なりますか。

(しき) □□□□□　　(答え) □人

2 ぜんぶで 何こに なりますか。

(しき) □　　(答え) □こ

こたえ→べっさつ18ページ

1 ぜんぶで 何こに なりますか。

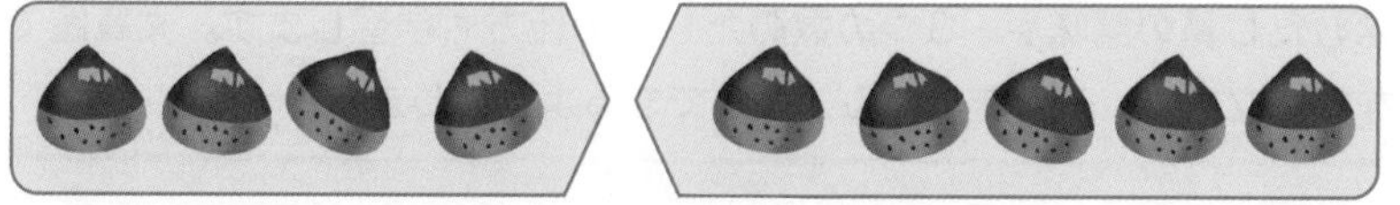

(しき) 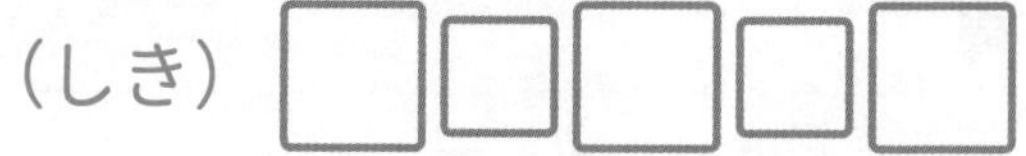

(答え)  こ

2 みんなで 何羽に なりますか。

2羽 くると

(しき) 

(答え)  羽

3 ぜんぶで 何こに なりますか。

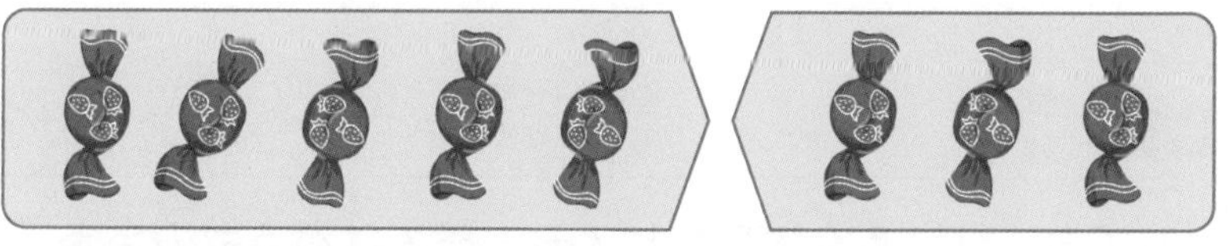

(しき)

(答え)  こ

4 ぜんぶで 何まいに なりますか。

2まい ふえると

(しき)

(答え) まい

こたえ ➡ べっさつ19ページ

2 1けたの 数の たし算

指導のポイント この単元では，１けたの数のたし算ができるようにします。この計算は，２年で学習するたし算の筆算の基礎になるもので，正確に速く計算できるようにします。また，０を含むたし算の意味や，３つの数のたし算の仕方も学習します。文章題では，問題場面から適切な式を立てて，答えを求めることができるようにします。

1 繰り上がりのないたし算 1年

下のように，おはじきなどを使って，たし算の仕方を考えます。

4 ＋ 3 ＝ 7

2 繰り上がりのあるたし算 1年

繰り上がりのあるたし算の仕方には，次の２つの方法があります。ふつうは，①のような「たす数を分解して，10のまとまりをつくる」方法が用いられています。（②は，「たされる数を分解して，10のまとまりをつくる」方法です。）

① 9 ＋ 3 ＝ 12

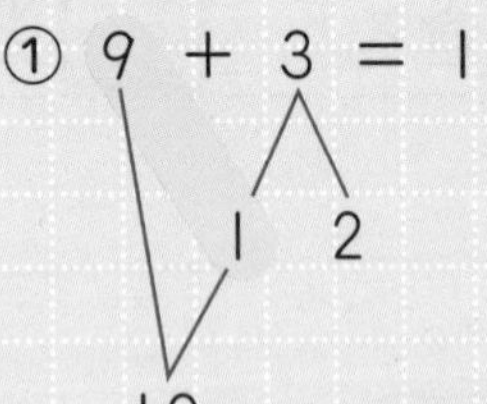

② 9 ＋ 3 ＝ 12

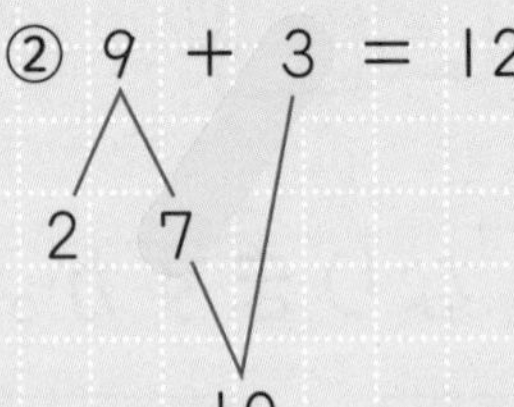

①，②のどちらの方法も，10と２で12になります。

3 0のたし算 1年

ある数に０をたしても，０にある数をたしても，答えはある数のままで変わりません。

7＋0＝7　　0＋5＝5　　0＋0＝0

4 3つの数のたし算 1年

たし算の式で数が３つになっても，前（左）から順に数をたしていきます。

2 ＋ 4 ＋ 3 ＝ 9

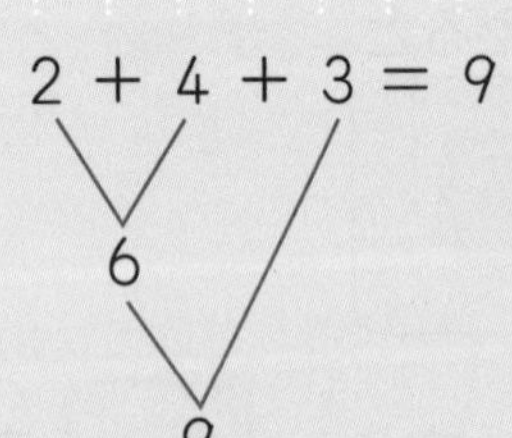

【計算の手順】

① ２と４をたす。
　2＋4＝6

② ２と４をたした答えに，３をたす。
　6＋3＝9

1 くり上(あ)がりの ない たし算(ざん) ① 1年

まず やってみよう！

4＋2 の 計算(けいさん)を しましょう。

① 4に 2 を たす。

② 答(こた)えは 6 です。

③ しきに 書(か)くと，

4 ＋ 2 ＝ 6 です。

おはじきを つかって，考(かんが)えよう。

1 計算を しましょう。

2＋2	3＋2	1＋2	2＋4
1＋8	2＋5	8＋1	5＋2
3＋5	5＋4	6＋2	7＋3
5＋5	1＋7	7＋1	8＋2
7＋2	2＋8	1＋5	6＋3

2 まん中(なか)の 数(かず)に まわりの 数を たしましょう。

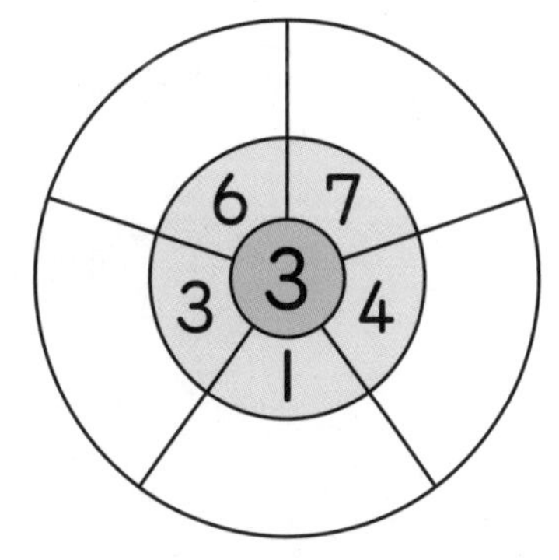

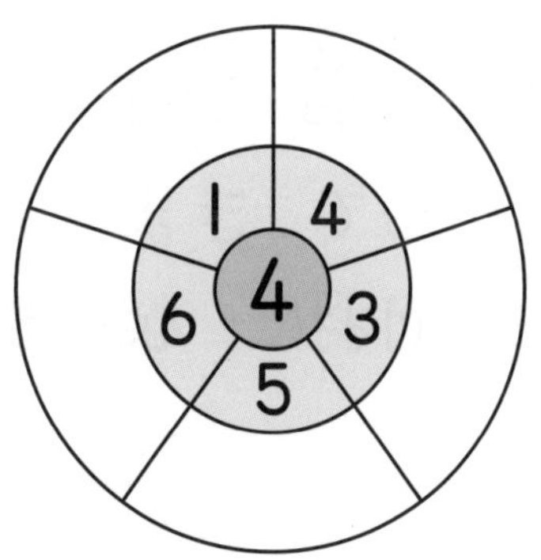

こたえ→べっさつ19ページ

3 答(こた)えが　7に　なる　カードに　○，9に　なる　カードに　△を　つけましょう。

1+6	3+6	7+2	3+4	6+2
4+5	5+2	3+5	6+3	6+1

4 答えが　同(おな)じに　なる　カードを，線(せん)で　むすびましょう。

2+4	3+2	1+3	4+4
5+3	3+3	2+2	1+4

5 男(おとこ)の子(こ)　4人(にん)と　女(おんな)の子　3人で，なわとびを　して　います。みんなで　何人(なんにん)　なわとびを　して　いますか。

（しき）

（答え）

6 はとが　6羽(わ)　いました。そこに，2羽　とんで　きました。ぜんぶで　はとは　何羽に　なりましたか。

（しき）

（答え）

こたえ ➡ べっさつ20ページ

2 くり上がりの ある たし算 〈1年〈〈

まず やってみよう！

8＋7 の 計算を しましょう。

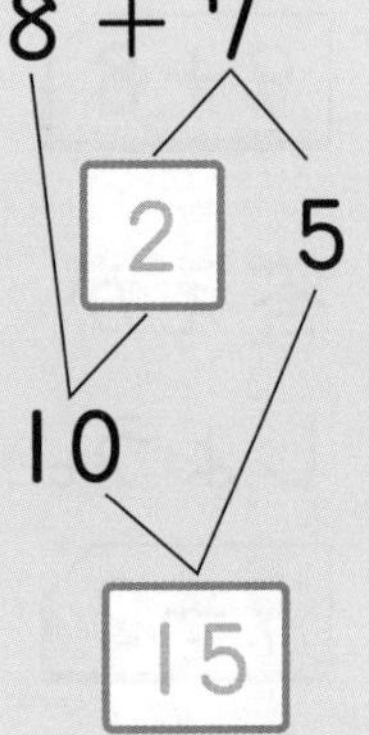

❶ 8は，あと 2 で，10

❷ 7を 2 と 5に 分ける。

❸ 8に 2 を たして，10

❹ 10と 5で，15

1 計算を しましょう。

5＋6	9＋2	9＋4	8＋8
6＋8	3＋9	6＋7	4＋9
5＋8	2＋9	9＋9	8＋6
9＋5	7＋7	3＋8	6＋6
5＋9	4＋7	9＋7	5＋7

2 まん中の 数に まわりの 数を たしましょう。

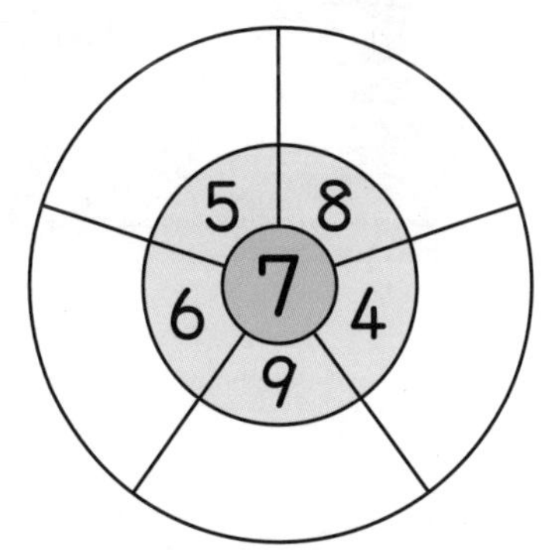

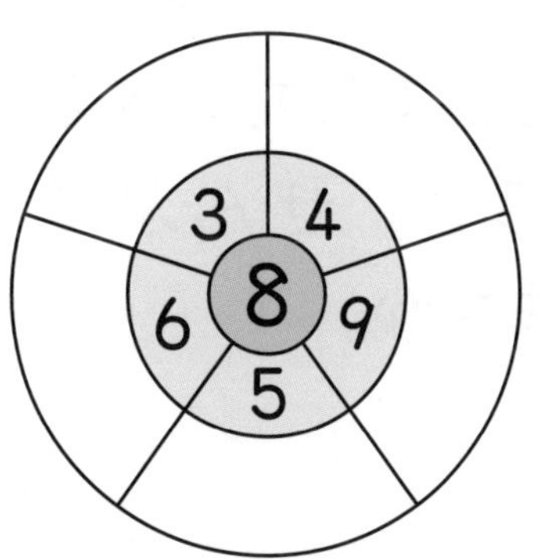

こたえ→べっさつ20ページ

3 答(こた)えが 12に なる カードに ○，16に なる カードに △を つけましょう。

4+8　7+8　6+6　8+5　9+3

9+8　7+5　3+9　9+7　8+8

4 答えが 同(おな)じに なる カードを，線(せん)で むすびましょう。

9+2　8+4　7+8　7+7

6+9　5+6　8+6　5+7

5 だいきさんは どんぐりを 9こ，ゆいさんは 6こ ひろいました。2人(ふたり)で どんぐりを 何(なん)こ ひろいましたか。

（しき）

（答え）

6 なみさんは さつまいもを 8こ とりました。あとで，5こ もらうと，ぜんぶで 何こに なりますか。

（しき）

（答え）

こたえ→べっさつ21ページ

3 0の たし算 1年

まず やってみよう！

わなげを しました。入った わの 数は いくつですか。

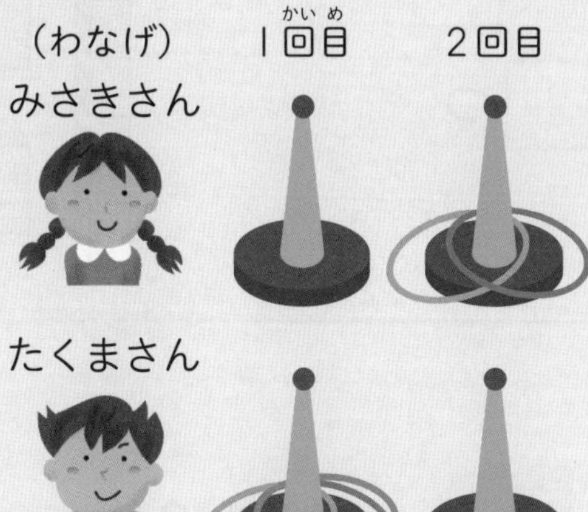

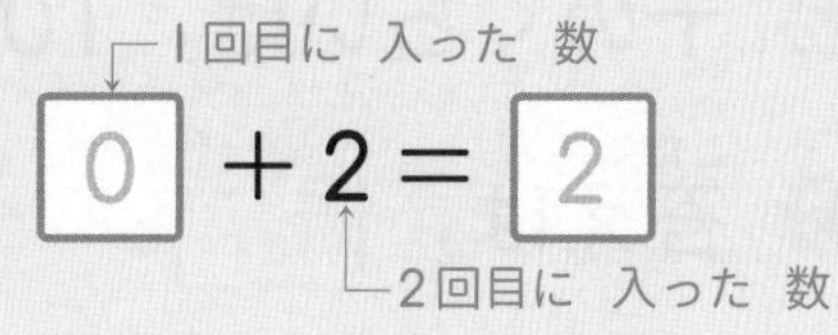

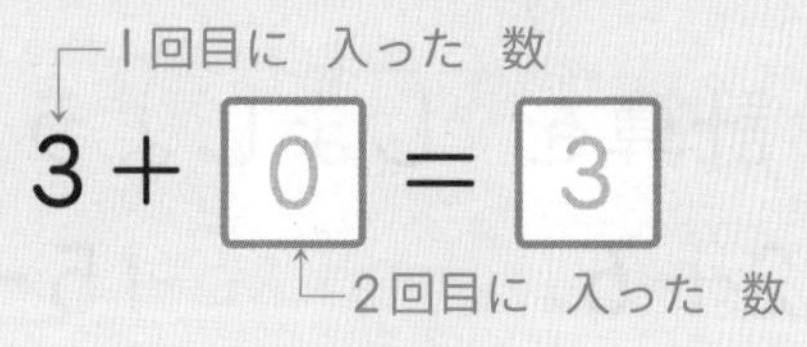

1 計算を しましょう。

1＋0	8＋0	2＋0	0＋6
5＋0	0＋0	0＋9	7＋0
0＋7	6＋0	0＋5	9＋0
0＋4	0＋8	10＋0	0＋3

2 けいたさんは わなげを 2回 しました。1回目は 4こ 入り，2回目は 1つも 入りませんでした。ぜんぶで 何こ 入りましたか。

(しき)

(答え)

こたえ ➡ べっさつ21ページ

4 くり上がりの ない たし算 ② 〈1年〈〈

まず やってみよう！

14＋3 の 計算を しましょう。

❶ 一のくらいは，4＋3＝ 7

❷ 十のくらいは，10が 1 つ

❸ 答えは， 17

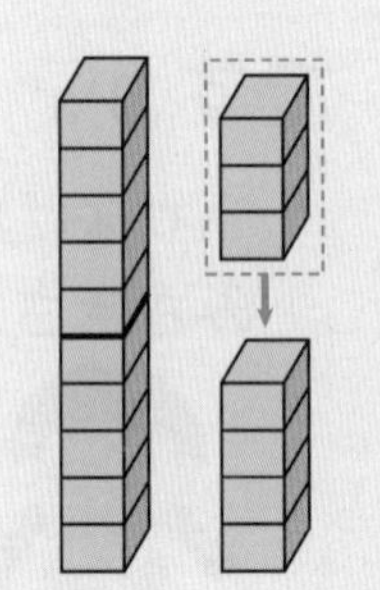

1 計算を しましょう。

12＋6	15＋4	13＋2
36＋3	41＋5	26＋2
4＋12	5＋11	9＋10
3＋45	2＋27	6＋70

2 男の子 11人と 女の子 7人で，なわとびを して います。みんなで 何人 いますか。

（しき）

（答え）

3 どんぐりを，あきとさんは 8こ，はるかさんは 21こ ひろいました。2人で，どんぐりを 何こ ひろいましたか。

（しき）

（答え）

こたえ→べっさつ22ページ

5 3つの 数の たし算 〈1年〈〈

まず やってみよう！

5＋4＋8 の 計算を しましょう。

❶ 5と 4を たして，［9］

❷ 5と 4を たした 答えに

8を たして，［17］

❸ 答えは，［17］に

なります。

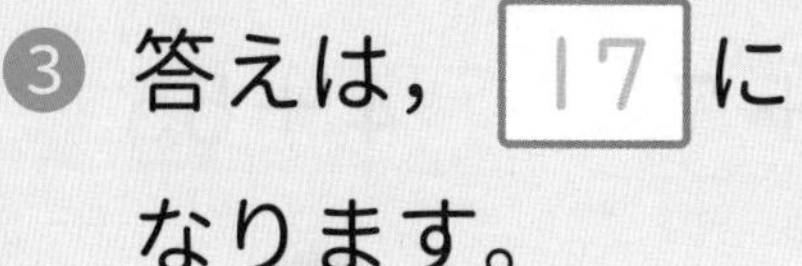

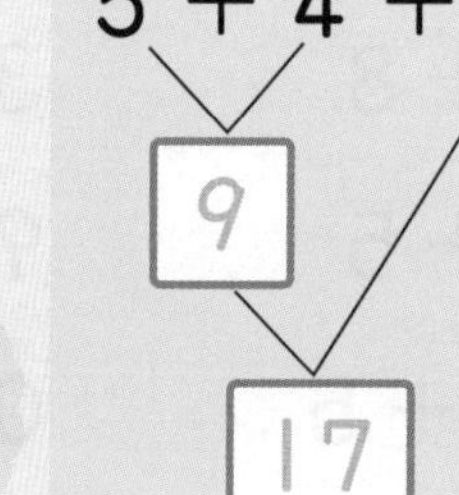

1 計算を しましょう。

2＋3＋3　　4＋2＋4　　3＋1＋5

4＋5＋3　　5＋3＋7　　3＋6＋9

2 計算を しましょう。

4＋6＋2　　7＋3＋9　　8＋2＋5

7＋7＋4　　6＋6＋6　　4＋8＋3

3 うんどう会で，赤い はたを 6本，白い はたを 7本，黄色い はたを 5本 じゅんびしました。ぜんぶで，何本の はたを じゅんびしましたか。

（しき）

（答え）

こたえ ➡ べっさつ22ページ

力をためすもんだい ❶

1 計算を しましょう。

6＋3　　2＋5　　4＋6　　2＋7

8＋8　　3＋9　　9＋4　　0＋0

7＋5　　9＋7　　8＋0　　6＋5

13＋5　　0＋12　　16＋2　　4＋15

25＋4　　8＋30　　41＋7　　4＋55

2 はるかさんは どんぐりを 5こ もって いました。しょうさんから 3こ もらいました。はるかさんの もって いる どんぐりは ぜんぶで 何こに なりましたか。

(しき)

(答え)

3 たての 数と よこの 数を たしましょう。

＋	3	6	0	9	5	1	7	4	2	8
2										
8										
4										
10										

こたえ ➡ べっさつ23ページ

力をためすもんだい ❷

1 計算を しましょう。

4＋3＋1　　6＋3＋7　　2＋5＋8

3＋7＋2　　5＋6＋3　　6＋9＋3

2 答えが 同じに なる カードを，線で むすびましょう。

8+2	9+0	4+8	7+8
2+7	6+9	6+4	5+7

3 男の子が 9人，女の子が 5人 あそんで います。みんなで 何人 あそんで いますか。

（しき）

（答え）

4 わなげで，あゆみさんは 1回目に 4こ，2回目に 5こ，3回目に 3こ 入れました。ぜんぶで 何こ 入れましたか。

（しき）

（答え）

こたえ→べっさつ23ページ

力をのばすもんだい

《はってん》
1 □に あてはまる 数(かず)を 書(か)きましょう。

7＋□＝8　　5＋□＝7

6＋□＝6　　□＋2＝10

□＋6＝15　　□＋7＝12

2 答(こた)えが 大(おお)きい ほうに ○を つけましょう。

4＋9	6＋9	8＋3	9＋3
5＋7	7＋7	5＋5	8＋6

《はってん》
3 計算(けいさん)を しましょう。

2＋3＋3＋1　　3＋5＋2＋4

4＋3＋2＋2　　6＋3＋2＋4

6＋7＋4＋2　　8＋0＋2＋7

4 ボール入(い)れで，1回目(かいめ)は 4こ，2回目は 8こ，3回目は 7こ 入(はい)りました。ボールは ぜんぶで 何(なん)こ 入りましたか。

（しき）

（答え）

こたえ→べっさつ24ページ

3 2けたの 数の たし算

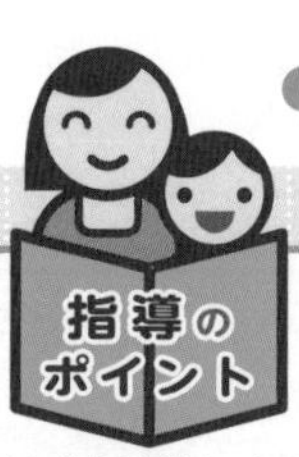

指導のポイント この単元では，何十のたし算や，筆算形式による2けたの数のたし算の仕方について理解し，その計算が正確に速くできるようにします。また，「たし算の結合法則」を用いると，( )を使って，計算を簡単にすることができることを学びます。

1 2けたの数のたし算の筆算の仕方 〈2年〈〈

数の位を縦にそろえて書いて，位ごとに計算する仕方を**筆算**といいます。

2けたの数のたし算の筆算の仕方は，次のようにします。

❶ 位を縦にそろえて，数字を書く。

❷ 一の位のたし算をする。(繰り上がりに注意する)

❸ 十の位のたし算をする。(繰り上がりに注意する)

```
  1  ←繰り上げた1を，ここに小さく書く。
  19
+32
----
  51
```

	繰り上がりなし	繰り上がり1回		繰り上がり2回
	21+26	19+32	52+71	45+87
位を縦にそろえて書く	21 +26	19 +32	52 +71	45 +87
一の位を計算する	21 +26 7 1+6=7	1←繰り上げた1 19 +32 1 9+2=11	52 +71 3 2+1=3	1←繰り上げた1 45 +87 2 5+7=12
十の位を計算する	21 +26 47 2+2=4	1 19 +32 51 1+1+3=5	52 +71 123 5+7=12	1 45 +87 132 1+4+8=13

2 ( )を使ったたし算 〈2年〈〈

「たし算では，たす順序を変えても，答えは同じになる」という**たし算の結合法則**を用いると，( )を使って，計算を簡単にすることができます。

❶ 前から順に計算すると，　15+27+33=42+33=75

❷ ( )を使って計算すると，15+(27+33)=15+60=75

1 何十(なんじゅう)の たし算(ざん) 〈1〜2年〈〈

まず やってみよう！

40＋30 の 計算(けいさん)を しましょう。

❶ 40は 10が 4 こ

❷ 30は 10が 3 こ

❸ 10が 4 ＋ 3 ＝ 7

で 7 こ あるから，答(こた)えは 70

40＋30

10 10 10 10 10 10 10

10の まとまりが 何こ あるかな。

1 計算を しましょう。

20＋30　　50＋20　　40＋40

60＋40　　30＋70　　20＋70

2 計算を しましょう。

80＋50　　50＋60　　50＋90

70＋40　　90＋60　　80＋80

3 色紙(いろがみ)を りなさんは 60まい，るいさんは 70まい もって います。2人(ふたり) あわせて 何まい もって いますか。

（しき）

（答え）

こたえ ➡ べっさつ24ページ

2 くり上がりの ない ひっ算 2年

まず やってみよう！

32＋46 の 計算を ひっ算で しましょう。

$$\begin{array}{r} 32 \\ +46 \\ \hline \end{array} \rightarrow \begin{array}{r} 32 \\ +46 \\ \hline 8 \end{array} \rightarrow \begin{array}{r} 32 \\ +46 \\ \hline 78 \end{array}$$

❶ くらいを [たて] に そろえて 書く。

❷ [一] のくらいを 計算する。

[2] ＋ [6] ＝ [8] の [8] を，[一] の くらいに 書く。

❸ つぎに，[十] のくらいを 計算する。

[3] ＋ [4] ＝ [7] の [7] を，[十] のくらいに 書く。

くらいごとに たし算を するんだよ。

❹ 答えは [78] に なる。

1 ひっ算で しましょう。

43＋16

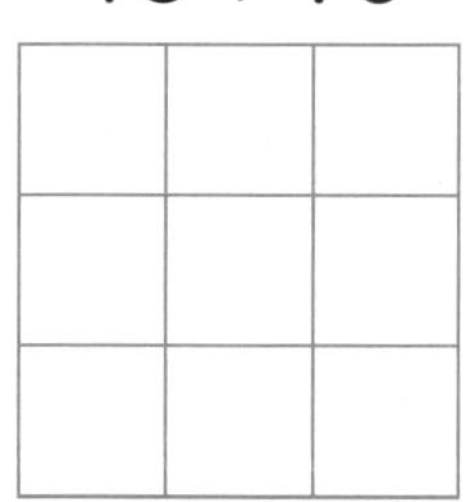

62＋24

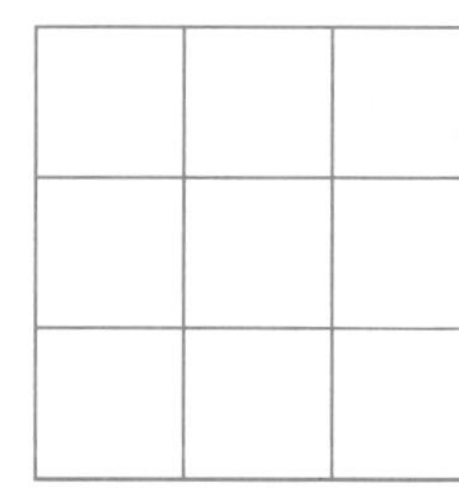

31＋6

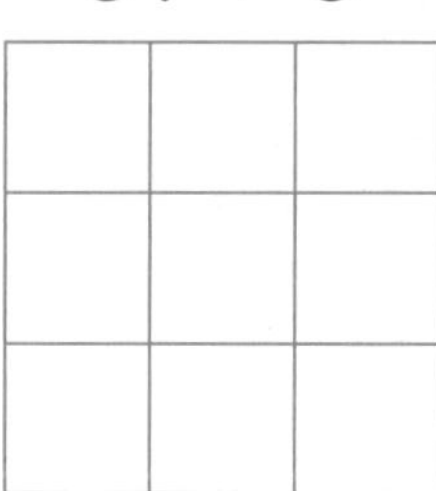

2 計算を しましょう。

$$\begin{array}{r} 32 \\ +57 \\ \hline \end{array} \quad \begin{array}{r} 13 \\ +25 \\ \hline \end{array} \quad \begin{array}{r} 62 \\ +\ \ 5 \\ \hline \end{array} \quad \begin{array}{r} 4 \\ +71 \\ \hline \end{array} \quad \begin{array}{r} 44 \\ +32 \\ \hline \end{array}$$

こたえ ➡ べっさつ25ページ

3 たし算は，たされる数と たす数を 入れかえて 計算しても，答えは 同じに なります。この ことを つかって，つぎの 計算の たしかめを して，答えが あって いれば ○，まちがって いれば ×を，（　）に 書きましょう。

```
  56
+ 32
----
  88
```
（　　）　（たしかめ）

```
  32
+ 35
----
  77
```
（　　）　（たしかめ）

```
  67
+ 12
----
  75
```
（　　）　（たしかめ）

```
  18
+ 31
----
  49
```
（　　）　（たしかめ）

《はってん》
4 □に あてはまる 数を 書きましょう。

```
  4□
+ 23
----
  □5
```

```
  □3
+ 1□
----
  89
```

```
  3□
+ 41
----
  □5
```

5 赤色の 色紙が 23まい，黄色の 色紙が 35まい あります。色紙は ぜんぶで 何まい ありますか。

（しき）

（答え）＿＿＿＿

こたえ→べっさつ25ページ

3 くり上がりの ある ひっ算 ① 〈2年〈〈

まず やってみよう！

35＋27の 計算を ひっ算で しましょう。

```
   35
 ＋27
 ────
```
↓
```
   1
   35
 ＋27
 ────
    2
```
↓
```
   1
   35
 ＋27
 ────
   62
```

❶ くらいを [たて] に そろえて 書く。

❷ [一]のくらいを 計算する。

[5] ＋ [7] ＝ [12]の [2]を [一]の くらいに 書き，[十]のくらいに [1] くり上げる。

❸ つぎに，[十]のくらいを 計算する。

くり上げた [1]と 3と 2より，

[1] ＋ [3] ＋ [2] ＝ [6]の

[6]を，[十]のくらいに 書く。

くり上がりに 気を つけよう。

❹ 答えは [62]に なる。

1 ひっ算で しましょう。

14＋29

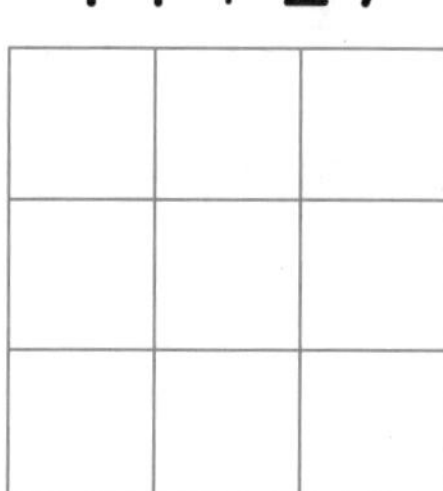

58＋36

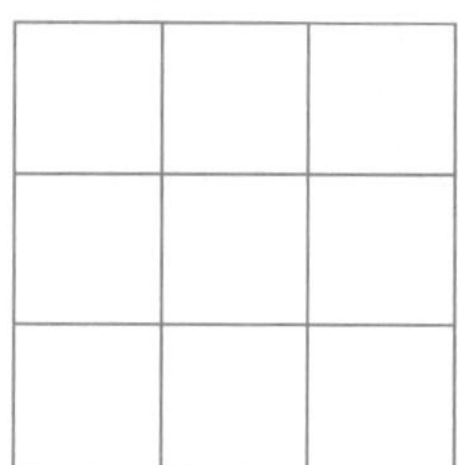

48＋9

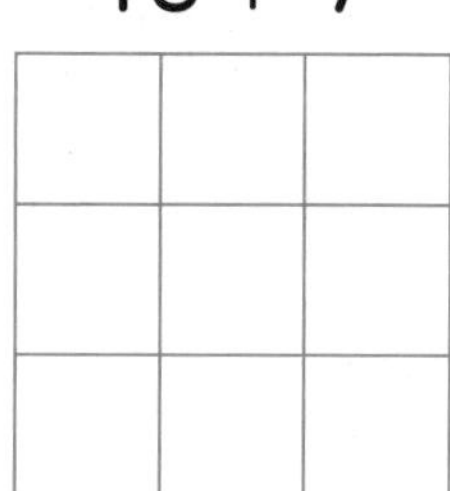

こたえ➡べっさつ26ページ

2 計算(けいさん)を　しましょう。

$$\begin{array}{r} 16 \\ +47 \\ \hline \end{array}\quad \begin{array}{r} 34 \\ +49 \\ \hline \end{array}\quad \begin{array}{r} 64 \\ +26 \\ \hline \end{array}\quad \begin{array}{r} 15 \\ +36 \\ \hline \end{array}\quad \begin{array}{r} 47 \\ +29 \\ \hline \end{array}$$

$$\begin{array}{r} 31 \\ +\ \ 9 \\ \hline \end{array}\quad \begin{array}{r} 65 \\ +\ \ 7 \\ \hline \end{array}\quad \begin{array}{r} 8 \\ +28 \\ \hline \end{array}\quad \begin{array}{r} 4 \\ +76 \\ \hline \end{array}\quad \begin{array}{r} 2 \\ +89 \\ \hline \end{array}$$

3 つぎの　ひっ算は　まちがって　います。正(ただ)しい答(こた)えを，(　)の　中(なか)に　書(か)きましょう。

$$\begin{array}{r} 47 \\ +27 \\ \hline 64 \end{array}\quad \begin{array}{r} 36 \\ +22 \\ \hline 68 \end{array}\quad \begin{array}{r} 25 \\ +\ \ 6 \\ \hline 211 \end{array}\quad \begin{array}{r} 4 \\ +39 \\ \hline 79 \end{array}$$

(　　)　(　　)　(　　)　(　　)

《はってん》

4 □に　あてはまる　数(かず)を　書(か)きましょう。

$$\begin{array}{r} 1\ \square \\ +\ 7\ \ 8 \\ \hline \square\ \ 6 \end{array}\quad \begin{array}{r} \square\ \ 6 \\ +\ 2\ \ 7 \\ \hline 5\ \square \end{array}\quad \begin{array}{r} \square\square \\ +\ 3\ \ 5 \\ \hline 8\ \ 1 \end{array}$$

5 赤(あか)い　おはじきが　27こ，青(あお)い　おはじきが　16こ　あります。おはじきは　ぜんぶで　何(なん)こ　ありますか。

(しき)

(答え)＿＿＿＿＿＿

こたえ→べっさつ26ページ

4 くり上がりの ある ひっ算 ② 〈2年〉

まず やってみよう！

73＋52 の 計算を ひっ算で しましょう。

```
  7 3
＋5 2
─────
    5

  ↓

  7 3
＋5 2
─────
1 2 5
```

答えが 3けたに なるよ。

❶ 一 のくらいを 計算する。
3 ＋ 2 ＝ 5 の 5 を 一 の くらいに 書く。

❷ つぎに，十 のくらいを 計算する。
7 ＋ 5 ＝ 12 の 2 を 十のく らいに 書き，百 のくらいに 1 くり上げる。

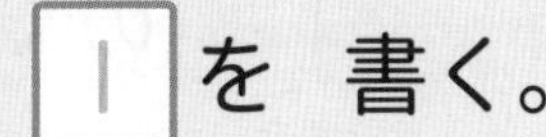

❸ 百 のくらいに 1 を 書く。

❹ 答えは 125 に なる。

1 計算を しましょう。

63	35	87	70	48
＋51	＋93	＋30	＋30	＋81

2 ひっ算で しましょう。

56＋52　　43＋80　　90＋13　　72＋43

こたえ→べっさつ27ページ

まず やってみよう！

68＋57 の 計算(けいさん)を ひっ算で しましょう。

```
   1
   6 8
 ＋5 7
 ─────
     5
   ↓
   1
   6 8
 ＋5 7
 ─────
 1 2 5
```

❶ 一 のくらいを 計算する。

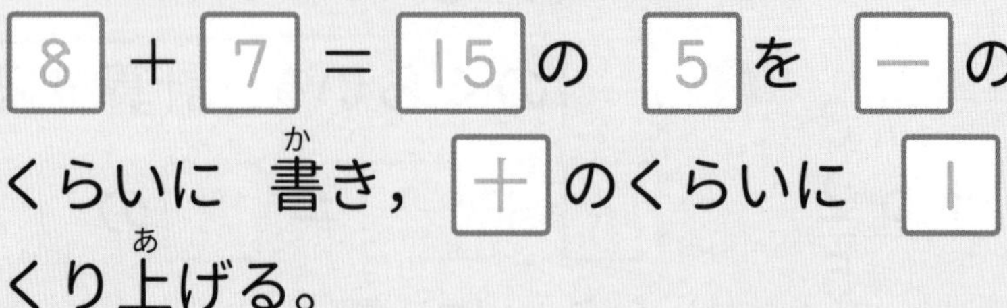

8 ＋ 7 ＝ 15 の 5 を 一 の くらいに 書(か)き，十 のくらいに 1 くり上(あ)げる。

❷ つぎに，十 のくらいを 計算する。

くり上げた 1 と 6と 5より，

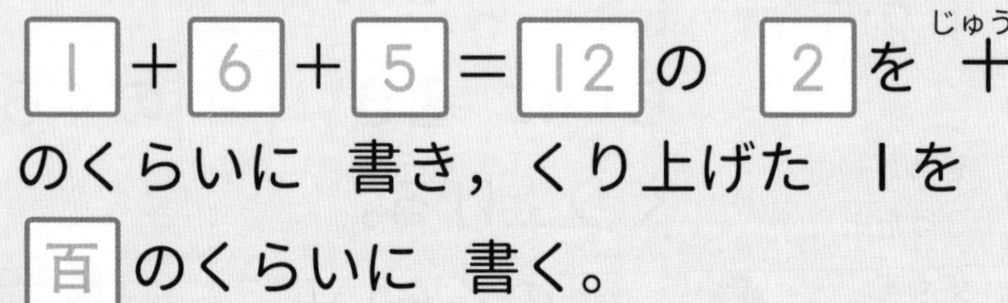

1 ＋ 6 ＋ 5 ＝ 12 の 2 を 十(じゅう) のくらいに 書き，くり上げた 1を 百 のくらいに 書く。

❸ 答(こた)えは 125 に なる。

くり上がり が 2回(かい) あるね。

1 計算を しましょう。

75	38	69	24	93
＋87	＋93	＋51	＋77	＋ 8

2 ひっ算で しましょう。

87＋96　　43＋89　　65＋75　　5＋96

こたえ ⇒ べっさつ27ページ

《はってん》

3 計算を しましょう。

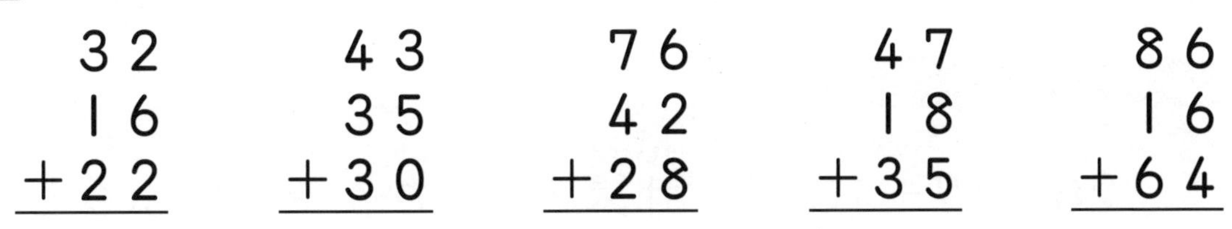

32
16
+22
43
35
+30
76
42
+28
47
18
+35
86
16
+64

《はってん》

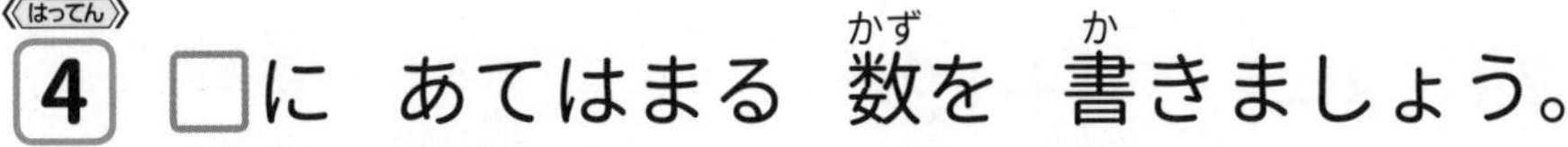

4 □に あてはまる 数を 書きましょう。

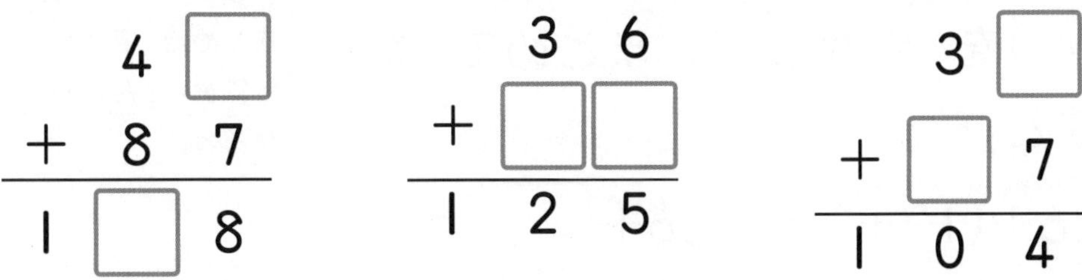

5 ひとみさんは，いちごを 46こ とりました。お姉さんから 60こ もらいました。ひとみさんの もって いる いちごは，ぜんぶで 何こに なりましたか。

（しき）

（答え）＿＿＿＿＿＿＿＿

6 さやかさんは，お店で，85円の けしゴムと 49円の えんぴつを 買います。ぜんぶで 何円 はらえば よいですか。

（しき）

（答え）＿＿＿＿＿＿＿＿

こたえ⇒べっさつ28ページ

5 (　)を つかった たし算 〈2年〈〈

まず やってみよう！

26＋17＋13 の 計算の しかたを くふうしましょう。

❶ 前から じゅんに たすと，

26＋17＋13＝[43]＋13＝[56]

❷ (　)を つかって，まとめて たすと，

26＋(17＋13)＝26＋[30]＝[56]

└(　)の 中は 先に 計算する

どちらも 答えは 同じに なるから，まとめた ほうが 計算が かんたんに なるね。

1 くふうして 計算しましょう。

49＋37＋3　　　63＋26＋4

21＋43＋17　　　29＋35＋15

2 つぎの もんだいを，(　)の ある しきに 書いて 答えましょう。

あゆみさんは，色紙を 28まい もって いました。お姉さんから 14まい，お兄さんから 16まい もらいました。あゆみさんの もって いる 色紙は，ぜんぶで 何まいに なりましたか。

(しき)

(答え)

こたえ→べっさつ28ページ

力を ためす もんだい ❶

1 計算(けいさん)を しましょう。

40＋50　　60＋20　　30＋30

70＋30　　90＋80　　50＋70

2 くふうして 計算しましょう。

28＋19＋21　　24＋32＋18

27＋25＋45　　43＋18＋32

3 計算を しましょう。

43 ＋15	18 ＋71	35 ＋52	52 ＋ 3	5 ＋34
12 ＋29	43 ＋27	54 ＋38	31 ＋ 9	3 ＋83
19 ＋28	34 ＋59	46 ＋49	47 ＋ 6	5 ＋28

4 校(こう)ていで，女(おんな)の子(こ)が 24人(にん)，男(おとこ)の子が 32人 あそんで います。みんなで 何人(なんにん) あそんで いますか。

（しき）

（答(こた)え）

こたえ ➡ べっさつ29ページ

力をためすもんだい ❷

1 計算(けいさん)を　しましょう。

$\begin{array}{r} 85 \\ +73 \\ \hline \end{array}$	$\begin{array}{r} 61 \\ +44 \\ \hline \end{array}$	$\begin{array}{r} 94 \\ +53 \\ \hline \end{array}$	$\begin{array}{r} 28 \\ +80 \\ \hline \end{array}$	$\begin{array}{r} 37 \\ +92 \\ \hline \end{array}$
$\begin{array}{r} 35 \\ +71 \\ \hline \end{array}$	$\begin{array}{r} 40 \\ +68 \\ \hline \end{array}$	$\begin{array}{r} 37 \\ +82 \\ \hline \end{array}$	$\begin{array}{r} 92 \\ +13 \\ \hline \end{array}$	$\begin{array}{r} 45 \\ +74 \\ \hline \end{array}$
$\begin{array}{r} 95 \\ +76 \\ \hline \end{array}$	$\begin{array}{r} 37 \\ +68 \\ \hline \end{array}$	$\begin{array}{r} 82 \\ +59 \\ \hline \end{array}$	$\begin{array}{r} 53 \\ +68 \\ \hline \end{array}$	$\begin{array}{r} 74 \\ +57 \\ \hline \end{array}$
$\begin{array}{r} 16 \\ +96 \\ \hline \end{array}$	$\begin{array}{r} 79 \\ +51 \\ \hline \end{array}$	$\begin{array}{r} 48 \\ +85 \\ \hline \end{array}$	$\begin{array}{r} 29 \\ +92 \\ \hline \end{array}$	$\begin{array}{r} 57 \\ +88 \\ \hline \end{array}$

2 貝(かい)ひろいに　行(い)きました。ひろとさんは　27こ，ゆうかさんは　46こ　ひろいました。2人(ふたり)　あわせて，何(なん)こ　ひろいましたか。

(しき)

(答(こた)え)＿＿＿＿＿＿＿＿

3 うんどう会(かい)で，赤(あか)い　はたを　58本(ほん)，白(しろ)い　はたを　62本　つかいました。ぜんぶで　何本(なんぼん)の　はたを　つかいましたか。

(しき)

(答え)＿＿＿＿＿＿＿＿

こたえ ➡ べっさつ29ページ

力をのばすもんだい

1 計算を しましょう。

```
  55     35     82     98     95
+45    +69    +18    + 7    + 9
----   ----   ----   ----   ----

  82     74     36      4      8
+19    +26    +64    +97    +93
----   ----   ----   ----   ----
```

《はってん》

2 計算を しましょう。

```
  23     18     42     67     35
  15     27      6     58     88
+41    +53    +54    +85    +79
----   ----   ----   ----   ----
```

《はってん》

3 □に あてはまる 数を 書きましょう。

```
   7□        □6
+ □9      + 7□
-----     -----
 145       □01
```

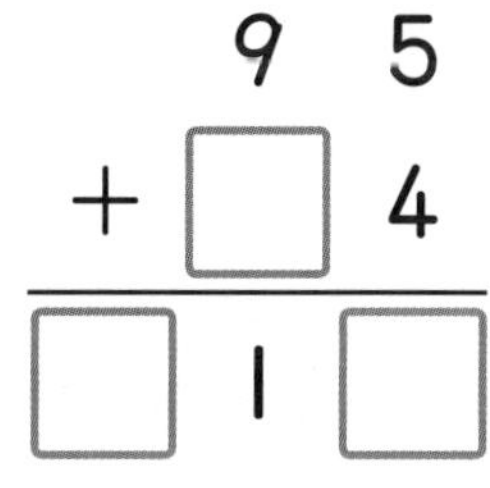

《はってん》

4 あすかさんは，あきかんを 6月は 48こ，7月は 75こ，8月は 86こ あつめました。あわせて 何こ あつめましたか。

（しき）

（答え）

こたえ ➡ べっさつ30ページ

4 3けたの 数の たし算

指導のポイント この単元では，何百のたし算や，筆算形式による3けたの数のたし算の仕方について理解し，その計算が正確にできるようにします。この計算は3年で学習する内容ですが，2けたの数のたし算の筆算の仕方と同じように計算すればよいことを教えます。

1 筆算の仕方

チャレンジ

たし算の筆算は，けた数が多くなっても，位を縦にそろえて数字を書き，一の位から順にたし算をします。その際，繰り上がりを忘れないように注意します。

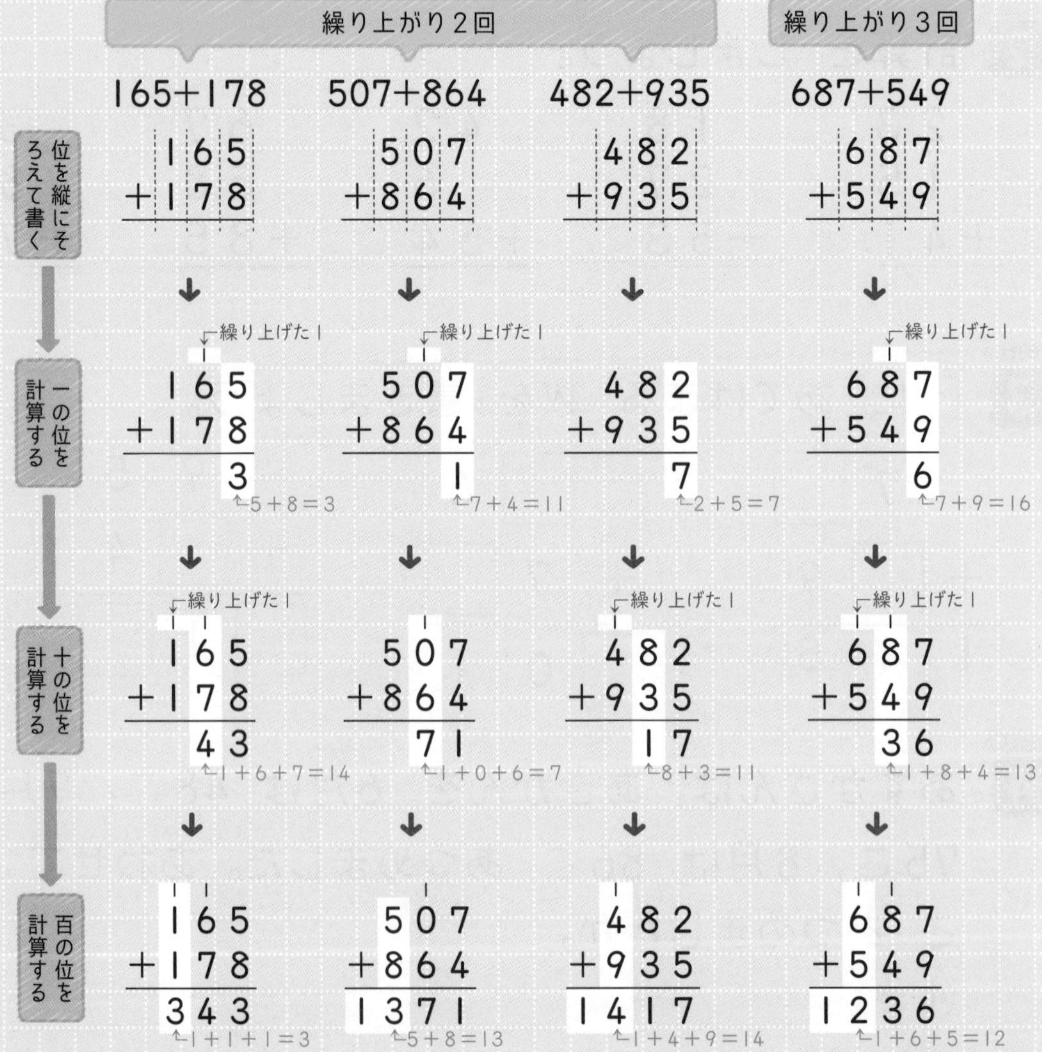

1 何百の たし算 〈2年・チャレンジ〈〈

まず やってみよう！

500＋200 の 計算を しましょう。

❶ 500は 100が [5] こ

❷ 200は 100が [2] こ

❸ 100が [5] ＋ [2] ＝ [7]

で [7] こ あるから，答え

は [700]

500＋200

100 100 100 100 100　100 100

100の まとまり が何こ あるかを 考えよう。

1 計算を しましょう。

400＋300　　700＋200

200＋600　　300＋300

2 計算を しましょう。

600＋400　　500＋900

800＋400　　300＋800

3 色紙を つかって，あおいさんは つるを 200羽，妹は 100羽 つくりました。2人 あわせて 何羽 つくりましたか。

（しき）

（答え）

こたえ➡べっさつ30ページ

2 たし算の ひっ算 ① 〈2年〈〈

まず やってみよう！

427＋68 の 計算を ひっ算で しましょう。

```
   1
  427
+  68
-----
    5
   ↓
   1
  427
+  68
-----
   95
   ↓
   1
  427
+  68
-----
  495
```

❶ [一]のくらいを 計算する。

[7]＋[8]＝[15]の [5]を [一]のくらいに 書き，[十]のくらいに [1] くり上げる。

❷ つぎに，[十]のくらいを 計算する。

[1]＋[2]＋[6]＝[9]

❸ [百]のくらいの [4]を そのまま おろす。

❹ 答えは [495]に なる。

1 計算を しましょう。

526 ＋ 57	409 ＋ 83	758 ＋ 19	427 ＋ 33
372 ＋ 19	815 ＋ 27	539 ＋ 36	657 ＋ 7

こたえ→べっさつ31ページ

3 たし算(ざん)の ひっ算(さん) ② チャレンジ

まず やってみよう！

975＋486 の 計算(けいさん)を ひっ算で しましょう。

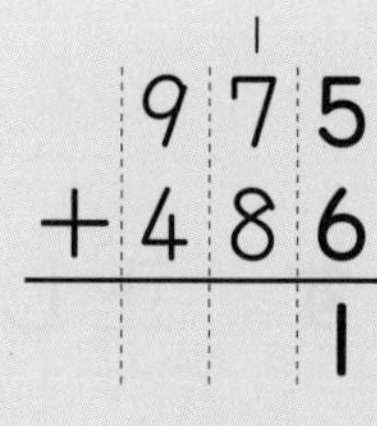
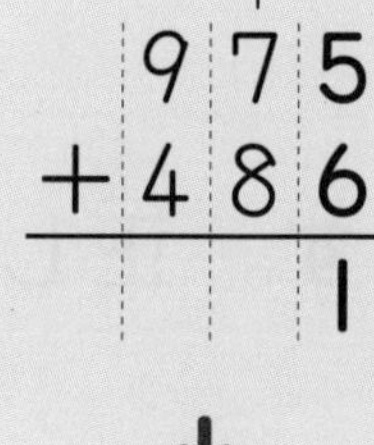

1 [一]のくらいを 計算する。

[5]＋[6]＝[11]の [1]を [一]のくらいに 書(か)き，[十]のくらいに [1] くり上(あ)げる。

2 つぎに，[十]のくらいを 計算する。

[1]＋[7]＋[8]＝[16]

3 さい後(ご)に，[百]のくらいを 計算する。

[1]＋[9]＋[4]＝[14]

4 答(こた)えは [1461]に なる。

ひっ算の しかたは，2けたの 数(かず)の 計算の ときと 同じだよ。

1 計算を しましょう。

304 ＋212	223 ＋559	438 ＋371	528 ＋652
497 ＋874	755 ＋697	896 ＋508	792 ＋208

こたえ→べっさつ31ページ

2 ひっ算でしましょう。

765＋83　　98＋609　　99＋905　　996＋7

3 つぎの　ひっ算は　まちがって　います。正しい答えを，(　)の　中に　書きましょう。

538	348	508	8
＋262	＋753	＋497	＋994
790	10911	995	1112
(　　)	(　　)	(　　)	(　　)

《はってん》

4 □に　あてはまる　数を　書きましょう。

2□8	88□	□05
＋67□	＋□92	＋3□8
□31	□5□9	100□

5 さきさんの　町には，2つの　小学校が　あります。東小学校には　659人，西小学校には　582人　います。2校　あわせて　何人　いますか。

(しき)

(答え)＿＿＿＿＿＿

こたえ → べっさつ32ページ

力を ためす もんだい

1 計算(けいさん)を しましょう。

300＋600　　　500＋500

400＋900　　　800＋700

2 計算を しましょう。

302 ＋ 29	625 ＋ 47	518 ＋ 43	729 ＋ 56
224 ＋351	758 ＋961	295 ＋307	493 ＋578
403 ＋156	458 ＋638	847 ＋567	507 ＋496
806 ＋ 95	47 ＋953	983 ＋ 18	5 ＋998

3 りょうさんは，お店(みせ)で，785円(えん)の 本(ほん)と 576円の ふでばこを 買(か)いました。2つ あわせた だい金(きん)は 何円(なんえん)ですか。

（しき）

（答(こた)え）

こたえ ➡ べっさつ32ページ

とっくんもんだい 1

1年

1 計算(けいさん)を　しましょう。

6＋2	4＋8	5＋0
0＋2	9＋1	0＋0
10＋8	14＋3	15＋2
40＋7	70＋2	50＋6
64＋5	53＋6	44＋3

1～2年

2 計算を　しましょう。

50＋30	40＋60	80＋30

2年・チャレンジ

3 計算を　しましょう。

400＋300	200＋700
300＋700	600＋800

1年

4 計算を　しましょう。

2＋5＋1	5＋4＋6
8＋2＋3	6＋5＋8

2年

5 くふうして　計算しましょう。

23＋14＋16	26＋25＋15
45＋38＋22	33＋19＋21

こたえ→べっさつ33ページ

2年

1 計算を しましょう。

63 +21	43 +38	75 +43	81 +65	29 +91
86 +79	78 +49	98 +27	93 + 7	6 +95

2年

2 計算を しましょう。

14 23 +32	12 28 +45	45 18 +57	36 27 +49	87 68 +49

2年・チャレンジ

3 計算を しましょう。

542 + 25	265 + 29	156 + 9	4 +388
546 +213	438 +925	361 +872	805 +195

2年

4 □に あてはまる 数を 書きましょう。

1 6 + 3 □ □ 4	□ 4 + 9 5 □ 4 □	□ □ + 7 8 □ 2 5

こたえ→べっさつ33ページ

第3章 ひき算

1 ひき算の いみ

指導のポイント この単元では，ひき算の意味を理解するとともに，日常のことがらから「求残」や「求差」の場面をとらえ，それらを記号を用いてひき算の式に表すことができるようにします。また，式を用いると，日常のことがらを数字や記号で簡単に表すことができるという利点を通して，式に表すことのよさに気づかせます。

1 ひき算の意味 〈1年〉

１つの数からある数を取り去って，残りの数を求める計算を**ひき算**といいます。ひき算は，**求残**と**求差**の２つの場面で用います。

2 求残と求差 〈1年〉

❶ 全体から一部を取った残りの数量を求めることを**求残**といいます。

【問題例】 ケーキが5個あります。2個食べると，残りは何個になりますか。

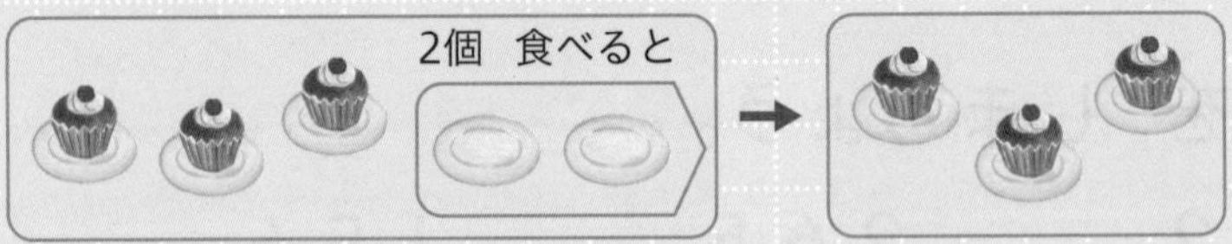

❷ ２つの集まりの中の個々の物を１対１対応させて，その対応からはずれた数量を求めることを**求差**といいます。

【問題例】 りんごが5個，みかんは2個あります。りんごはみかんより何個多いですか。

3 ひき算の式 〈1年〉

❶ 上の２つのことがらは，どちらも次のひき算の**式**で表すことができます。また，**答え**には問題に合わせて，「人」「個」「羽」などを適切に付けることができるようにします。

（式） 5－2＝3　（答え） 3個　（読み方は，「5ひく２は3」）

❷ 計算記号－の前の数を**ひかれる数**，後ろの数を**ひく数**といいます。

1 ひき算の しき 〈1年〈〈

まず やってみよう！

5羽 いました。のこりは 何羽に なりますか。

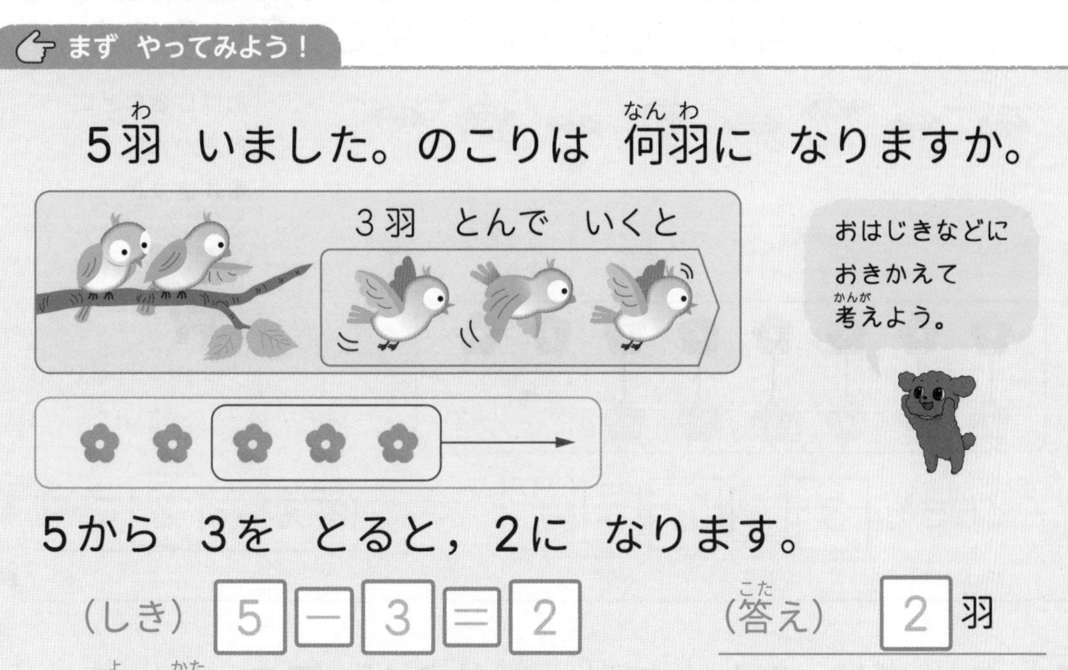

3羽 とんで いくと
おはじきなどに
おきかえて
考えよう。

5から 3を とると，2に なります。

（しき） 5 － 3 ＝ 2　（答え） 2 羽

（読み方） 5 ひく 3は 2

1 7こ ありました。のこりは 何こに なりますか。

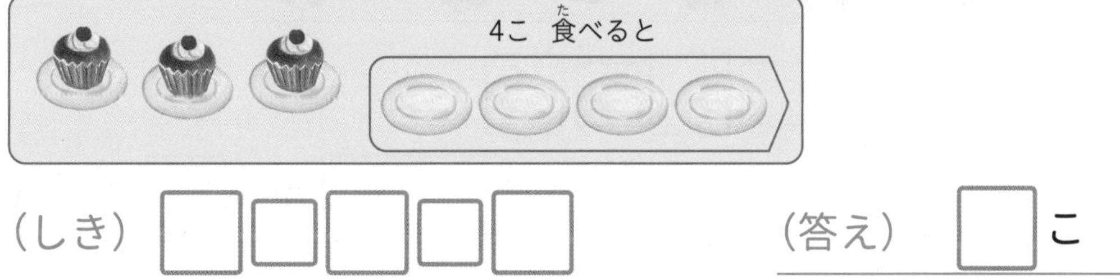

（しき） □□□□□　（答え） □ こ

2 8人 いました。のこりは 何人に なりますか。

（しき） □　（答え） □ 人

こたえ ➡ べっさつ34ページ

まず やってみよう！

カップケーキは　おさらより　何こ　多いですか。

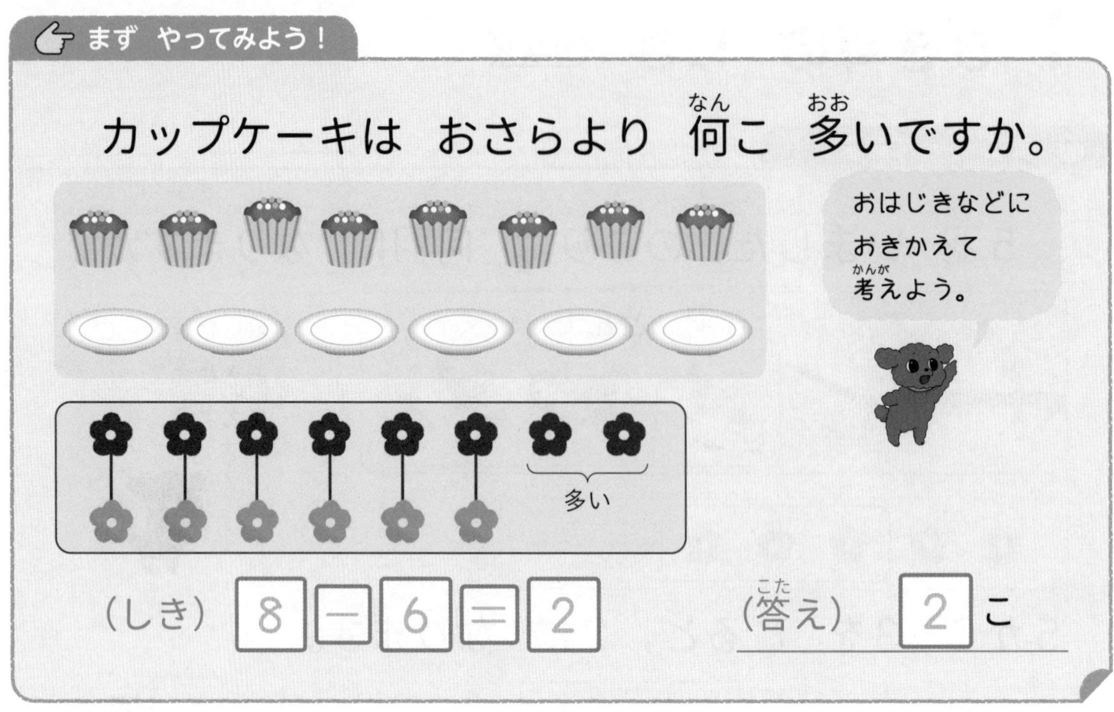

（しき）8 － 6 ＝ 2　　（答え）2 こ

1 りんごと　みかんでは，どちらが　何こ　多いですか。

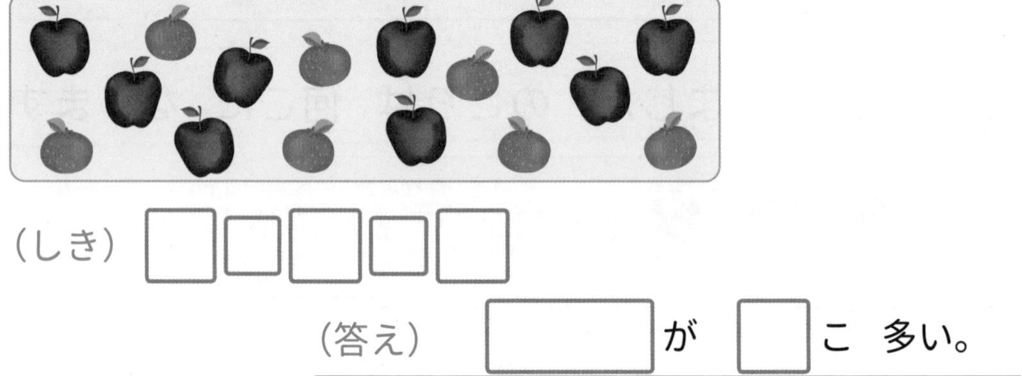

（しき）□□□□□

（答え）□ が □ こ　多い。

2 ちがいは　何本ですか。

（しき）□　　（答え）□ 本

こたえ ⇒ べっさつ34ページ

力をためすもんだい

1 7こ ありました。のこりは 何こに なりますか。

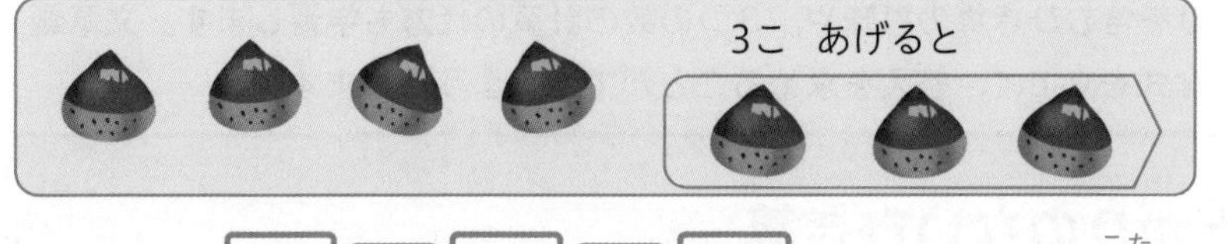

(しき) 　　(答え) 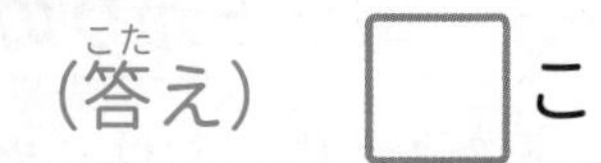 こ

2 赤い はたは 白い はたより 何本 多いですか。

(しき) □□□□□　　(答え) □ 本

3 ちがいは 何こですか。

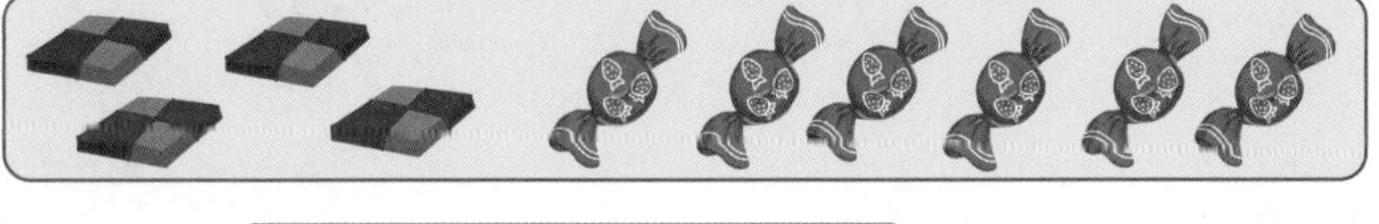

(しき) □　　(答え) □ こ

4 ねこと ねずみでは どちらが 何びき 多いですか。

(しき) □

(答え) □ が □ ぴき 多い。

こたえ→べっさつ35ページ

2 1けたの 数の ひき算

指導のポイント この単元では，１けたの数をひくひき算ができるようにします。この計算は，２年で学習するひき算の筆算の基礎になるもので，正確に速く計算できるようにします。また，０を含むひき算の意味や，３つの数の計算の仕方も学習します。文章題では，問題場面から適切な式を立てて，答えを求めることができるようにします。

1 繰り下がりのないひき算 1年

下のように，おはじきなどを使って，ひき算の仕方を考えます。

7 − 3 = 4

✿✿✿✿✿✿✿ ✿✿✿→✿✿✿✿

2 繰り下がりのあるひき算 1年

繰り下がりのあるひき算の仕方には，次の２つの方法があります。ふつうは，①のような「ひかれる数を分解して，10のまとまりをつくる」方法（減加法（げんかほう）という。）が用いられています。（②は減々法（げんげんほう）といい，「ひかれる数とひく数を分解して，10のまとまりをつくる」方法です。）

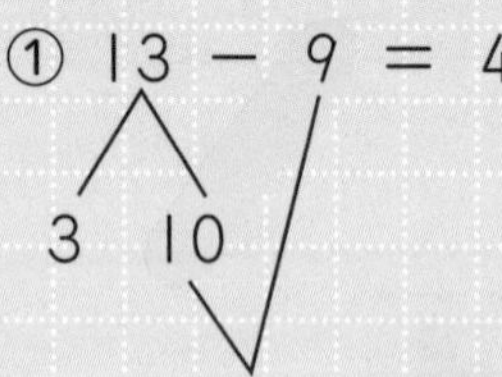

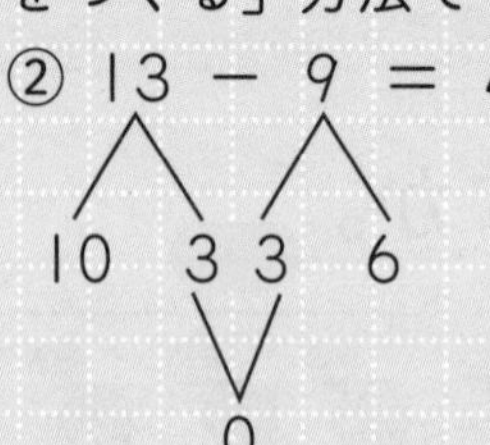

①は，3＋1＝4
②は，10−6＝4
になります。

3 0のひき算 1年

ある数から０をひいても，答えはある数のままで変わりません。また，同じ数どうしのひき算の答えは，０になります。

8−0＝8　　7−7＝0　　0−0＝0

4 3つの数の計算 1年

計算の式で数が３つになっても，前（左）から順に計算をしていきます。

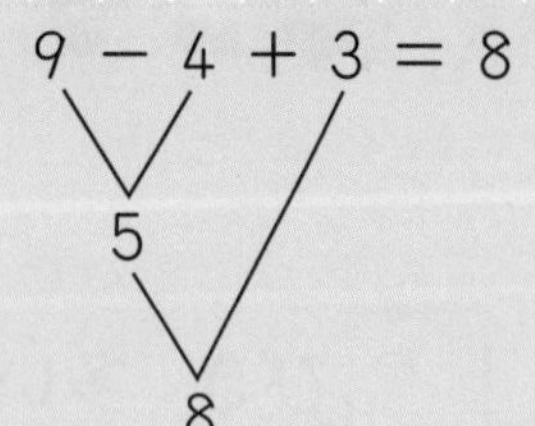

【計算の手順】

① 9から4をひく。
　9−4＝5

② 9から4をひいた答えに，3をたす。
　5＋3＝8

1 くり下がりの ない ひき算 ① 1年

まず やってみよう！

6－2 の 計算を しましょう。

① 6から 2 を ひく。

② 答えは 4 です。

③ しきに 書くと，

6 － 2 ＝ 4 です。

おはじきを つかって，考えよう。

1 計算を しましょう。

4－2	5－1	3－2	4－1
7－3	6－4	9－1	4－3
8－2	6－5	8－6	5－2
9－3	8－4	3－1	6－3
8－7	5－3	8－5	9－4

2 まん中の 数から まわりの 数を ひきましょう。

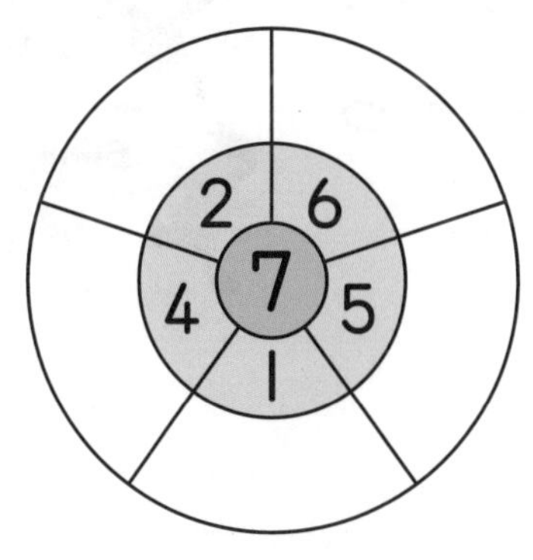

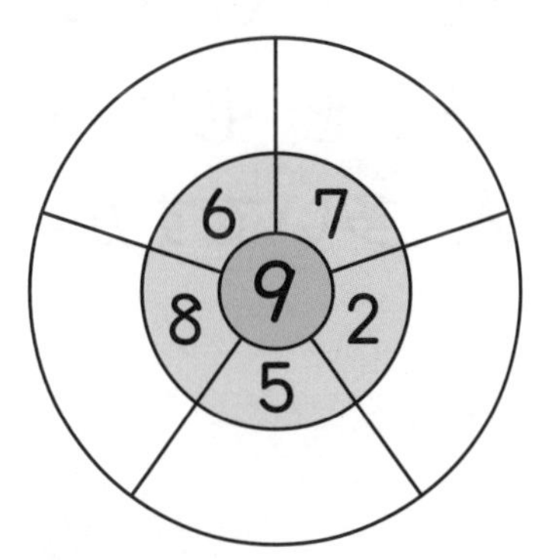

こたえ ➡ べっさつ35ページ

3 答(こた)えが 3に なる カードに ○，4に なる カードに △を つけましょう。

9－6　8－6　7－3　5－2　9－5

8－4　6－3　6－5　8－5　7－4

4 答えが 同(おな)じに なる カードを，線(せん)で むすびましょう。

8－2　5－4　7－2　7－5

・　・　・　・

・　・　・　・

6－5　4－2　9－3　8－3

5 みかんが，かごに 6こ ありました。みさきさんは，そのうち 2こ 食(た)べました。何(なん)こ のこって いますか。

（しき）

（答え）

6 男(おとこ)の子(こ)が 9人(にん)，女(おんな)の子が 7人で，おにごっこを して います。どちらが 何人 多(おお)いですか。

（しき）

（答え）

こたえ→べっさつ36ページ

2 くり下がりの ある ひき算 〈1年《

まず やってみよう！

12－9 の 計算を しましょう。

❶ 2から [9] は ひけない。

❷ 12を 2と [10] に 分ける。

❸ [10] から 9を ひくと，[1]

❹ 2と [1] で，[3]

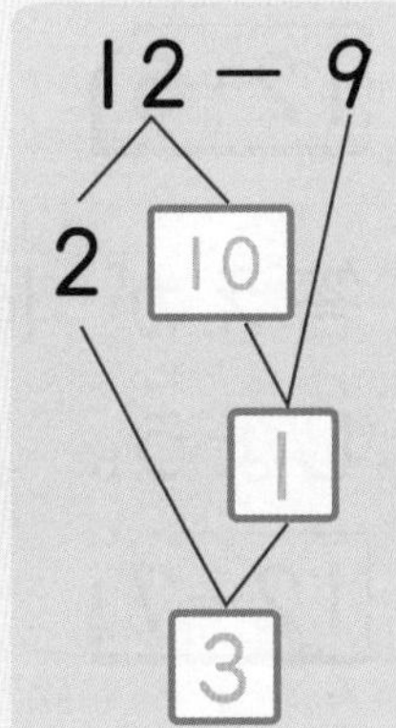

1 計算を しましょう。

14－8	11－9	15－6	16－7
15－8	12－4	16－9	11－4
11－2	17－9	13－6	14－6
11－7	14－5	18－9	17－8
15－7	11－6	14－7	15－9

2 まん中の 数から まわりの 数を ひきましょう。

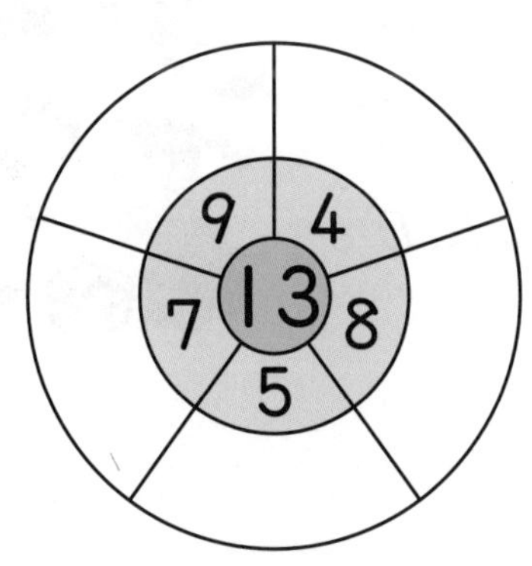

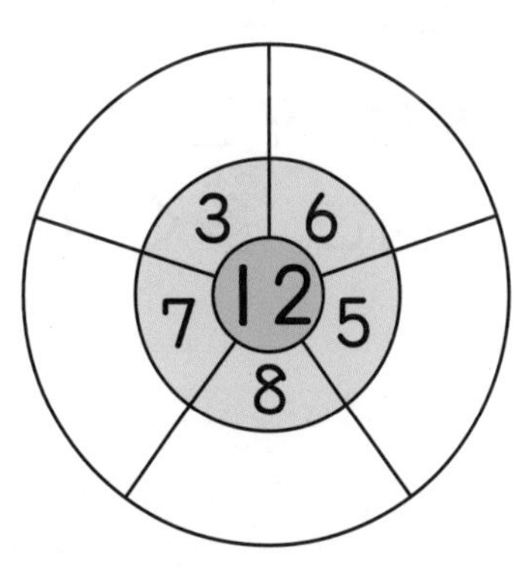

こたえ ➡ べっさつ36ページ

3 答えが 7に なる カードに ○，4に なる カードに △を つけましょう。

11−7	14−9	15−8	13−9	14−6
12−5	12−8	16−7	11−8	11−4

4 答えが 同じに なる カードを，線で むすびましょう。

12−7	11−3	14−5	15−9
・	・	・	・
・	・	・	・
16−8	11−5	15−6	13−8

5 けんじさんたちは，12人で あそんで いました。そのうち，3人が 帰りました。いま，何人 あそんで いますか。

（しき）

（答え）＿＿＿＿＿＿＿＿

6 くりひろいで，ななさんは 11こ，りきさんは 9こ ひろいました。どちらが 何こ 多く ひろいましたか。

（しき）

（答え）＿＿＿＿＿＿＿＿

こたえ→べっさつ37ページ

3 0の ひき算 〈1年〈〈

まず やってみよう！

金魚を すくいました。水そうに のこった 金魚の 数は いくつですか。

たけるさん

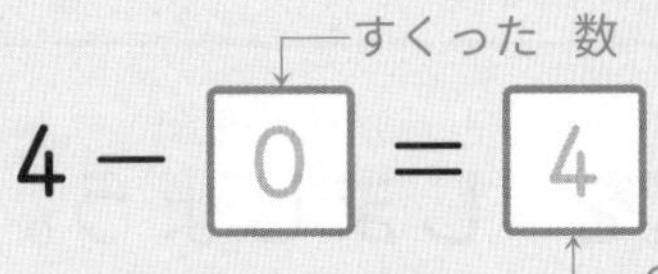

まみさん

すくった 数

4 − 0 = 4

のこった 数

1 計算を しましょう。

7 − 0	9 − 0	1 − 0	3 − 0
2 − 0	5 − 0	0 − 0	6 − 0
8 − 0	1 − 1	6 − 6	2 − 2
3 − 3	7 − 7	5 − 5	9 − 9

2 わなげで，みさきさんは 3こ 入り，れんさんは 1つも 入りませんでした。2人が 入れた わの 数の ちがいは 何こですか。

（しき）

（答え）

こたえ→べっさつ37ページ

4 くり下がりの ない ひき算 ② 1年

まず やってみよう！

17－4の 計算を しましょう。

❶ 一のくらいは，7－4＝ 3

❷ 十のくらいは，10が 1 つ

❸ 答えは， 13

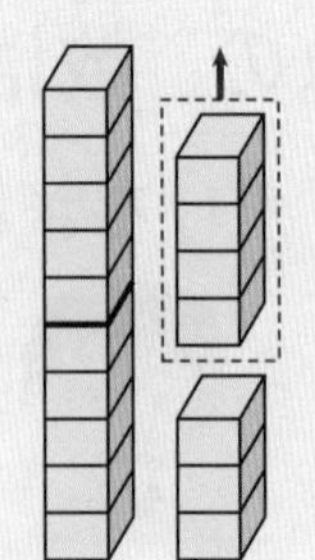

1 計算を しましょう。

13－2	16－4	19－5
27－7	29－5	38－6
42－2	56－3	87－5
68－7	49－9	34－2

2 いちごが 17こ あります。さくらさんは そのうち，6こ 食べました。いちごは 何こ のこって いますか。

（しき）

（答え）

3 色紙が 26まい あります。そのうち，4まい つかいました。何まい のこって いますか。

（しき）

（答え）

こたえ ➡ べっさつ38ページ

5 3つの 数の 計算 〈1年〈〈

まず やってみよう！

14－5－3 の 計算を しましょう。

❶ 14から 5を ひいて，［9］

❷ 14から 5を ひいた 答え から 3を ひいて，［6］

❸ 答えは，［6］に なります。

前から じゅんに ひいて いくよ。

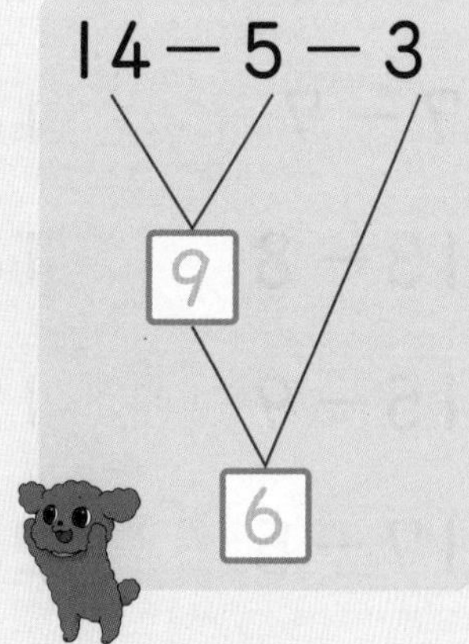

1 計算を しましょう。

9－4－3　　10－2－5　　13－8－2

12－4－5　　16－6－8　　15－3－6

2 計算を しましょう。

8－3＋5　　12－4＋6　　18－5＋2

4＋5－6　　6＋9－7　　4＋12－5

3 あゆみさんは，色紙を 15まい もって います。そのうち，6まい つかって，4まい もらいました。色紙は 何まいに なりましたか。

（しき）

（答え）

こたえ→べっさつ38ページ

力をためすもんだい ❶

1 計算(けいさん)を しましょう。

8－5　　9－7　　9－0　　6－3

7－7　　12－4　　15－6　　8－0

13－8　　16－7　　13－6　　15－8

15－9　　12－9　　16－8　　14－7

17－5　　25－4　　48－6　　36－3

2 いちごが 8こ あります。まさと さんは そのうち，5こ 食(た)べました。いま，何(なん)こ のこって いますか。

（しき）

（答(こた)え）

3 たての 数(かず)から よこの 数を ひきましょう。

－	7	3	9	0	6	8	5	4	1	2
9										
12										
16										
13										
19										

こたえ ➡ べっさつ39ページ

力をためすもんだい ❷

1 計算(けいさん)を しましょう。

10－3－6　　12－4－2　　15－5－8

7－3＋5　　5＋8－7　　16－4＋5

2 答(こた)えが 同(おな)じに なる カードを，線(せん)で むすびましょう。

16−8	12−9	12−7	9−2
7−4	13−6	13−5	10−5

3 色紙(いろがみ)が 12まい あります。そのうち，8まい つかいました。何(なん)まい のこって いますか。

（しき）

（答え）

4 18この いちごが ありました。妹(いもうと)に 5こ，弟(おとうと)に 4こ あげました。いちごは 何こ のこって いますか。

（しき）

（答え）

こたえ ⇒ べっさつ39ページ

力をのばすもんだい

《はってん》

1 □に あてはまる 数(かず)を 書(か)きましょう。

8－□＝5　　　□－4＝2

13－□＝4　　　□－8＝7

16－□＝14　　　□－3＝23

2 答(こた)えが 大(おお)きい ほうに ○を つけましょう。

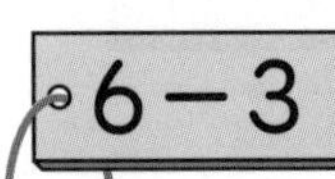

13－5 / 11－9

10－4 / 12－7

6－3 / 15－6

11－2 / 17－9

《はってん》

3 計算(けいさん)を しましょう。

18－9－4－3　　　19－6－3－7

4＋5－7＋3　　　10－2＋5－6

17－4＋5－1　　　16＋2－7－8

4 玉入(たまい)れで，赤組(あかぐみ)は 11こ，白組(しろぐみ)は 9こ 入れました。どちらの 組(くみ)が 何(なん)こ 多(おお)く 入れましたか。

（しき）

（答え）

こたえ ➡ べっさつ40ページ

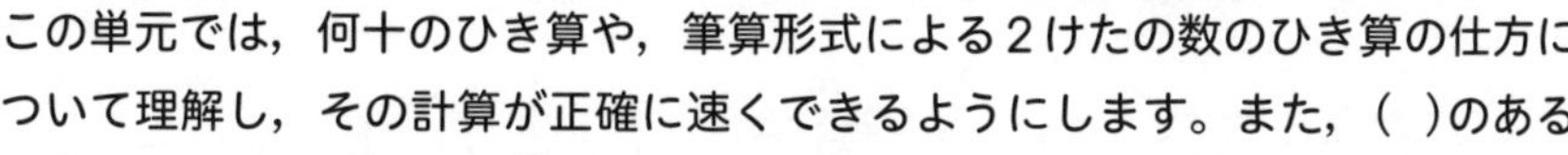

3 2けたの 数の ひき算

指導のポイント この単元では，何十のひき算や，筆算形式による２けたの数のひき算の仕方について理解し，その計算が正確に速くできるようにします。また，（ ）のある式の計算の仕方を理解し，その計算ができるようにします。

1 2けたの数のひき算の筆算の仕方 〈2年〈〈

２けたの数のひき算の筆算の仕方は，次のようにします。

❶ 位を縦にそろえて，数字を書く。
❷ 一の位のひき算をする。（繰り下がりに注意する）
❸ 十の位のひき算をする。（繰り下がりに注意する）

5←１繰り下げたので，十の位の６を消して，小さく５を書く。
$$\begin{array}{r} 62 \\ -38 \\ \hline 24 \end{array}$$

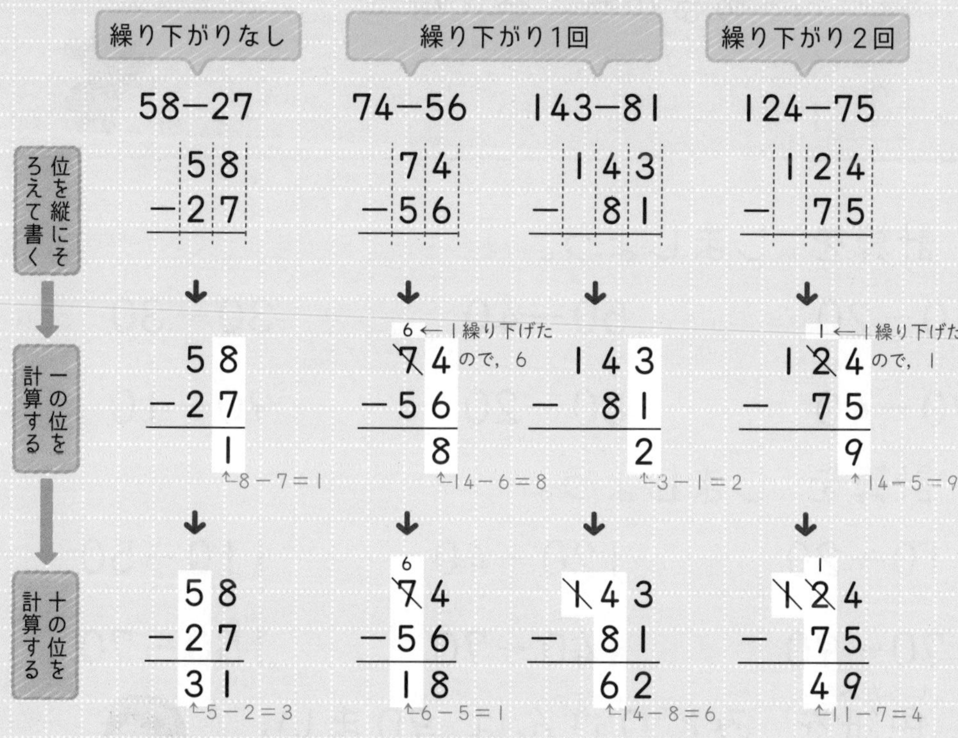

2 （ ）のある計算 〈2年〈〈

（ ）のある式の計算では，（ ）の中を先に計算します。

47−(23＋15)＝9

【計算の手順】

① （ ）の中を先に計算する。
　23＋15＝38
② 47から（ ）の中の答えをひく。
　47−38＝9

1 何十(なんじゅう)の ひき算(ざん) 〈1～2年《

まず やってみよう！

50－30 の 計算(けいさん)を しましょう。

❶ 50は 10が 5 こ

❷ 30は 10が 3 こ

❸ 10が 5 － 3 ＝ 2 で

2 こ あるから，答(こた)えは

20

50－30

10 10 10 10 10

10の まとまりが
何こ あるかな。

1 計算を しましょう。

40－20　　50－40　　30－30

90－40　　80－20　　90－10

2 計算を しましょう。

110－20　　120－40　　110－50

170－90　　140－70　　150－70

3 色紙(いろがみ)を みどりさんは 90まい，あやねさんは 60まい もって います。2人(ふたり)の もって いる 色紙の ちがいは 何まいですか。

（しき）

（答え）

こたえ ➡ べっさつ40ページ

2 くり下がりの ない ひっ算 〈2年〈〈

まず やってみよう！

86－52 の 計算を ひっ算で しましょう。

```
  8 6
－5 2
―――――
  ↓
  8 6
－5 2
―――――
    4
  ↓
  8 6
－5 2
―――――
  3 4
```

❶ くらいを [たて] に そろえて 書く。

❷ [一] のくらいを 計算する。
[6] － [2] ＝ [4] の [4] を，[一] のくらいに 書く。

❸ つぎに，[十] のくらいを 計算する。
[8] － [5] ＝ [3] の [3] を，[十] のくらいに 書く。

くらいごとに，1けたの 数の ひき算 を すれば いいよ。

❹ 答えは [34] に なる。

1 ひっ算で しましょう。

78－43

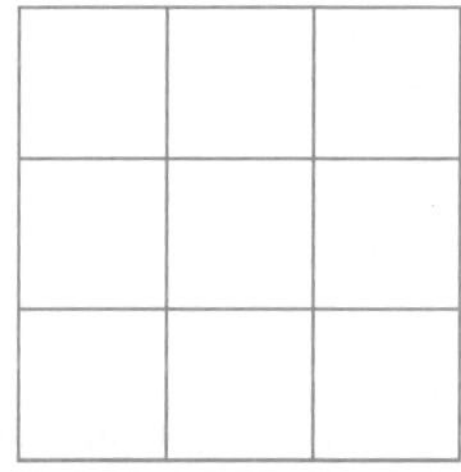

93－40

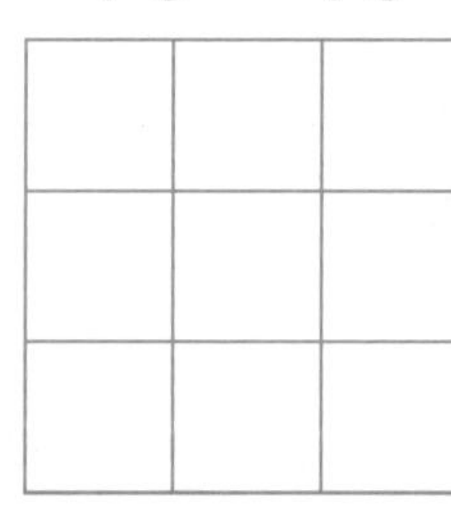

54－4

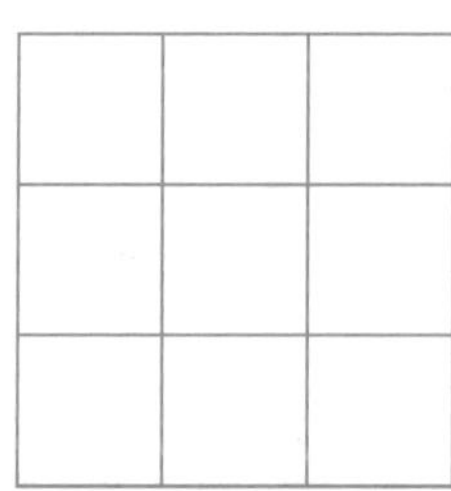

2 計算を しましょう。

```
  9 7     4 5     7 4     5 6     6 8
－5 1   －2 5   －7 0   －4 3   －  7
―――――   ―――――   ―――――   ―――――   ―――――
```

こたえ ⇒ べっさつ41ページ

3　ひき算(ざん)は，答(こた)えに　ひく数(かず)を　たすと，ひかれる数に　なります。この　ことを　つかって，つぎの　計算(けいさん)の　たしかめを　して，答えが　あって　いれば　○，まちがって　いれば　×を，(　)に　書(か)きましょう。

```
  86         67         45         79
－24       －25       －12       －48
────       ────       ────       ────
  62         52         57         31
(   )      (   )      (   )      (   )
```

(たしかめ)　(たしかめ)　(たしかめ)　(たしかめ)

《はってん》

4　□に　あてはまる　数を　書きましょう。

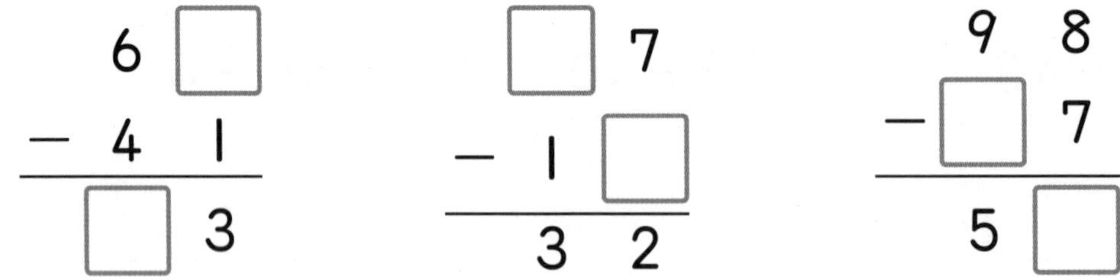

5　はるとさんの　小学校(しょうがっこう)の　2年生(ねんせい)は　85人(にん)　います。そのうち，男(おとこ)の子(こ)は　41人です。女(おんな)の子は　何人(なんにん)ですか。

(しき)

(答え)

こたえ ⇒ べっさつ41ページ

3 くり下(さ)がりの ある ひっ算(さん) ① 〈2年〈〈

まず やってみよう！

82－39 の 計算(けいさん)を ひっ算で しましょう。

```
  8 2
－3 9
-----

   7
  8 2
－3 9
-----
    3

   7
  8 2
－3 9
-----
  4 3
```

❶ くらいを [たて] に そろえて 書(か)く。

❷ [一] のくらいを 計算する。
[2] から [9] は ひけないので，
[十] のくらいから [1] くり下げる。
[12] － [9] ＝ [3] の [3] を，[一] のくらいに 書く。

❸ つぎに，[十] のくらいを 計算する。
[8] から [1] を くり下げたので，
[7]。[7] － [3] ＝ [4] の [4] を，
[十] のくらいに 書く。

❹ 答(こた)えは [43] に なる。

くり下がりに 気(き)を つけよう。

1 ひっ算で しましょう。

73－26

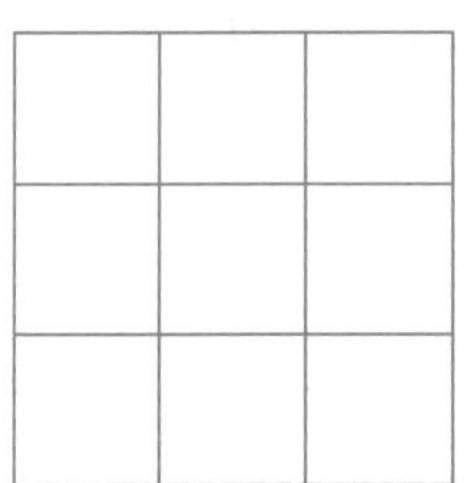

95－68

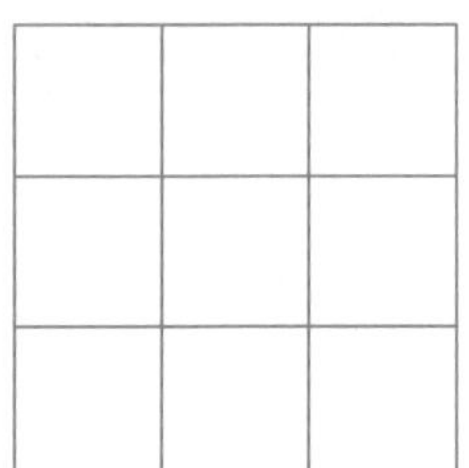

85－9

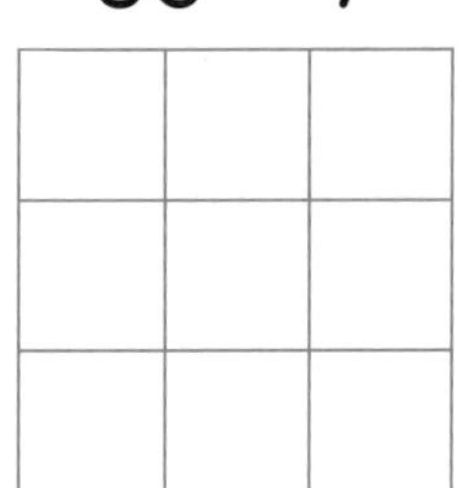

こたえ ⇒ べっさつ42ページ

2 計算を しましょう。

$\begin{array}{r} 76 \\ -28 \\ \hline \end{array}$ $\begin{array}{r} 83 \\ -36 \\ \hline \end{array}$ $\begin{array}{r} 52 \\ -24 \\ \hline \end{array}$ $\begin{array}{r} 90 \\ -15 \\ \hline \end{array}$ $\begin{array}{r} 31 \\ -19 \\ \hline \end{array}$

$\begin{array}{r} 54 \\ -46 \\ \hline \end{array}$ $\begin{array}{r} 62 \\ -56 \\ \hline \end{array}$ $\begin{array}{r} 81 \\ -73 \\ \hline \end{array}$ $\begin{array}{r} 40 \\ -\ \ 8 \\ \hline \end{array}$ $\begin{array}{r} 33 \\ -\ \ 7 \\ \hline \end{array}$

3 つぎの ひっ算は まちがって います。正しい 答えを，(　)の 中に 書きましょう。

$\begin{array}{r} 93 \\ -26 \\ \hline 73 \end{array}$ $\begin{array}{r} 50 \\ -37 \\ \hline 87 \end{array}$ $\begin{array}{r} 74 \\ -58 \\ \hline 26 \end{array}$ $\begin{array}{r} 72 \\ -\ \ 6 \\ \hline 12 \end{array}$

(　　)　(　　)　(　　)　(　　)

《はってん》

4 □に あてはまる 数を 書きましょう。

$\begin{array}{r} \square\ 2 \\ -\ 3\ 7 \\ \hline 4\ \square \end{array}$ $\begin{array}{r} 9\ \square \\ -\ \square\ 1 \\ \hline 2\ 9 \end{array}$ $\begin{array}{r} \square\ 6 \\ -\ 8\ \square \\ \hline 7 \end{array}$

5 96ページ ある 絵本を，かずきさんは きのう 38ページ 読みました。あと 何ページ のこって いますか。

（しき）

（答え）

こたえ ➡ べっさつ42ページ

4 くり下(さ)がりの ある ひっ算(さん) ② 〈2年〈〈

まず やってみよう！

116－74 の 計算(けいさん)を ひっ算で しましょう。

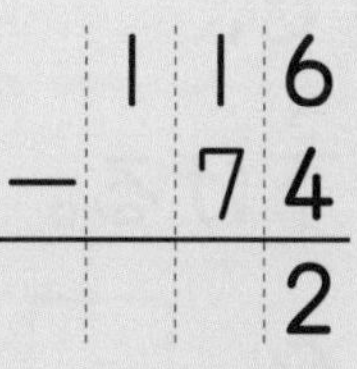

❶ 一 のくらいを 計算する。

6 － 4 ＝ 2 の 2 を，一 のくらいに 書(か)く。

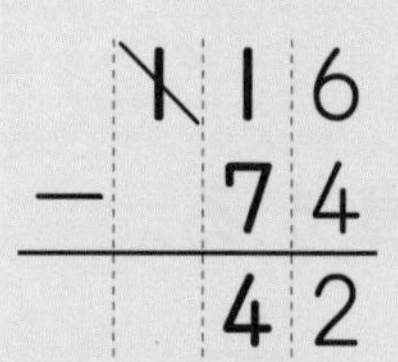

❷ つぎに，十 のくらいを 計算する。

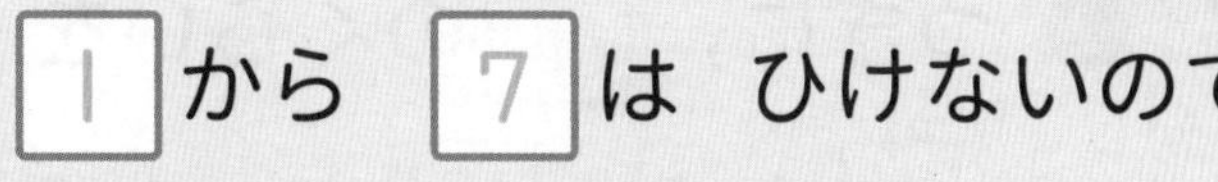

1 から 7 は ひけないので，百 のくらいから 1 くり下げる。

11 － 7 ＝ 4 の 4 を，十 のくらいに 書く。

❸ 答(こた)えは 42 に なる。

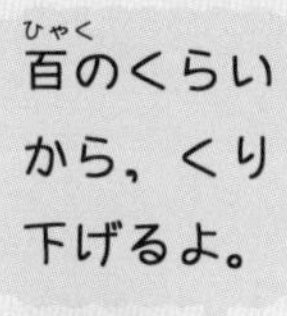

1 計算を しましょう。

137 － 62	112 － 81	154 － 70	108 － 58

2 ひっ算で しましょう。

116－46　　135－74　　128－53　　105－40

こたえ ➡ べっさつ43ページ

まず やってみよう！

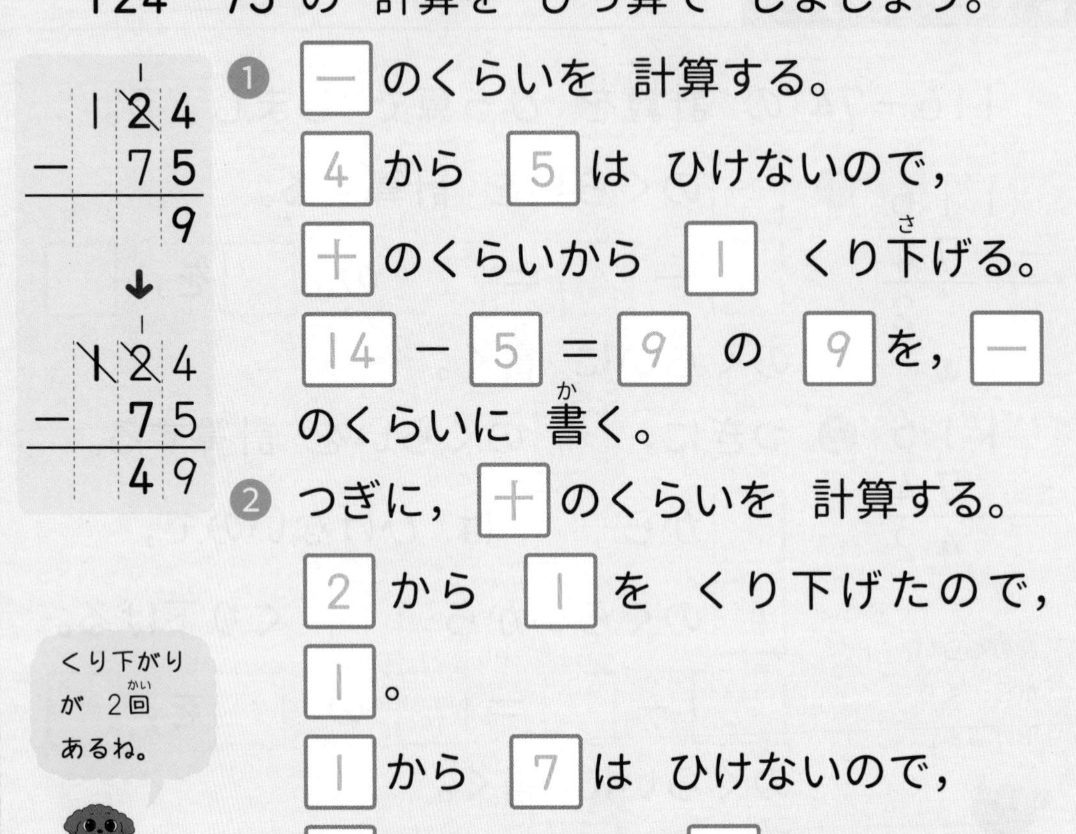
124－75 の 計算を ひっ算で しましょう。
1 2 4
－ 7 5
9
1 2 4
－ 7 5
4 9
❶ 一 のくらいを 計算する。
4 から 5 は ひけないので，
十 のくらいから 1 くり下げる。
14 － 5 ＝ 9 の 9 を，一 のくらいに 書く。
❷ つぎに，十 のくらいを 計算する。
2 から 1 を くり下げたので，
1 。
1 から 7 は ひけないので，
百 のくらいから 1 くり下げる。
11 － 7 ＝ 4 の 4 を，十 のくらいに 書く。
❸ 答えは 49 に なる。
くり下がり が 2回 あるね。

1 ひっ算で しましょう。

137－49　　120－25　　102－96　　108－9

こたえ→べっさつ43ページ

2 計算を しましょう。

$$\begin{array}{r} 142 \\ -\ \ 93 \\ \hline \end{array} \qquad \begin{array}{r} 135 \\ -\ \ 48 \\ \hline \end{array} \qquad \begin{array}{r} 106 \\ -\ \ 98 \\ \hline \end{array} \qquad \begin{array}{r} 103 \\ -\ \ 25 \\ \hline \end{array}$$

$$\begin{array}{r} 128 \\ -\ \ 49 \\ \hline \end{array} \qquad \begin{array}{r} 110 \\ -\ \ 45 \\ \hline \end{array} \qquad \begin{array}{r} 101 \\ -\ \ \ 6 \\ \hline \end{array} \qquad \begin{array}{r} 105 \\ -\ \ \ 9 \\ \hline \end{array}$$

《はってん》

3 ひっ算で しましょう。

46−19−18　　38+25−54　　62−18+26

《はってん》

4 □に あてはまる 数を 書きましょう。

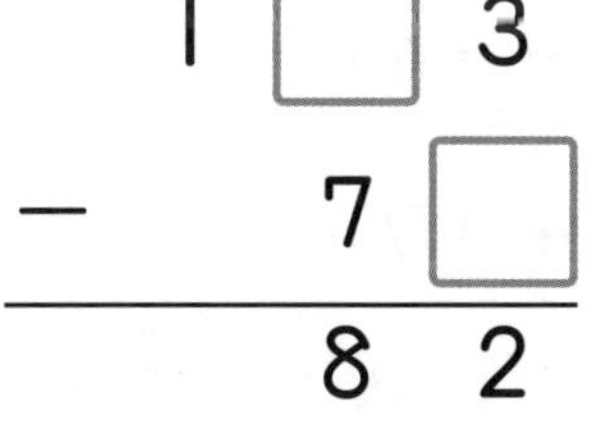

$$\begin{array}{r} 1\square 3 \\ -\ \ 7\square \\ \hline 82 \end{array} \qquad \begin{array}{r} 12\square \\ -\ \ \square 3 \\ \hline 79 \end{array} \qquad \begin{array}{r} 10\square \\ -\ \ 68 \\ \hline \square 7 \end{array}$$

5 あかねさんの 小学校の 1年生は 95人です。2年生は 113人です。2年生は，1年生よりも 何人 多いですか。

（しき）

（答え）

こたえ ➡ べっさつ44ページ

5 (　)の ある 計算 2年

まず やってみよう！

(　)の ある 計算を しましょう。

❶ 50－(30＋14)＝50－ 44 ……㋐

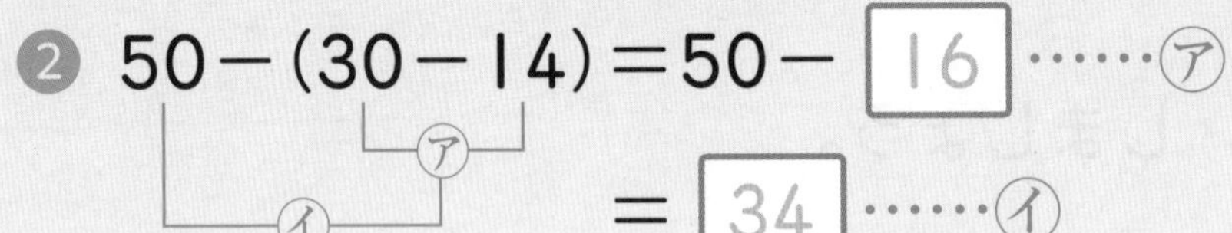

＝ 6 ……㋑

❷ 50－(30－14)＝50－ 16 ……㋐

＝ 34 ……㋑

(　)の 中は 先に 計算を するんだよ。

1 計算を しましょう。

43－(11＋19)　　62－(12＋26)

35－(30－15)　　56－(31－12)

2 計算を しましょう。

24＋(42＋18)　　37＋(50－14)

52－(34－19)　　74－(28＋17)

3 つぎの もんだいを，(　)の ある しきに 書いて 答えましょう。

ゆうやさんは 色紙を 42まい もって います。そのうち，14まいを 弟に，16まいを 妹に あげました。色紙は 何まい のこって いますか。

(しき)

(答え)

こたえ→べっさつ44ページ

力をためすもんだい ①

1 計算(けいさん)を しましょう。

80－30　　50－20　　60－10

90－90　　120－50　　160－70

100－40　　130－50　　110－90

2 計算を しましょう。

80－(45－35)　　39－(52－17)

76＋(92－58)　　27＋(38－25)

58－(19＋21)　　62－(30＋21)

3 計算を しましょう。

$$\begin{array}{r}34\\-22\\\hline\end{array}\quad\begin{array}{r}58\\-16\\\hline\end{array}\quad\begin{array}{r}75\\-31\\\hline\end{array}\quad\begin{array}{r}47\\-45\\\hline\end{array}\quad\begin{array}{r}63\\-\ \ 3\\\hline\end{array}$$

$$\begin{array}{r}82\\-34\\\hline\end{array}\quad\begin{array}{r}51\\-17\\\hline\end{array}\quad\begin{array}{r}67\\-38\\\hline\end{array}\quad\begin{array}{r}34\\-25\\\hline\end{array}\quad\begin{array}{r}78\\-\ \ 9\\\hline\end{array}$$

4 くりひろいで，たつやさんは 30こ，のりかさんは 50こ ひろいました。どちらが 何(なん)こ 多(おお)く ひろいましたか。

（しき）

（答(こた)え）

こたえ ➡ べっさつ45ページ

力をためすもんだい ❷

1 計算を しましょう。

121 − 51	156 − 90	143 − 62	107 − 24
114 − 78	128 − 39	153 − 54	162 − 95
135 − 76	120 − 38	146 − 89	181 − 98
105 − 78	102 − 43	105 − 16	100 − 27

2 うんどう会で 玉入れを しました。赤組は 124こ，白組は 96こ 入りました。白組は，赤組より何こ 少なかったですか。

（しき）

（答え）

3 りえこさんは 142ページ ある 本を 95ページ 読みました。あと，何ページ のこって いますか。

（しき）

（答え）

こたえ ➡ べっさつ45ページ

力をのばすもんだい

1 計算を しましょう。

$$\begin{array}{r} 105 \\ -\ \ 98 \\ \hline \end{array} \qquad \begin{array}{r} 103 \\ -\ \ 97 \\ \hline \end{array} \qquad \begin{array}{r} 100 \\ -\ \ 91 \\ \hline \end{array} \qquad \begin{array}{r} 106 \\ -\ \ 99 \\ \hline \end{array}$$

$$\begin{array}{r} 105 \\ -\ \ \ 6 \\ \hline \end{array} \qquad \begin{array}{r} 100 \\ -\ \ \ 5 \\ \hline \end{array} \qquad \begin{array}{r} 107 \\ -\ \ \ 9 \\ \hline \end{array} \qquad \begin{array}{r} 101 \\ -\ \ \ 4 \\ \hline \end{array}$$

《はってん》

2 ひっ算で しましょう。

83−38−21　　48−19＋31　　54＋29−47

《はってん》

3 □に あてはまる 数を 書きましょう。

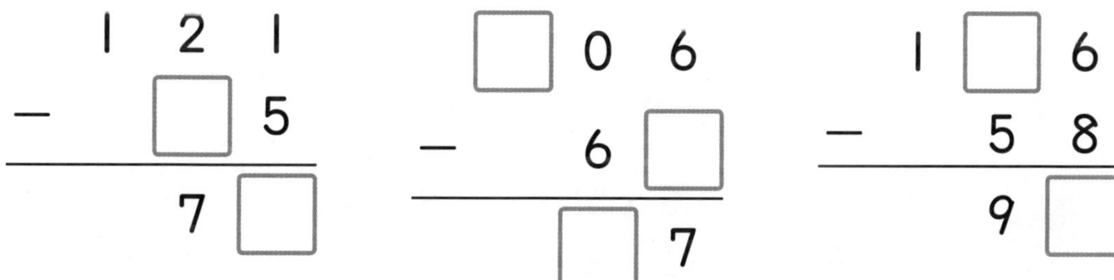

$$\begin{array}{r} 121 \\ -\ \square 5 \\ \hline 7\square \end{array} \qquad \begin{array}{r} \square 06 \\ -\ \ 6\square \\ \hline \square 7 \end{array} \qquad \begin{array}{r} 1\square 6 \\ -\ \ 58 \\ \hline 9\square \end{array}$$

4 たろうさんの 小学校の 2年生は 134人 います。そのうち，男の子は 65人です。女の子は 何人 いますか。

(しき)

(答え)

こたえ→べっさつ46ページ

4　3けたの　数の　ひき算

指導のポイント　この単元では，何百のひき算や，筆算形式による3けたの数のひき算の仕方について理解し，その計算が正確にできるようにします。この計算は3年で学習する内容ですが，2けたの数のひき算の筆算の仕方と同じようにすればよいことを教えます。

1　筆算の仕方

チャレンジ

ひき算の筆算は，けた数が多くなっても，位を縦にそろえて数字を書き，一の位から順にひき算をします。その際，繰り下がりを忘れないように注意します。

	繰り下がり1回		繰り下がり2回	
	472−168	325−173	924−365	303−167
位を縦にそろえて書く	472 −168	325 −173	924 −365	303 −167
一の位を計算する	1繰り下げたので，6 4	2	1繰り下げたので，1 9	百の位から順に繰り下げる。 6
	12−8＝4	5−3＝2	14−5＝9	13−7＝6
十の位を計算する	04	1繰り下げたので，2 52	1繰り下げたので，8 59	36
	6−6＝0	12−7＝5	11−6＝5	9−6＝3
百の位を計算する	304	152	559	136
	4−1＝3	2−1＝1	8−3＝5	2−1＝1

1 何百の ひき算 〈2年・チャレンジ〈〈

まず やってみよう！

600－300 の 計算を しましょう。

❶ 600は 100が 6 こ

❷ 300は 100が 3 こ

❸ 100が 6 － 3 ＝ 3

で 3 こ あるから，答えは 300

600－300

100 100 100 100 100 100

100の まとまりが 何こ あるかを 考えよう。

1 計算を しましょう。

500－300　　　700－400

900－600　　　600－200

2 計算を しましょう。

1000－600　　　1200－400

1500－900　　　1400－700

3 おりづるを，ゆうなさんは 300羽，妹は 200羽 つくりました。ゆうなさんは 妹より 何羽 多く つくりましたか。

（しき）

（答え）

こたえ ➡ べっさつ46ページ

2 ひき算(ざん)の ひっ算(さん) ① 〈2年〈〈

まず やってみよう！

472－49 の 計算(けいさん)を ひっ算で しましょう。

```
   6
 4 7 2
－  4 9
―――――
     3
   ↓
   6
 4 7 2
－  4 9
―――――
   2 3
   ↓
   6
 4 7 2
－  4 9
―――――
 4 2 3
```

❶ [一]のくらいを 計算する。

[2]から [9]は ひけないので，

[十]のくらいから [1] くり下(さ)げる。

[12]－[9]＝[3] の [3]を，[一]のくらいに 書(か)く。

❷ [十]のくらいを 計算する。

[6]－[4]＝[2]

❸ [百]のくらいの [4]を そのまま おろす。

❹ 答(こた)えは [423]に なる。

1 計算を しましょう。

758 － 39	362 － 28	595 － 67	145 － 19
820 － 13	487 － 48	996 － 49	463 － 6

こたえ ➡ べっさつ47ページ

3 ひき算の ひっ算 ② チャレンジ

まず やってみよう！

635－389 の 計算を ひっ算で しましょう。

```
   2
 6 3̸ 5
-3 8 9
------
     6
   ↓
 5 2
 6̸ 3̸ 5
-3 8 9
------
   4 6
   ↓
 5 2
 6̸ 3̸ 5
-3 8 9
------
 2 4 6
```

1 [一] のくらいを 計算する。
[5] から [9] は ひけないので，
[十] のくらいから [1] くり下げる。
[15] － [9] ＝ [6] の [6] を，[一] のくらいに 書く。

2 つぎに，[十] のくらいを 計算する。
[12] － [8] ＝ [4]

3 さい後に [百] のくらいを 計算する。
[5] － [3] ＝ [2]

4 答えは [246] に なる。

ひっ算の しかたは，2けたの 数の 計算の ときと 同じだよ。

1 計算を しましょう。

```
  837     751     487     812
 -216    -238    -293    -574

  300     604     401     806
 -297    -509    - 65    -  7
```

こたえ ⇒ べっさつ47ページ

2 ひっ算で しましょう。

704－309　492－395　504－78　702－3

3 つぎの ひっ算は まちがって います。正しい 答えを，(　)の 中に 書きましょう。

$$\begin{array}{r} 867 \\ -695 \\ \hline 232 \end{array} \quad \begin{array}{r} 503 \\ -205 \\ \hline 308 \end{array} \quad \begin{array}{r} 602 \\ -\ 49 \\ \hline 563 \end{array} \quad \begin{array}{r} 408 \\ -\ \ 9 \\ \hline 499 \end{array}$$

(　　)　(　　)　(　　)　(　　)

《はってん》

4 □に あてはまる 数を 書きましょう。

$$\begin{array}{r} \square\,4\,1 \\ -\ 6\,\square\,9 \\ \hline 1\,6\,\square \end{array} \quad \begin{array}{r} 3\,2\,\square \\ -\ 1\,\square\,9 \\ \hline \square\,6\,5 \end{array} \quad \begin{array}{r} 4\,\square\,5 \\ -\ \square\,4\,6 \\ \hline 1\,5\,\square \end{array}$$

5 まなみさんの 町には，2つの 小学校が あります。北小学校には 652人，南小学校には 589人 います。どちらの 小学校が 何人 多いですか。

(しき)

(答え)

こたえ→べっさつ48ページ

力をためすもんだい

1 計算を しましょう。

500－200　　　　1000－300

1500－600　　　　1800－900

2 計算を しましょう。

354 －　28	571 －　46	462 －　58	783 －　9
758 －446	362 －192	453 －216	609 －537
537 －169	684 －598	826 －157	602 －145
403 －387	603 －595	707 －　68	503 －　8

3 かずきさんは，324ページの 本を きのう 135ページ，今日 97ページ 読みました。あと，何ページ のこって いますか。

（しき）

（答え）

こたえ→べっさつ48ページ

≫1年

1 計算(けいさん)を　しましょう。

5－2　　9－9　　8－0

11－9　　0－0　　17－8

14－4　　18－2　　16－5

38－8　　25－5　　56－6

48－7　　64－3　　87－5

≫1～2年

2 計算を　しましょう。

60－40　　100－70　　120－50

≫2年・チャレンジ

3 計算を　しましょう。

700－400　　500－100

1000－300　　1400－600

≫1年

4 計算を　しましょう。

8－2－4　　12－3－7

6＋10－5　　14－4＋2

≫2年

5 計算を　しましょう。

29－(16－12)　　30－(35－33)

45－(28＋12)　　67－(30＋27)

26＋(31－25)　　37＋(29－18)

こたえ → べっさつ49ページ

とっくんもんだい ❷

》2年〉

1 計算(けいさん)を　しましょう。

58 −21	67 −24	72 −48	58 −29	74 −68
124 − 51	151 − 68	136 − 69	103 − 7	

》2年〉

2 ひっ算で　しましょう。

56−38−12　　35+29−47　　43−15+24

》2年・チャレンジ〉

3 計算を　しましょう。

582 − 49	365 − 37	215 − 8	706 −342
832 −575	305 −149	627 −289	681 −483

》2年〉

4 □に　あてはまる　数(かず)を　書(か)きましょう。

□1 − 2□ 19	□02 − □8 5□	□1□ − 76 □9

こたえ→べっさつ49ページ

第4章　たし算と　ひき算

1　図を　かいて　考える

指導のポイント　この単元では，1・2年で取り扱う文章題と，その解き方を学習します。文章題のねらいは，子どもに「考える力」を身につけさせることにあります。問題を解くときは，「どのように筋道を立てて考えたのか」という思考の過程を大切にしましょう。そして，その有効な手段として，問題の場面を図に表すことを学びます。

1　順序数の問題の解き方　〈1年〉

❶ 1列に並んでいるものの順番や全体の数量などを求める問題を，**順序数の問題**といいます。

❷ 順序数の問題（121・122ページ）を解くには，問題の場面を○の図に表して視覚的に考えることが大切です。

2　置き換える問題の解き方　〈1年〉

❶ 「人数」と「個数」のように，2つの異なる種類の数量があるとき，一方の数量を他方の数量に1対1対応させて置き換え，同じ種類の数量にして解く問題を，**置き換える問題**といいます。

❷ 置き換える問題（123・124ページ）を解くには，「何を求めるのか」を，○の図に表してはっきりさせ，「何を何に置き換えるのか」を明らかにすることが大切です。

3　求大・求小の問題の解き方　〈2年〉

❶ 2つの数量の違いから大きいほうの数量を求める問題を**求大の問題**といい，小さいほうの数量を求める問題を**求小の問題**といいます。

❷ 求大・求小の問題（125・126ページ）では，2つの数量の大小関係を2本のテープ図に表して，視覚的にとらえることが大切です。

4　逆思考の問題の解き方　〈2年〉

❶ わからない数量が問題の中にあって，問題の場面をそのまま式に表せない問題を，**逆思考の問題**といいます。

❷ 逆思考の問題（127・128ページ）を解くには，わからない数量を□として，**テープ図**に表して，数量間の全体と部分の関係を視覚的にとらえることが大切です。

1 図を かいて 考える ① 〈1年〈〈

ゆかりさんは，前から 5番目です。ゆかりさんの 後ろには 6人 います。みんなで 何人 いますか。

（図）

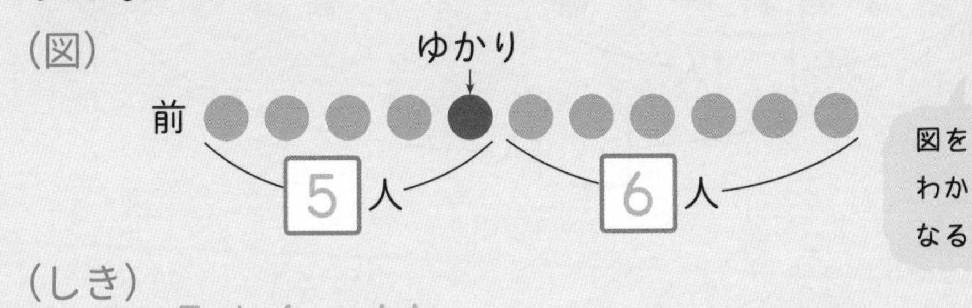

図を かくと，
わかりやすく
なるよ。

（しき） 5＋6＝11

（答え） 11人

1 りきさんの 前に 7人 います。りきさんは 後ろから 5番目です。みんなで 何人 いますか。

（図）

（しき）

（答え）

《はってん》

2 ゆりさんは 前から 5番目です。ひろきさんは，ゆりさんの 後ろから かぞえて 4番目です。ひろきさんは 前から 何番目ですか。

（しき）

（答え）

こたえ ➡ べっさつ50ページ

まず やってみよう！

子どもが 14人 ならんで います。ひなのさんは 前から 7番目です。ひなのさんの 後ろには 何人 いますか。

(図)

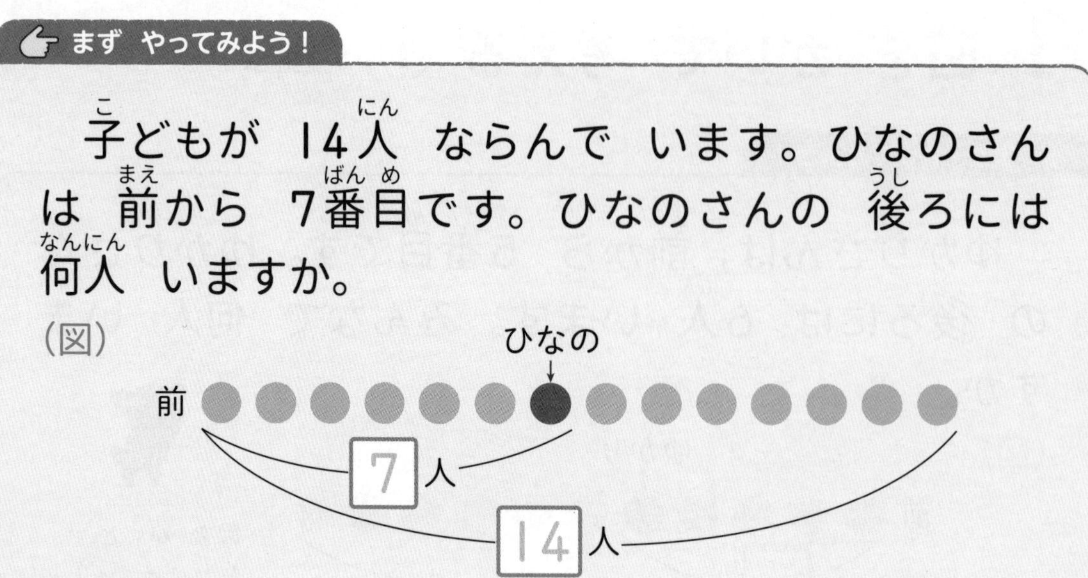

(しき)　14－7＝7

(答え)　7人

1 9人で きょう走を しました。みかさんの 後ろに 5人 いました。みかさんは 前から 何番目でしたか。

(図)

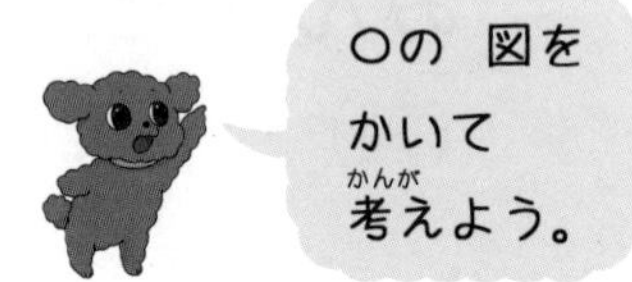

(しき)

(答え)

《はってん》

2 かいだんが 12だん あります。さとしさんは 8だん目まで のぼりました。かいだんは，あと 何だん ありますか。

(しき)

(答え)

こたえ ➡ べっさつ50ページ

まず やってみよう！

あめを 6人に 1こずつ くばると，2こ あまりました。あめは，ぜんぶで 何こ ありましたか。

(図)

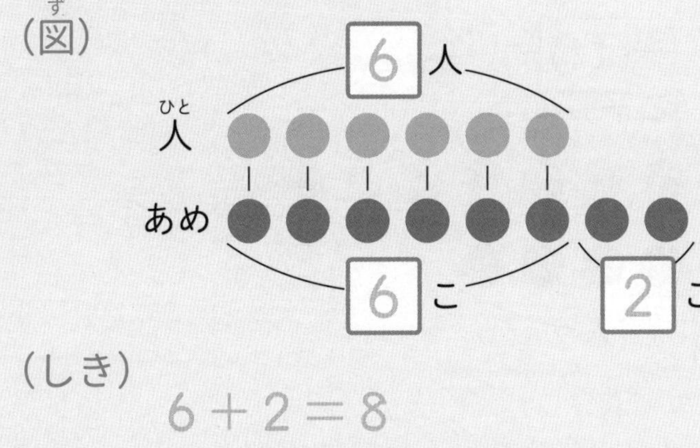

(しき) 6＋2＝8

(答え) 8こ

1 いすに 1人ずつ，7人 すわって います。あいて いる いすが 4こ あります。いすは，ぜんぶで 何こ ありますか。

(図)

○の 図を かいて 考えよう。

(しき)

(答え)

《はってん》

2 10人に，はたを 1本ずつ わたすと，3本 のこりました。はたは，はじめ 何本 ありましたか。

(しき)

(答え)

こたえ→べっさつ51ページ

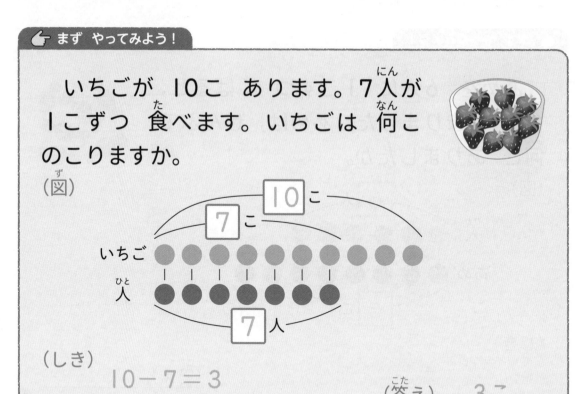

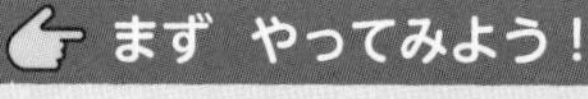

いちごが　10こ　あります。7人が　1こずつ　食べます。いちごは　何こ　のこりますか。

（図）

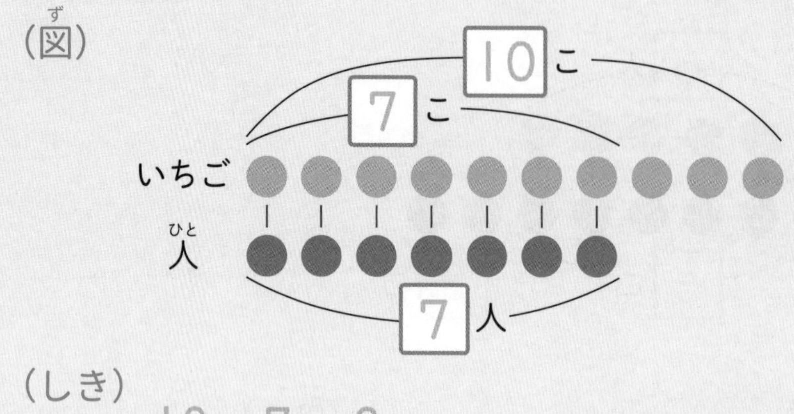

（しき）　10－7＝3

（答え）　3こ

1　ケーキが　8こ　あります。6人の　子どもが　1こずつ　食べると，ケーキは　何こ　のこりますか。

（図）

○の　図を　かいて　考えよう。

（しき）

（答え）

《はってん》

2　12この　風船が　あります。9人の　子どもに　1こずつ　あげると，風船は　何こ　のこりますか。

（しき）

（答え）

こたえ ⇒ べっさつ51ページ

2 図を かいて 考える ② 2年

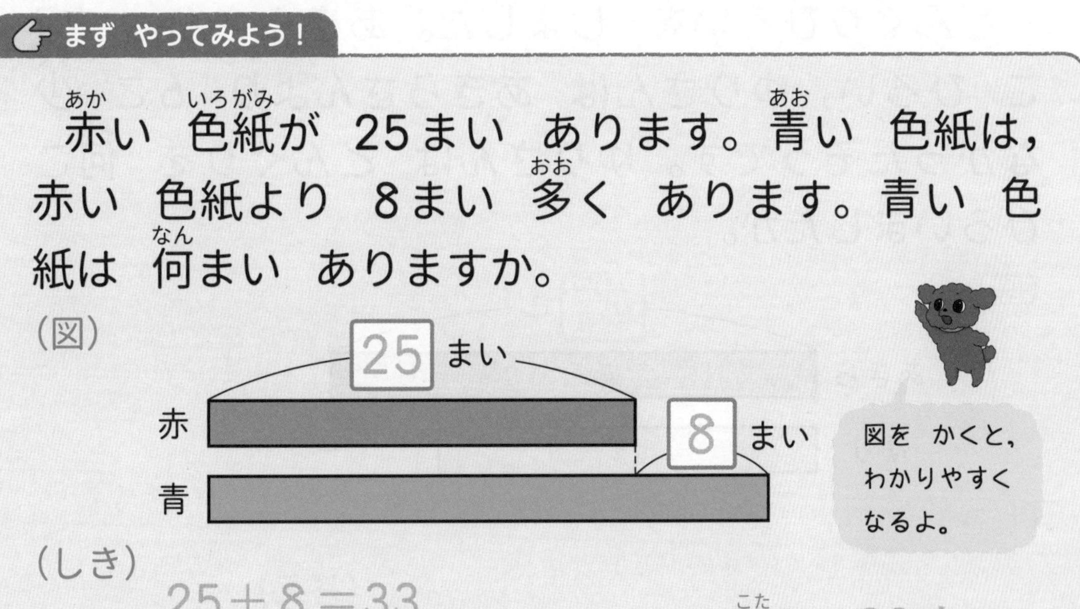
まず やってみよう！
赤い 色紙が 25まい あります。青い 色紙は，赤い 色紙より 8まい 多く あります。青い 色紙は 何まい ありますか。
(図)
25 まい
赤
8 まい
青
図を かくと，
わかりやすく
なるよ。
(しき)
25＋8＝33
(答え) 33まい

1 玉入れで，白組は 玉を 18こ 入れました。赤組は，白組より 4こ 多く 入れました。赤組は 玉を 何こ 入れましたか。

(図)

テープ図を
かいて
考えよう。

(しき)

(答え)

《はってん》

2 1組の 人数は 31人です。1組は，2組より 2人 少ないそうです。2組の 人数は 何人ですか。

(しき)

(答え)

こたえ➡べっさつ52ページ

まず　やってみよう！

どんぐりひろいを　しました。あきらさんは　27こ　ひろい，ゆりさんは　あきらさんより　6こ　少(すく)なかったそうです。ゆりさんは　どんぐりを　何(なん)こ　ひろいましたか。

(図(ず))

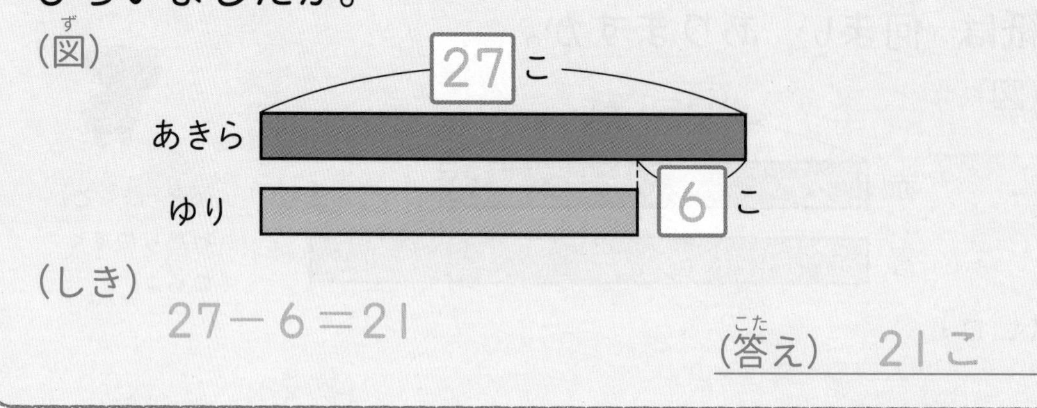

(しき)

27－6＝21

(答(こた)え)　21こ

1　みかんを　18こ　買(か)いました。りんごは，みかんより　4こ　少なく　買いました。りんごは　何こ　買いましたか。

(図)

テープ図を　かいて　考(かんが)えよう。

(しき)

(答え)

《はってん》

2　赤(あか)い　花(はな)が　21本(ぽん)　あります。赤い　花は，白(しろ)い　花より　5本(ほん)　多(おお)いそうです。白い　花は　何本(なんぼん)　ありますか。

(しき)

(答え)

こたえ ➡ べっさつ52ページ

まず やってみよう！

色紙が 何まいか ありました。9まい あげたので，のこりが 25まいに なりました。色紙は，はじめ 何まい ありましたか。

(図)

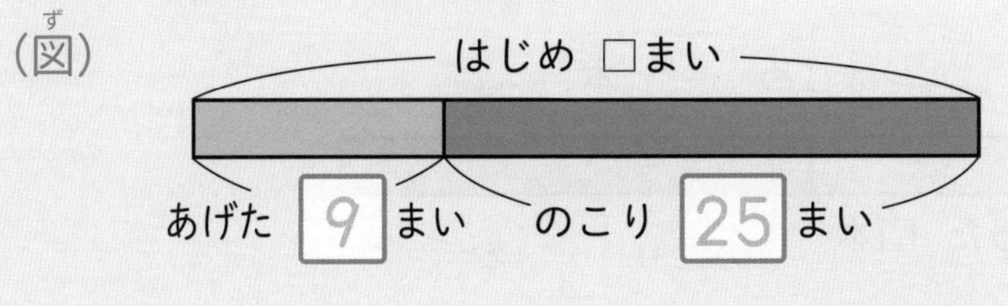

テープ図を かくと，わかりやすく なるよ。

(しき)
9＋25＝34

(答え) 34まい

1 公園で，子どもが 何人か あそんで いました。8人 帰ったので，16人に なりました。子どもは，はじめ 何人 いましたか。

(図)

(しき)

(答え)

《はってん》

2 みんなで おもちを 10こ 食べたので，12こ のこりました。おもちは，はじめ 何こ ありましたか。

(しき)

(答え)

こたえ ⇒ べっさつ53ページ

テープが　15本　ありました。何本か　つかったので，のこりが　9本に　なりました。テープを　何本　つかいましたか。

（図）

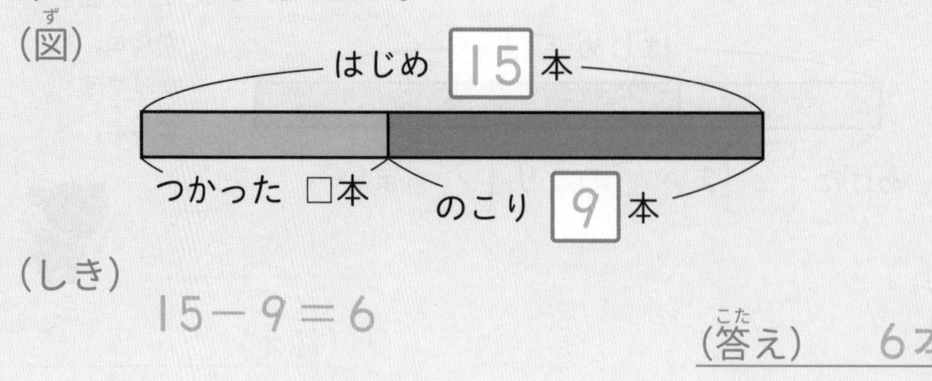

（しき）

15－9＝6

（答え）　6本

1　すずめが　16羽　いました。何羽か　とんで　いったので，7羽　のこりました。とんで　いった　すずめは　何羽ですか。

（図）

（しき）

（答え）＿＿＿＿＿＿＿＿

《はってん》

2　みさきさんは　カードを　34まい　もって　いました。妹に　何まいか　あげたので，26まいに　なりました。妹に　あげた　カードは　何まいですか。

（しき）

（答え）＿＿＿＿＿＿＿＿

こたえ ➡ べっさつ53ページ

力をためすもんだい

1 子どもが　13人　ならんで　います。さやかさんの前に　6人　います。さやかさんは　後ろから　何番目ですか。

（図）

（しき）

（答え）

2 子どもが，9この　いすに　1人ずつ　すわり，4人は　立って　います。みんなで　何人　いますか。

（図）

（しき）

（答え）

3 にわとりは　8羽，ひよこは　にわとりより　5羽多く　います。ひよこは　何羽　いますか。

（図）

（しき）

（答え）

こたえ ➡ べっさつ54ページ

力をのばすもんだい

《はってん》

1 14人が　1れつに　ならんで　います。ゆうたさんの　前に　7人　います。ゆうたさんの　後ろには　何人　いますか。

（図）

（しき）

（答え）

2 バナナを　18本　くばると，のこりが　14本に　なりました。バナナは，はじめ　何本　ありましたか。

（図）

（しき）

（答え）

3 ちゅう車場に，車が　28台　ありました。何台か　出て　いったので，19台に　なりました。出て　いった　車は　何台ですか。

（図）

（しき）

（答え）

こたえ⇒べっさつ54ページ

1年

1 子どもが 1れつに ならんでいます。

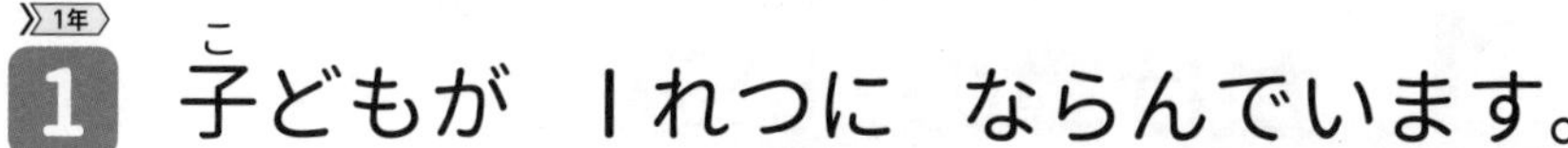

(1) まことさんは 前から 5番目です。ゆりさんは，まことさんの 後ろから かぞえて 6番目です。ゆりさんは 前から 何番目ですか。

（図）

（しき）

（答え）

(2) ひろしさんは，前から 4番目で，後ろから 8番目です。子どもは みんなで 何人 いますか。

（図）

（しき）

（答え）

1年

2 女の子が 1れつに ならんで います。はるかさんの 前に 3人，後ろに 8人 います。みんなで 何人 いますか。

（しき）

（答え）

こたえ→べっさつ55ページ

第5章　かけ算

1 かけ算の　いみ

指導のポイント　この単元では，日常のいろいろなことがらに即して，かけ算の意味やかけ算の式について理解します。また，「倍」についても学習し，かけ算の答えがたし算の計算で求めることができることも学びます。

1　かけ算の意味　2年

❶ 同じ数ずつのものが何個かあるとき，全部の数を求める計算を**かけ算**といいます。

❷ かけ算では，全体の数量を求めるとき，同じ数のまとまりに目をつけます。

2　かけ算の式　2年

❶ ケーキが1箱に4個ずつ入っていて，その箱が3箱あるとき，ケーキの数は全部で12個になります。

このことを式で表すと，

4　×　3　＝　12

（4：1つ分の数）（3：いくつ分）（12：全部の数）

となります。

式の読み方は，「4かける3は12」となります。

❷ かけ算の式で，計算記号×の前の数を**かけられる数**，後ろの数を**かける数**といいます。

3　倍とかけ算　2年

❶ ある大きさの2個分の大きさを，もとの大きさの**2倍**といいます。3個分，4個分のことを**3倍**，**4倍**といいます。これは，ある量が基準になる量のいくつ分になっているかを表しています。

❷ 何倍かの大きさを求めるときも，かけ算の式になります。

8の4倍を，かけ算の式に表すと，8×4

❸ かけ算の答えは，たし算で求めることができます。

8×4＝8＋8＋8＋8＝32（8×4：8の4つ分）　6×5＝6＋6＋6＋6＋6＝30（6×5：6の5つ分）

1 かけ算の いみ 〈2年〉

まず やってみよう！

ケーキは ぜんぶで 何こ ありますか。

❶ ケーキは，1はこに [4] こずつ

❷ はこは [3] はこ

❸ ケーキは，1はこに [4] こずつ

[3] はこ分で，[12] こ

同じ 数ずつ 入って いる ことに，目を つけよう。

1 ぜんぶで 何こ ありますか。

(1)

1さらに [ ] こずつ [ ] さら分で，[ ] こ

(2)

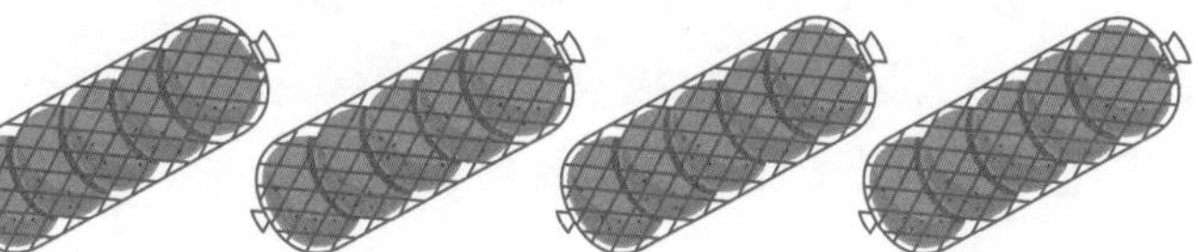

1ふくろに [ ] こずつ [ ] ふくろ分で，[ ] こ

(3)

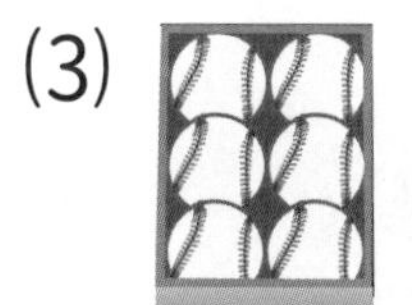
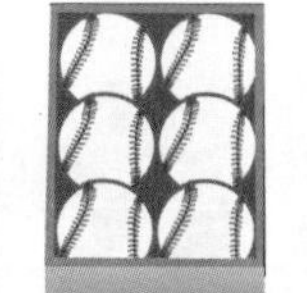

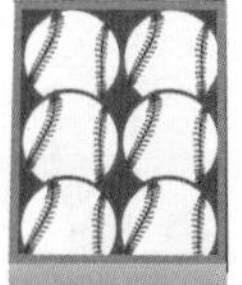
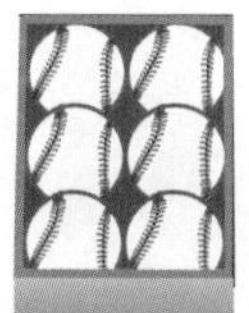

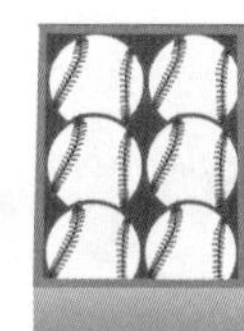
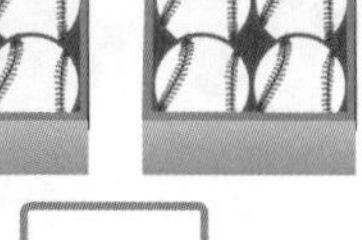
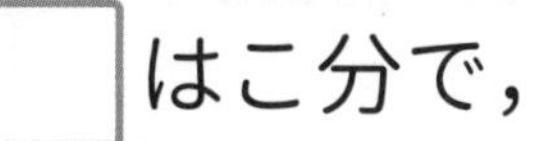

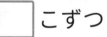

1はこに [ ] こずつ [ ] はこ分で，[ ] こ

こたえ ➡ べっさつ56ページ

2 かけ算の　しき 〈2年〈〈

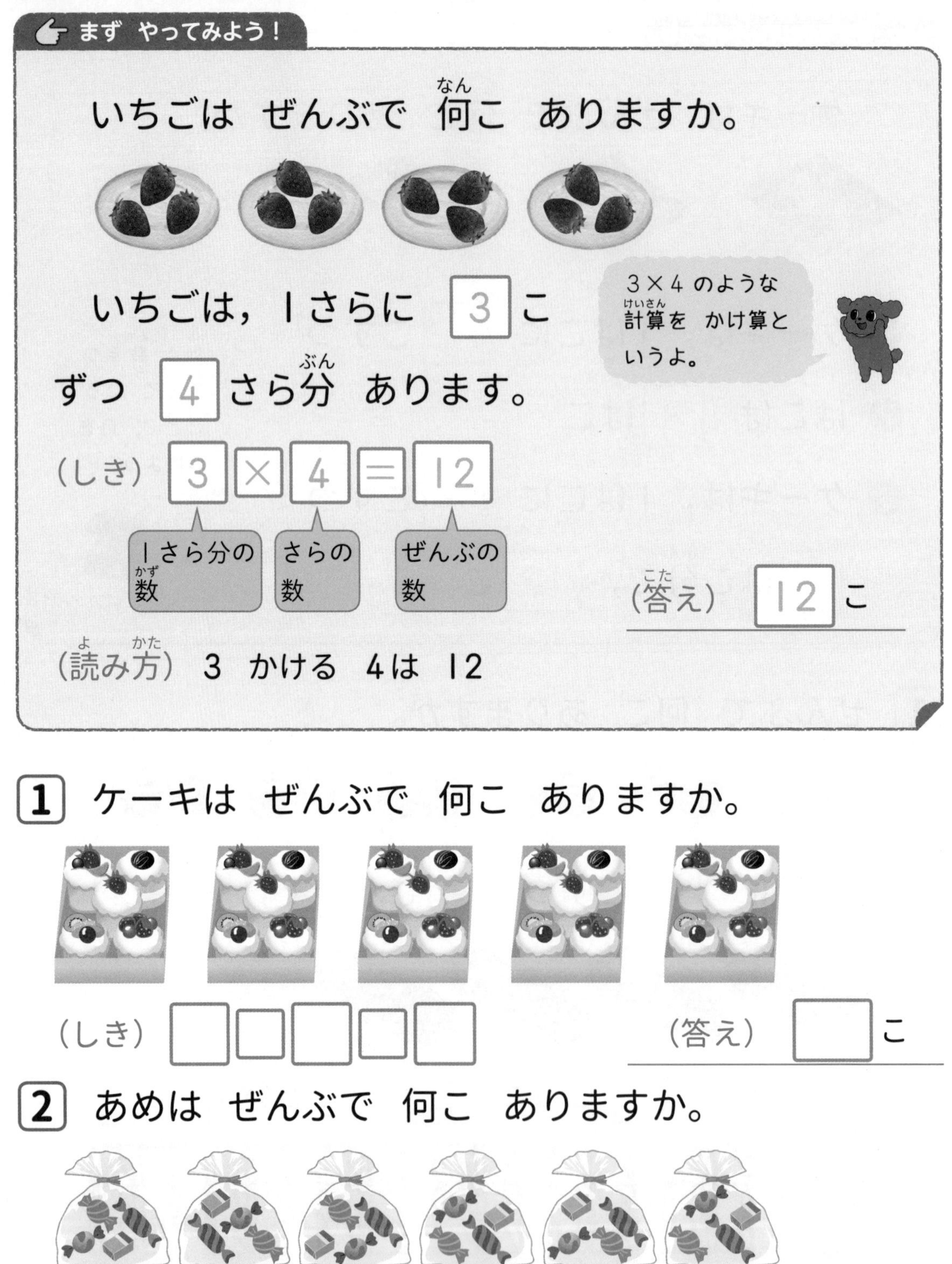

まず　やってみよう！

いちごは　ぜんぶで　何こ　ありますか。

いちごは，1さらに 3 こずつ 4 さら分　あります。

（しき） 3 × 4 ＝ 12

1さら分の数　さらの数　ぜんぶの数

（答え） 12 こ

（読み方） 3　かける　4は　12

3×4 のような計算を　かけ算というよ。

1 ケーキは　ぜんぶで　何こ　ありますか。

（しき） □□□□□　　（答え） □ こ

2 あめは　ぜんぶで　何こ　ありますか。

（しき） □　　（答え） □ こ

こたえ ➡ べっさつ56ページ

3 ばいと　かけ算(ざん)　2年

まず　やってみよう！

長(なが)さが　4cmの　テープの　2つ分(ぶん)の　長さは　何(なん)cmですか。

4cm　4cm

2つ分の　長さを，もとの　長さの　2［ばい］と　いいます。

何ばいかの　大(おお)きさを　もとめる　ときも，［かけ算］の　しきに　なります。

4×2の　答えは，
4＋4の　答えと
同(おな)じだよ。

（しき）［4×2＝8］

（答(こた)え）［8］cm

1　8の　4ばいは　いくつですか。

（しき）

（答え）

2　あゆみさんは　色紙(いろがみ)を　5まい　もって　います。くみさんは　あゆみさんの　4ばい　もって　います。くみさんは　色紙を　何まい　もって　いますか。

（しき）

（答え）

こたえ → べっさつ57ページ

力をためすもんだい

1 ケーキは　ぜんぶで　何(なん)こ　ありますか。

（しき）

（答(こた)え）

2 答えを　もとめましょう。

(1) 7まいの　5ばい

（しき）

（答え）

(2) 9人(にん)の　3ばい

（しき）

（答え）

3 かけ算(ざん)の　しきに　書(か)きましょう。

(1) 5＋5＋5＋5＋5＋5＋5＝□

(2) 9＋9＋9＋9＋9＋9＝□

4 ななみさんは，ボールを　6こ　もって　います。みきさんは，ななみさんの　3ばい　もって　います。みきさんは　ボールを　何こ　もって　いますか。

（しき）

（答え）

こたえ→べっさつ57ページ

2 九 九

指導のポイント この単元では，九九の構成を理解し，唱え方を覚えます。九九は非常に便利なものなので，しっかりと覚えます。また，3年で学習する「0のかけ算」の意味も学習します。文章題では，問題の場面から基準になる量をしっかりとおさえて，かけ算の式を立てて答えを求めることができるようにします。

1 九 九 〈2年〈〈

3×4＝12を「三四(さんし)12」という言い方を**九九**といいます。九九は「一一(いんいち)が1」から始まり「九九(くく)81」で終わる81個のかけ算の言い方ですが，昔は「九九81」から始まっていたので，九九というようになりました。

2 九九の覚え方 〈2年〈〈

❶ 九九の唱え方は，覚えやすい語呂(ごろ)の調子から，答えが10より小さいときは，答えの前に「が」をつけます。

1の段の九九

1×1＝1	一一が1	いんいち
1×2＝2	一二が2	いんに
1×3＝3	一三が3	いんさん
1×4＝4	一四が4	いんし
1×5＝5	一五が5	いんご
1×6＝6	一六が6	いんろく
1×7＝7	一七が7	いんしち
1×8＝8	一八が8	いんはち
1×9＝9	一九が9	いんく

2の段の九九

2×1＝ 2	二一が2	にいち
2×2＝ 4	二二が4	ににん
2×3＝ 6	二三が6	にさん
2×4＝ 8	二四が8	にし
2×5＝10	二五 10	にご
2×6＝12	二六 12	にろく
2×7＝14	二七 14	にしち
2×8＝16	二八 16	にはち
2×9＝18	二九 18	にく

3の段の九九

3×1＝ 3	三一が3	さんいち
3×2＝ 6	三二が6	さんに
3×3＝ 9	三三が9	さざん
3×4＝12	三四 12	さんし
3×5＝15	三五 15	さんご
3×6＝18	三六 18	さぶろく
3×7＝21	三七 21	さんしち
3×8＝24	三八 24	さんぱ
3×9＝27	三九 27	さんく

4の段の九九

4×1＝ 4	四一が4	しいち
4×2＝ 8	四二が8	しに
4×3＝12	四三 12	しさん
4×4＝16	四四 16	しし
4×5＝20	四五 20	しご
4×6＝24	四六 24	しろく
4×7＝28	四七 28	ししち
4×8＝32	四八 32	しは
4×9＝36	四九 36	しく

5の段の九九

5×1＝ 5	五一が5	ごいち
5×2＝10	五二 10	ごに
5×3＝15	五三 15	ごさん
5×4＝20	五四 20	ごし
5×5＝25	五五 25	ごご
5×6＝30	五六 30	ごろく
5×7＝35	五七 35	ごしち
5×8＝40	五八 40	ごは
5×9＝45	五九 45	ごっく

6の段の九九

6×1＝ 6	六一が6	ろくいち
6×2＝12	六二 12	ろくに
6×3＝18	六三 18	ろくさん
6×4＝24	六四 24	ろくし
6×5＝30	六五 30	ろくご
6×6＝36	六六 36	ろくろく
6×7＝42	六七 42	ろくしち
6×8＝48	六八 48	ろくは
6×9＝54	六九 54	ろっく

7の段の九九

7×1＝7	七一（しちいち）が7
7×2＝14	七二（しちに）14
7×3＝21	七三（しちさん）21
7×4＝28	七四（しちし）28
7×5＝35	七五（しちご）35
7×6＝42	七六（しちろく）42
7×7＝49	七七（しちしち）49
7×8＝56	七八（しちは）56
7×9＝63	七九（しちく）63

8の段の九九

8×1＝8	八一（はちいち）が8
8×2＝16	八二（はちに）16
8×3＝24	八三（はちさん）24
8×4＝32	八四（はちし）32
8×5＝40	八五（はちご）40
8×6＝48	八六（はちろく）48
8×7＝56	八七（はちしち）56
8×8＝64	八八（はっぱ）64
8×9＝72	八九（はっく）72

9の段の九九

9×1＝9	九一（くいち）が9
9×2＝18	九二（くに）18
9×3＝27	九三（くさん）27
9×4＝36	九四（くし）36
9×5＝45	九五（くご）45
9×6＝54	九六（くろく）54
9×7＝63	九七（くしち）63
9×8＝72	九八（くは）72
9×9＝81	九九（くく）81

❷ 各段の九九の特徴

㋐かける数が1増えると，答えはかけられる数だけ増える。

㋑5の段の九九の答えの一の位は，5と0の繰り返しになっている。

㋒9の段の答えの十の位と一の位の数をたすと，いつも9になる。

3　九九をこえるかけ算　〈2年〉

❶ かけ算では，かける数が1増えると，答えはかけられる数だけ増えるきまりがあるから，かける数をどんどん大きくしていくことができます。

❷ 九九をこえるかけ算も，かける数を1ずつ増やして計算していくと，答えを求めることができます。

❸ 4の段の九九をこえるかけ算は，次のようになります。

4×9＝36
（4増える）
4×10＝40
（4増える）
4×11＝44
（4増える）
4×12＝48
（4増える）
4×13＝52
（4増える）
4×14＝56
（4増える）
4×15＝60
⋮

4　0のかけ算　〈チャレンジ〉

どんな数に0をかけても，答えは0になります。また，0にどんな数をかけても，答えは0になります。

7×0＝0　　3×0＝0　　5×0＝0
0×4＝0　　0×8＝0　　0×6＝0
0×0＝0

1 5のだんの 九九（くく） 2年

まず やってみよう！

5のだんの 九九を おぼえましょう。

五一（ごいち）が	5	五二（ごに）	10	五三（ごさん）	15
五四（ごし）	20	五五（ごご）	25	五六（ごろく）	30
五七（ごしち）	35	五八（ごは）	40	五九（ごっく）	45

かける数（かず）が 1
ふえると，
答（こた）えは 5
ふえるよ。

1 計算（けいさん）を しましょう。

5 × 4　　5 × 6　　5 × 3
5 × 8　　5 × 1　　5 × 7
5 × 2　　5 × 9　　5 × 5

2 まん中（なか）の 数に まわりの 数を かけましょう。

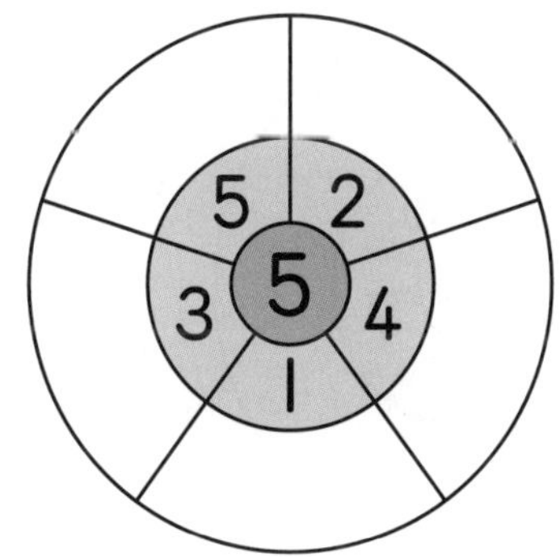

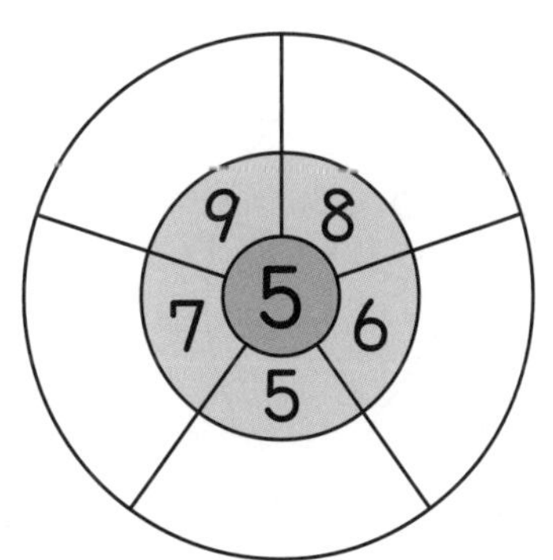

3 ケーキ 5こ入（い）りの はこが 3はこ ありますか。ケーキは ぜんぶで 何（なん）こ ありますか。

（しき）

（答え）

こたえ ⇒ べっさつ58ページ

2　2のだんの　九九(くく)　2年

まず　やってみよう！

2のだんの　九九を　おぼえましょう。

二一(にいち)が 2　二二(ににん)が 4　二三(にさん)が 6
二四(にし)が 8　二五(にご) 10　二六(にろく) 12
二七(にしち) 14　二八(にはち) 16　二九(にく) 18

かける数(かず)が　1　ふえると、答(こた)えは　2　ふえるよ。

1 計算(けいさん)を　しましょう。

2×3　　2×6　　2×4
2×7　　2×9　　2×1
2×8　　2×2　　2×5

2 まん中(なか)の　数に　まわりの　数を　かけましょう。

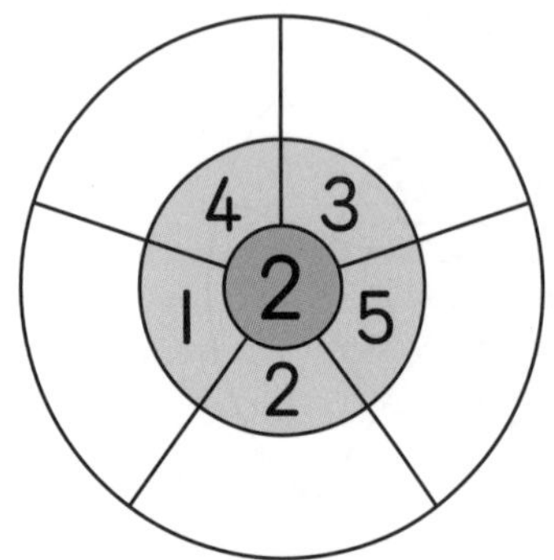

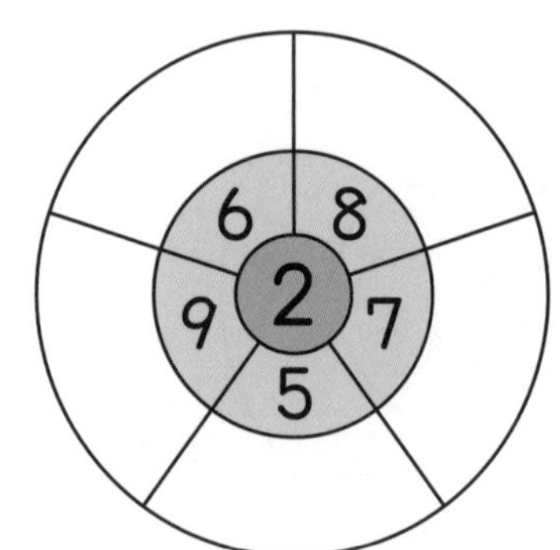

3 ドーナツを　1人(ひとり)に　2こずつ　くばると，ちょうど　7人(にん)に　くばれました。ドーナツは　何(なん)こ　ありましたか。

（しき）

（答え）

こたえ ⇒ べっさつ58ページ

3 3のだんの 九九(くく) 〈2年〈〈

まず やってみよう！

3のだんの 九九を おぼえましょう。

三一(さんいち)が 3	三二(さんに)が 6	三三(さざん)が 9
三四(さんし) 12	三五(さんご) 15	三六(さぶろく) 18
三七(さんしち) 21	三八(さんぱ) 24	三九(さんく) 27

かける数(かず)が 1 ふえると，答(こた)えは 3 ふえるよ。

1 計算(けいさん)を しましょう。

3×2	3×5	3×7
3×8	3×9	3×1
3×3	3×6	3×4

2 まん中(なか)の 数に まわりの 数を かけましょう。

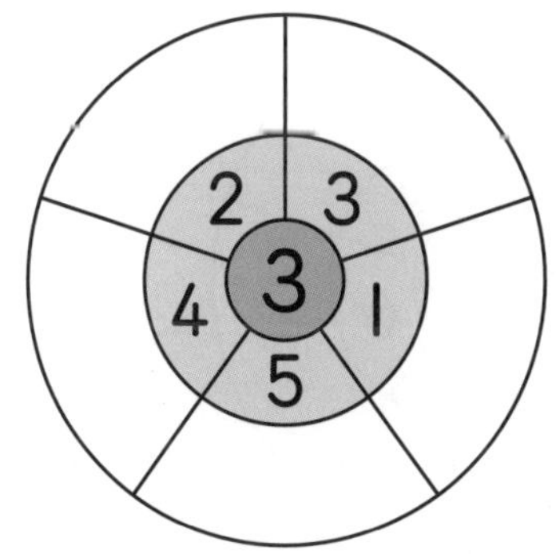

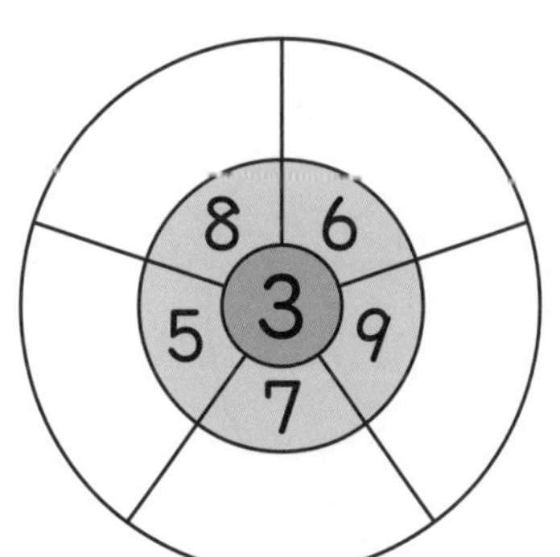

3 色紙(いろがみ)を 1人(ひとり)に 3まいずつ，8人(にん)の 子(こ)どもに くばります。色紙は 何(なん)まい いりますか。

(しき)

(答え)

こたえ ➡ べっさつ59ページ

4 4のだんの 九九(くく) 2年

まず やってみよう！

4のだんの 九九を おぼえましょう。

四一(しいち)が	4	四二(しに)が	8	四三(しさん)	12
四四(しし)	16	四五(しご)	20	四六(しろく)	24
四七(ししち)	28	四八(しは)	32	四九(しく)	36

かける数(かず)が 1 ふえると，答(こた)えは 4 ふえるよ。

1 計算(けいさん)を しましょう。

4×3　　4×6　　4×2
4×4　　4×8　　4×5
4×1　　4×9　　4×7

2 まん中(なか)の 数に まわりの 数を かけましょう。

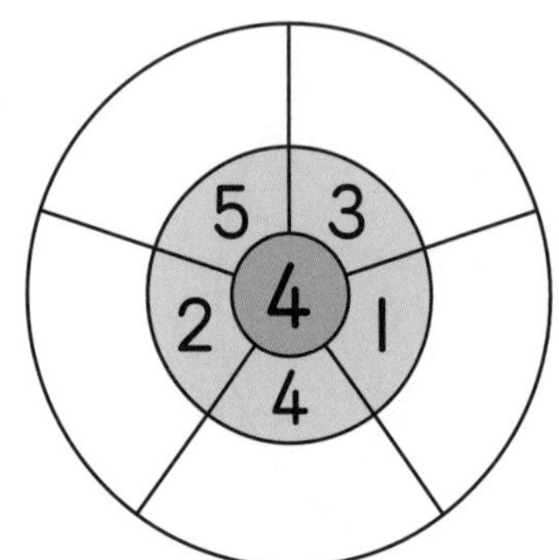

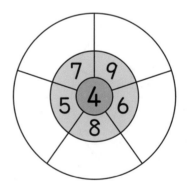

7　9
5　4　6
8

3 みどりさんの 学級(がっきゅう)には，4人(にん)の はんが 8つ あります。みどりさんの 学級の 人数(にんずう)は 何人(なんにん)ですか。

(しき)

(答え)

こたえ ➡ べっさつ59ページ

力を ためす もんだい ①

1 かけ算を しましょう。

5×4	2×3	4×6	3×3
3×7	4×1	3×4	2×4
2×9	3×2	5×6	4×7
5×5	2×6	4×8	3×5
3×6	4×3	2×2	5×1
2×1	3×8	2×5	4×2
5×7	4×4	3×9	2×8
4×9	2×7	5×2	5×9

2 答えが 12に なる カードに ○，16に なる カードに △を つけましょう。

3×5

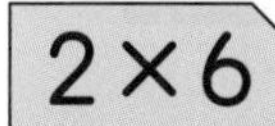

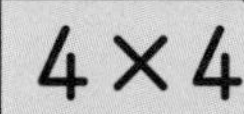

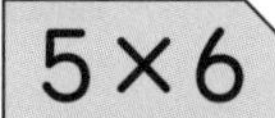

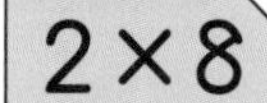

4×3　3×7　5×2　3×4　2×2

3 だんごが 1本の くしに 3こずつ さして あります。くし 4本では，だんごは 何こに なりますか。

（しき）

（答え）＿＿＿＿＿＿

こたえ→べっさつ60ページ

力をためすもんだい ②

1 かけ算(ざん)を　しましょう。

5×8	4×2	3×1	2×3
2×9	5×6	4×9	3×6
4×5	2×4	5×9	3×9
3×3	5×1	4×7	5×4
2×8	3×7	4×8	2×7
3×5	2×6	5×3	4×6
4×1	5×5	3×4	4×4

2 答(こた)えが　同(おな)じに　なる　カードを，線(せん)で　むすびましょう。

3×4	5×3	2×8	2×2
4×4	2×6	4×1	3×5

3 1ふくろに，みかんが　4こずつ　入(はい)って　います。6ふくろでは，みかんは　何(なん)こに　なりますか。

（しき）

（答え）

こたえ ➡ べっさつ60ページ

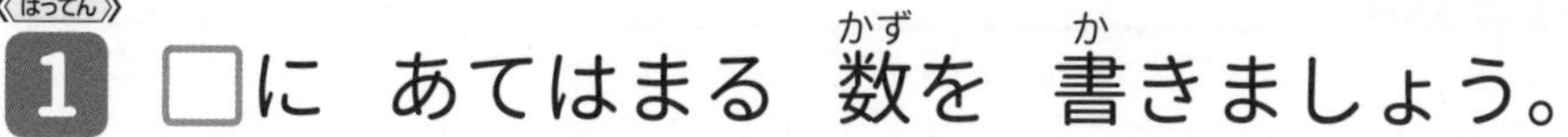

《はってん》

1 □に あてはまる 数を 書きましょう。

2 × □ ＝10　3 × □ ＝21　4 × □ ＝36

□ ×3＝15　□ ×8＝24　2 × □ ＝6

5 × □ ＝25　□ ×9＝18　□ ×8＝40

□ ×7＝28　□ ×4＝12　4 × □ ＝16

2 答えが 大きい ほうに，○を つけましょう。

3 まんじゅう 3こ入りの はこが 6はこ あります。まんじゅうは ぜんぶで 何こ ありますか。

（しき）

（答え）

4 自どう車が 4台 あります。1台の 自どう車に 5人ずつ のります。みんなで 何人 のれますか。

（しき）

（答え）

こたえ ➡ べっさつ61ページ

5 6のだんの 九九(くく) 2年

まず やってみよう！

6のだんの 九九を おぼえましょう。

六一(ろくいち)が	6	六二(ろくに)	12	六三(ろくさん)	18
六四(ろくし)	24	六五(ろくご)	30	六六(ろくろく)	36
六七(ろくしち)	42	六八(ろくは)	48	六九(ろっく)	54

かける数(かず)が 1 ふえると，答(こた)えは 6 ふえるよ。

1 計算(けいさん)を しましょう。

6×3　　6×6　　6×2
6×8　　6×1　　6×9
6×5　　6×7　　6×4

2 まん中(なか)の 数に まわりの 数を かけましょう。

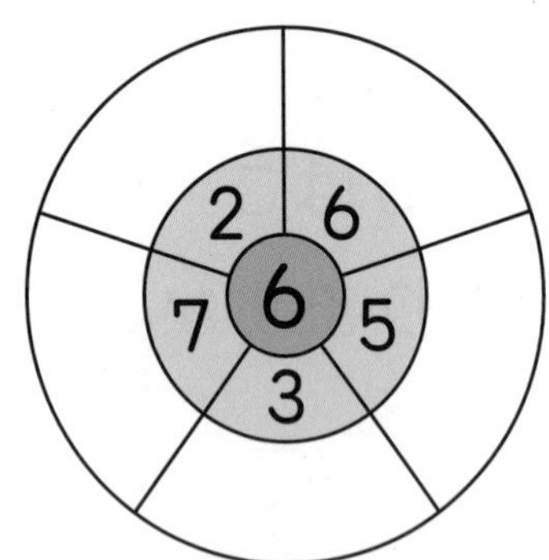

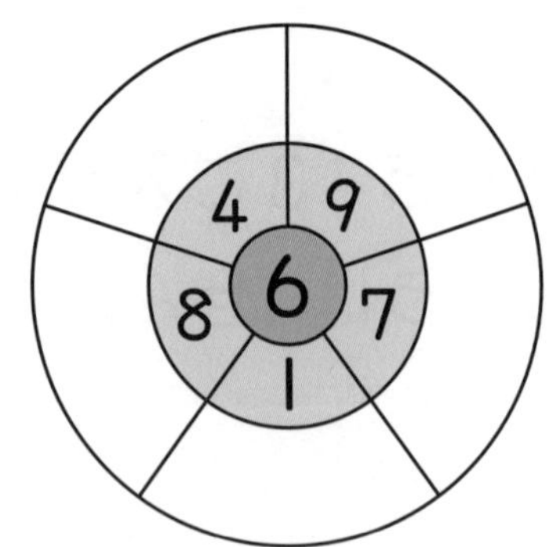

3 1はこに 6こずつ 入(はい)って いる チーズが あります。4はこでは，チーズは 何(なん)こに なりますか。

（しき）

（答え）

こたえ⇒べっさつ61ページ

6 7のだんの 九九 〈2年〈〈

まず やってみよう！

7のだんの 九九を おぼえましょう。

七一が	7	七二	14	七三	21
七四	28	七五	35	七六	42
七七	49	七八	56	七九	63

かける数が 1 ふえると，答えは 7 ふえるよ。

1 計算を しましょう。

7×3　　7×1　　7×6

7×8　　7×4　　7×7

7×2　　7×9　　7×5

2 まん中の 数に まわりの 数を かけましょう。

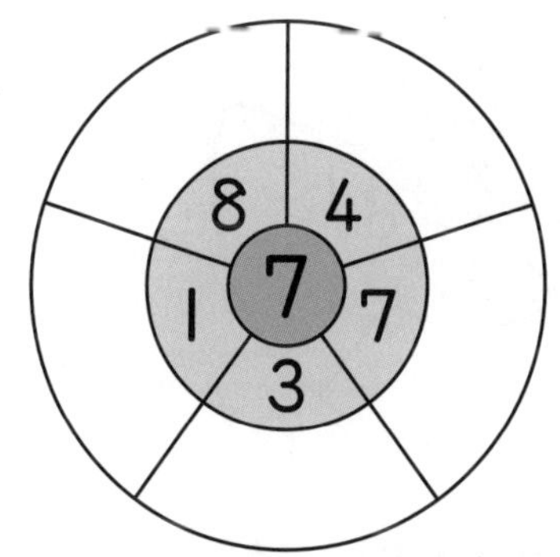

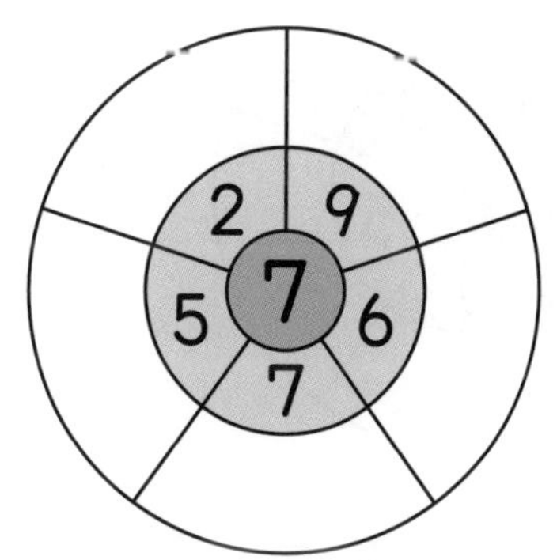

3 1週間は 7日です。3週間では，何日に なりますか。

（しき）

（答え）

こたえ ➡ べっさつ62ページ

7 8のだんの 九九（くく） 2年

まず やってみよう！

8のだんの 九九を おぼえましょう。

八一が（はちいち） 8	八二（はちに） 16	八三（はちさん） 24
八四（はちし） 32	八五（はちご） 40	八六（はちろく） 48
八七（はちしち） 56	八八（はっぱ） 64	八九（はっく） 72

かける数（かず）が 1 ふえると、答（こた）えは 8 ふえるよ。

1 計算（けいさん）を しましょう。

8×2	8×6	8×1
8×7	8×4	8×9
8×5	8×8	8×3

2 まん中（なか）の 数に まわりの 数を かけましょう。

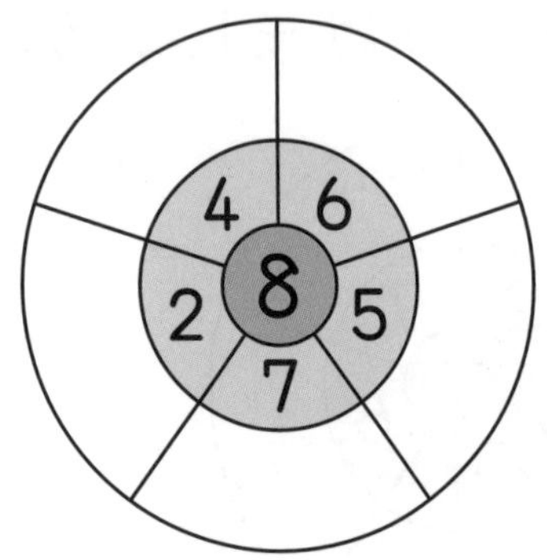

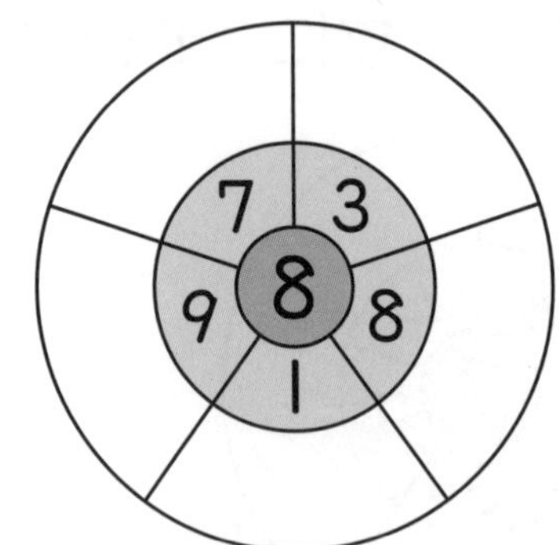

3 1はこに 8こ 入（はい）った ドーナツが 7 はこ あります。ドーナツは ぜんぶで 何（なん）こ ありますか。

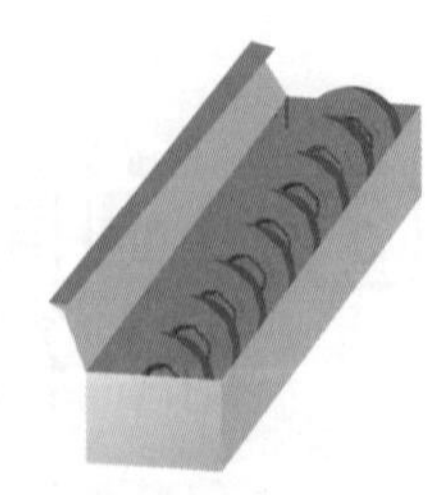

（しき）

（答え）

こたえ → べっさつ62ページ

8 9のだんの 九九（くく） 〈2年〈〈

まず やってみよう！

9のだんの 九九を おぼえましょう。

九一（くいち）が 9	九二（くに） 18	九三（くさん） 27
九四（くし） 36	九五（くご） 45	九六（くろく） 54
九七（くしち） 63	九八（くは） 72	九九（くく） 81

かける数（かず）が 1 ふえると、答（こた）えは 9 ふえるよ。

1 計算（けいさん）を しましょう。

9×4　　9×2　　9×8

9×3　　9×7　　9×9

9×6　　9×1　　9×5

2 まん中（なか）の 数に まわりの 数を かけましょう。

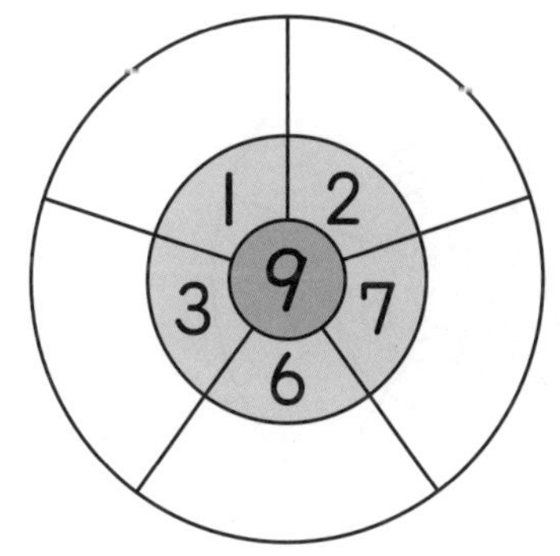

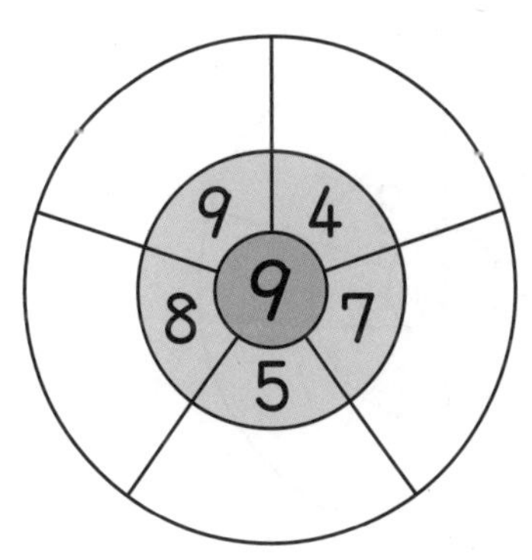

3 1チーム 9人（にん）で 野（や）きゅうを します。6チームでは 何人（なんにん）に なりますか。

（しき）

（答え）

こたえ ⇒ べっさつ63ページ

9 1のだんの 九九（くく） 2年

まず やってみよう！

１のだんの 九九を おぼえましょう。

一一（いんいち）が 1	一二（いんに）が 2	一三（いんさん）が 3
一四（いんし）が 4	一五（いんご）が 5	一六（いんろく）が 6
一七（いんしち）が 7	一八（いんはち）が 8	一九（いんく）が 9

かける数（かず）が １ ふえると，答（こた）えは １ ふえるよ。

1 計算（けいさん）を しましょう。

１×７	１×６	１×５
１×２	１×１	１×８
１×４	１×９	１×３

2 まん中（なか）の 数に まわりの 数を かけましょう。

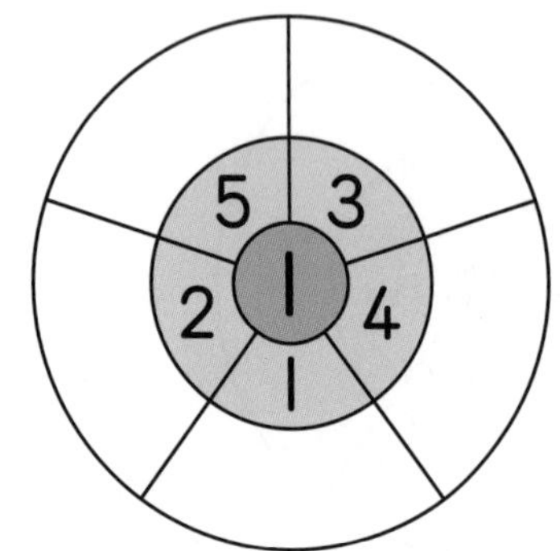

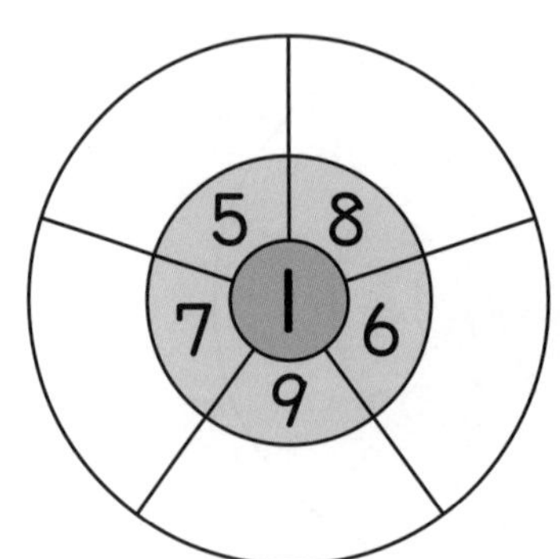

3 おさら １さらに，１こずつ ケーキを のせて いきます。おさらが ６さら あります。ケーキは 何（なん）こ いりますか。

（しき）

（答え）＿＿＿＿＿＿

こたえ ➡ べっさつ63ページ

10 九九(くく)を こえる かけ算(ざん) 〈2年〈〈

まず やってみよう！

九九を こえる かけ算を しましょう。

4×9＝36
4×10＝ 40
4×11＝ 44
4×12＝ 48
（4ずつ ふえる）

9×4＝36
10×4＝ 40
11×4＝ 44
12×4＝ 48
（4ずつ ふえる）

かけられる数(かず)と かける数を 入(い)れかえても，答(こた)えは 同(おな)じに なって いるね。

1 計算(けいさん)を しましょう。

3×9	3×10	3×11
9×5	10×5	11×5
12×3	14×6	10×7

2 1こ 12円(えん)の あめを 4こ 買(か)います。いくら はらえば よいですか。

（しき）

（答え）

3 だいちさんの はんは 3人(にん) います。1人(ひとり)に 色紙(いろがみ)を 14まいずつ くばると，色紙は 何(なん)まい いりますか。

（しき）

（答え）

こたえ ➡ べっさつ64ページ

11 0の かけ算 チャレンジ

まず やってみよう！

0の ある かけ算を しましょう。

$6 \times 3 = 18$
$6 \times 2 = 12$
$6 \times 1 = 6$
$6 \times 0 = \boxed{0}$

6ずつ へる

$3 \times 7 = 21$
$2 \times 7 = 14$
$1 \times 7 = 7$
$0 \times 7 = \boxed{0}$

7ずつ へる

どんな 数に 0を かけても，0に どんな 数を かけても，答えは 0だよ。

1 計算を しましょう。

4×2　　4×1　　4×0

2×9　　1×9　　0×9

2 計算を しましょう。

0×8　　0×3　　5×0

2×0　　1×0　　0×4

3 □に あてはまる 数を 書きましょう。

8×□＝0　　□×6＝0　　0×0＝□

4 答えが 0に なる カードに，○を つけましょう。

3×2　4×0　8×2　9×3　0×8

0×9　5×1　2×5　7×0　3×6

こたえ べっさつ64ページ

力をためすもんだい ①

1 かけ算(ざん)を しましょう。

6×4	8×7	9×2	1×6
7×3	1×5	8×5	6×3
6×1	9×9	7×9	8×3
9×3	6×5	7×5	1×7
8×2	9×8	6×8	7×7
7×4	8×4	9×7	6×9
1×9	7×6	1×3	9×5
6×2	7×1	8×9	1×2

2 答(こた)えが 18に なる カードに ○，36に なる カードに △を つけましょう。

6×6　7×8　8×2　9×2　6×8

8×5　6×3　9×6　7×3　9×4

3 1本(ぽん)の ひもから 9cmの ひもが ちょうど 8本(ほん) 切(き)りとれました。はじめ，ひもは 何(なん)cm ありましたか。

（しき）

（答え）

こたえ ➡ べっさつ65ページ

力をためすもんだい ②

1 かけ算をしましょう。

7×5	6×9	1×8	8×2
9×7	6×7	8×3	7×2
8×6	9×6	7×7	1×4
9×4	7×8	6×6	8×8
6×3	8×4	9×1	1×6
9×5	8×1	7×4	6×5
2×12	4×11	3×10	5×13
14×3	12×5	13×6	11×7

2 答えが　同じに　なる　カードを，線で　むすびましょう。

8×3	7×8	9×7	6×6
8×7	9×4	6×4	7×9

3 1れつに　7人ずつ　すわって　いくと，ちょうど　6れつ　できました。みんなで　何人　いますか。

（しき）

（答え）

こたえ→べっさつ65ページ

力をのばすもんだい

《はってん》

1 計算を しましょう。

0×4　　8×0　　0×0

9×10　　12×3　　11×7

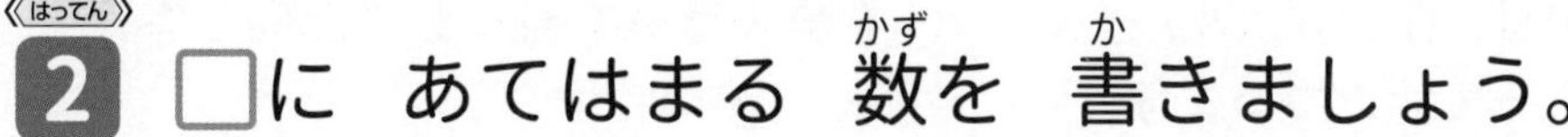

《はってん》

2 □に あてはまる 数を 書きましょう。

6×□＝42　　1×□＝8　　8×□＝72

□×3＝15　　□×4＝28　　□×5＝45

3 答えが 大きい ほうに，○を つけましょう。

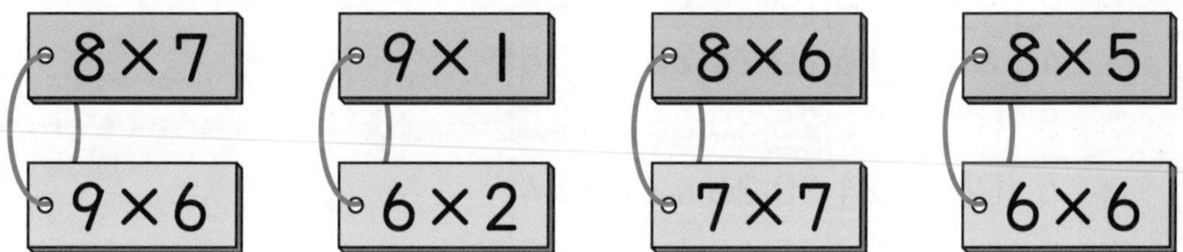

8×7	9×1	8×6	8×5
9×6	6×2	7×7	6×6

4 いちごを 5人の 子どもに くばりました。どの 子どもも 10こずつ もらいました。ぜんぶで 何こ くばりましたか。

（しき）

（答え）＿＿＿＿＿＿

5 1本 6cmの テープを 12本 つなげました。はしから はしまでは，何cmに なりましたか。

（しき）

（答え）＿＿＿＿＿＿

こたえ→べっさつ66ページ

3 九九の きまり

指導のポイント この単元では，九九への理解を深めます。九九の表から九九の答えの並び方や答えの変化など，九九のきまりを見つけることができるようにします。これは，上の学年で学習するかけ算の「交換法則(こうかんほうそく)」や，「分配法則(ぶんぱいほうそく)」の導入にもなっています。

1 九九の表

〈2年・チャレンジ〈〈

❶ 九九の表では，1，4，9，……，81を結ぶ直線を軸にして，同じ答えが向かい合って並んでいます。

❷ 九九では，同じ答えが3回以上出てくることがあります。たとえば，4は3回，6は4回出てきます。

×	かける数								
かけられる数	1	2	3	4	5	6	7	8	9
1	1	2	3	4	5	6	7	8	9
2	2	4	6	8	10	12	14	16	18
3	3	6	9	12	15	18	21	24	27 ← 3×9
4	4	8	12	16	20	24	28	32	36
5	5	10	15	20	25	30	35	40	45 ← 5×9
6	6	12	18	24	30	36	42	48	54
7	7	14	21	28	35	42	49	56	63
8	8	16	24	32	40	48	56	64	72 ← 8×9
9	9	18	27	36	45	54	63	72	81

2の段の答えと7の段の答えを合わせると，9の段の答えになるように，ほかの段でも分配法則が成り立ちます。

❸ 上の表より，8×9の答えは3×9の答えと5×9の答えを合わせたものになっています。これより，次の関係が成り立ちます。（このきまりを**分配法則(ぶんぱいほうそく)**といいます。）

8×9＝3×9＋5×9＝（3＋5）×9

2 九九のきまり

〈2年〈〈

❶ かけ算では，かける数が1増えると，答えはかけられる数だけ増えます。

5×4＝5×3＋5

5 × 3 ＝ 15
↓1増える ↓5増える
5 × 4 ＝ 20

❷ かけ算では，かけられる数とかける数を入れかえても，答えは同じになります。（このきまりを**交換法則(こうかんほうそく)**といいます。）

6 × 7 ＝ 42
7 × 6 ＝ 42
同じ

1 九九の ひょう 〈2年・チャレンジ〈〈

まず やってみよう！

九九の ひょうを しあげましょう。

×		かける数								
		1	2	3	4	5	6	7	8	9
かけられる数	1	1	2	3	4	5	6	7	8	9
	2	2	4	6	8	10	12	14	16	18
	3	3	6	9	12	15	18	21	24	27
	4	4	8	12	16	20	24	28	32	36
	5	5	10	15	20	25	30	35	40	45
	6	6	12	18	24	30	36	42	48	54
	7	7	14	21	28	35	42	49	56	63
	8	8	16	24	32	40	48	56	64	72
	9	9	18	27	36	45	54	63	72	81

かける数が
1 ふえると，
答えは
かけられる数
だけ
ふえるよ。

1 上の 九九の ひょうを 見て，答えましょう。

(1) 2のだんの 九九の 答えは，いくつずつ ふえて いますか。 (　　　)

(2) 7のだんの 九九で，かける数が 1 ふえると，答えは いくつ ふえますか。 (　　　)

2 □に あてはまる 数を 書きましょう。

4×□＝32　　9×□＝63　　□×8＝40

こたえ ➡ べっさつ66ページ

2 九九の　きまり　〈2年・チャレンジ〈〈

まず　やってみよう！

□に　あてはまる　数や　ことばを　書きましょう。

❶ かけ算では，かける数が　1　ふえると，答えは　かけられる数　だけ　ふえます。

$4 \times 8 = 4 \times 7 + \boxed{4}$

❷ かけ算では，かけられる数と　かける数を　入れかえても，答えは　同じ　に　なります。

$5 \times 6 = \boxed{6} \times 5$

1 □に　あてはまる　数を　書きましょう。

$5 \times 6 = 5 \times 5 + \square$　　$5 \times 6 = 5 \times 7 - \square$

$6 \times 3 = 6 \times \square + 6$　　$7 \times 5 = 7 \times \square - 7$

2 □に　あてはまる　数を　書きましょう。

$4 \times 3 = \square \times 4$　　$8 \times 5 = 5 \times \square$

$\square \times 7 = 7 \times 9$　　$6 \times \square = 2 \times 6$

3 つぎの　九九と　同じ　答えに　なる　九九を　書きましょう。

$4 \times 5 = \square$　　$9 \times 5 = \square$

こたえ→べっさつ67ページ

4 答え(こた)が つぎの 数(かず)に なる 九九(くく)を，ぜんぶ 書(か)きましょう。

9 (　　　　　　　　　　　　)

16 (　　　　　　　　　　　　)

18 (　　　　　　　　　　　　)

24 (　　　　　　　　　　　　)

36 (　　　　　　　　　　　　)

《はってん》
5 49のように，1つしか 九九が ない 答えを，この ほかに ぜんぶ 書きましょう。

(　　　　　　　　　　　　)

《はってん》
6 18のように，4つ 九九が ある 答えを，このほかに ぜんぶ 書きましょう。

(　　　　　　　　　　　　)

《はってん》
7 □に あてはまる 数を 書きましょう。

$2\times7+4\times7=\square\times7$　　$8\times3+8\times2=8\times\square$

$4\times9+3\times\square=7\times9$　　$5\times\square+5\times8=5\times11$

$7\times5-7\times3=7\times\square$　　$8\times6-2\times6=\square\times6$

$5\times6-\square\times2=5\times4$　　$9\times\square-1\times4=8\times4$

こたえ ⇒ べっさつ67ページ

力をためすもんだい ❶

1 下(した)の ひょうの あいて いる ところに 答(こた)えを 書(か)きましょう。

×		かける数(かず)								
		4	6	1	8	9	5	2	7	3
かけられる数	3									
	6									
	1									
	4									
	9									
	2									
	8									
	5									
	7									

2 □に あてはまる 数を 書きましょう。

4×7＝4×□＋4　　3×8＝3×□－3

6×5＝6×4＋□　　7×2＝7×3－□

8×3＝□×2＋8　　5×3＝□×4－5

□×9＝7×8＋7　　□×2＝6×3－6

こたえ ⇒ べっさつ68ページ

力をためすもんだい ❷

《はってん》

1 □に あてはまる 数(かず)を 書(か)きましょう。

4×□＝28　1×□＝8　□×8＝40

□×7＝21　□×4＝24　3×□＝27

7×□＝35　□×8＝16　□×9＝72

□×5＝40　9×□＝54　5×□＝45

2 □に あてはまる 数を 書きましょう。

4×7＝□×4　5×8＝8×□

8×□＝3×8　□×2＝2×7

6×4＝4×□　9×□＝3×9

2×9＝□×2　□×7＝7×3

3 答(こた)えが つぎの 数に なる 九九(くく)を，ぜんぶ 書きましょう。

8　(　　　　　　　　　　)

12　(　　　　　　　　　　)

48　(　　　　　　　　　　)

こたえ→べっさつ68ページ

力をのばすもんだい

《はってん》

1 同じ 答えに なるように，□に あてはまる 数を 書きましょう。

4×3＝2×□　　6×6＝□×4

3×8＝□×4　　9×2＝3×□

6×□＝2×3　　4×□＝1×8

□×4＝8×2　　□×1＝2×2

《はってん》

2 それぞれの しきで，□に あてはまる 同じ 数を 書きましょう。

□×□＝25　　□×□＝49　　□×□＝1

□×□＝36　　□×□＝81　　□×□＝4

□×□＝9　　□×□＝16　　□×□＝64

《はってん》

3 □に あてはまる 数を 書きましょう。

3×7＋2×7＝□×7　　6×5－4×5＝□×5

2×8＋□×8＝7×8　　4×7－□×7＝1×7

8×4＝8×□＋8×2　　5×3＝5×□－5×5

7×5＝7×3＋7×□　　9×7＝9×9－9×□

こたえ ➡ べっさつ69ページ

2年

1 計算(けいさん)を　しましょう。

6×8　　7×3　　2×9　　5×6

9×5　　8×7　　4×8　　3×5

3×9　　1×2　　7×7　　8×6

6×4　　5×8　　3×4　　2×4

1×7　　2×8　　4×7　　9×9

チャレンジ

2 計算を　しましょう。

5×0　　8×0　　10×0

0×9　　0×12　　0×0

2年・チャレンジ

3 まん中(なか)の　数(かず)に　まわりの　数を　かけましょう。

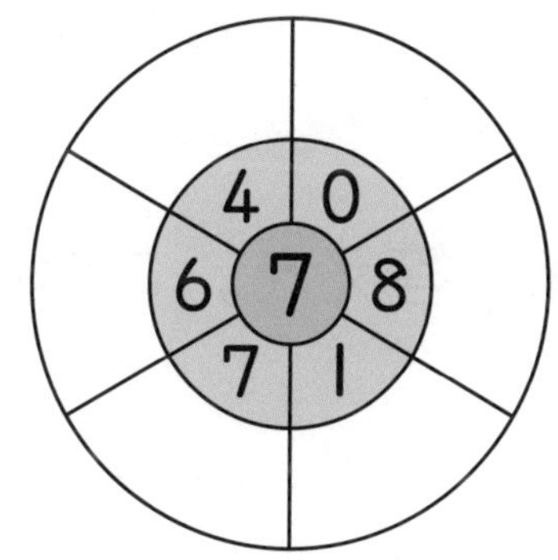

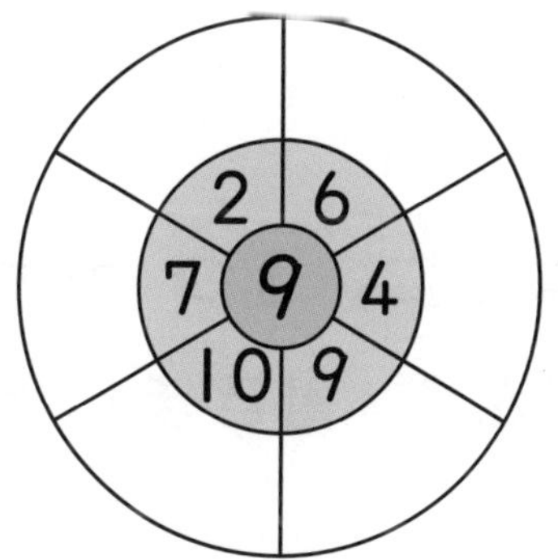

2年

4 □に　あてはまる　数を　書(か)きましょう。

7×□＝28　　□×3＝18　　8×□＝40

□×6＝24　　5×□＝35　　□×7＝63

こたえ→べっさつ69ページ

》2年

1 □に あてはまる 数(かず)を 書(か)きましょう。

8×7＝7×□　　3×9＝□×3

□×5＝5×6　　4×□＝6×4

》2年

2 □に あてはまる 数を 書きましょう。

7×4＝7×5－□　　6×□＝6×8－6

8×6＝8×□＋8　　5×□＝5×4＋5

》2年

3 答(こた)えが つぎの 数に なる 九九(くく)を，ぜんぶ 書きましょう。

6（　　　　　　　　　　）

16（　　　　　　　　　　）

24（　　　　　　　　　　）

》2年

4 4のように，3つ 九九が ある 答えを，このほかに ぜんぶ 書きましょう。

（　　　　　　　　　　）

》チャレンジ

5 □に あてはまる 数を 書きましょう。

3×6＋5×6＝□×6　　2×7－2×4＝2×□

8×7＝8×5＋8×□　　6×2＝6×4－6×□

こたえ→べっさつ70ページ

とっくんもんだい ③

2年

1 計算を しましょう。

12×4　　13×2　　11×8

14×2　　12×6　　13×3

2×14　　3×13　　4×11

5×13　　5×12　　3×14

15×5　　6×14　　17×3

チャレンジ

2 □に あてはまる 数を 書きましょう。

8×11＝8×10＋□　　9×10＝9×□＋9

3×16＝3×17－□　　6×12＝6×□－6

2年

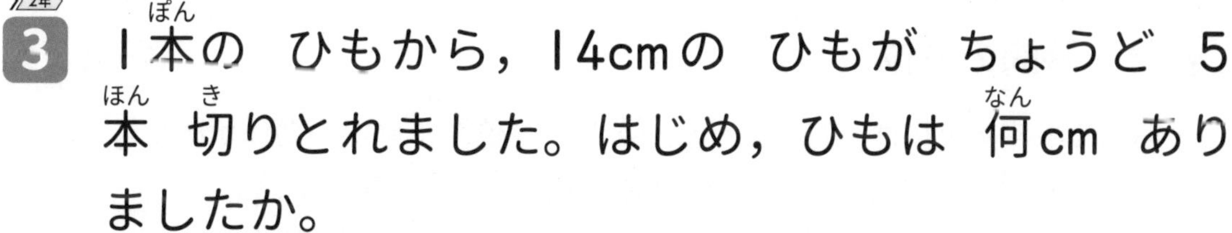

3 1本の ひもから，14cmの ひもが ちょうど 5本 切りとれました。はじめ，ひもは 何cm ありましたか。

（しき）

（答え）＿＿＿＿＿＿

2年

4 みかんを 3人の 子どもに くばりました。どの子どもも 12こずつ もらいました。ぜんぶで 何こ くばりましたか。

（しき）

（答え）＿＿＿＿＿＿

こたえ ➡ べっさつ70ページ

第6章 はかり方

1 時こくと 時間

指導のポイント この単元では，時刻を読んだり，時刻を時計で表したりすることで，時刻や時間について学びます。また，時刻や時間を理解するために，「時刻と時間の区別」や「時間の単位」「午前と午後」「時間の計算」についても取り組みます。

1 時刻の読み方と表し方 〈1年〈

❶ 時計の針が1回りするのに，短針は12時間，長針は60分かかります。

❷ 「何時」は短針で読み，「何分」は長針で読みます。

4時

4時30分

4時48分

（4時30分のことを，**4時半**ともいいます。）

2 時刻と時間 〈2年〈

時計の針が示している時を時刻，時刻と時刻の間を時間といいます。

3 時間の単位 〈2年・チャレンジ〈

時間を表す単位には，時，分，秒があり，単位間には次の関係があります。

1時間＝60分

1分＝60秒

（時，分，秒の間の関係は，六十進法になっています。）

4 午前と午後 〈2年〈

0 1 2 3 4 5 6 7 8 9 10 11 12

0 1 2 3 4 5 6 7 8 9 10 11 12

午前　正午　午後

1日＝24時間

5 時間の計算 〈チャレンジ〈

❶ 時間の計算は，時間の単位ごとに計算します。

❷ 右のように筆算ですると，計算間違いが少なくなります。

```
　 5時間20分
＋ 3時間50分
────────
　 8時間70分
　 9時間10分
```

```
　  3   70
　 4分 10秒
－ 2分 40秒
────────
　 1分 30秒
```

1 時計 〈1～2年〈〈

まず やってみよう！

時計の はりの うごき方を しらべましょう。

❶ 時計の 長い はりは，1回りするのに，［1］時間 または ［60］分 かかります。

❷ 時計の みじかい はりは，1回りするのに，［12］時間 かかります。

❸ 右の 時計は 3時［30］分ですが，3時［半］とも いいます。

3時30分と 3時半は 同じだよ。

1 何時 または 何時何分ですか。

(　　　　　)　(　　　　　)　(　　　　　)

2 5時半の 時計に ○を つけましょう。

こたえ→べっさつ71ページ

3 時計と　時こくを　線で　むすびましょう。

5時10分　　2:25　　9時34分　　11:18

《はってん》
4 7時前の　時計に　○，7時すぎの　時計に　△を　つけましょう。

《はってん》
5 3時20分から　1時間　たった　時計に　○を　つけましょう。

《はってん》
6 11時半より　30分前の　時計に　○を　つけましょう。

こたえ⇒べっさつ71ページ

まず やってみよう！

時計の みじかい はりや，長い はりを かきましょう。

8時

8時15分

8時半

❶ 時計の みじかい はりは [時] を あらわします。

❷ 時計の 長い はりは [分] を あらわします。

1 時計の 長い はりを かきましょう。

3時

7時半

10時40分

《はってん》

2 時計の はりを かきましょう。

9時

6時

1時30分

こたえ ⇒ べっさつ72ページ

2 時こくと　時間 〈2年〈〈

まず　やってみよう！

時こくと　時間を　しらべましょう。

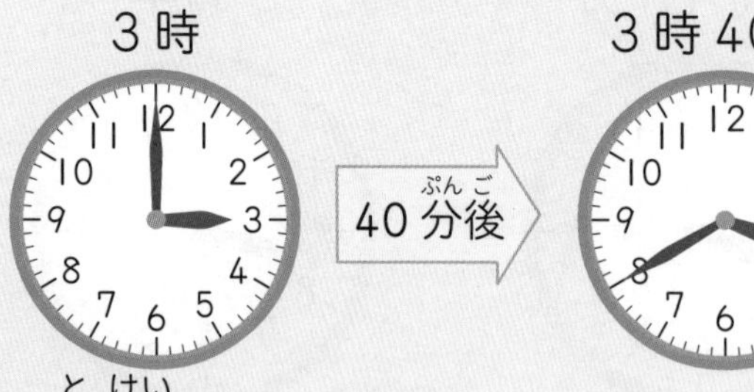

3時や　3時40分は
時こく，40分後の
「40分」は　時間だよ。

❶ 時計の　はりが　さして　いる
時を　［時こく］と　いいます。

❷ 時こくと　時こくの　間を　［時間］と　いいます。

1 □に　あてはまる　時こくを　書きましょう。

(1) 8時から　1時間後の　時こくは　□　です。

(2) 5時より　40分前の　時こくは　□　です。

《はってん》(3) □　を　10時5分前とも　いいます。

2 □に　あてはまる　時間を　書きましょう。

(1) 時計の　長い　はりが　2から　3まで　うごく　時間は　□　です。

(2) 時計の　みじかい　はりが　7から　8まで　うごく　時間は　□　です。

こたえ ➡ べっさつ72ページ

3 時間（じかん）の たんい 〈2年・チャレンジ〈〈

まず やってみよう！

時間の たんいを しらべましょう。

1時間＝［60］分（ぷん）

1分＝［60］秒（びょう）

60ごとに たんいが かわるよ。

1 ［　］に あてはまる 数（かず）を 書（か）きましょう。

3時間＝［　］分　　1時間半（はん）＝［　］分

110分＝［　］時間［　］分　　3分＝［　］秒

1分30秒＝［　］秒　　100秒＝［　］分［　］秒

4 午前（ごぜん）と 午後（ごご） 〈2年〈〈

まず やってみよう！

1日の 時間を しらべましょう。

❶ 昼（ひる）の 12時までを ［午前］，夜（よる）の 12時までを ［午後］と いいます。

❷ 昼の 12時を ［正午］と いいます。

1日＝［24］時間

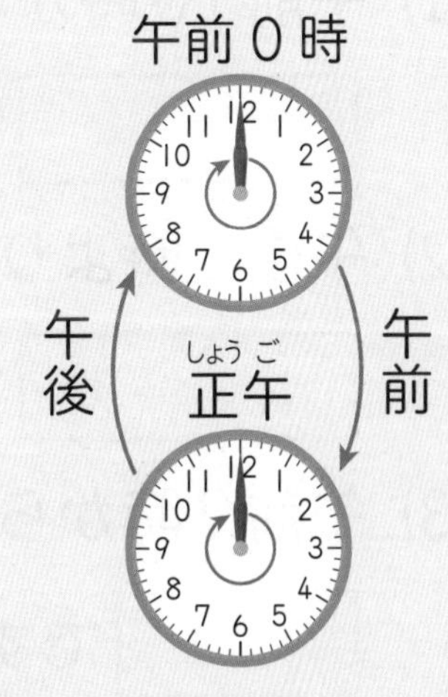

こたえ→べっさつ73ページ

1　□に　あてはまる　数(かず)を　書(か)きましょう。

(1) 午前(ごぜん)0時(じ)は，午後(ごご)□時とも
いいます。

時計の
みじかい　はりは
1日　2回(かい)
まわるよ。

(2) 正午(しょうご)は，午前□時とも，午後
□時ともいいます。

(3) 午前も　午後も，それぞれ　□時間(じかん)ずつ　ありま
す。

《はってん》
(4) 2日(ふつか)＝□時間

2　図(ず)を　見(み)て，□に　あてはまる　時こくや　時間を
書きましょう。

0 1 2 3 4 5 6 7 8 9 10 11 12
0 1 2 3 4 5 6 7 8 9 10 11 12
午前　午後

(1) 午前10時から　4時間後の　時こくは，
□です。

(2) 午後1時より　2時間前(まえ)の　時こくは，
□です。

(3) 午前9時から　午後3時までの　時間は，
□です。

こたえ ⇒ べっさつ73ページ

5 時間の 計算 〈チャレンジ

まず やってみよう！

時間の 計算を しましょう。

❶ 4時間30分＋2時間50分＝ 7 時間 20 分

❷ 3分10秒－1分40秒＝ 1 分 30 秒

時間の 計算は ひっ算 で すると，計算の まちがいが 少なくなります。

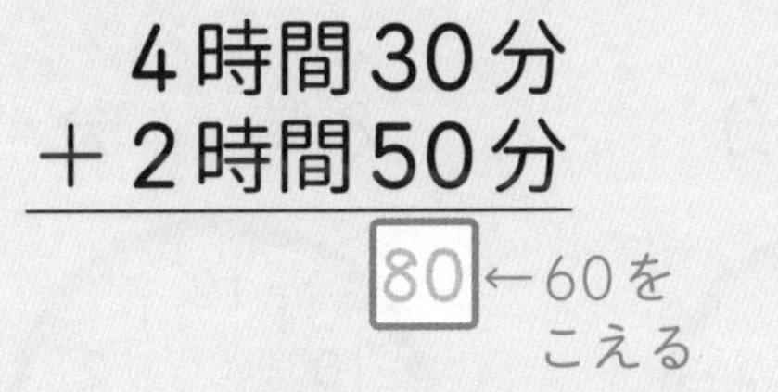

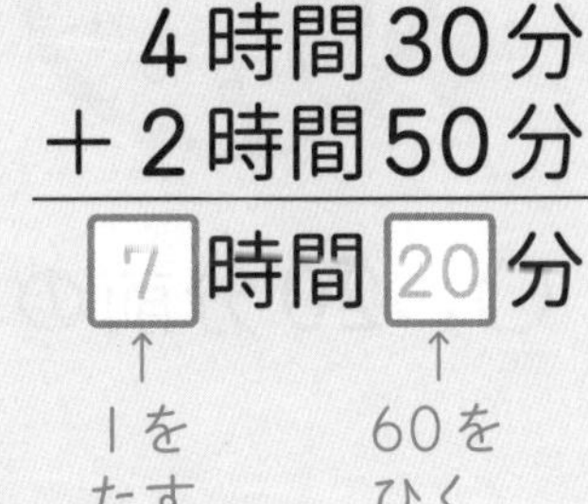

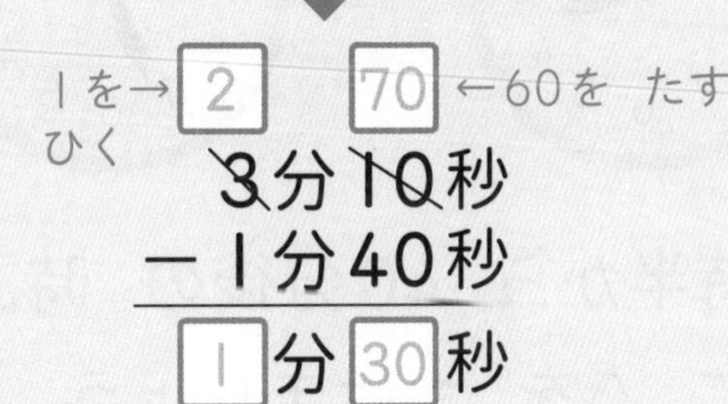

1 計算を しましょう。

2時間40分＋1時間50分

3分50秒＋2分50秒

5時間20分－2時間40分

4分10秒－1分30秒

こたえ→べっさつ74ページ

力をためすもんだい

1 何時(なんじ)　または　何時何分(なんぷん)ですか。

(　　　　　)　(　　　　　)　(　　　　　)

2 時計(とけい)の　長(なが)い　はりを　かきましょう。

3時半(はん)　　6時45分(ふん)　　8時14分

3 8時半から　40分後(ご)の　時計に　○，20分前(まえ)の　時計に　△を　つけましょう。

4 □に　あてはまる　数(かず)を　書(か)きましょう。

1分＝□秒(びょう)　　70秒＝□分□秒

1時間(じかん)＝□分　　80分＝□時間□分

こたえ→べっさつ74ページ

力をのばすもんだい

《はってん》

1 時計の はりを かきましょう。

4時 

8時 

9時半 

2 □に あてはまる 時こくを 書きましょう。

(1) 午前9時30分から 4時間後は □

(2) 午後3時10分より 50分前は □

《はってん》
(3) □を 午後3時5分前とも いいます。

《はってん》

3 □に あてはまる 数を 書きましょう。

3分24秒＝□秒　　□分□秒＝106秒

1時間28分＝□分　　□時間□分＝195分

《はってん》

4 計算を しましょう。

5時間40分＋2時間50分

6時間10分－2時間30分

4分50秒＋5分30秒

10分30秒－9分40秒

こたえ→べっさつ75ページ

2 長さ

指導のポイント この単元では，長さを比較・測定することで，長さについて理解し，目的に応じて単位を適切に選んだり，長さの計算ができるようにします。「道のりと距離」や「kmの単位」は3年で学習する内容ですが，発展的内容として取り上げています。

1 長さの比べ方 〈1年〈

長さを比較するには，次の3つの方法があります。

㋐直接比較

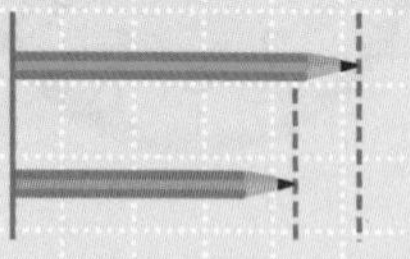

端をそろえて比べる

㋑間接比較

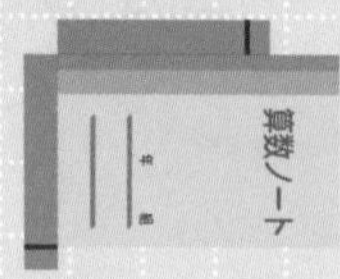

別物との比較で比べる

㋒任意単位で比較

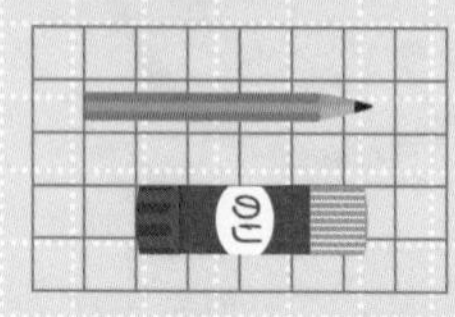

□の何個分かで比べる

2 長さの単位 〈2年・チャレンジ〈

長さを表す単位には，**ミリメートル**(mm)，**センチメートル**(cm)，**メートル**(m)，**キロメートル**(km) があり，単位間には次の関係があります。

1km＝1000m
1m＝100cm
1cm＝10mm

3 長さの計算 〈2年・チャレンジ〈

❶ 長さの計算は，長さの単位ごとに計算します。
❷ 実際に計算するときは，下のように**筆算**ですると，計算間違いが少なくなります。

【筆算】
```
    7m  52cm
 ＋ 4m  68cm
 ───────────
   11m 120cm
   12m  20cm
```

【筆算】
```
   4   1300
   5km  300m
 － 3km  800m
 ───────────
   1km  500m
```

4 道のりと距離 〈チャレンジ〈

右の図のように，道に沿って測った長さを**道のり**といい，2つの間をまっすぐに測った長さを**距離**といいます。

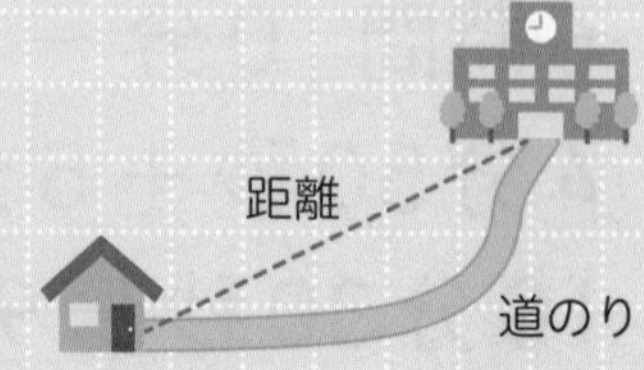

1 長さくらべ 〈1年〉

まず やってみよう！

どんな くらべ方ですか。上と 下を 線で むすびましょう。

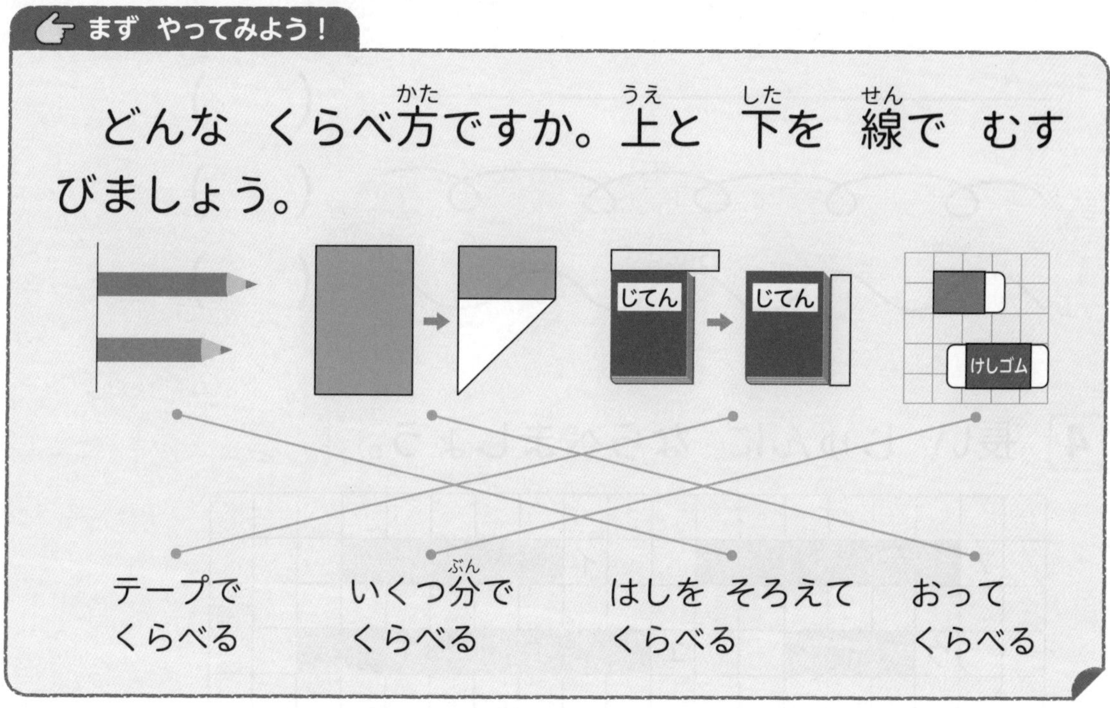

1 アと イの どちらが 長いですか。

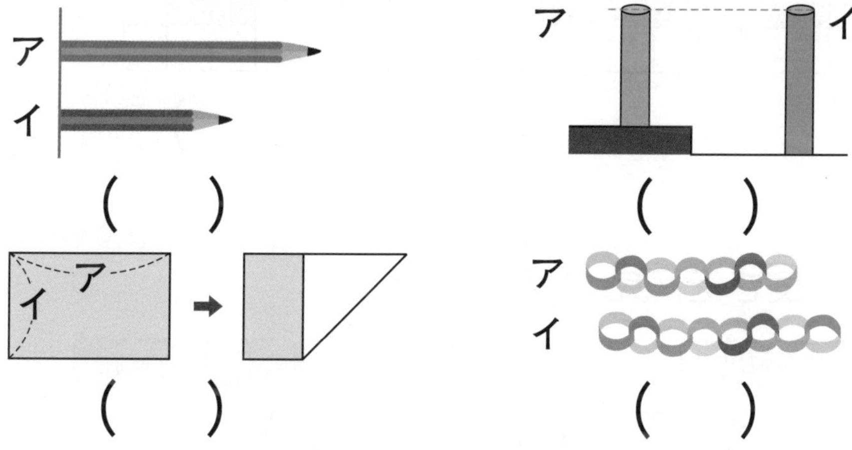

(　　)　(　　)

(　　)　(　　)

2 ノートの たてと よこの 長さを，同じ けしゴムを ならべて はかると，たては 10こ，よこは 6こでした。どちらが 長いですか。

(　　　)

こたえ→べっさつ75ページ

3 長(なが)い じゅんに 番(ばん)ごうを 書(か)きましょう。

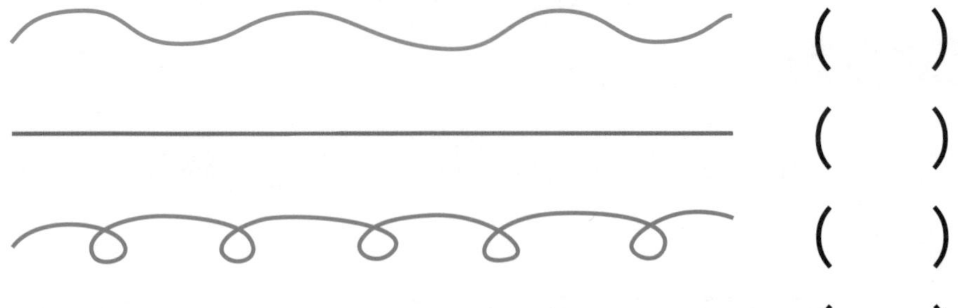

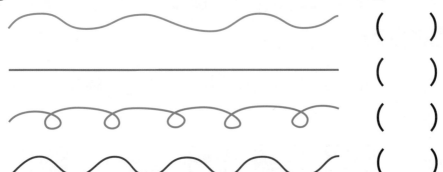

4 長い じゅんに ならべましょう。

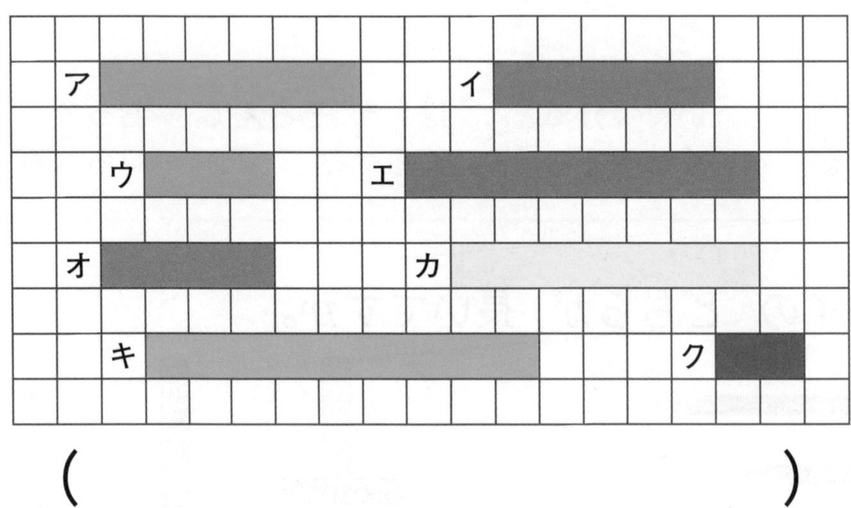

(　　　　　　　　　　　　　　　　　)

5 同(おな)じ 長さを 見(み)つけましょう。

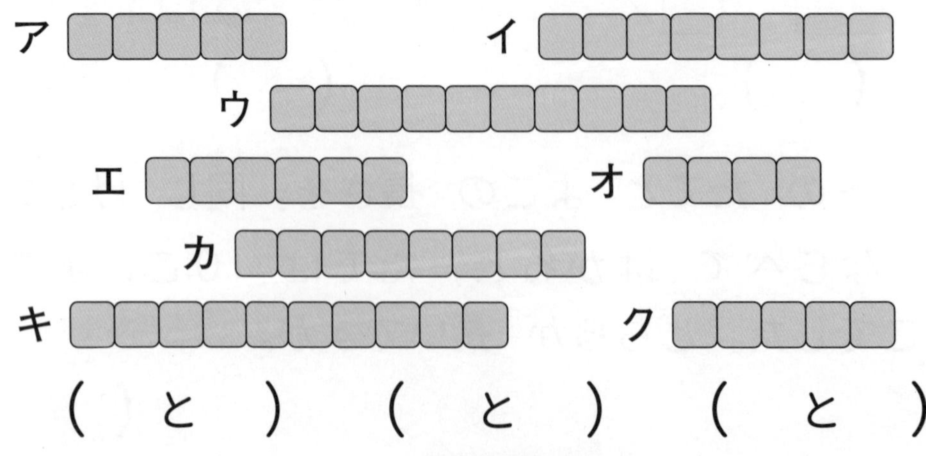

(　と　)　(　と　)　(　と　)

こたえ→べっさつ76ページ

2 長さの　はかり方 〈2年〈〈

まず　やってみよう！

ものさしを　つかって，テープの　長さを　はかりましょう。

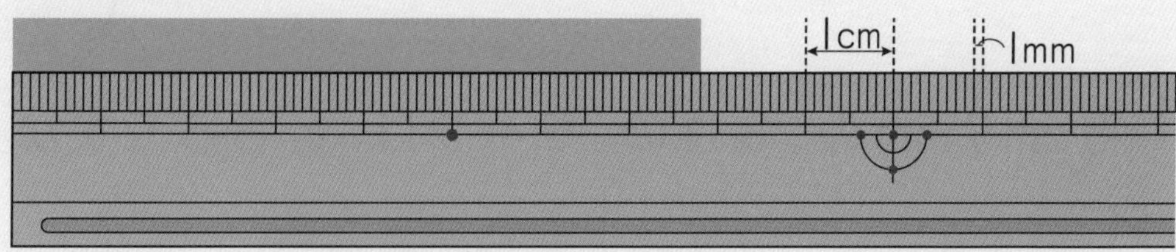

❶ 長さを　あらわす［たんい］には，**センチメートル**が　あり，［cm］と　書きます。

❷ 上の　ものさしの　1目もりは，1cmを　同じ長さに　10こに　分けた　長さで，［1ミリメートル］と　いい，［1mm］と　書きます。

❸ この　テープの　長さは［7cm8mm］です。

1 ものさしの　左の　はしから，ア，イ，ウ，エまでの　長さは　それぞれ　どれだけですか。

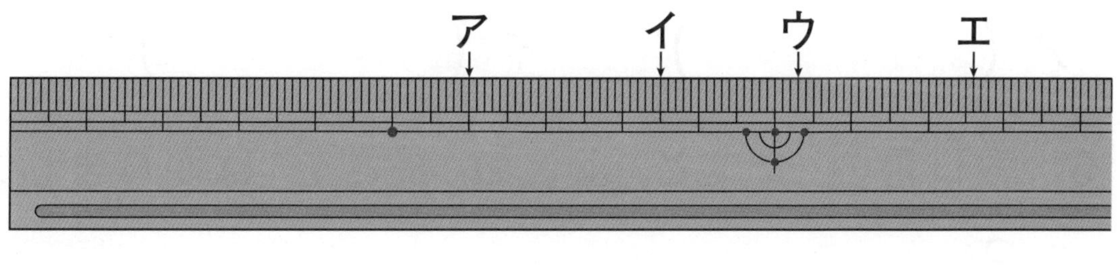

ア（　　　　　　）　イ（　　　　　　）
ウ（　　　　　　）　エ（　　　　　　）

こたえ→べっさつ76ページ

2 よこの 長さの 正しい はかり方は どれですか。

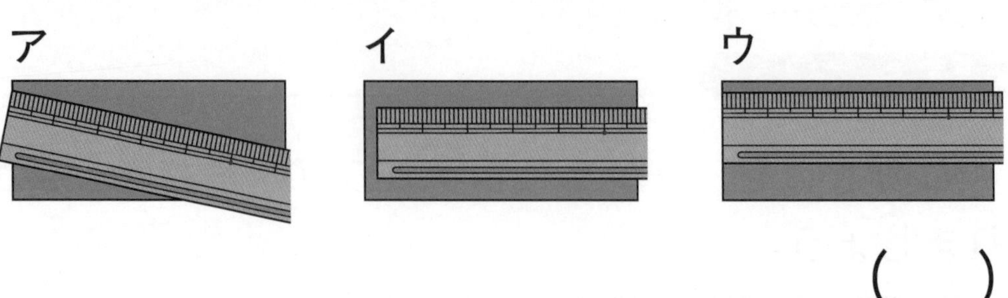

（　　）

3 8cm9mmの 長さの テープは どちらですか。

（　　）

4 下の 線の 長さを はかりましょう。

（　　　　　）
（　　　　　）
（　　　　　）

5 線の 長さは どれだけですか。

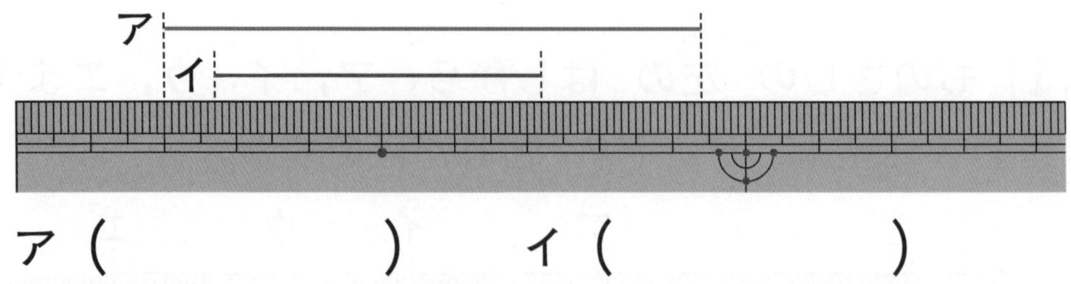

ア（　　　　　）　イ（　　　　　）

6 教科書の たてと よこの 長さを はかりましょう。

たて（　　　　　）　よこ（　　　　　）

こたえ→べっさつ77ページ

3 長(なが)さの たんい 〈2年〈〈

まず やってみよう！

長さの たんいを しらべましょう。

100cmを 1メートルと いい，[1]mと 書(か)きます。

1m＝[100]cm

1cm＝[10]mm

mm，cm，mの かんけいを おぼえよう。

1 [　]に あてはまる 数(かず)を 書きましょう。

2m＝[　]cm　　3m50cm＝[　]cm

400cm＝[　]m　　860cm＝[　]m[　]cm

4cm＝[　]mm　　57mm＝[　]cm[　]mm

《はってん》

2 長い じゅんに ならべましょう。

6cm9mm　72mm　7cm1mm

(　　　　　　　　　　)

3 (　)に あてはまる 長さの たんいを 書きましょう。

(1) 算数(さんすう)の ノートの あつさ　4(　　)

(2) つくえの たての 長さ　40(　　)

(3) 学校(がっこう)の ろう下(か)の はば　2(　　)

こたえ ⇒ べっさつ77ページ

4 長さの 計算 〈2年〈〈

まず やってみよう！

長さの 計算を しましょう。

4cm5mm　2cm8mm

❶ 上の 2本の テープを あわせた 長さは，

4cm5mm＋2cm8mm＝ 7 cm 3 mm

❷ 上の 2本の テープの 長さの ちがいは，

4cm5mm－2cm8mm＝ 1 cm 7 mm

1 計算を しましょう。

4m30cm＋5m25cm

6cm8mm＋4cm7mm

9cm2mm－5cm4mm

5m－2m30cm

《はってん》3cm5mm＋16mm

《はってん》4cm2mm－23mm

同じ たんい どうしで 計算するよ。

《はってん》

2 まさきさんは 手を のばすと，1m44cmまで 手が とどきます。68cmの 高さの 台に のると，何m何cmまで 手が とどきますか。

（しき）

（答え）

こたえ⇒べっさつ78ページ

5 道のりと　きょり 〈チャレンジ《

まず　やってみよう！

長い　長さの　たんいを　しらべましょう。

❶ 道に　そって　はかった　長さを［道のり］，まっすぐに　はかった　長さを［きょり］と　いいます。

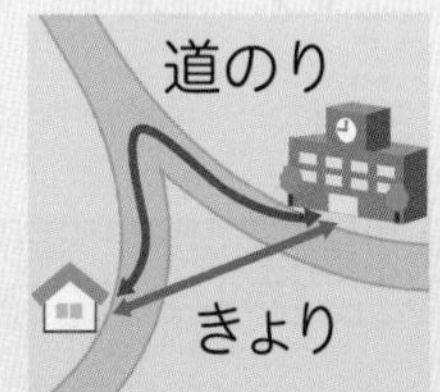

❷ 1000mを　1キロメートルと　いい，［1km］と　書きます。

1km＝［1000］m

1 □に　あてはまる　数を　書きましょう。

2km＝□m　　4km500m＝□m

3600m＝□km□m　　5007m＝□km□m

2 ゆいさんの　家から　学校までは，右の　図の　とおりです。

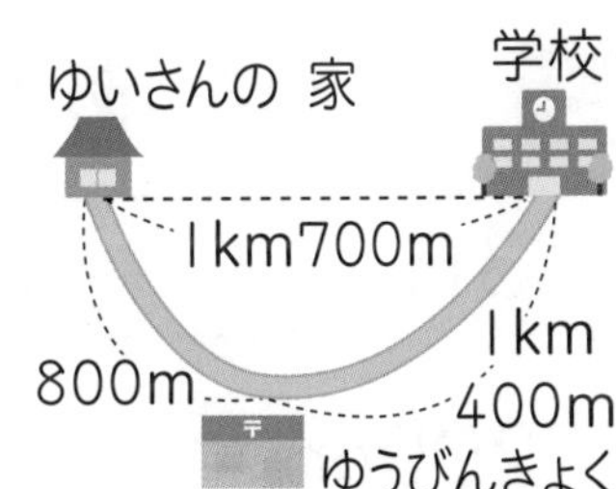

(1) ゆいさんの　家から　学校までの　道のりは，何km何mですか。

（しき）

（答え）

(2) ゆいさんの　家から　学校までの　きょりは，何km何mですか。

（　　　　　）

こたえ ➡ べっさつ78ページ

力をためすもんだい 1

1 ものさしの 左(ひだり)の はしから，ア，イ，ウ，エまでの 長(なが)さは それぞれ どれだけですか。

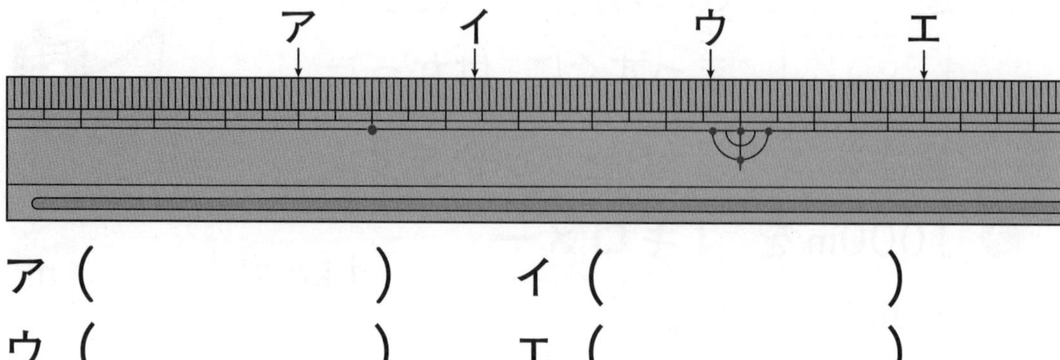

ア（　　　　）　イ（　　　　）
ウ（　　　　）　エ（　　　　）

2 下(した)の 線(せん)の 長さを はかりましょう。

（　　　　）
（　　　　）
（　　　　）

3 □に あてはまる 数(かず)を 書(か)きましょう。

3m＝□cm　5cm＝□mm
200cm＝□m　4m20cm＝□cm
6km＝□m　3800m＝□km□m

《はってん》
4 長い じゅんに ならべましょう。

18cm　56mm　1m
（　　　　）

こたえ→べっさつ79ページ

1 線の長さは どれだけですか。

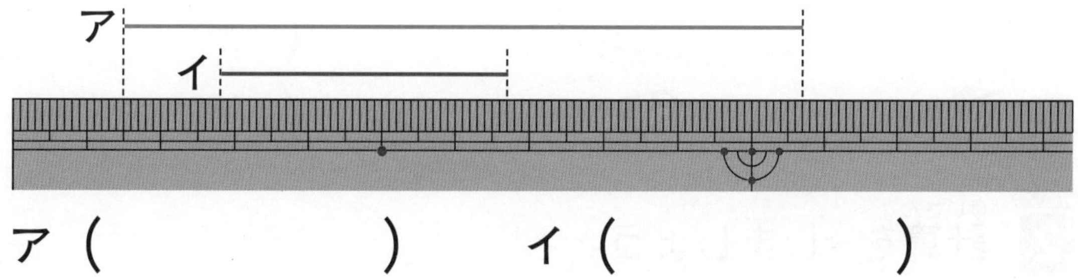

ア（　　　　）　イ（　　　　）

2 □に あてはまる 数を 書きましょう。

2km400m＝□m　1m6cm＝□cm

3cm7mm＝□mm　3080m＝□km□m

1km7m＝□m　49mm＝□cm□mm

《はってん》

3 長い じゅんに ならべましょう。

3km8m　3100m　3km62m

（　　　　　　　　　　）

4 計算を しましょう。

5cm6mm＋2cm9mm

2m85cm＋4m56cm

1km800m＋2km400m

4m－1m60cm

5km－2km400m

こたえ→べっさつ79ページ

力をのばすもんだい

《はってん》
1 下の 線の 長さを はかりましょう。

(　　　　)

(　　　　)

《はってん》
2 計算を しましょう。

6cm5mm＋28mm＝□cm□mm

5km300m＋2940m＝□km□m

4km200m－2600m＝□km□m

304cm－1m25cm＝□m□cm

《はってん》
3 学校から 図書かんまでは，右の 図の とおりです。

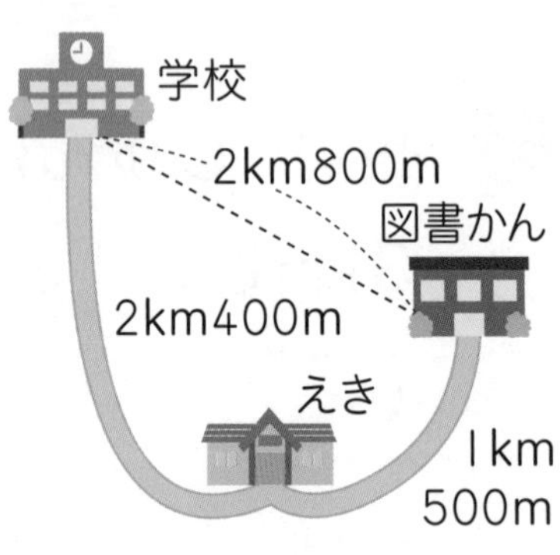

(1) えきから 学校までと，えきから 図書かんまでの 道のりは，どちらが 何m 長いですか。

(しき)

(答え)

(2) 学校から 図書かんまでの きょりは どれだけですか。

(　　　　)

こたえ➡べっさつ80ページ

3 広さくらべ

指導のポイント この単元では，広さ(面積)の比較の仕方をいろいろと学ぶことにより，広さの概念を養うことができるようにします。また，広さも長さと同様に，共通単位を使って数値化できることを理解します。

1 広さの比べ方 〈1年〈〈

広さを比較するには，次の３つの方法があります。

❶ 直接比較

一方を他方に重ね合わせて，広さの大小を比べる。

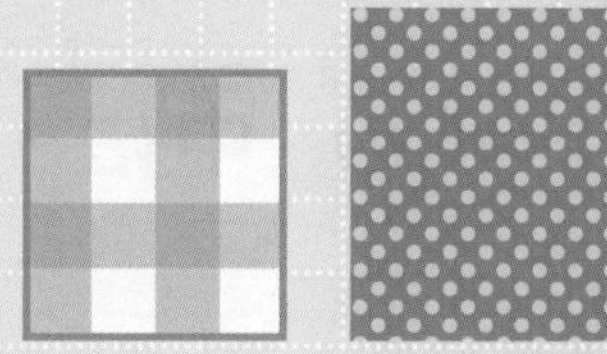

重ね合わせる

❷ 間接比較

直接比べることができないものは，それぞれ別のものと比べて，広さの大小を比べる。

別のもので比べる

❸ 任意単位で比較

基準となるもの(カードなど)のいくつ分かで，広さの大小を比べる。

□の数で比べると，

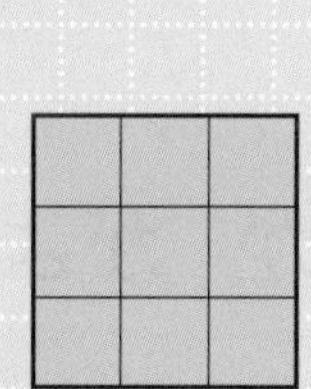

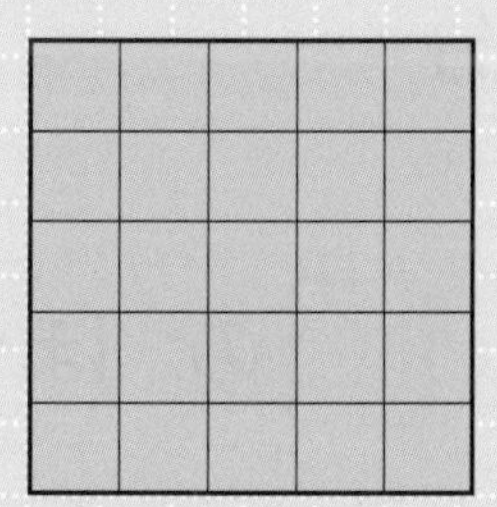

□ 9枚

□ 25枚 ……広い

1 広さ（ひろ）　くらべ　1年

まず　やってみよう！

　レジャーシートの　広さを　くらべましょう。どちらが　広いですか。

ア

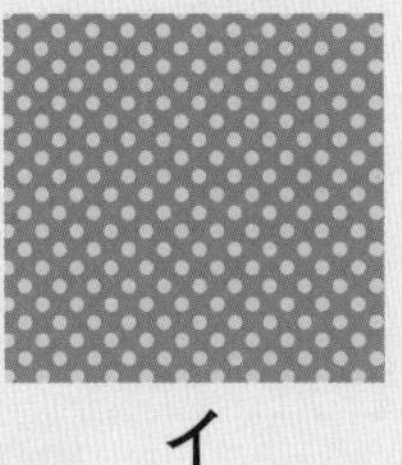
イ

アと　イを　かさねあわせると，イの　中（なか）に　アが入（はい）るから，［イ］の　ほうが　広い。

　けいじばんの　広さを　くらべましょう。どちらが　どれだけ　広いですか。

ア

イ

アは，がようし［8］まい分（ぶん）
イは，がようし［9］まい分
に　なります。
［9］－［8］＝［1］より，［イ］の　ほうが　がようし［1］まい分　広い。

こたえ→べっさつ80ページ

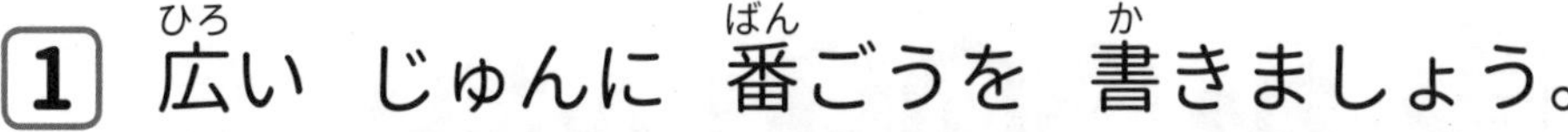

1 広(ひろ)い じゅんに 番(ばん)ごうを 書(か)きましょう。

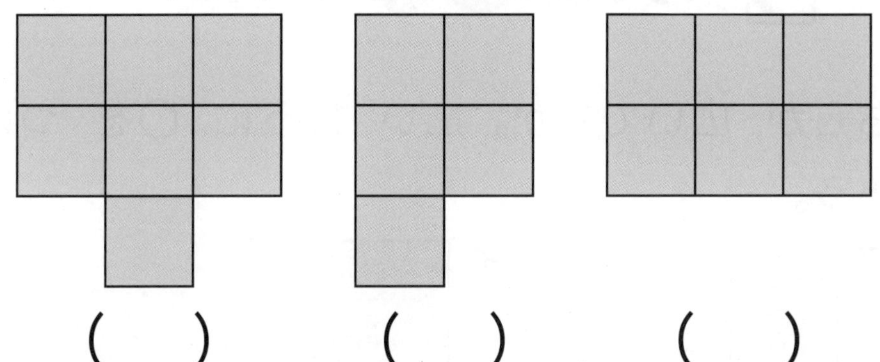

(　　)　　(　　)　　(　　)

2 3人(にん)で，じんとりゲームを しました。広く とれた じゅんに 番ごうを 書きましょう。

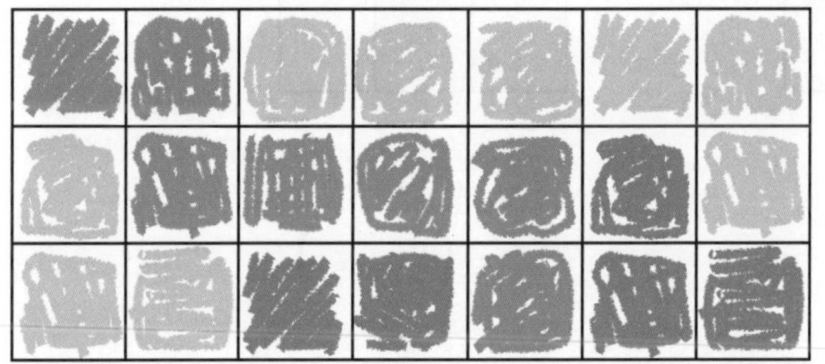

さくら		
りつ		
すみれ		

3 どちらが 広いですか。広い ほうに ○を つけましょう。

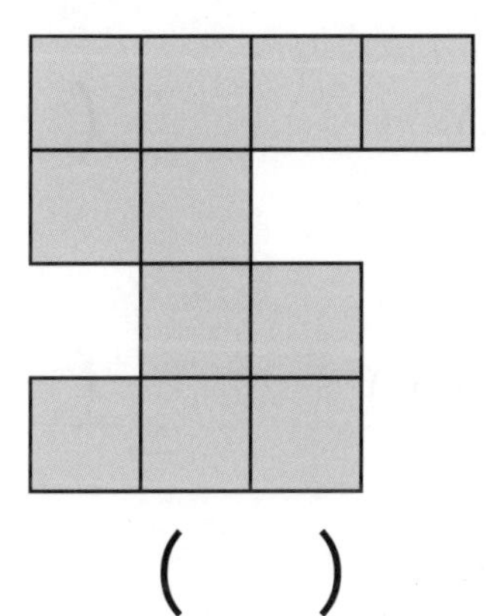

(　　)

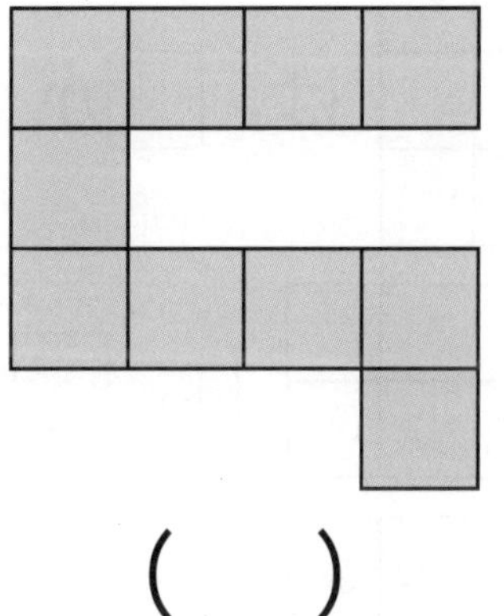

(　　)

こたえ→べっさつ81ページ

力をためすもんだい

1 どちらが 広いですか。広い ほうに ○を つけましょう。

① ア

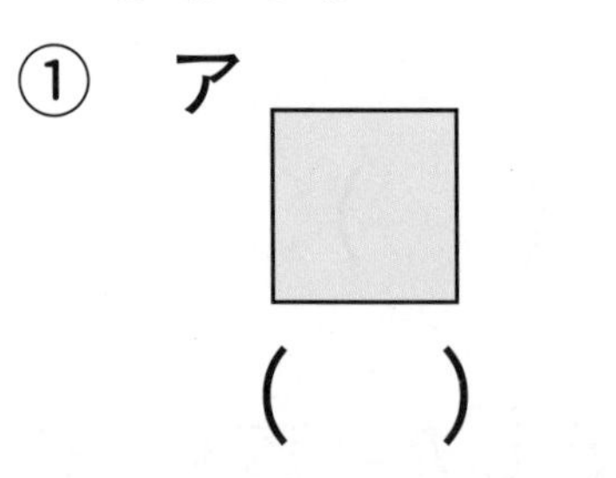

（　　）

イ

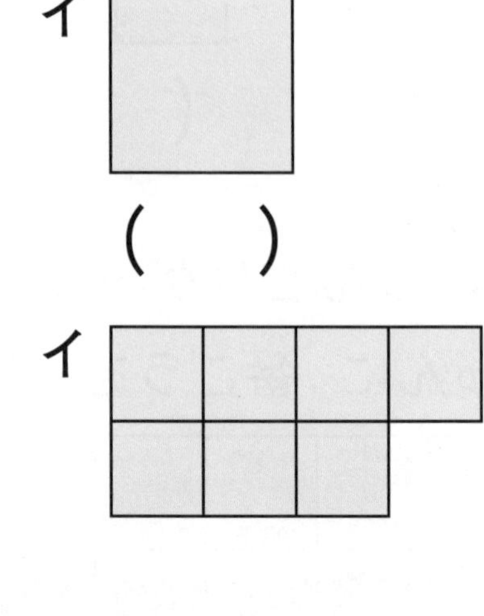

（　　）

② ア

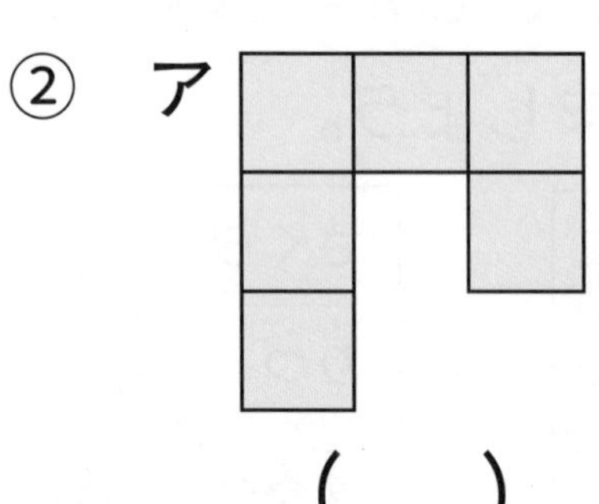

（　　）

イ

（　　）

2 □が 何まいで できて いますか。しらべて，広い じゅんに，（　）に 番ごうを 書きましょう。

① は，□が □ まい　（　　）

② 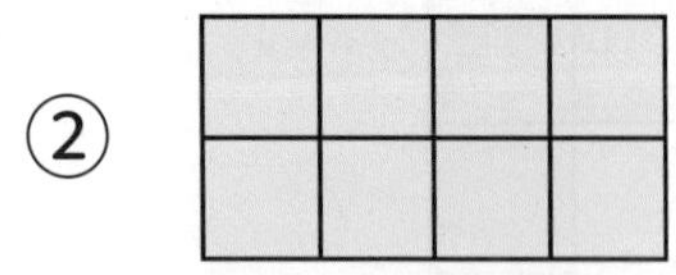 は，□が □ まい　（　　）

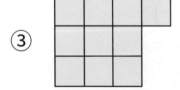

③ は，□が □ まい　（　　）

こたえ ➡ べっさつ81ページ

4 かさ

この単元では，かさをいろいろな方法で比較したり計量することで，かさについて理解し，かさの単位とその間の関係を知り，簡単なかさの計算ができるようにします。

1 かさの比べ方 〈1年〈〈

かさ(入れ物の容量)を比較する方法には，次の4つがあります。

㋐一方を他方に移して，かさの多少を比べる。(**直接比較**)

㋑順番に別の1つの容器に移して，その高さでかさの多少を比べる。(**間接比較**)

㋒別の2つの同じ容器に移して，その高さでかさの多少を比べる。(**間接比較**)

㋓コップ(基準となるもの)の何杯分かで，かさの多少を比べる。(**任意単位で比較**)

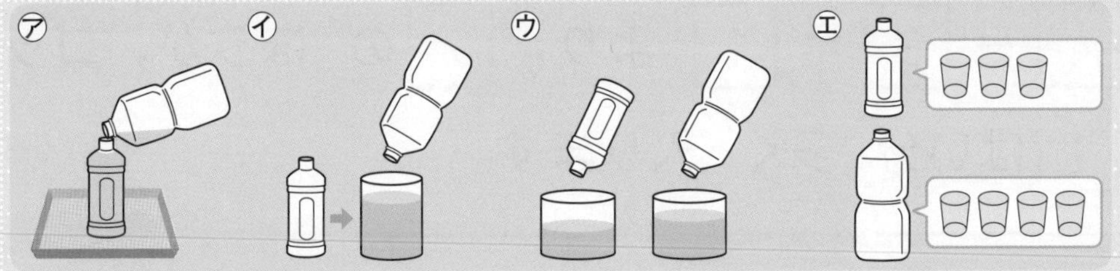

2 かさの単位 〈2年〈〈

かさを表す単位には，**リットル(L)**，**デシリットル(dL)**，**ミリリットル(mL)**があり，単位間には次の関係があります。

1L＝10dL
1L＝1000mL

左の関係から，
1dL＝100mL
になります。

3 かさの計算 〈2年〈〈

❶ かさの計算は，かさの単位ごとに計算します。

❷ 実際に計算するときは，下のように**筆算**ですると，計算間違いが少なくなります。

【筆算】

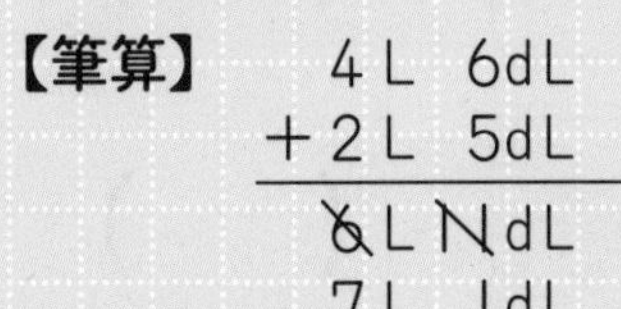

【筆算】

```
   4  13
   5L  3dL
 − 3L  7dL
   1L  6dL
```

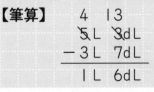

1 かさくらべ 〈1年〉

まず やってみよう！

水（すい）とうに 入（はい）る 水（みず）の かさを しらべました。どちらが どれだけ 多（おお）く 入りますか。

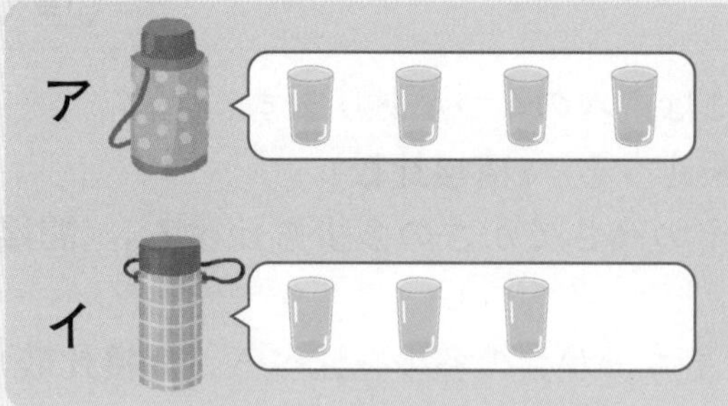

アの 水とうには，コップ ［4］はい分（ぶん）
イの 水とうには，コップ ［3］ばい分
水が 入りました。

［4］－［3］＝［1］より，［ア］の ほうが，コップ ［1］ぱい分 多く 入ります。

1 いろいろな 入れものに 入る 水の かさを しらべました。水が 多く 入る じゅんに 番（ばん）ごうを 書（か）きましょう。

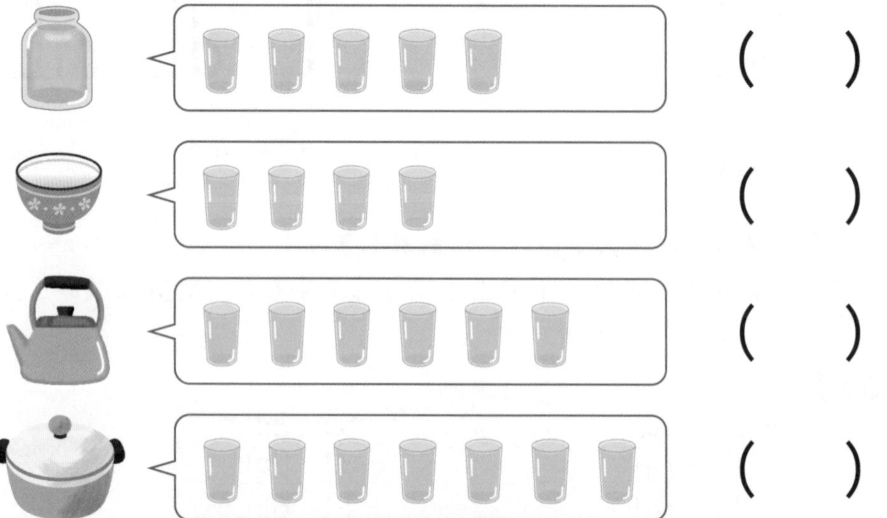

（　　）
（　　）
（　　）
（　　）

こたえ ➡ べっさつ82ページ

2 かさの　たんい 〈2年〈〈

まず やってみよう！

かさの　たんいを　しらべましょう。

❶ かさを　あらわす　たんいに［リットル］が　あり，Lと　書(か)きます。

1L＝［10］dL
1L＝［1000］mL

❷ 1Lを　10こに　分(わ)けた　1こ分(ぶん)を［1dL］と　書き，［1デシリットル］と　読(よ)みます。

❸ 1Lを　1000こに　分けた　1こ分を［1mL］と　書き，［1ミリリットル］と　読みます。

1dLは
100mLだよ。

1 □に　あてはまる　数(かず)を　書きましょう。

2L＝□dL　　　4L3dL＝□dL

3dL＝□mL　　　1L5dL＝□mL

1200mL＝□dL　　　3800mL＝□L□dL

《はってん》
2 かさの　多(おお)い　じゅんに　ならべましょう。

2L　　2L1dL　　1L9dL

(　　　　　　　　　　　)

3400mL　　2L9dL　　31dL

(　　　　　　　　　　　)

こたえ⇒べっさつ82ページ

3 かさの 計算 〈2年〈〈

まず やってみよう！

計算を　しましょう。

❶ 1L3dL＋7dL＝ [2] L　❷ 1L6dL－6dL＝ [1] L

❸ 3L6dL＋2L8dL
＝5L [14] dL＝ [6] L [4] dL

❹ 4L5dL－1L7dL
＝3L [15] dL－1L7dL＝ [2] L [8] dL

1L＝10dL
だよ。

1 計算を　しましょう。

1L3dL＋6dL

2L＋1L4dL

1L7dL＋2L5dL

1L6dL－2dL

2L5dL－1L3dL

3L－1L6dL

かさの計算は，
同じ　たんいどう
しで　計算するん
だよ。

2 やかんに　2Lの　お茶が　入って　います。水とうに　お茶を　6dL　入れると，やかんには　何L何dL　のこりますか。

（しき）

（答え）＿＿＿＿＿＿

こたえ➡べっさつ83ページ

力をためすもんだい

1 □に あてはまる 数を 書きましょう。

3L＝□dL　　4L5dL＝□dL

2dL＝□mL　　32dL＝□L□dL

5000mL＝□L　　4500mL＝□L□dL

《はってん》

2 □に あてはまる ＞，＜を 書きましょう。

5L□48dL　　3L□3L1dL

1200mL□1L3dL　　450mL□45dL

3 計算を しましょう。

1L8dL＋2L4dL

2L9dL＋1L8dL

6L－2L3dL

4L2dL－3L8dL

《はってん》

4 やかんの お茶を 3dLずつ コップに 分けると，5この コップに 分ける ことが でき，2dL の こりました。やかんには，何L何dLの お茶が 入って いましたか。

（しき）

（答え）

こたえ→べっさつ83ページ

5 重さ

指導のポイント この単元は3年で学習する内容ですが，「量」の学習の一環として取り上げています。重さは，はかりを使って測ることができることを理解し，重さの単位とその間の関係を知り，簡単な重さの計算ができるようにします。

1 重さの測り方

チャレンジ

重さを測るには，下のような，用途(重さ)に応じた**はかり**を使います。

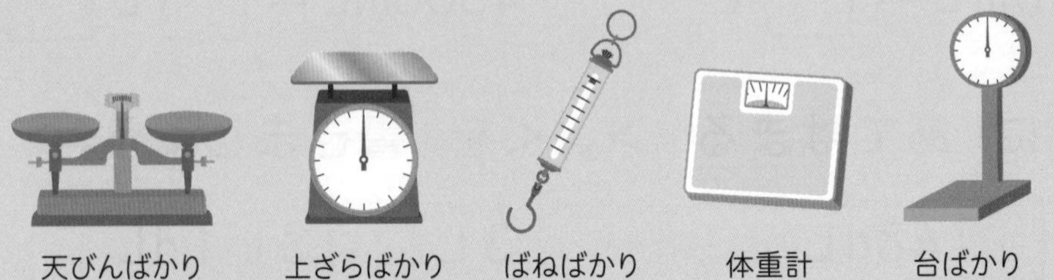

2 はかりの使い方

チャレンジ

❶ 測るものの重さの見当をつけて，はかりを選びます。
❷ はかりを平らな所に置きます。
❸ 初めに，針が「0」を指すようにします。
❹ 目盛りは，正面から読みます。

3 重さの単位

チャレンジ

重さを表す単位には，**グラム(g)**，**キログラム(kg)**，**トン(t)**などがあり，単位間には次の関係があります。

1t＝1000kg
1kg＝1000g

4 重さの計算

チャレンジ

❶ 重さの計算は，重さの単位ごとに計算します。
❷ 実際に計算するときは，下のように**筆算**ですると，計算間違いが少なくなります。

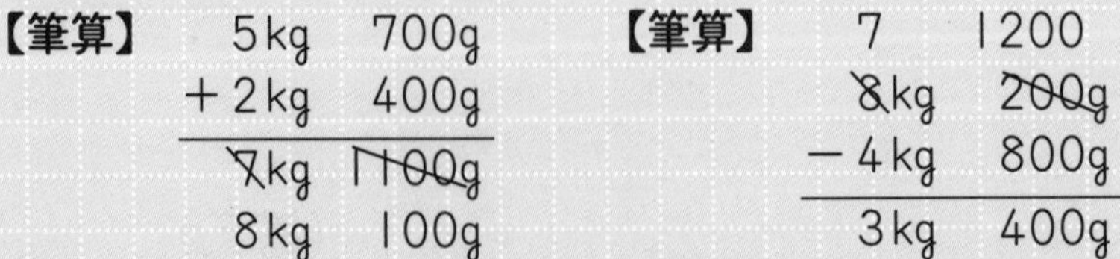

【筆算】
```
   5kg  700g
 + 2kg  400g
 ───────────
   7kg  1100g  (消)
   8kg   100g
```

【筆算】
```
   7    1200
   8kg  200g  (消)
 − 4kg  800g
 ───────────
   3kg  400g
```

1 重さの　たんい 〈チャレンジ〈〈

まず　やってみよう！

重さの　たんいを　しらべましょう。

❶ 重さを　あらわす　たんいに　グラムが　あり，[g]と　書きます。

1 kg＝[1000] g
1 t＝[1000] kg

❷ 1000gを　[1キログラム]と　いい，[1kg]と　書きます。

❸ 1000kgを　[1トン]と　いい，[1t]と　書きます。

重い　ものを　はかる　ときは，ふつう　kgの　たんいを　つかうよ。

1 □に　あてはまる　数を　書きましょう。

2kg＝□g　　3000g＝□kg

4800g＝□kg□g　　6kg30g＝□g

6t＝□kg　　5700kg＝□t□kg

2 (　)に　あてはまる　たんいを　書きましょう。

(1) お父さんの　体重　67(　　)

(2) 絵本　1さつの　重さ　690(　　)

(3) たまご　1この　重さ　68(　　)

(4) ゾウの　体重　5(　　)

こたえ→べっさつ84ページ

2 はかりの　つかい方（かた）　チャレンジ

まず　やってみよう！

正（ただ）しい　ほうに　○を　つけましょう。

❶ はかる　ものの　(かさ　重（おも）さ)を
よそうして，はかりを　えらぶ。

❷ はかりを　(たいらな　かたむいた)
ところに　おく。

❸ はじめに，はりが　(10　0)を　さすように　する。

❹ 目（め）もりは　(正（しょう）めん　ななめ)から　読（よ）む。

1 はりの　さして　いる　重さを　書（か）きましょう。

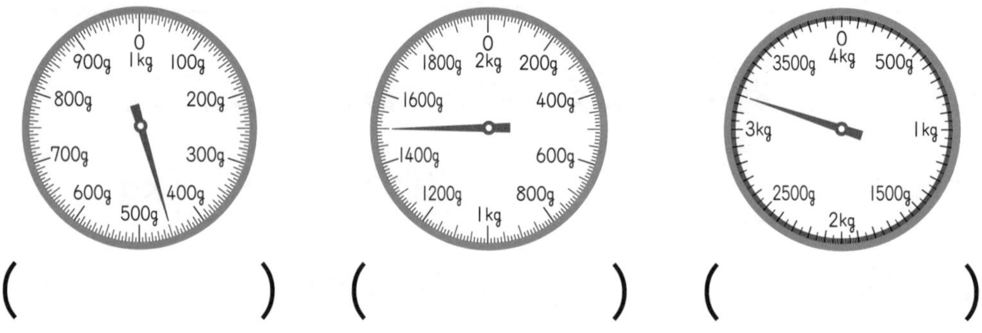

(　　　　)　(　　　　)　(　　　　)

2 正しい　文（ぶん）には　○，正しく　ない　文には　×を　(　)に　書きましょう。

(　　) 体重計（たいじゅうけい）の　上（うえ）に　立（た）つと，すわるより　体重が　重く　なる。

(　　) 1円玉（えんだま）　1この　重さは　1gである。

(　　) ねん土（ど）の　形（かたち）を　かえると，重さも　かわる。

こたえ⇒べっさつ84ページ

3 重さ(おも)の 計算(けいさん) 〈チャレンジ〈〈

まず やってみよう！

計算を しましょう。

❶ 800g＋300g＝[1100]g＝[1]kg[100]g

❷ 1kg300g－700g＝[1300]g－700g＝[600]g

❸ 3kg600g＋2kg800g
＝5kg[1400]g＝[6]kg[400]g

1kg＝1000g
1t＝1000kg
だよ。

❹ 4kg200g－3kg500g
＝3kg[1200]g－3kg500g＝[700]g

❺ 1t－800kg＝[1000]kg－800kg＝[200]kg

1 計算を しましょう。

1kg400g＋300g

2kg700g＋3kg900g

3kg800g－2kg600g

2t－500kg

重さの 計算は、同じ(おな) たんいどうしで 計算するんだよ。

2 みかんの 入った(はい) かごの 重さを はかったら、1kg200g ありました。かごだけの 重さは 180gです。みかんの 重さは どれだけですか。

（しき）

（答え(こた)）

こたえ→べっさつ85ページ

力をためすもんだい

1 はりの さして いる 重さを 書きましょう。

(　　　　) (　　　　) (　　　　)

2 □に あてはまる 数を 書きましょう。

3kg＝□g　　3050g＝□kg□g

2kg100g＝□g　　2t300kg＝□kg

《はってん》
3 重い じゅんに ならべましょう。

1800g　1kg600g　1kg900g

(　　　　　　　　)

4 計算を しましょう。

1kg700g＋1kg500g

3kg200g－1kg900g

4t－2t800kg

《はってん》
5 さとうが 2kg あります。1600g つかうと，どれだけ のこりますか。

(しき)

(答え)

こたえ ➡ べっさつ85ページ

1年

1 何時(なんじ)　または　何時何分(なんぷん)ですか。

(　　　　)　(　　　　)　(　　　　)

1年

2 時計(とけい)の　はりを　かきましょう。

7時　　3時半(はん)　　9時58分(ふん)

2年・チャレンジ

3 □に　あてはまる　数(かず)を　書(か)きましょう。

2時間(じかん)18分＝□分　28時間＝□日□時間

3分40秒(びょう)＝□秒　100秒＝□分□秒

2年

4 □に　あてはまる　時こくや　時間を　書きましょう。

(1) 午前(ごぜん)11時40分から　1時間30分後(ご)の　時こくは

□です。

(2) 午後4時20分から　午後8時10分までの　時間は

□です。

こたえ⋯べっさつ86ページ

2年

1 下(した)の 線(せん)の 長(なが)さを はかりましょう。

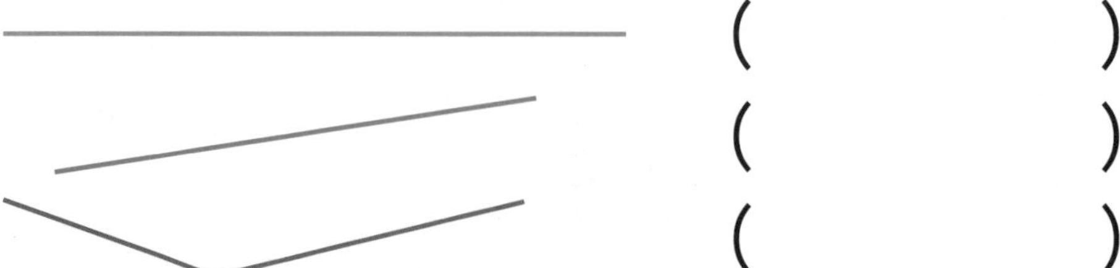

(　　　　)
(　　　　)
(　　　　)

2年

2 線の 長さは どれだけですか。

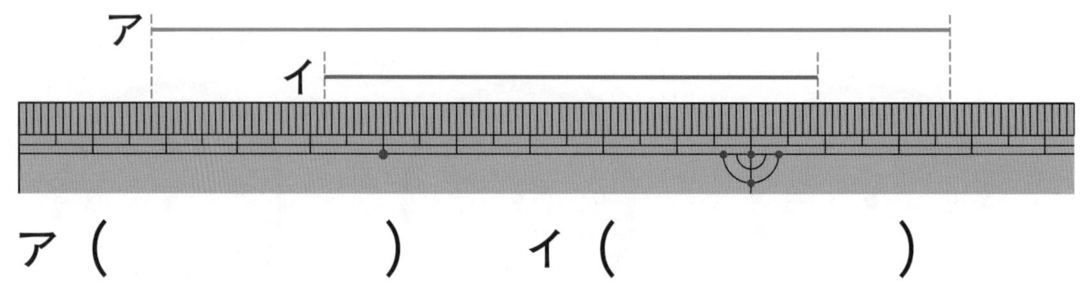

ア (　　　　)　イ (　　　　)

2年・チャレンジ

3 □に あてはまる 数(かず)を 書(か)きましょう。

1m58cm＝□cm　103cm＝□m□cm

36mm＝□cm□mm　2cm4mm＝□mm

5km＝□m　2650m＝□km□m

2年・チャレンジ

4 計算を しましょう。

2m67cm＋1m48cm

8cm9mm＋6cm5mm

3cm7mm－1cm9mm

3km200m－2km500m

こたえ→べっさつ86ページ

とっくんもんだい ③

》チャレンジ》

1 はりの さして いる 重さを 書きましょう。

(　　　　) (　　　　) (　　　　)

》2年・チャレンジ》

2 □に あてはまる 数を 書きましょう。

25dL＝□L□dL　　2dL＝□mL

3070g＝□kg□g　　4kg50g＝□g

7000kg＝□t　　6t30kg＝□kg

》2年・チャレンジ》

3 多い じゅんや，重い じゅんに ならべましょう。

2800mL　2L5dL　29dL

(　　　　　　　　)

4kg700g　4800g　4kg90g

(　　　　　　　　)

》2年・チャレンジ》

4 計算を しましょう。

2L4dL＋8dL

5L2dL－2L6dL

2kg800g＋1kg400g

3t－800kg

こたえ⇒べっさつ87ページ

第7章　せい理の　しかた

1 ひょうと　グラフ

指導のポイント　この単元では，日常のいろいろな場面から，簡単なことがらを分類・整理して，表やグラフに表すことができるようにします。そして，ことがらを表やグラフにまとめると，数量の多少が一目でわかるという利点から，表やグラフに表すことのよさに気づかせます。

1　表とグラフ　〈1～2年〈

❶ ことがらを分類・整理して，見やすいように並べたものを**表**といいます。表に表すと，それぞれの数量がすぐにわかります。

❷ 表をもとにして，数量を絵や○などに表して視覚的にまとめたものを**グラフ**といいます。グラフに表すと，数量の多少が一目でわかります。

2　表やグラフに表す手順　〈1～2年〈

❶ 表やグラフの項目（色や形，種類など）を決める。

❷ 調べるものに×などの印をつけて，数え落としや重なりがないように数える。

❸ 何を調べたのかがわかるように，適切な**表題**をつける。

❹ 数量を，１年では**絵や図**で表し，２年では○などで表す。

「表」をもっと見やすく表したものが「グラフ」で，グラフの高さから，数量の多少が一目でわかります。

【問題例】　色別のボールの数を調べ，表やグラフに表しましょう。

〔表〕

ボールの数（２年）

色	赤	青	黄	緑
数	4	5	2	3

〔グラフ〕

ボールの数（１年）

赤　青　黄　緑

ボールの数（２年）

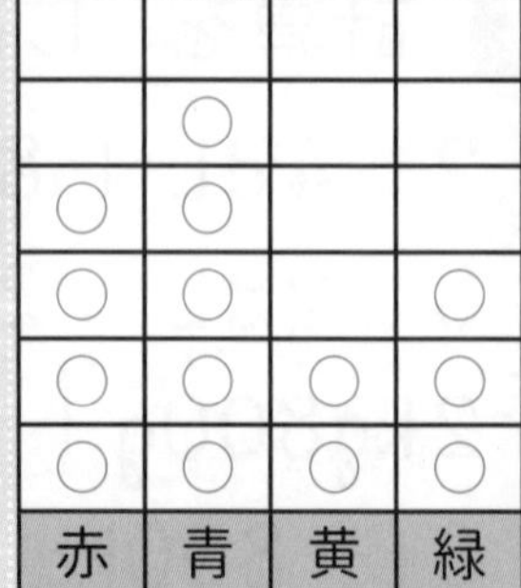

1 絵や 図で せい理 〈1年〈〈

まず やってみよう！

くだものの 数を せい理しましょう。

みかん	メロン	いちご

❶ くだものの 数だけ 色を ぬりましょう。

❷ いちばん 多い くだものは みかん です。

❸ いちばん 少ない くだものは メロン です。

1 おかしの 数だけ 色を ぬりましょう。

チョコレート	キャンディ	キャラメル

こたえ⇒べっさつ88ページ

2 ひょう 〈2年〉

まず　やってみよう！

色(いろ)ごとに　チューリップの　数(かず)を　しらべましょう。

下(した)の　ひょう　に　あらわすと，数が　わかりやすく　なります。

チューリップの　数

色	白(しろ)	赤(あか)	ピンク	黄(き)
数	4	6	3	5

ひょうは，何(なに)が　いくつ　あるかが　すぐ　わかるよ。

1　くだものの　数を　しらべましょう。

(1) くだものの　数を　ひょうに　あらわしましょう。

くだものの　数

名前(なまえ)	バナナ	みかん	いちご	ぶどう
数				

(2) いちばん　多(おお)い　くだものは　何(なん)ですか。

(　　　　)

こたえ→べっさつ88ページ

3 グラフ 〈2年〈〈

まず やってみよう！

前(まえ)の ページの チューリップの 数(かず)を，○を つかって，グラフに あらわしましょう。

チューリップの 数

	○		
	○		○
○	○		○
○	○	○	○
○	○	○	○
○	○	○	○
白(しろ)	赤(あか)	ピンク	黄(き)

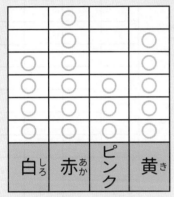

左(ひだり)のような 図(ず)を グラフ と いい，数の 多(おお)い じゅんが すぐに わかります。

グラフは，何(なに)が いちばん 多いか 少(すく)ないかが すぐわかるよ。

1 いろいろな 形(かたち)の 数を しらべましょう。

(1) ひょうと グラフに あらわしましょう。

形の 数

形	●	■	▲	★
数				

形の 数

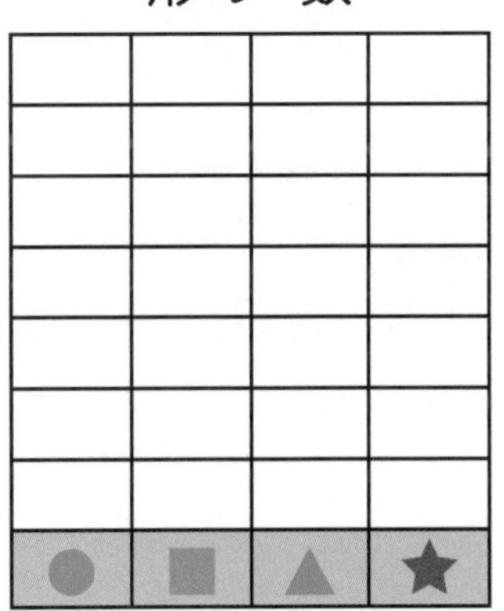

(2) いちばん 多い 形は 何(なん)ですか。 (　　　)

こたえ⇒べっさつ89ページ

2　おかしの　数(かず)を　しらべましょう。

(1)　ひょうと　グラフに　あらわしましょう。

おかしの　数

名前(なまえ)	チョコレート	キャンディ	ガム	クッキー
数				

おかしの　数

チョコレート	キャンディ	ガム	クッキー

(2)　多(おお)い　じゅんで，１番目(いちばんめ)と　２番目の　ちがいは　いくつですか。

（　　　　）

3　どうぶつの　数を　しらべましょう。

(1)　ひょうと　グラフに　あらわしましょう。

どうぶつの　数

名前	犬(いぬ)	さる	ねこ	ぶた
数				

どうぶつの　数

犬	さる	ねこ	ぶた

《はってん》
(2)　数の　ちがいが　２ひきの　どうぶつは，どれと　どれですか。

（　　　と　　　）

こたえ→べっさつ89ページ

力をためすもんだい

1 クラスの 人(ひと)の すんで いる 地区(ちく)を しらべました。

クラスの 人の すんで いる 地区

地区	東(ひがし)地区	西(にし)地区	南(みなみ)地区	北(きた)地区
人数(にんずう)	8	10	5	7

(1) いちばん 多(おお)くの 人が すんで いる 地区は，どの 地区ですか。 (　　　)

(2) 西地区と 南地区に すんで いる 人数の ちがいは 何人(なんにん)ですか。 (　　　)

2 右(みぎ)の グラフは，1月(がつ)の 天気(てんき)を しらべた ものです。

(1) いちばん 多かった 天気は 何ですか。

(　　　)

(2) 雨(あめ)の 日(ひ)は 何日(なんにち) ありましたか。

(　　　)

(3) 雨の 日と 雪(ゆき)の 日の 日数(にっすう)の ちがいは 何日ですか。

(　　　)

1月の 天気

○			
○			
○		○	○
○		○	○
○		○	○
○	○	○	○
○	○	○	○
○	○	○	○
○	○	○	○
○	○	○	○
晴(は)れ	雨	くもり	雪

こたえ→べっさつ90ページ

力をのばすもんだい

1 クラスで，すきな　科目(かもく)しらべを　しました。

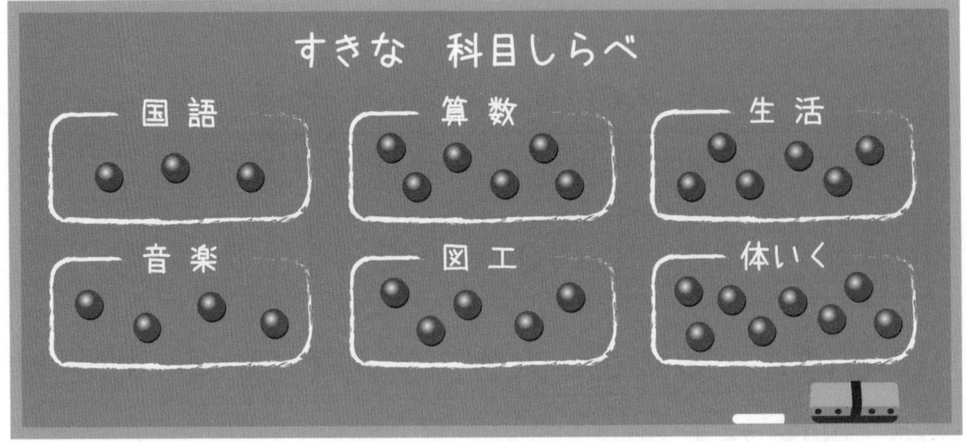

(1) すきな　科目しらべを，ひょうと　グラフに　あらわしましょう。

すきな　科目

科目	国語(こくご)	算数(さんすう)	生活(せいかつ)	音楽(おんがく)	図工(ずこう)	体(たい)いく
人数(にんずう)						

(2) すきな　人(ひと)が　いちばん　多(おお)い　科目は　何(なん)ですか。

(　　　)

(3) すきな　人が　5人(にん)　いる　科目は　何ですか。

(　　　)

《はってん》
(4) 人数の　ちがいが　4人の　科目は，どれと　どれですか。

(　　　と　　　)

すきな　科目

国語	算数	生活	音楽	図工	体いく

こたえ⇒べっさつ90ページ

2年

1 クラスで，すきな　デザートしらべを　しました。

⑴ すきな　デザートしらべを，ひょうに　あらわしましょう。

すきな　デザート

食べもの	ショートケーキ	プリン	ドーナツ	チョコレートケーキ	ソフトクリーム
人数（にんずう）					

⑵ 上（うえ）の　ひょうを，グラフに　あらわしましょう。

すきな　デザート

ショートケーキ	プリン	ドーナツ	チョコレートケーキ	ソフトクリーム

⑶ すきな　人（ひと）が　いちばん　多（おお）い　デザートは　何（なん）ですか。

（　　　　）

⑷ ドーナツが　すきな　人は　何（なん）人（にん）　いますか。（　　　　）

⑸ ショートケーキが　すきな　人と，プリンが　すきな　人の　人数の　ちがいは　何人ですか。

（　　　　）

こたえ→べっさつ91ページ

第8章 いろいろな 形

1 つみ木の 形

指導のポイント　この単元では，身の回りにあるいろいろな物や積み木を観察し，分類することで，基本的な立体図形の特徴がわかるようにします。また，積み木の面を紙に写し取ったときにできる形から，基本的な平面図形の特徴について学びます。

1　積み木の形　〈1年〈〈

❶ 四角くてかどがあり，どこも平らな面をしたものを**箱の形**といいます。

❷ 箱の形の中で，どこから見ても同じ形をしたものを**さいころの形**といいます。

❸ 平らな面と丸い面がある形を**筒の形**といいます。

❹ どこから見ても丸い形をしたものを**ボールの形**といいます。

箱の形　　さいころの形　　筒の形　　ボールの形

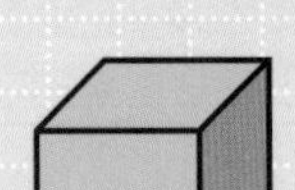
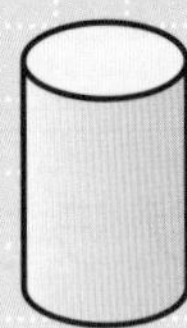
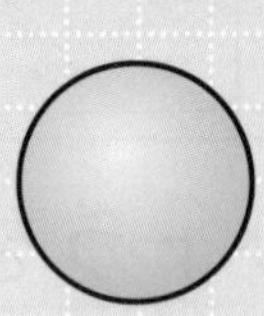

2　積み木を真上から見た形　〈1年〈〈

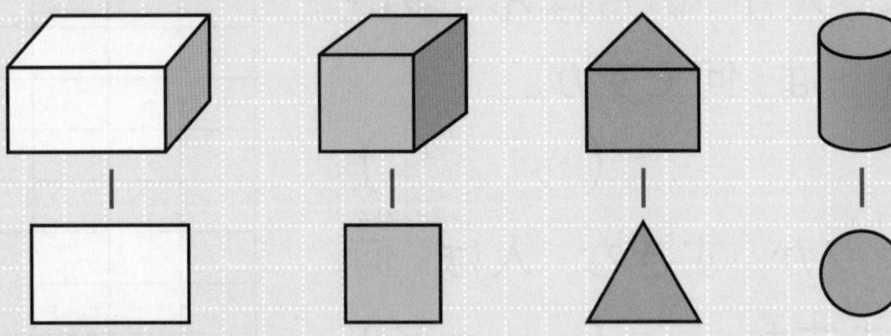

3　形の名前　〈1年〈〈

１年では，基本図形の名前を次のようにいいます。（**長四角**(ながしかく)と**真四角**(ましかく)は，合わせて**四角**ともいいます。）

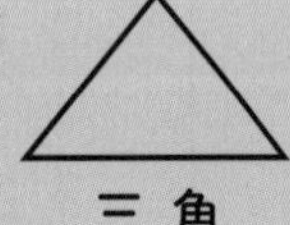
三角

長四角

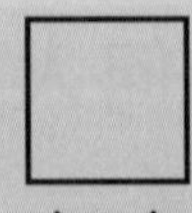
真四角

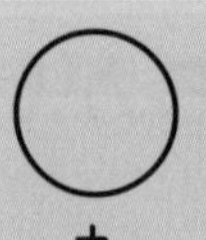
丸

1 つみ木の 形 〈1年〈〈

まず やってみよう！

つみ木の 形の 名前を しらべましょう。

ア  イ 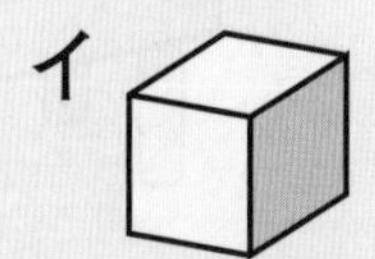 ウ 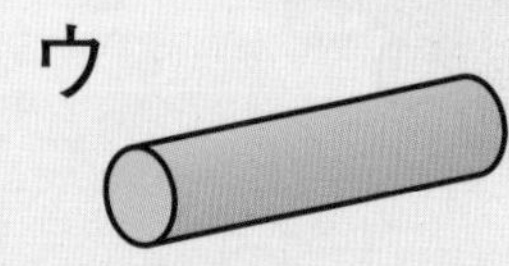

アの 形を 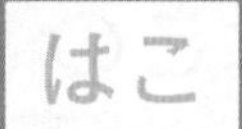

の形，イの 形を 

の 形，ウの 形を 

の 形と いいます。

1 はこの 形に ○，さいころの 形に △，つつの 形に ×を つけましょう。

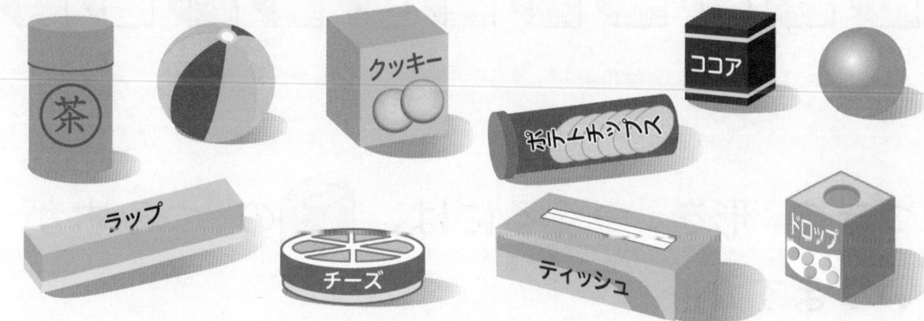

2 同じ なかまの 形を 線で むすびましょう。

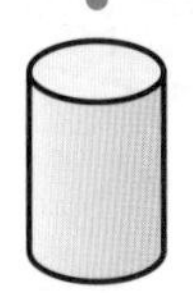 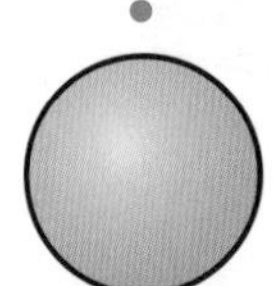 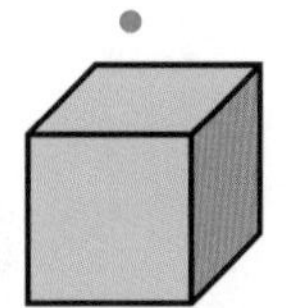 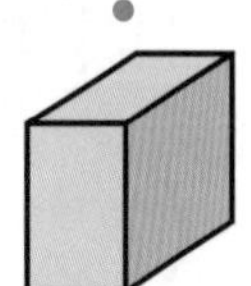

こたえ→べっさつ92ページ

3 それぞれの 形(かたち)が 何(なん)こ ありますか。

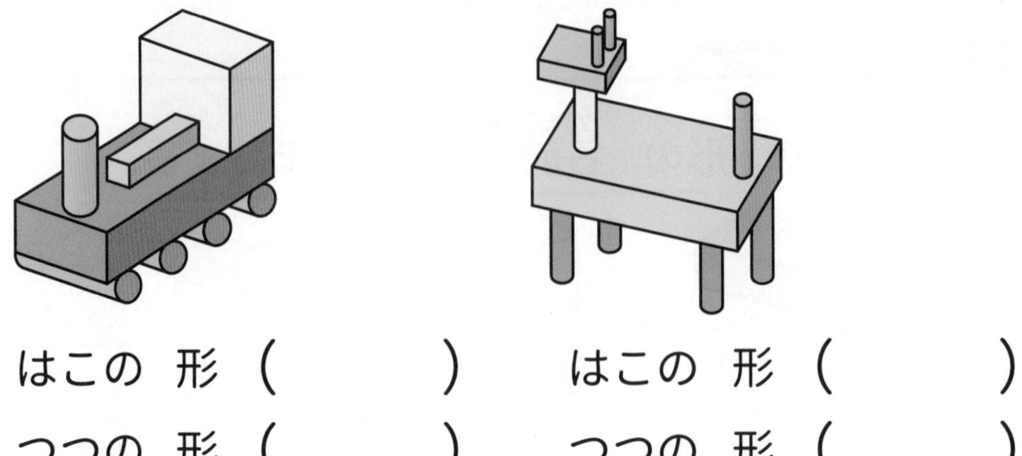

はこの 形 (　　　)　　はこの 形 (　　　)

つつの 形 (　　　)　　つつの 形 (　　　)

《はってん》

4 同(おな)じ 色(いろ)の つみ木(き)を つみます。どの 色の つみ木が いちばん 高(たか)く なりますか。

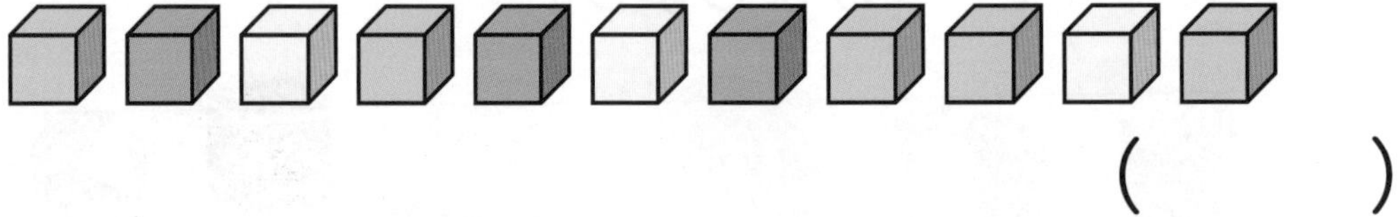

(　　　)

《はってん》

5 つぎの 形を つくるには，の つみ木が 何こ いりますか。

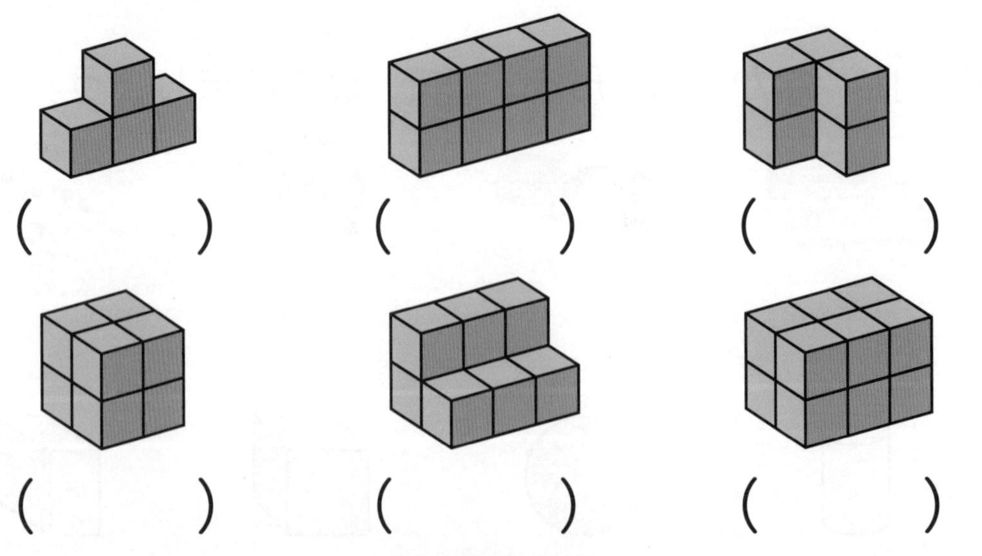

(　　　)　(　　　)　(　　　)

(　　　)　(　　　)　(　　　)

こたえ→べっさつ92ページ

まず やってみよう！

つみ木(き)を つかって，紙(かみ)に 形(かたち)を うつしました。
あって いる ものを 線(せん)で むすびましょう。

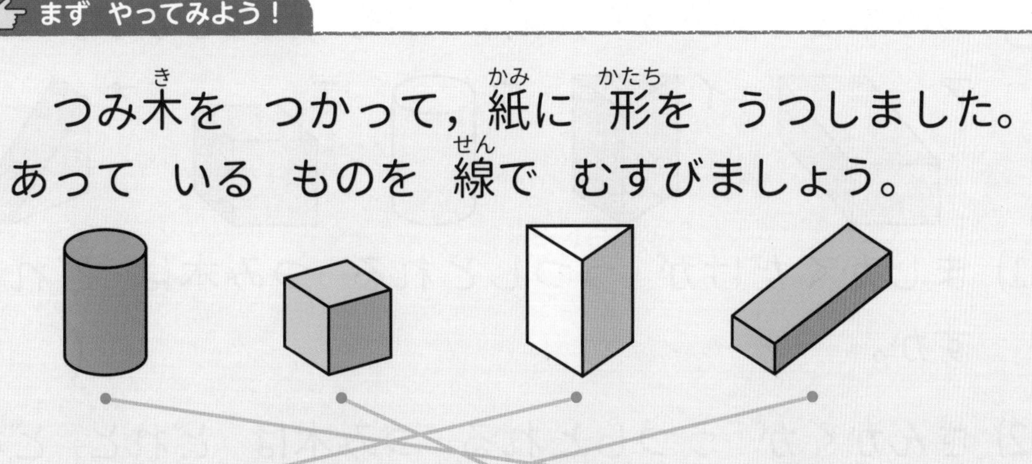

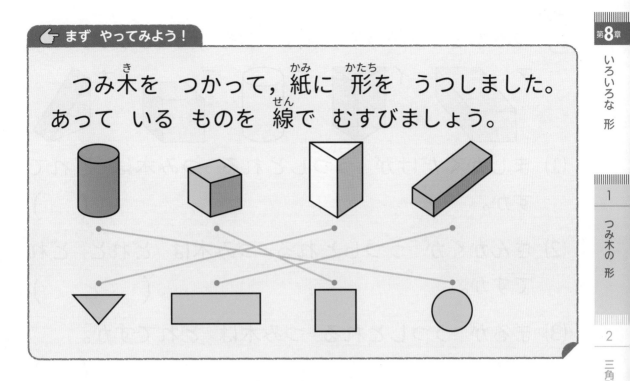

1 ア，イ，ウの つみ木を つかって，紙に 形を うつしました。それぞれ どの つみ木の 形ですか。

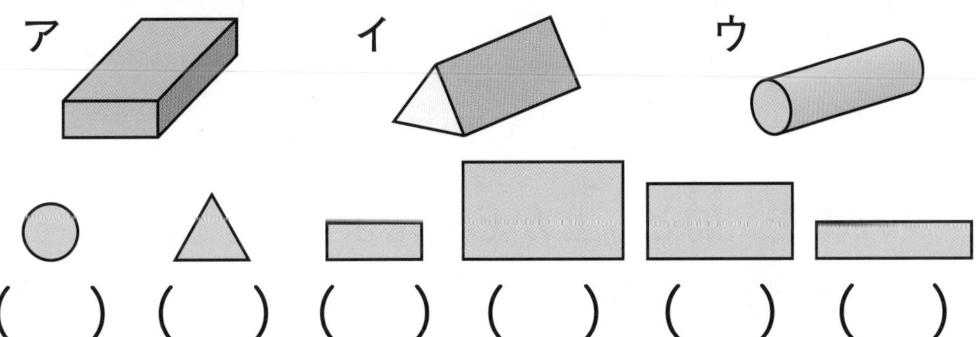

(　　) (　　) (　　) (　　) (　　) (　　)

《はってん》

2 あって いる ものを 線で むすびましょう。

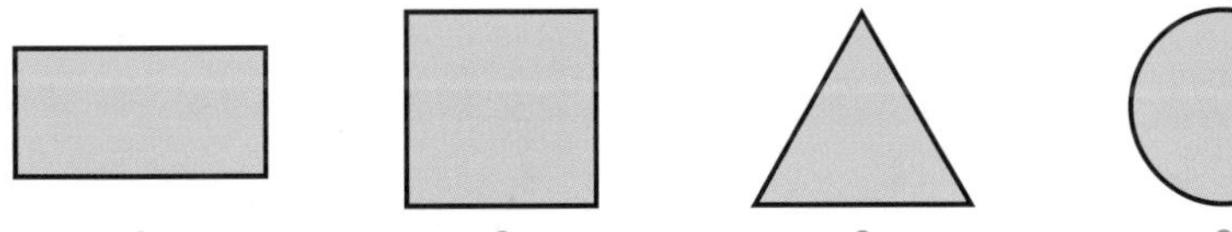

さんかく　ながしかく　まる　ましかく

形の 名前(なまえ)を おぼえようね。

こたえ ➡ べっさつ93ページ

《はってん》

3 つみ木(き)を つかって，紙(かみ)に 形(かたち)を うつします。

ア　イ　ウ　エ　オ

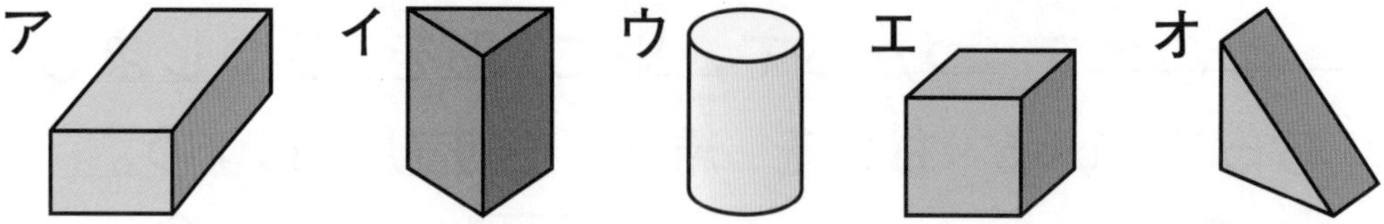

(1) ましかくだけが うつしとれる つみ木は どれですか。 (　)

(2) さんかくが うつしとれる つみ木は どれと どれですか。 (　と　)

(3) まるが うつしとれる つみ木は どれですか。 (　)

(4) ながしかくが うつしとれる つみ木を ぜんぶ 書(か)きましょう。 (　)

《はってん》

4 つみ木を 前(まえ)と 上(うえ)から 見(み)ました。あって いるものを 線(せん)で むすびましょう。

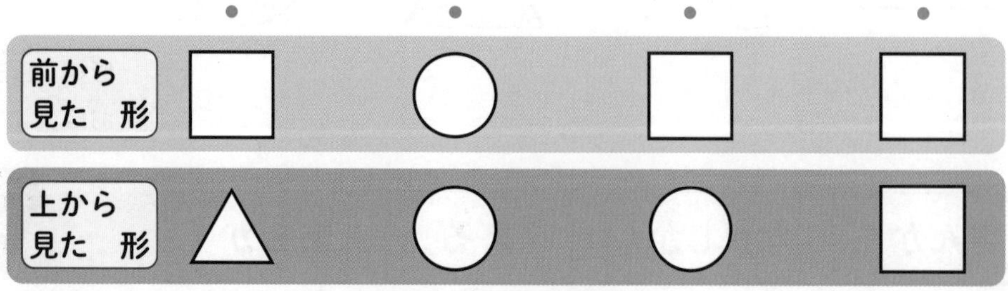

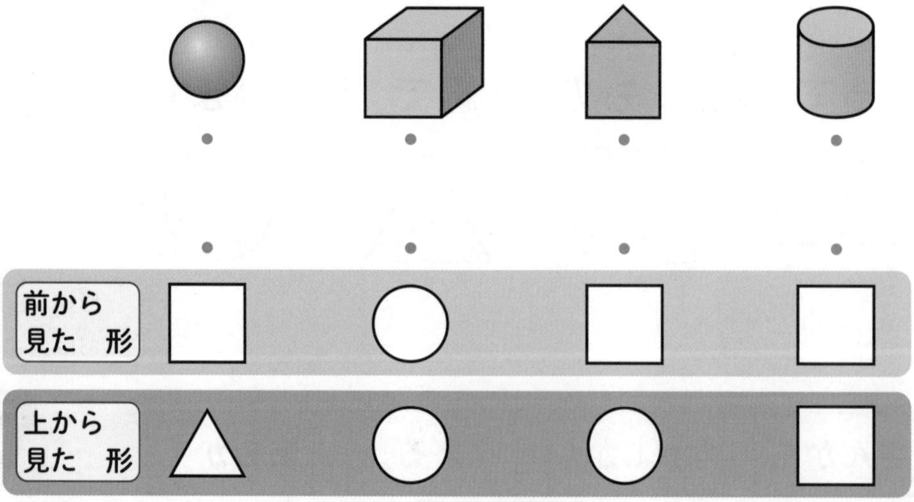

こたえ ➡ べっさつ93ページ

力をためすもんだい

1 同じ　なかまの　形を　線で　むすびましょう。

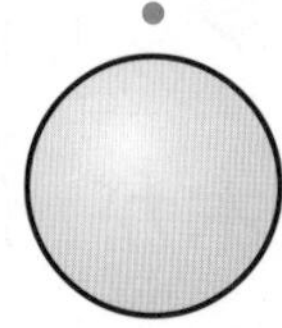

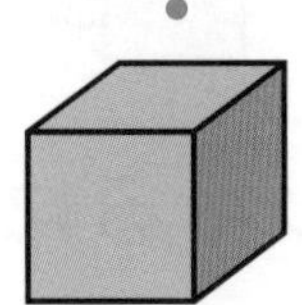
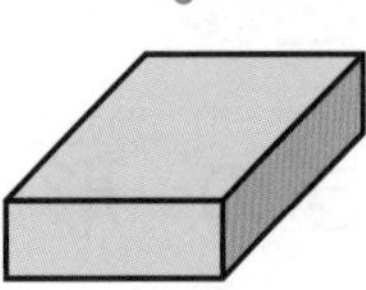

《はってん》

2 いろいろな　ものを　つかって，紙に　形を　うつしました。あって　いる　ものを　線で　むすびましょう。

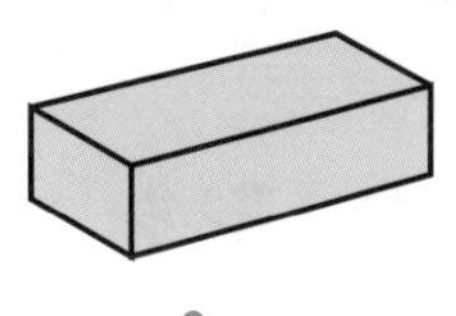
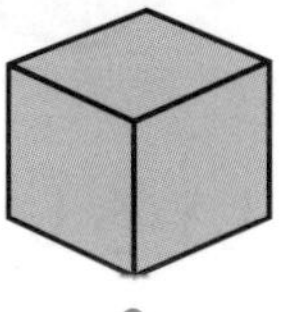
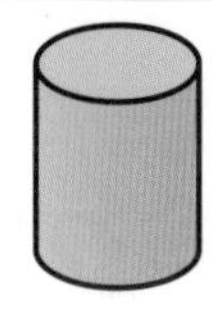
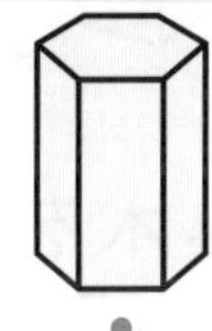

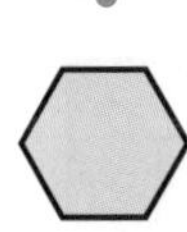

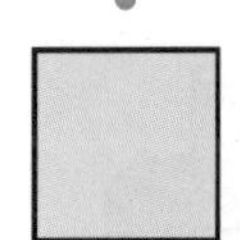

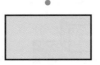

3 つぎの　形が　何こ　ありますか。

はこの　形　

さいころの　形　

つつの　形　

こたえ ➡ べっさつ94ページ

力をのばすもんだい

1 いろいろな つみ木(き)を つかって，右(みぎ)の トラックを つくりました。つかった つみ木に ○を つけましょう。

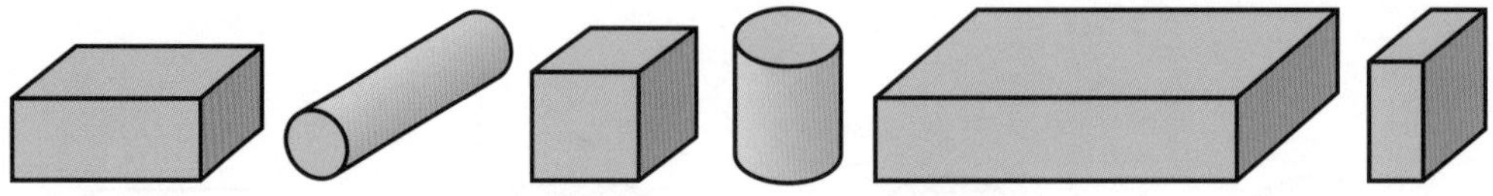

《はってん》
2 つぎの 形(かたち)を つくるには，□の つみ木が 何(なん)こ いりますか。

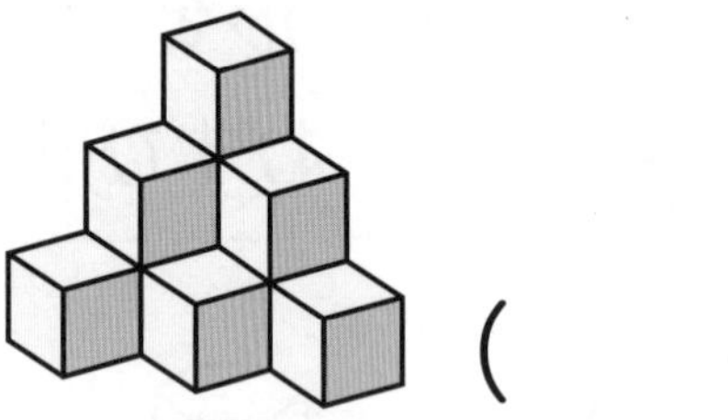
（　　　）

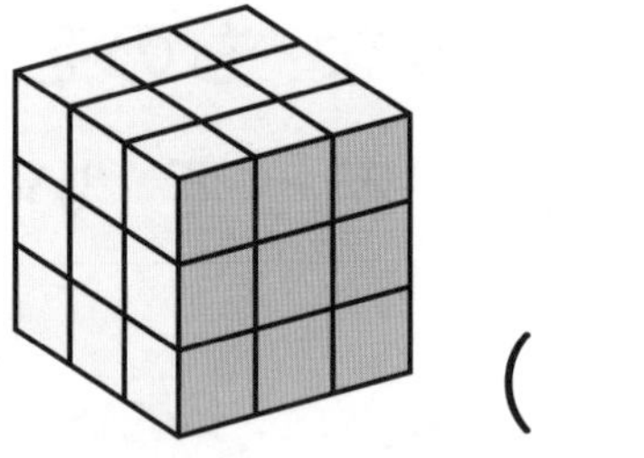
（　　　）

《はってん》
3 つみ木を 組(く)み合(あ)わせて，いろいろな 形を つくりました。上(うえ)から 見(み)た 形に なって いる ものを 線(せん)で むすびましょう。

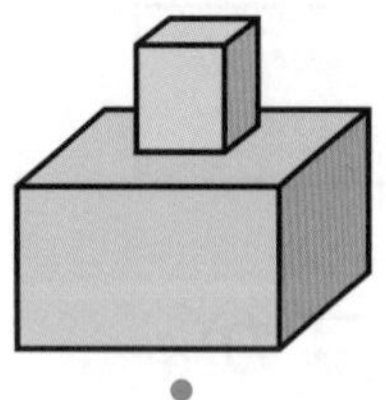
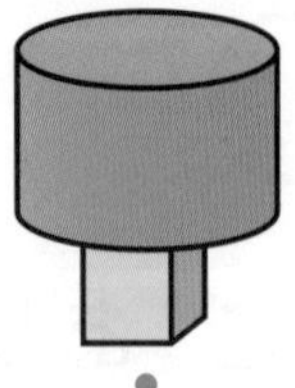
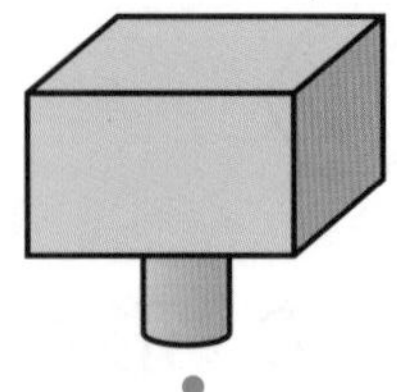

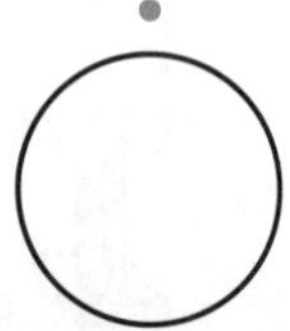
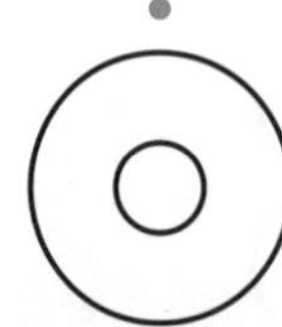
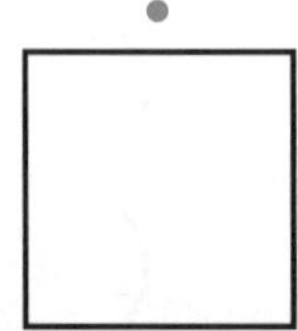
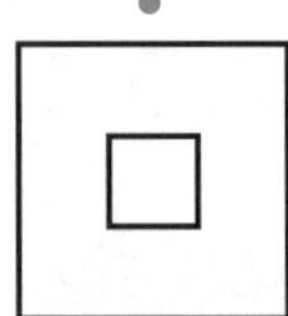

こたえ ➡ べっさつ94ページ

2 三角形と　四角形

指導のポイント　この単元では，三角形や四角形などの基本的な平面図形について，その用語や定義・性質などを学びます。また，その中で，長方形や正方形，直角三角形の定義や性質などを知り，直角の意味をとらえられるようにします。

1　三角形と四角形　〈2年〈〈

❶ まっすぐな線を**直線**といいます。

❷ 3本の直線で囲まれた形を**三角形**といいます。

❸ 4本の直線で囲まれた形を**四角形**といいます。

三角形

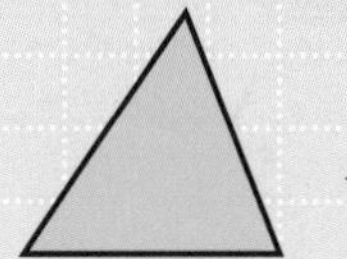

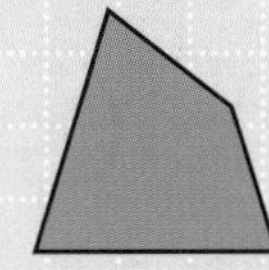

四角形

2　長方形と正方形，直角三角形　〈2年〈〈

❶ 三角形や四角形のまわりの直線を**辺**，かどの点を**頂点**といいます。

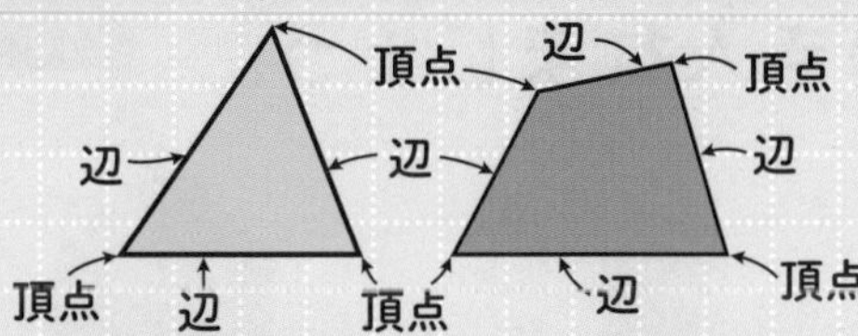

（三角形の辺は3本，頂点は3個
四角形の辺は4本，頂点は4個）

❷ 下のように，紙を4つに折ってできるかどの形を**直角**といいます。

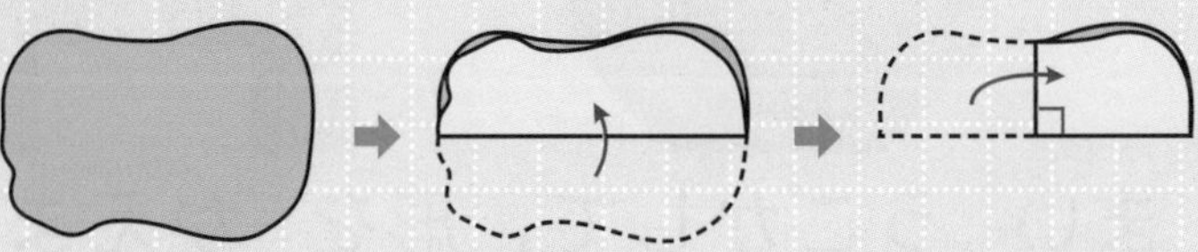

❸ 4つのかどがすべて直角になっている四角形を**長方形**といいます。

❹ 4つのかどがすべて直角で，4つの辺の長さがすべて同じになっている四角形を**正方形**といいます。

❺ 直角のかどがある三角形を**直角三角形**といいます。

長方形

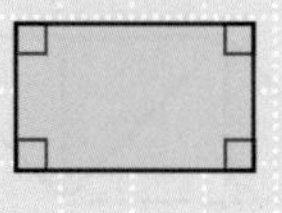

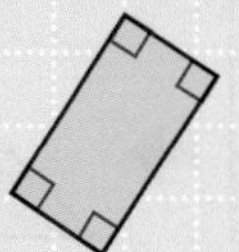

正方形

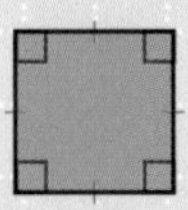

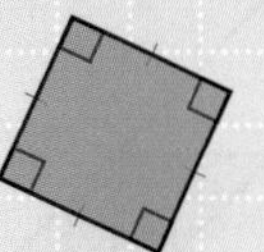

直角三角形

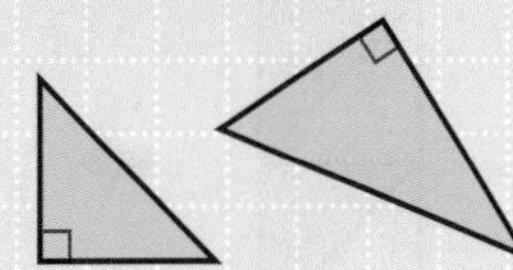

1 形(かたち)づくり 〈1年〈〈

まず やってみよう！

色(いろ)いたを つかって，いろいろな 形を つくります。下(した)の 形は，右(みぎ)の 色いたを 何(なん)まい つかって いますか。

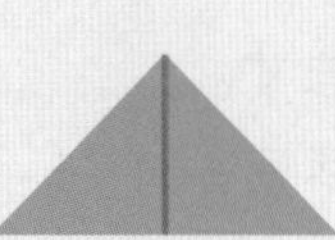
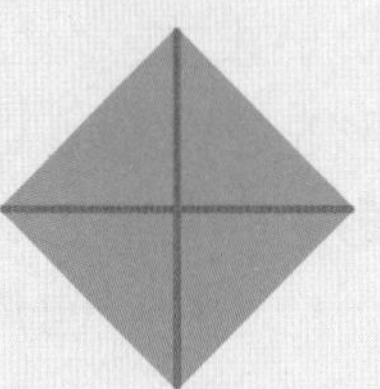

（2まい）（2まい）（4まい）（4まい）

1 右の 色いたを ならべて，下の 形を つくりました。どのように ならべたか，れいのように 線(せん)を かき入(い)れましょう。

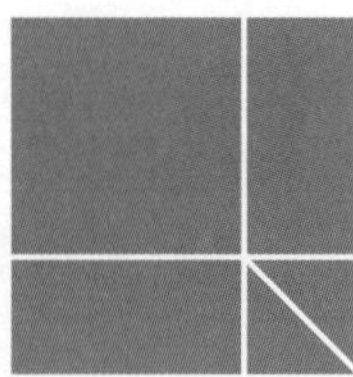

（れい）

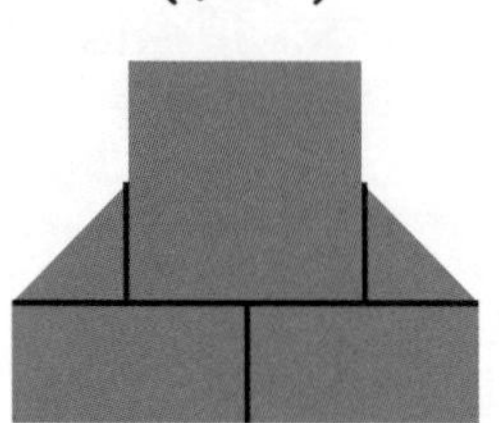

2 色いたを 1まい うごかして，形を かえました。うごかした 色いたに ○を つけましょう。

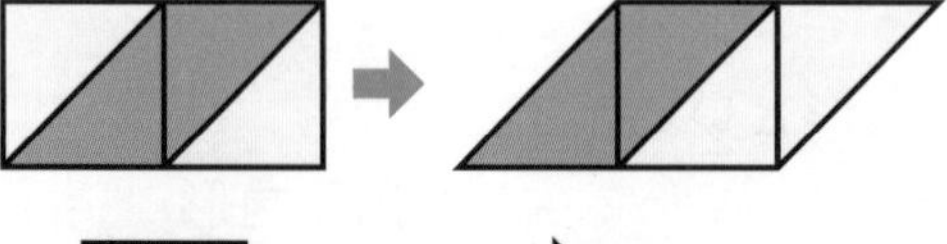
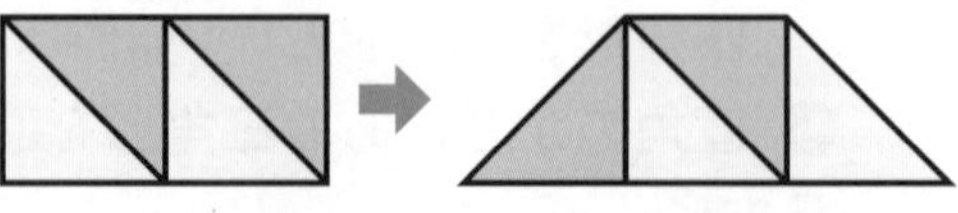
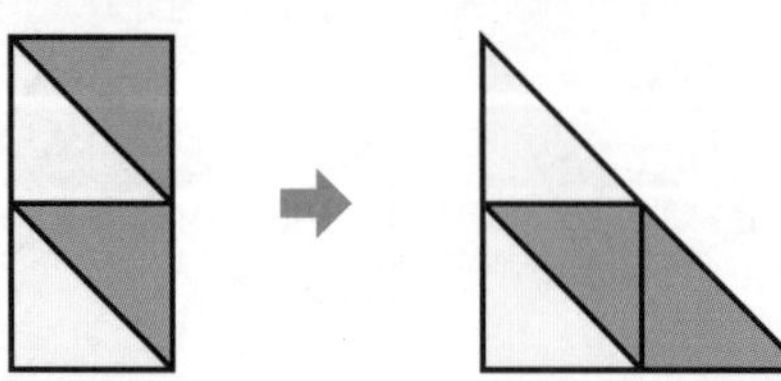
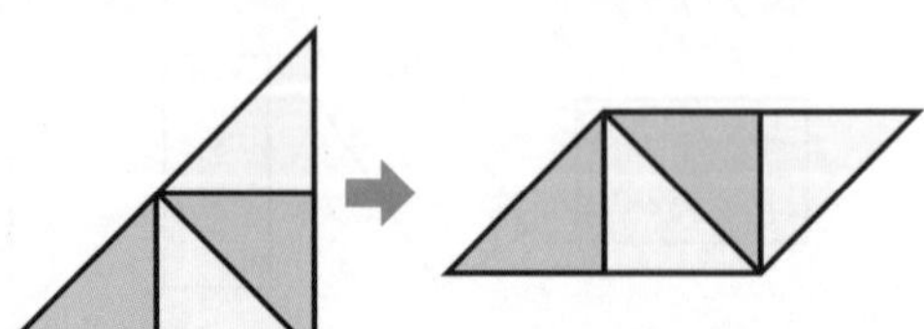

こたえ→べっさつ95ページ

2 三角形と 四角形 〈2年〈〈

まず やってみよう！

形の 名前を おぼえましょう。

❶ まっすぐな 線を 直線 と いいます。

❷ 3本の 直線で かこまれた 形を 三角形 と いいます。

❸ 4本の 直線で かこまれた 形を 四角形 と いいます。

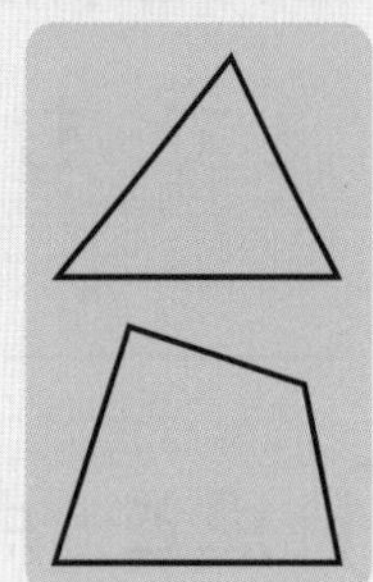

1 直線に ○を つけましょう。

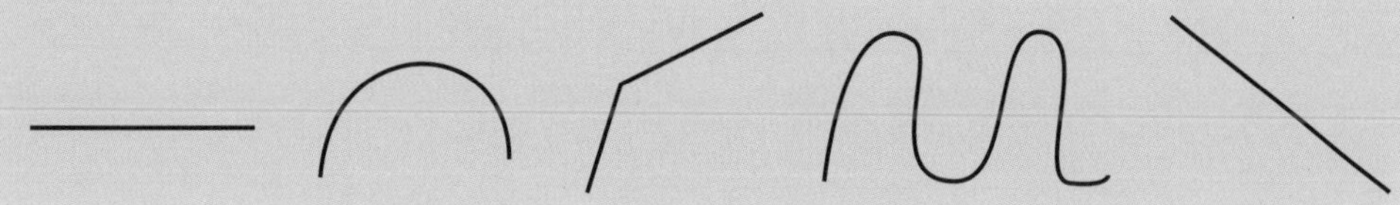

2 三角形や 四角形を 見つけましょう。

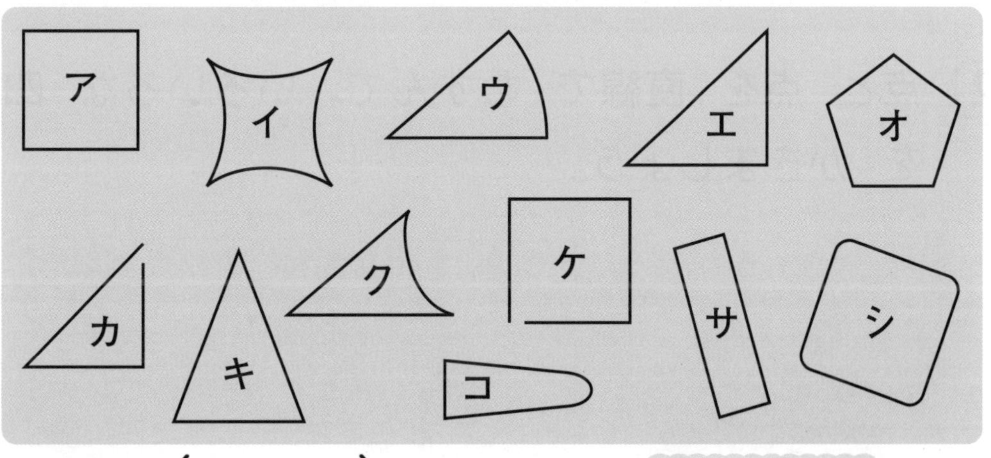

三角形 (　　　　)

四角形 (　　　　)

三角形や 四角形は、直線で かこまれた 形だよ。

こたえ→べっさつ95ページ

まず やってみよう！

三角形(さんかくけい)と 四角形(しかくけい)を かきましょう。

❶ 三角形は，[3]つの 点(てん)を [直線]で むすんで かきます。

❷ 四角形は，[4]つの 点を [直線]で むすんで かきます。

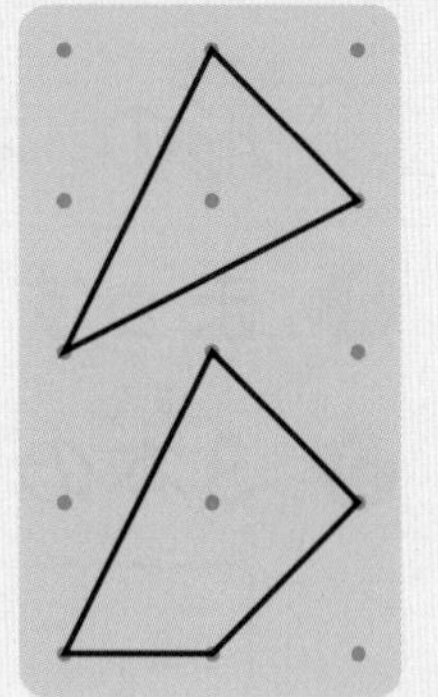

1 点と 点を 直線(ちょくせん)で むすんで，いろいろな 三角形を かきましょう。

2 点と 点を 直線で むすんで，いろいろな 四角形を かきましょう。

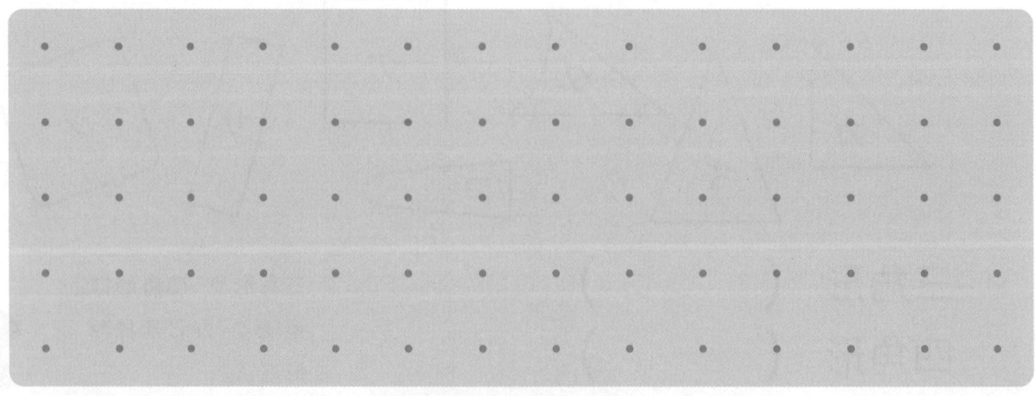

こたえ ➡ べっさつ96ページ

3 三角形に 直線を 1本 かいて，三角形や 四角形を つくりましょう。

三角形を 2つ

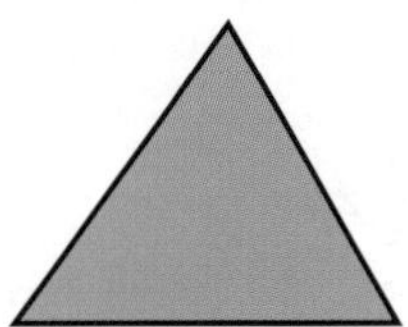

三角形と 四角形

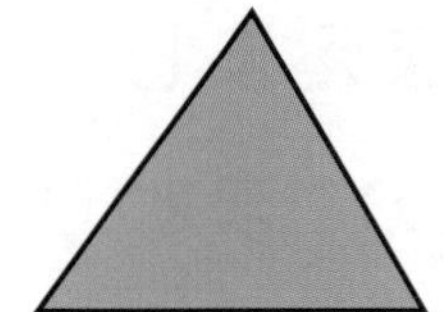

いろいろな つくり方が あるよ。

4 四角形に 直線を 1本 かいて，三角形や 四角形を つくりましょう。

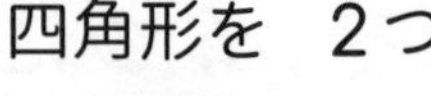

三角形を 2つ

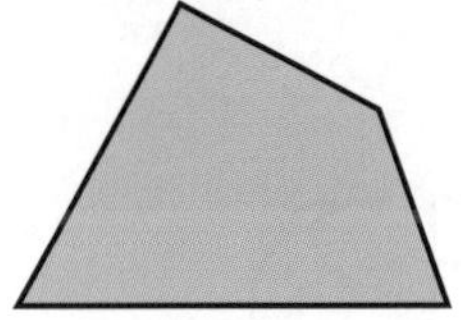

四角形を 2つ

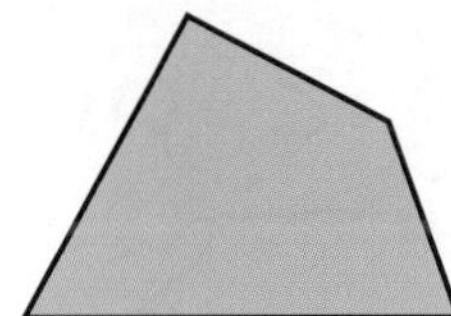

三角形と 四角形

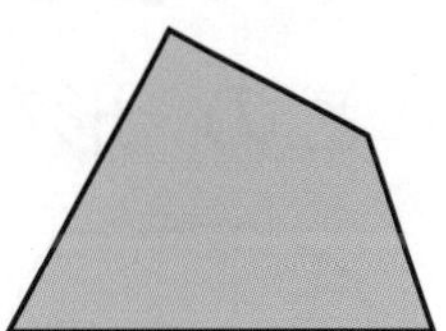

《はってん》

5 色紙を 下のように 2つに おって，太い 線の ところを 切りぬきます。紙を 広げると，どんな 形が できますか。

(　　　　)

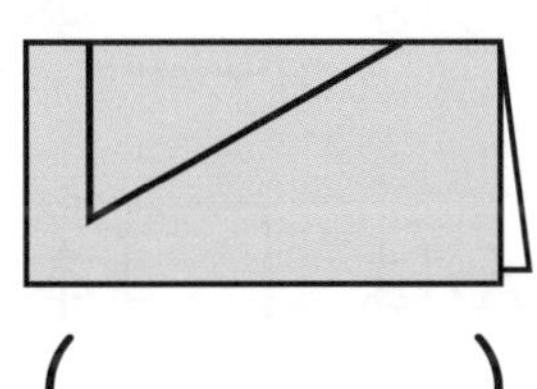

(　　　　)

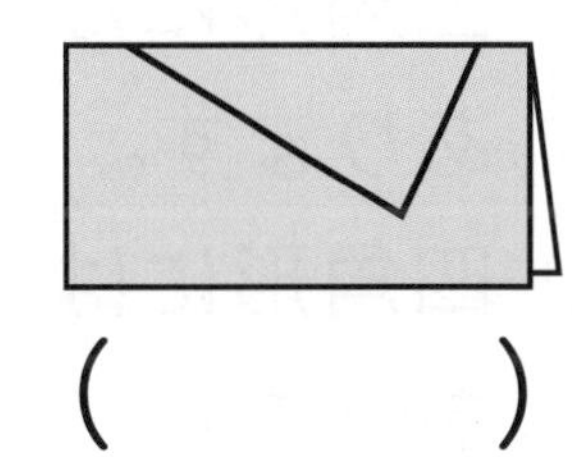

(　　　　)

《はってん》

6 右の 四角形に，かどを むすぶ 2本の 直線を かきます。三角形は ぜんぶで 何こ できますか。

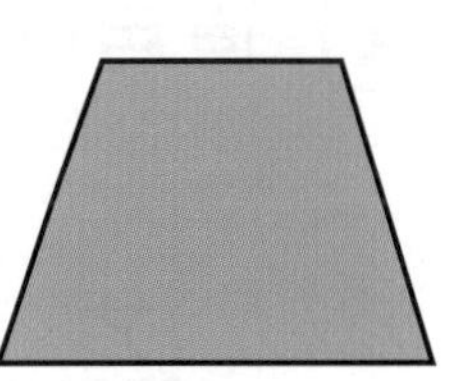

(　　　　)

こたえ ➡ べっさつ96ページ

3 長方形と 正方形 〈2年〈〈

まず やってみよう！

形の 名前を おぼえましょう。

❶ 三角形や 四角形の まわりの 直線を 【へん】，かどの 点を 【ちょう点】と いいます。

ちょう点

へん

❷ 下のように，紙を 4つに おって できる かどの 形を 【直角】と いいます。

1 □に あてはまる 数を 書きましょう。

(1) 三角形には，へんは □本，ちょう点は □こ あります。

(2) 四角形には，へんは □本，ちょう点は □こ あります。

2 直角は どれですか。

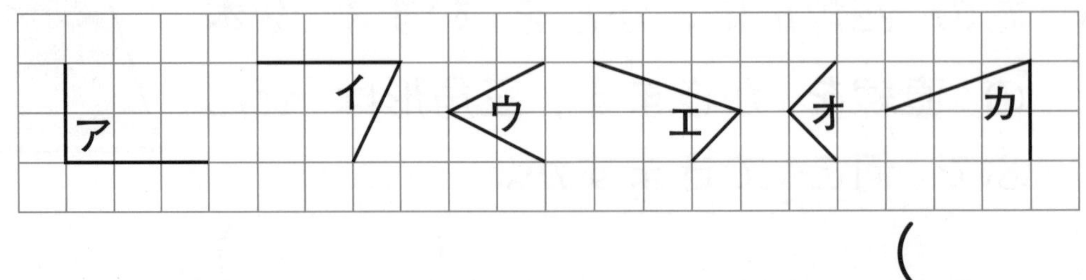

（　　　　）

こたえ→べっさつ97ページ

まず やってみよう！

形の 名前を おぼえましょう。

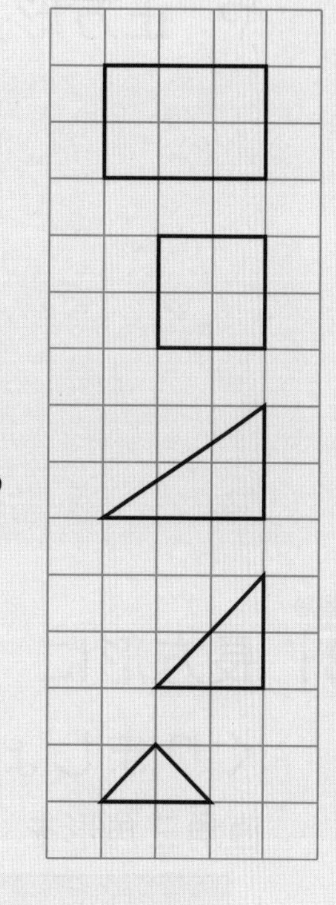

❶ 4つの かどが みんな 直角 に なって いる 四角形を 長方形 と いいます。

❷ 4つの かどが みんな 直角 で，4つの へん の 長さが みんな 同じに なって いる 四角形を 正方形 と いいます。

❸ 直角の かどが ある 三角形を 直角三角形 と いいます。

1 長方形や 正方形，直角三角形を 見つけましょう。

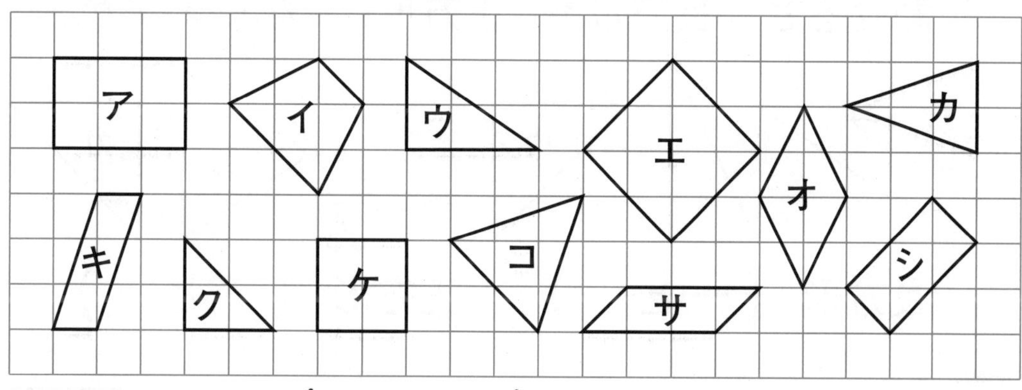

長方形 （　　　　　）

正方形 （　　　　　）

直角三角形 （　　　　　）

長方形や 正方形では，かどが みんな 直角に なって いるよ。

こたえ→べっさつ97ページ

2 点と 点を 直線で むすんで，いろいろな 長方形や 正方形，直角三角形を かきましょう。

《はってん》

3 長方形に 直線を 1本 かいて，つぎの 形を つくりましょう。

直角三角形を 2つ　　長方形を 2つ　　長方形と 正方形

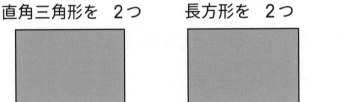

《はってん》

4 下の 直角三角形の 中で，どれと どれを 組み合わせると，長方形や 正方形に なりますか。

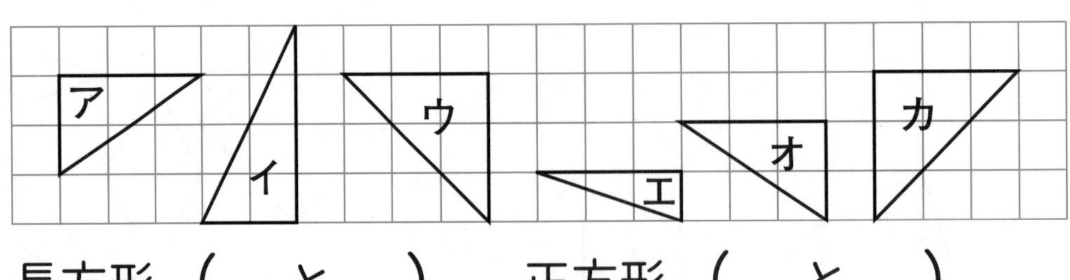

長方形（　と　）　正方形（　と　）

《はってん》

5 右の もようの 中に，直角三角形は 何こ ありますか。

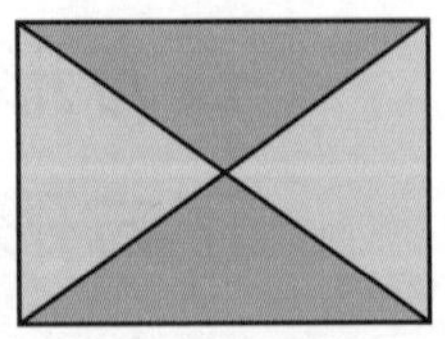

（　　　）

こたえ→べっさつ98ページ

力をためすもんだい 1

1 右の 色いたを 何まいか つかって，いろいろな 形を つくりました。色いたを 何まい つかいましたか。

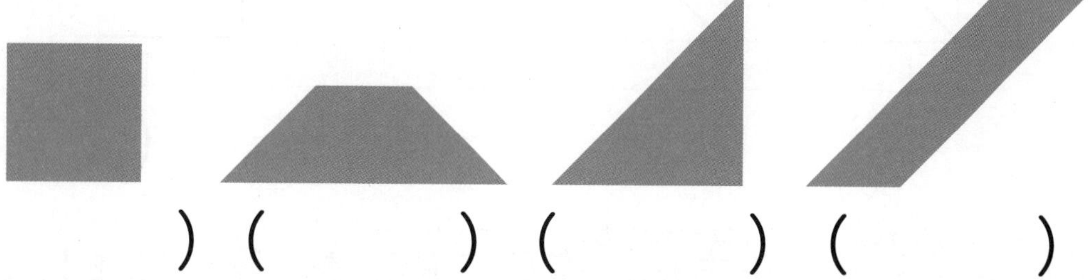

（　　　）（　　　）（　　　）（　　　）

2 三角形や 四角形を 見つけましょう。

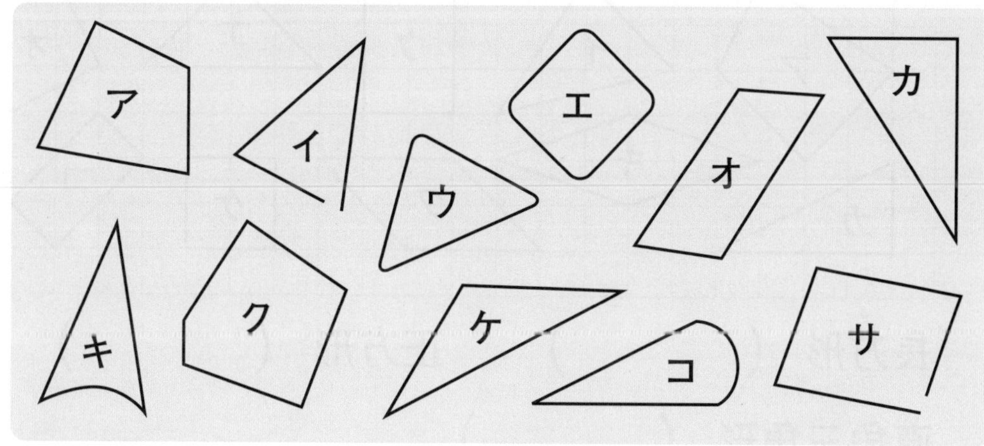

三角形（　　　）　四角形（　　　）

3 四角形に 直線を 1本 かいて，三角形や 四角形を つくりましょう。

三角形を 2つ

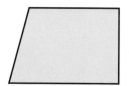

四角形を 2つ

三角形と 四角形

こたえ → べっさつ98ページ

力をためすもんだい ②

1 直角は どれですか。

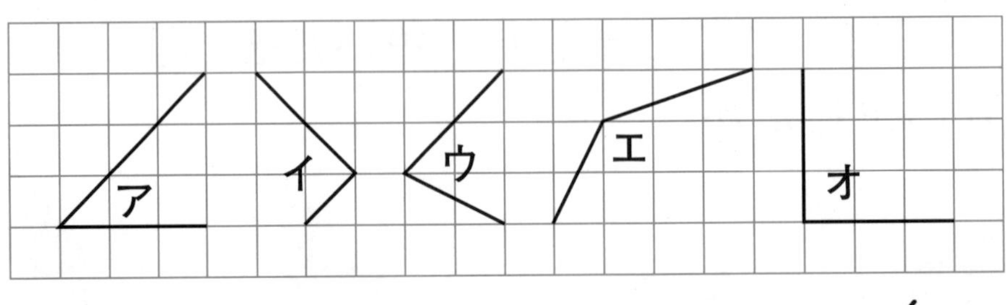

（　　　）

2 長方形や 正方形，直角三角形を 見つけましょう。

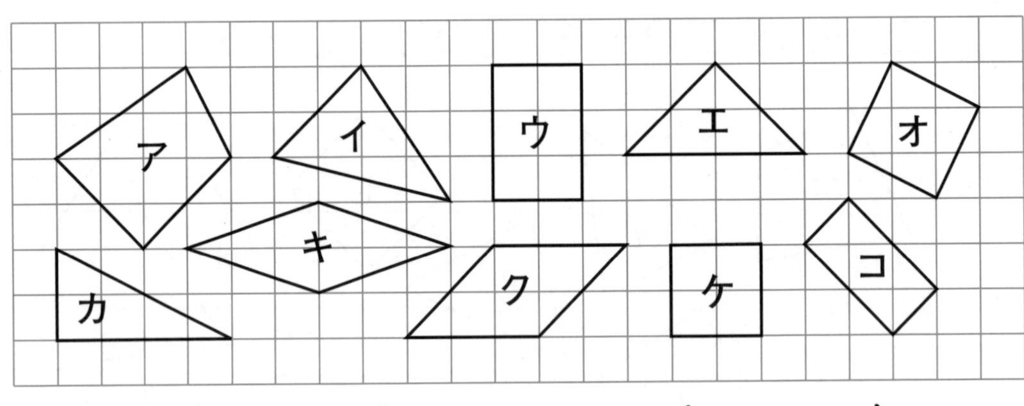

長方形（　　　　）　正方形（　　　　）

直角三角形（　　　　）

3 点と 点を 直線で むすんで，大きさの ちがう 正方形を ぜんぶ かきましょう。

こたえ➡べっさつ99ページ

力をのばすもんだい

1 右の　色いたを　何まいか　つかって，いろいろな　形を　つくりました。色いたを　何まい　つかいましたか。

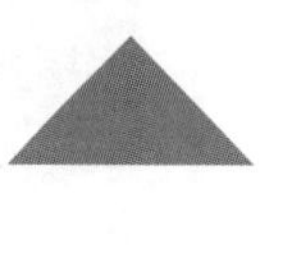

（　　　）　（　　　）　（　　　）

《はってん》

2 下の　形に　直線を　1本　かいて，つぎの　形を　つくりましょう。

直角三角形と　三角形　　長方形と　四角形　　正方形と　直角三角形

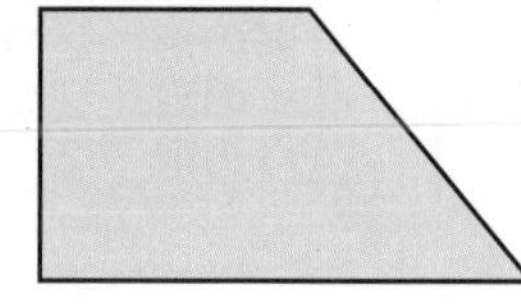

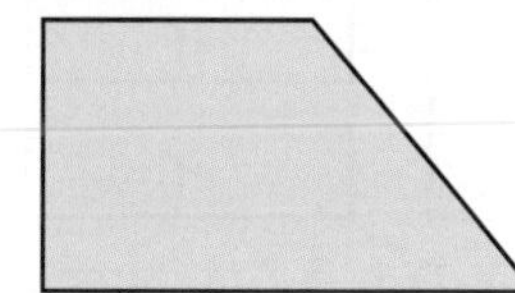

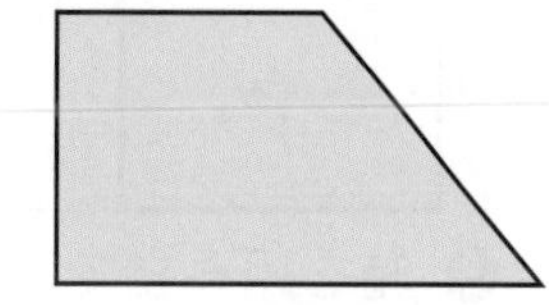

《はってん》

3 右の　もようの　中に，つぎの　形は　何こ　ありますか。

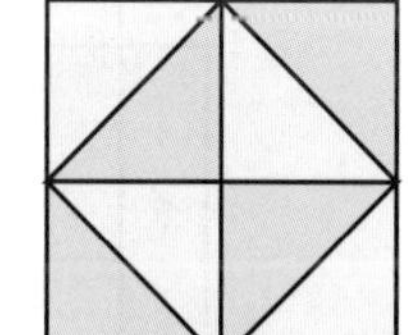

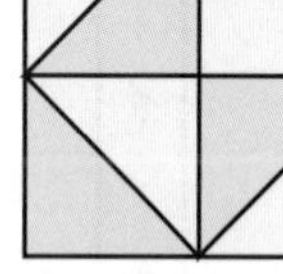

長方形（　　　）　正方形（　　　）

直角三角形（　　　）

《はってん》

4 右の　形が　四角形なら　○，ちがうなら　×を　書き，その　わけも　書きましょう。

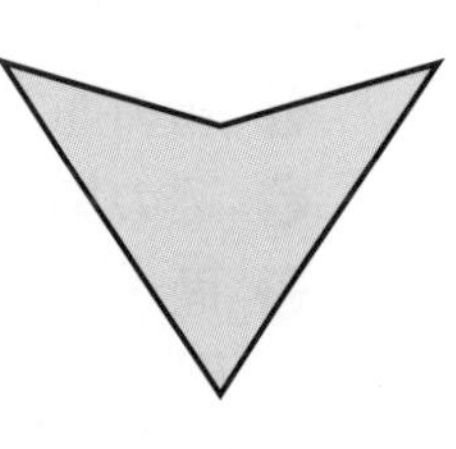

（　　）（　　　　　　　　　　　　）

こたえ→べっさつ99ページ

3 はこの 形

指導のポイント この単元では，身の回りにある箱などについて，面や辺，頂点などを理解し，その数や長さ，大きさを学習します。また，箱の面の形を紙に写したりして，箱の展開図を理解し，それを組み立てて，箱の面の大きさの関係や位置関係をわかるようにします。

1 箱の形 〈2年〉

箱には，㋐長方形だけで囲まれた形，㋑長方形と正方形で囲まれた形，㋒正方形だけで囲まれた形の３種類あります。

㋐
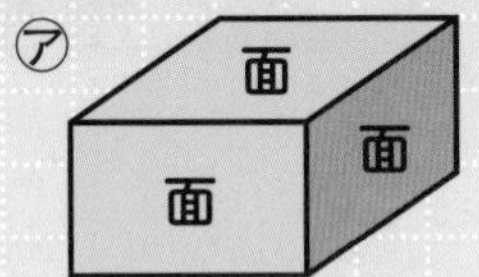

㋑

㋒
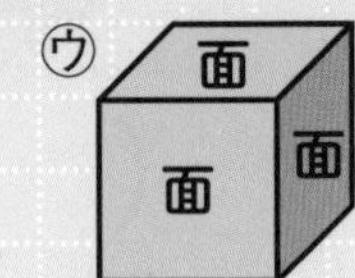

2 箱作り 〈2年〉

❶ 箱の形を作るには，６つの面が必要です。

❷ 上の㋐のような箱では，同じ大きさの長方形が２つずつ，３種類必要です。

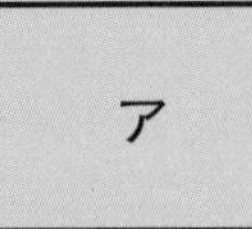

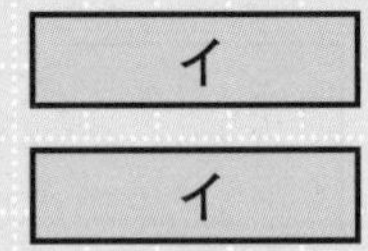

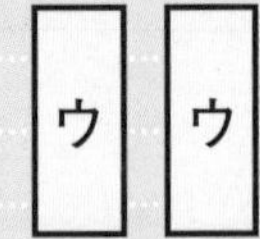

（アの形…２つ
イの形…２つ
ウの形…２つ）

❸ 箱を組み立てるには，次のような**展開図**をかきます。

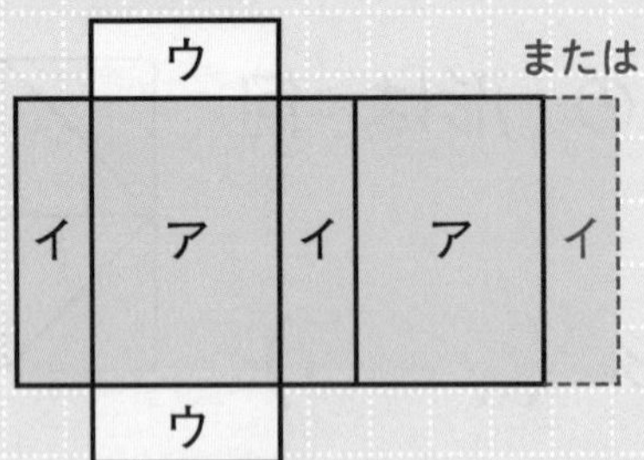

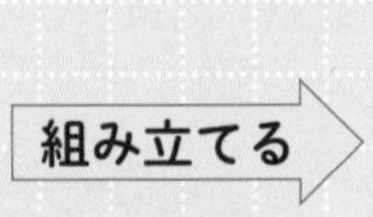

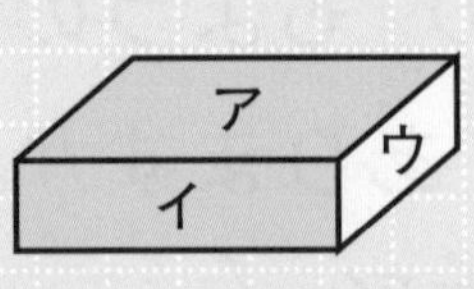

3 辺，頂点 〈2年〉

❶ 箱の面と面の間の直線を**辺**といいます。

❷ 辺の集まったところを**頂点**といいます。

❸ 面・辺・頂点の数は，それぞれ次のようになります。

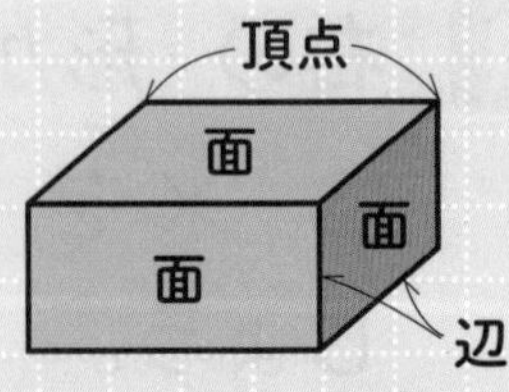

面 の 数	辺 の 数	頂点の数
6	12	8

1 はこの 形（かたち） 〈2年〉

まず やってみよう！

はこの 形を しらべましょう。

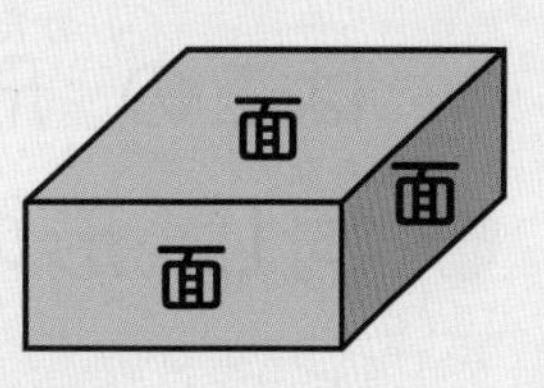

① はこの 形で，たいらな ところ

を [面] と いいます。

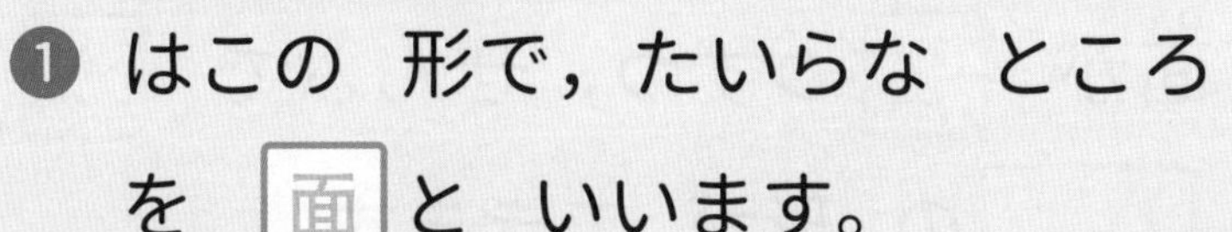

② はこの 面（めん）は，[長方形] や 正方形（せいほうけい）の 形をして

います。

③ はこの 面は，ぜんぶで [6] つ あります。

1 下のような はこの 面を 紙（かみ）に うつしとりました。ア，イ，ウと 同（おな）じ 形は，それぞれ いくつ ありますか。

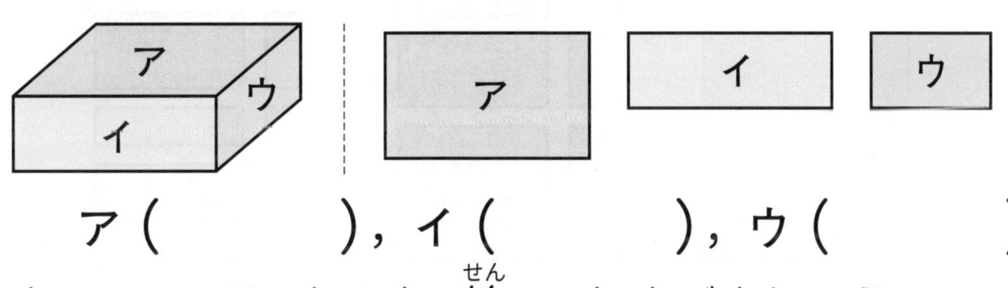

ア（　　　），イ（　　　），ウ（　　　）

2 あって いる ものを 線（せん）で むすびましょう。

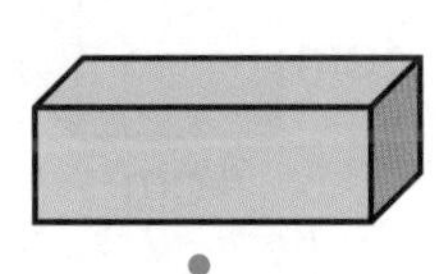

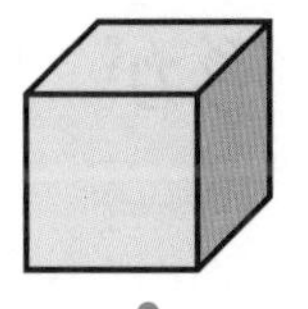

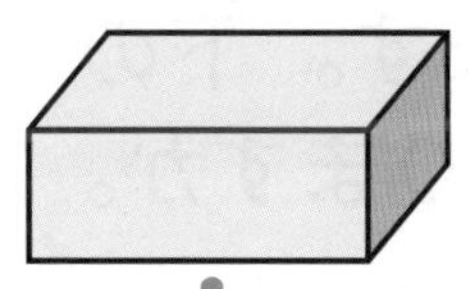

正方形だけで できた はこ

長方形だけで できた はこ

正方形と 長方形 で できた はこ

こたえ→べっさつ100ページ

2 はこづくり 〈2年〈〈

まず やってみよう！

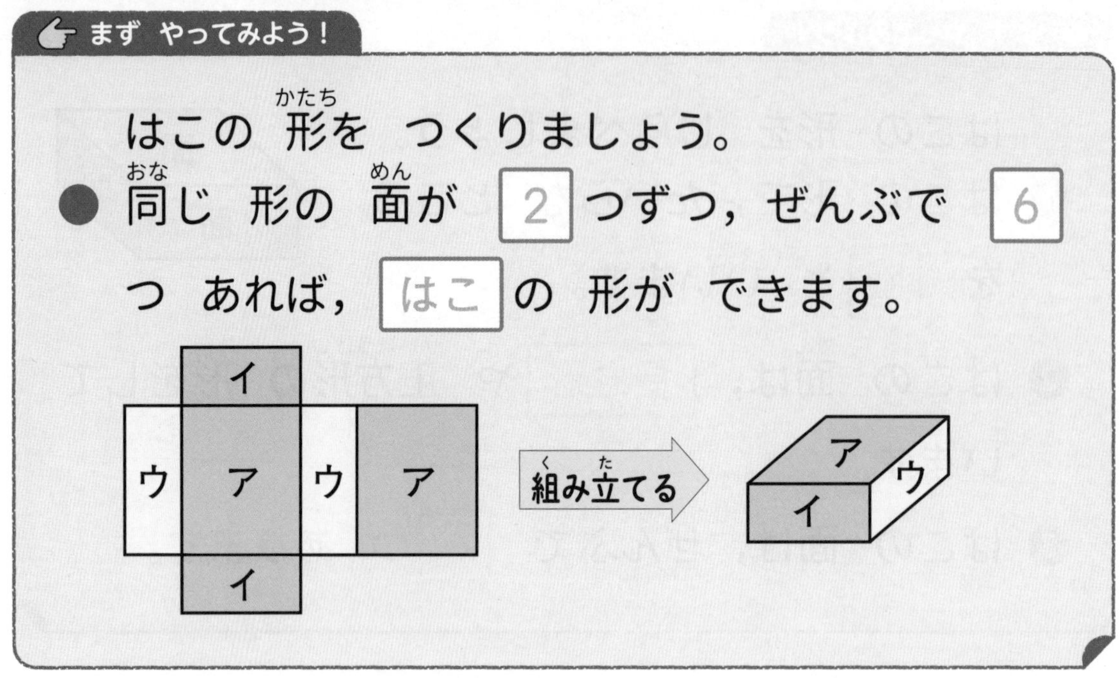

はこの 形を つくりましょう。
● 同じ 形の 面が 2 つずつ，ぜんぶで 6 つ あれば，はこ の 形が できます。
イ
ウ
ア
ウ
ア
イ
組み立てる
ア
ウ
イ

1 つなぎあわせて 組み立てると，はこの 形に なる ものは どれですか。

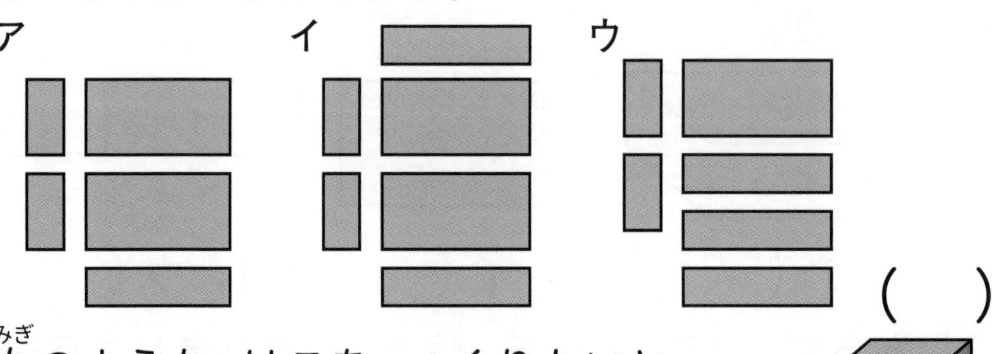

（　　）

2 右のような はこを つくりたいと 思います。下の どの 形が いくつ いりますか。

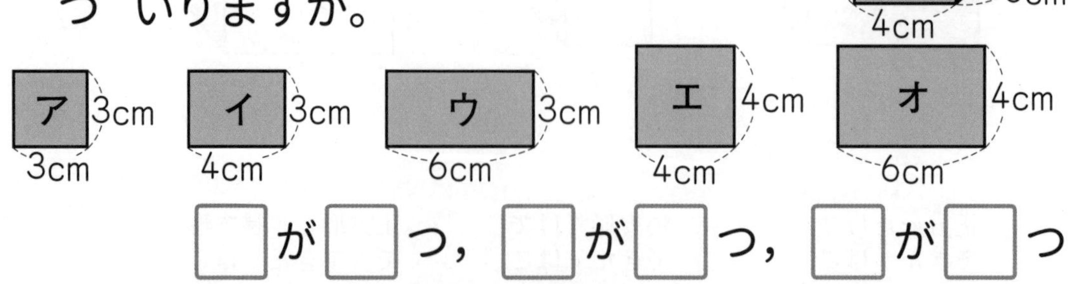

こたえ→べっさつ100ページ

3 へん，ちょう点 〈2年〈〈

まず やってみよう！

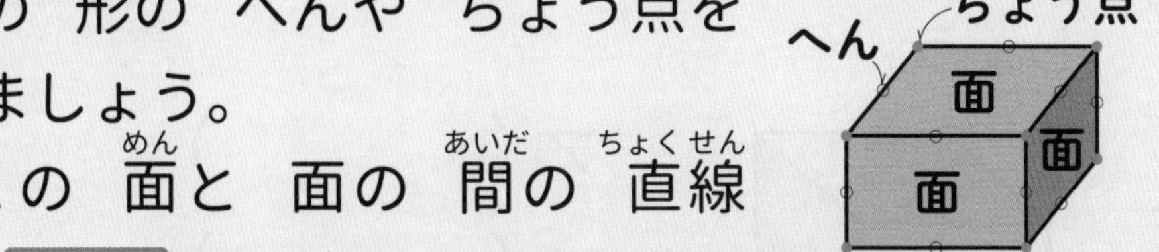

はこの 形の へんや ちょう点を しらべましょう。

❶ はこの 面と 面の 間の 直線を [へん] と いい，ぜんぶで [12] 本 あります。

❷ へんが あつまった ところを [ちょう点] と いい，ぜんぶで [8] つ あります。

1 ひごと ねん土玉で，右のような はこの 形を つくります。

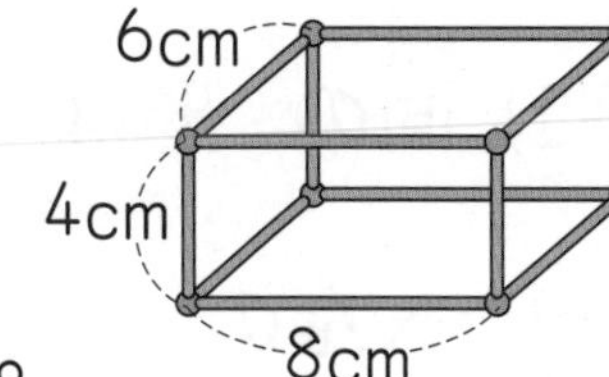

(1) 何cmの ひごが 何本 いりますか。

(cm 本)，(cm 本)，(cm 本)

(2) ねん土玉は 何こ いりますか。 ( )

2 さいころの 形を しらべましょう。

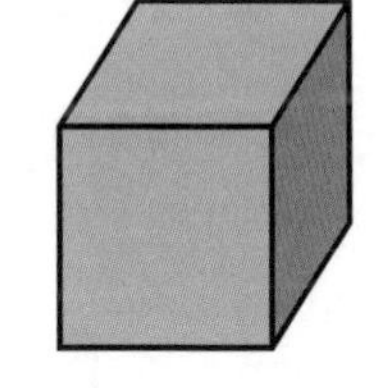

(1) 面の 形は どんな 四角形ですか。

( )

(2) へんは 何本 ありますか。 ( )

(3) ちょう点は いくつ ありますか。 ( )

こたえ ➡ べっさつ101ページ

力をためすもんだい

1 下(した)のような はこの ア，イ，ウの 名前(なまえ)を 書(か)きましょう。

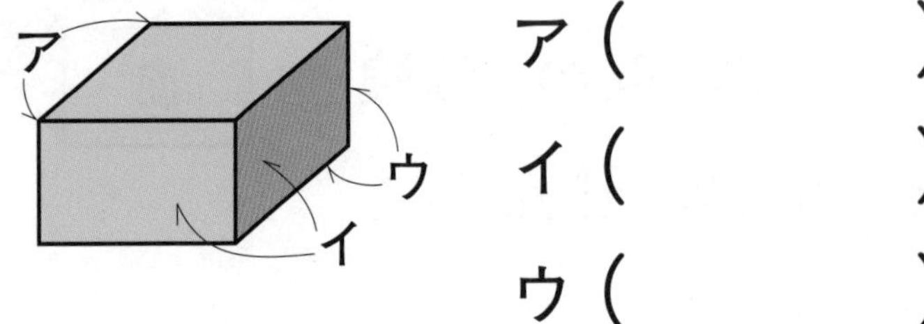

ア（　　　　　）
イ（　　　　　）
ウ（　　　　　）

2 右(みぎ)の 形(かたち)は，さいころの 形です。□に あてはまる ことばや 数(かず)を 書きましょう。

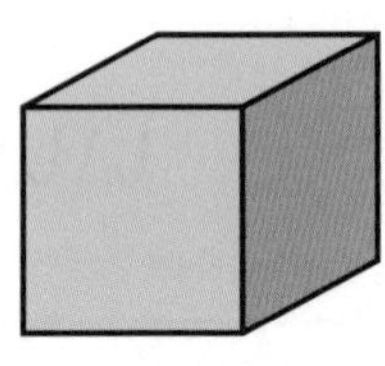

(1) 面(めん)の 形は どれも □で，□つ あります。
(2) へんの 長(なが)さは みな □で，□本(ほん) あります。
(3) ちょう点(てん)は □つ あります。

3 組(く)み立(た)てたとき，さいころの 形に なるのは どれですか。

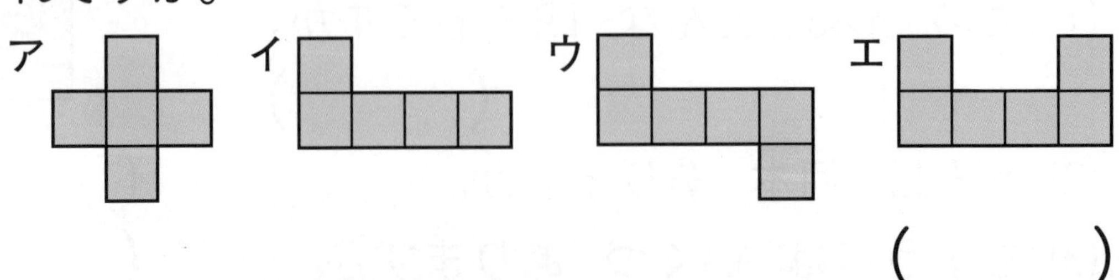

（　　　）

こたえ→べっさつ101ページ

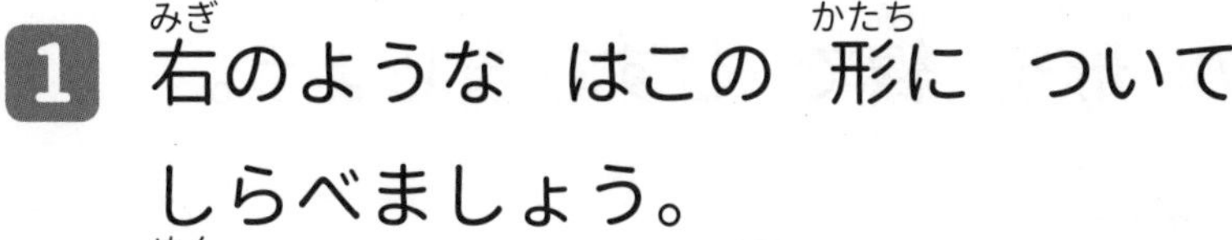

1 右のような はこの 形に ついて しらべましょう。

(1) 面は いくつ ありますか。　（　　　）

(2) へんは 何本 ありますか。　（　　　）

(3) ちょう点は いくつ ありますか。　（　　　）

(4) 面は どんな 形ですか。　（　　　）

2 組み立てたとき，さいころの 形に なるように するには，あと 1つの 面を アから オの どこに かけば よいですか。　（　　　）

ア
オ
イ　エ
ウ

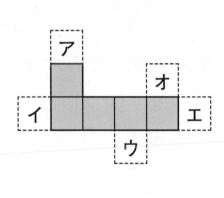

3 はこの 形を つくろうと 思い，下のように はこの 面を 5つ かきましたが，面が 1つ たりません。はこが つくれるように 面を 1つ かきましょう。

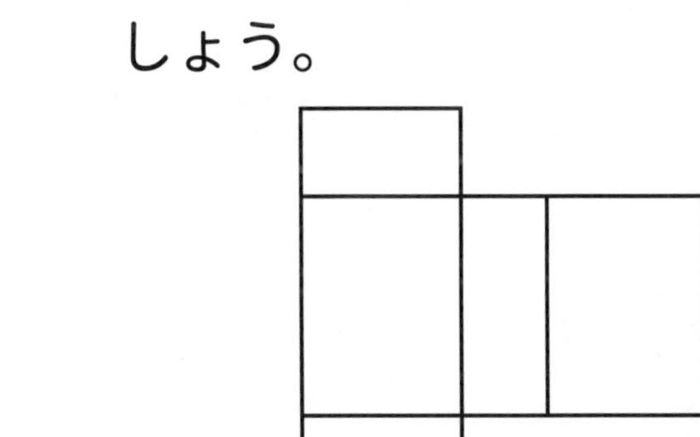

こたえ ➡ べっさつ102ページ

1年

1　同じ　なかまの　形を　線で　むすびましょう。

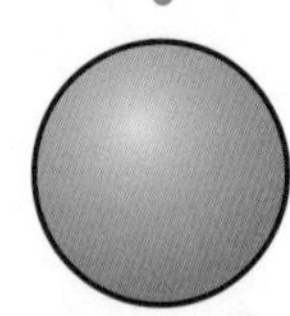
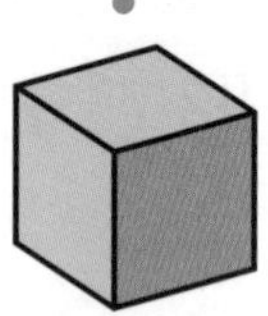
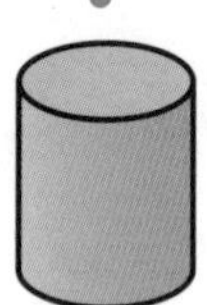

1年

2　右の　つみ木を　つかって，紙に　形を　うつしとりました。下の　形の　中で，うつしとれる　形を　ぜんぶ　書きましょう。

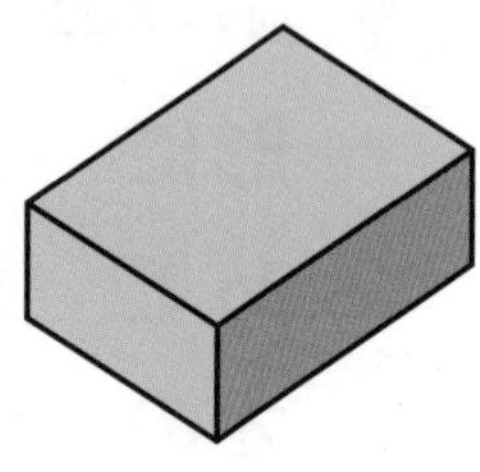

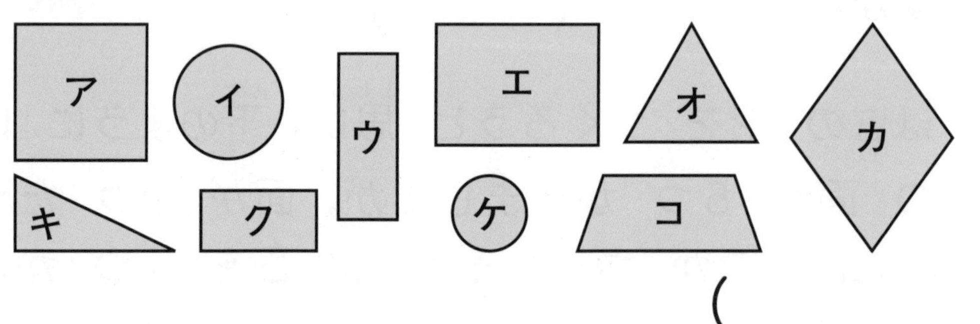

（　　　　　　）

2年

3　下のような　はこで，ア，イ，ウの　名前を　書きましょう。

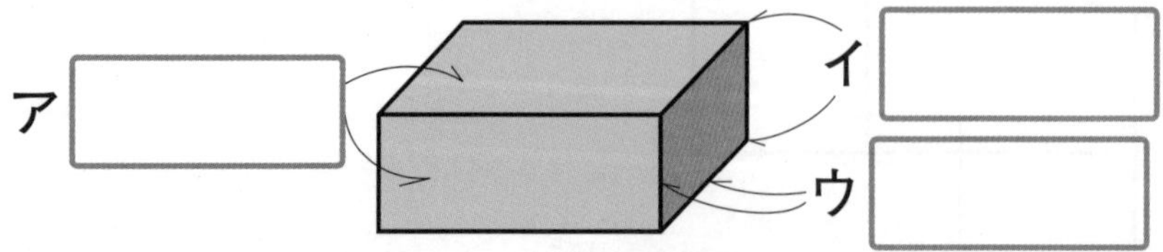

こたえ→べっさつ102ページ

とっくんもんだい ❷

2年

1 □に あてはまる ことばを 書きましょう。

(1) まっすぐな 線を □と いいます。

(2) 3本の 直線で かこまれた 形を □と いいます。

(3) 4本の 直線で かこまれた 形を □と いいます。

(4) 三角形や 四角形の まわりの 直線を □，かどの 点を □と いいます。

(5) 紙を 4つに きちんと おって できる かどの 形を □と いいます。

(6) 4つの かどが みんな 直角に なって いる 四角形を □と いいます。

(7) 4つの かどが みんな 直角で，4つの へんの 長さが みんな 同じに なって いる 四角形を □と いいます。

(8) 直角の かどが ある 三角形を □と いいます。

チャレンジ

2 右の もようの 中に，正方形は ぜんぶで 何こ ありますか。

(　　　)

こたえ ⇒ べっさつ103ページ

さくいん

ま行

や行

ら行

記号

算数の用語を
しっかり
おぼえておこう。

小学1・2年　自由自在　算数

編著者　小学教育研究会
発行者　岡本明剛
印刷所　太洋社

発行所　受験研究社

〒550-0013大阪市西区新町2丁目19番15号
注文・不良品などについて：(06)6532-1581(代表)／本の内容について：(06)6532-1586(編集)

Printed in Japan　製本／太洋社
落丁・乱丁本はお取り替えします。

自由自在 小学1・2年 算数

From Basic to Advanced

答えとアドバイス

受験研究社

第1章 数の しくみ

本冊 11ページ

1 あつまりと 数 〈1年〉

まず やってみよう！

絵を 見て，同じ 数だけ，おはじきに 色をぬりましょう。

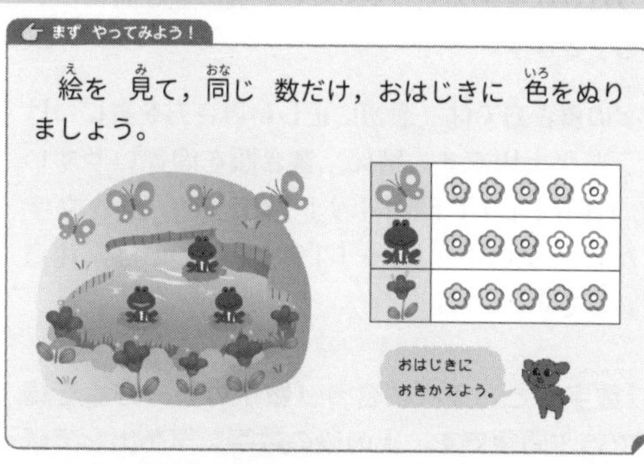

1 同じ 数だけ，おはじきに 色を ぬりましょう。

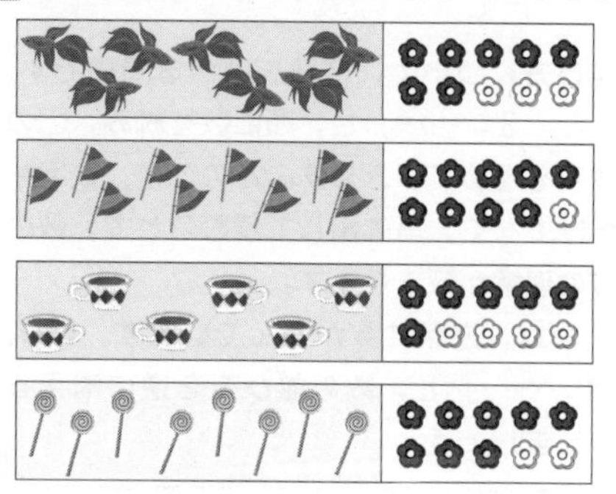

アドバイス

▶いろいろな物をおはじきなどに置き換えて表したり，2つの集まりの中の物と物を**1対1対応**させて，個数の多少を比較できるようにします。

▶**1対1対応**には，次の㋐，㋑の2つの方法があります。このとき，1対1に過不足なく対応したときは，2つの集まりの中の個数は同じであること，過不足が出るときは，2つの集まりの中の個数が違い，**余りが出たほうが多い**ことを学びます。
㋐集まりの中の物と物を，それぞれ線で直接結ぶ。
㋑集まりの中の物と物を，それぞれおはじきなどに置き換える。

1 いろいろな物とおはじきを**1対1対応**させる問題です。1つずつ指で確認して，しっかりと1対1対応することを理解させます。
色は，上段の左から右，下段の左から右の順にぬります。このような**5ずつのまとまり**に並べる操作を繰り返すことで，**10までの数**のイメージを養うことができます。

本冊 12ページ

2 同じ 数の ものを 線で むすびましょう。

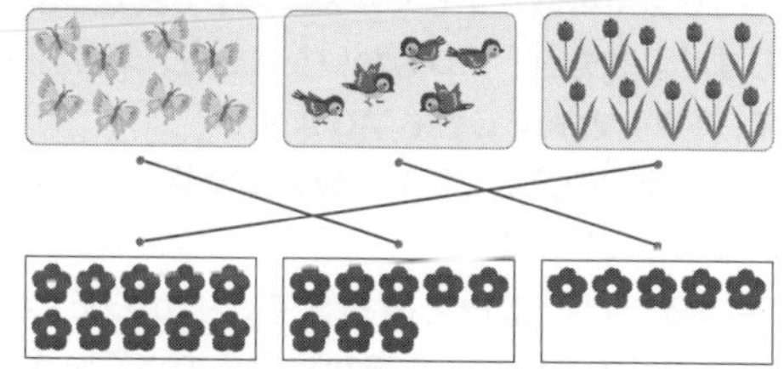

3 どちらが 多いですか。多い ほうに ○を つけましょう。

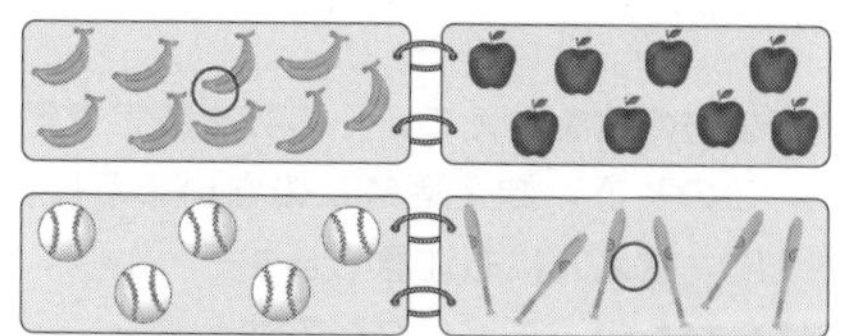

4 どちらが 少ないですか。少ない ほうに ○を つけましょう。

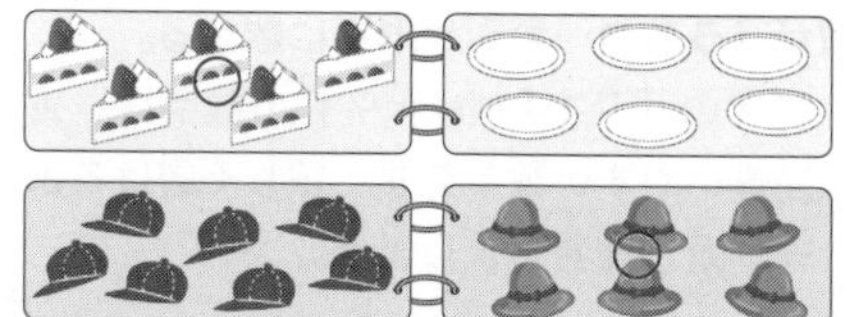

アドバイス

2 いろいろな物の数と同じ数のおはじきを選んで，線で結びます。わからなければ，まず，上段のいろいろな物もおはじきなどに置き換えて，**5ずつのまとまり**に並べます。次に，**1対1**に過不足なく対応するものが，数が同じであることに気づかせて，線で結びます。

3 いろいろな物どうしで，**個数の多少を比較**します。**1対1対応**させますが，このように，個数が多く，線で結んで直接比べにくい場合は，おはじきなどに置き換えて，比較するようにします。そして，**余ったほうが多い**ことに気づかせて，○をつけます。

4 3と同じように比較しますが，この問題では，余らないほう，つまり，「少ないほう」に○をつけることに注意します。

数の比較について ここでは，1対1対応による，個数の多少を判断させることが目的であるので，「どちらがどれだけ多い」などの個数の違いについての答えは，求めないことにします。

本冊 13ページ

2 数字の 読み方と 書き方 〈1年〉

まず やってみよう！

0から 10までの 数字を 読んで，正しく 書きましょう。

0	1	2	3	4	5	6	7	8	9	10
(れい)	(いち)	(に)	(さん)	(し)	(ご)	(ろく)	(しち)	(はち)	(く)	(じゅう)
0	1	2	3	4	5	6	7	8	9	10

1 数字と その 読み方を 線で むすびましょう。

6　3　8　10　7　5

さん　じゅう　ご　しち　ろく　はち

2 □に あてはまる 数を 書きましょう。

0—1—2—3—4—5

5—6—7—8—9—10

10—9—8—7—6—5

5—4—3—2—1—0

アドバイス

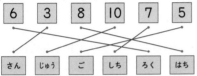

▶ 0～10までの11個の数字を読み，正しく書けるようにします。また，10までの数の並び方についても学びます。

▶**数字の書き方**では，最初に**正しい書き方**を身につけることが大切です。特に，**書き順**を間違いやすい「0」「5」「7」「8」「9」「10」や，逆さ文字になりやすい「3」「4」「6」「9」には，注意が必要です。

1 「**数字**」と，それに合う「**数字の読み方**」を線で結ぶ問題です。上の段の数字を声を出して読んでから，下の段の読み方と線で結びます。

2 **数の並び方**について，習熟をはかる問題です。「1，2，3，……」と，順に数を読み，□の中に数字を埋めていきます。このとき，数字を書くだけでなく，声に出して読むことで，数の並び方の理解が深まります。
下の2段は，**逆順**に数が並んでいます。「10，9，8，……」と，数の並び方を逆に唱える練習もしましょう。

本冊 14ページ

3 数と 数字 〈1年〉

まず やってみよう！

は いくつ ありますか。

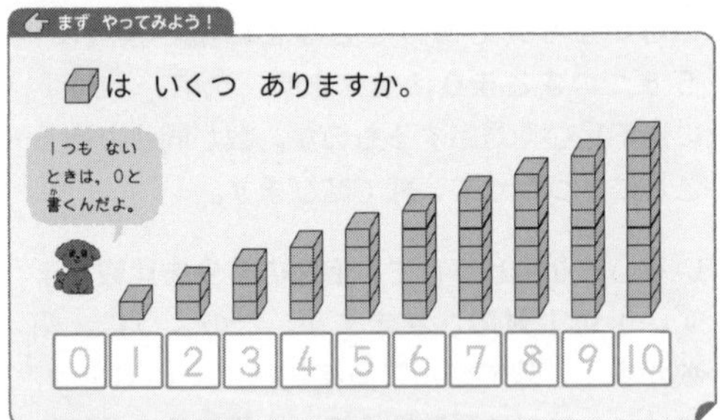

1 数字の 数だけ，○に 色を ぬりましょう。

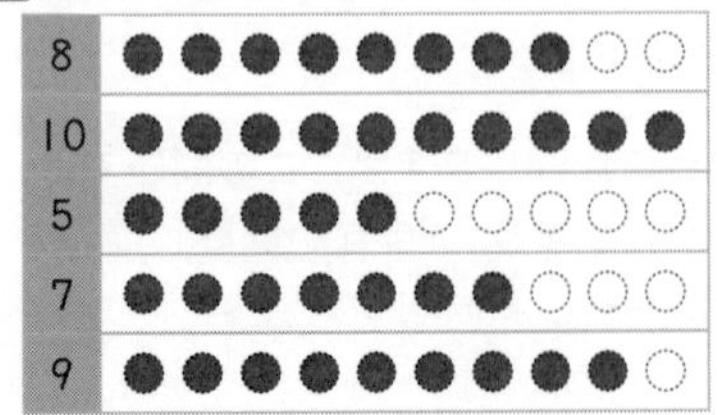

2 いくつ ありますか。

7

10

9

アドバイス

▶ものの数を表すのに，**数字を用いるよさ**に気づき，**1から10までの数**を正しく数え，数字で表せるようにします。また，「1つもない」ことを，数字を用いて，「0」と表すことも学びます。

▶ 1から10までの数について，**数の多少や大小を比較**できるようにします。

1 数字の数だけ○に色をぬります。1からその数まで順に唱えながら，左から順にぬっていきます。この操作を繰り返すことで，数を見て，その数の具体的なイメージがもてるようになります。

2 いろいろな物の数を数えて，その数を数字で書きます。このとき，数え落としのないように，次のように，数え方にも注意します。
㋐**ばらばらなもの**…チェックして数える。
㋑**列に並んでいるもの**…上→下や左→右に数える。
㋒**円形のもの**…起点を決めて数える。
㋓**種類が違うもの**…色別や形別に数える。
また，答えの「7」「10」「9」の数字は，書き順を間違いやすい数字です。正しく書けるように，繰り返し練習しましょう。

本冊 15ページ

3 いくつですか。

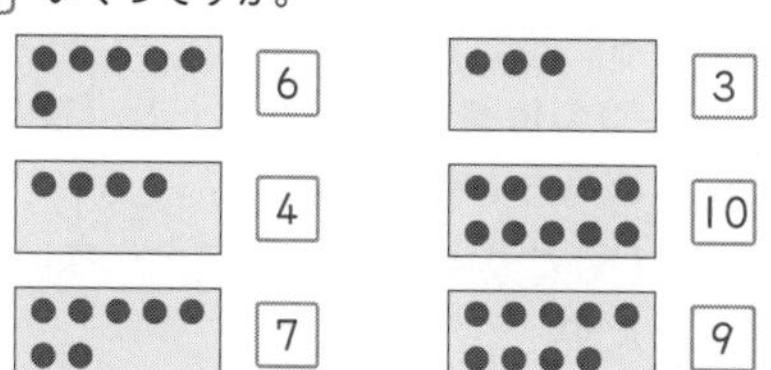

4 どちらが 大きいですか。大きい ほうに ○を つけましょう。

5 □に あてはまる 数字を 書きましょう。

6の つぎは 7 です。

9の 1つ 前は 8 です。

6 入って いる 玉の 数は いくつですか。

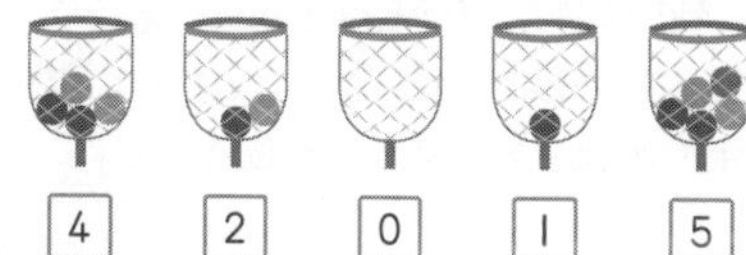

アドバイス

3 ●の数を数えて，その数を**数字**で書きます。このとき，●が5ずつ並んでいることに気がつくようにします。そうすることで，10までの数を，「5より少ない」や，「5といくつ」という見方で見ることができるようになります。

4 数字で**数の大小**を比較します。すぐに判断できない場合は，**数の並び方（順序）**で考えます。つまり，1から順に数字を唱え，大小比較をします。たとえば，「9と8」の場合，「1，2，……，7，8，9」から，8より9のほうが大きいと判断します。

5 **数の並び方**の問題です。1から順に唱えていき，6の次の数字，9の1つ前の数字を書きます。

6 それぞれの玉の数を数えて，その数を数字で書きます。このとき，「1つもない」ことを，ほかの数と同じように，数字を用いて，「0」と表すことを学びます。

本冊 16ページ

4 何番目 〈1年〈〈

まず やってみよう！

どうぶつが 車に のって います。

❶ りすは 前から 3 番目です。

❷ ねこは 後ろから 2 番目です。

❸ 前から りすまで 3 びき います。

1 あてはまる ものに ○を つけましょう。

(1) 左から 4つ目

(2) 左から 4つ

2 かさが ならんで います。

(1) 青い かさは 左から 6 番目です。

(2) 左から 3番目の かさに ○を つけましょう。

アドバイス

▶**順番や位置**を表すのに数を用いることを知り，**前後，上下，左右**などの位置や方向を表す言葉の違いを理解し，数を用いて，「〜から○番目」のように，正確に表せるようにします。

▶数の並び方について，集まりの中の個数を表す**計量数**と，順番や位置を表す**順序数**の違いを理解できるようにします。

1 **順序数と計量数の違い**を理解する問題です。「左から」で，**基準の位置と方向**を表し，「4つ目」で，順番を表していることに気づくようにします。そして，左から4つ目の「1つ」のスプーンだけに，○をつけます。
次に，「4つ」は，集まりの中の個数を表しています。つまり，左から「4つ」のスプーンに，○をつけます。

2 具体的な場面について，その順番を考える問題です。「左から」の言葉から，**基準の位置と方向**に注意します。

本冊 17ページ

3 子どもが 1れつに ならんで います。

(1) よしとさんは 前から [5] 番目です。

(2) よしとさんは 後ろから [6] 番目です。

(3) よしとさんの 前に [4] 人 います。

(4) よしとさんの 後ろに [5] 人 います。

(5) ななさんは，よしとさんの 後ろから かぞえて [3] 番目です。

4 鳥が 木に とまって います。

(1) はとは 上から [4] 番目です。

(2) はとは 下から [3] 番目です。

(3) つばめの 下に [4] 羽 います。

(4) からすの 上に [2] 羽 います。

(5) つばめは，すずめの 上から かぞえて [3] 番目です。

(6) にわとりは，からすの 下から かぞえて [3] 番目です。

アドバイス

3 具体的な場面について，その**順番**や**集まりの中の個数**を考える問題です。
(1)(2)では，1つの位置を，「前から」と「後ろから」の両方の見方で考えます。
(3)(4)では，「よしとさん自身は数に入れない」ことに注意します。
(5)では，「よしとさんの後ろから」の言葉から，**基準の位置と方向**を理解します。このとき，よしとさんを1番目とは考えずに，よしとさんの後ろの人から1番目，2番目と考えていきます。

4 (1)(2)では，1つの位置を，「上から」と「下から」の両方の見方で考えます。
(3)(4)では，それぞれ，つばめ，からす自身は，数に入れないことに注意して考えます。

順序数について 順序数を学習する際には，方向や位置を表す言葉を正しく用いて，「～から○番目」などと表現できるようにしなくてはなりません。そのためには，**4**の問題で，「はとは上から何番目ですか」のような問いだけでなく「はとはどこにいますか」などと問いかけ，学習することも必要です。

本冊 18ページ

力をためすもんだい

1 いくつ ありますか。

[4]

[5]

[7]

2 数字の 数だけ，○に 色を ぬりましょう。

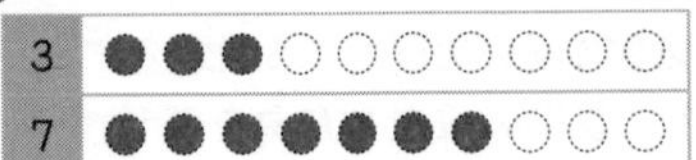

3	●●●○○○○○○○
7	●●●●●●●○○○

3 大きい ほうに ○を つけましょう。

4 ⑤

⑨ 7

6 ⑧

4 子どもが 1れつに ならんで います。

(1) ぼうしを かぶって いる 子どもは，前から [6] 番目です。

(2) ぼうしを かぶって いる 子どもの 前に [5] 人 います。

アドバイス

1 いろいろな物の数を数えて，その数を**数字**で書きます。このとき，数え落としのないように，数え方にも注意します。

2 数字の数だけ○に色をぬります。1からその数まで順に唱えながら，左から順にぬります。

3 数字で**数の大小**を比較します。すぐに判断できない場合は，**数の並び方（順序）**で考えます。つまり，1から順に数字を唱え，大小比較をします。たとえば，「4と5」の場合，「1，2，3，4，5」から，4より5のほうが大きいと判断します。

4 具体的な場面について，**順序数**と**計量数**の違いを理解する問題です。
(1)「前から」で，**基準の位置と方向**を表していることに気づき，先頭の子どもを1番目として，帽子をかぶっている子どもまで数えます。
(2)帽子をかぶっている子どもは数に入れず，その前にいる人数を数えて答えます。

本冊 19ページ

力をのばすもんだい

1 同じ 数の ものを 線で むすびましょう。

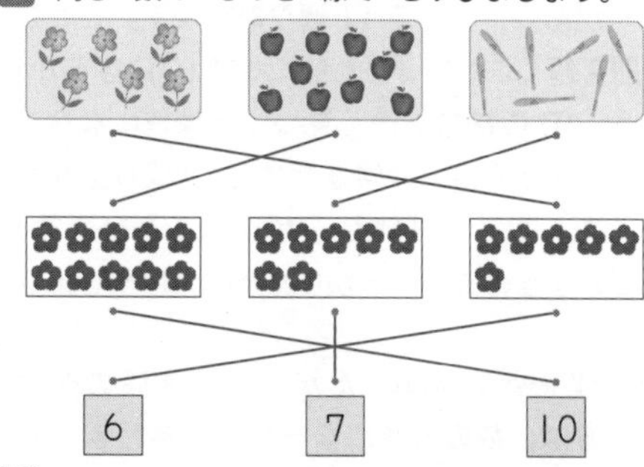

2 どれが いちばん 大きいですか。大きい ものに ○を つけましょう。

3 □に あてはまる 数を 書きましょう。

0 — 2 — 4 — 6 — 8 — 10

10 — 8 — 6 — 4 — 2 — 0

アドバイス

1 いろいろな物の数と同じ数のおはじきや数字を選んで，線で結びます。わからなければ，まず，最上段のいろいろな物もおはじきなどに置き換えて，5**ずつのまとまり**に並べてから考えます。

2 **3つの数による大小比較**の問題です。数字だけで大小比較ができるようにしておくことは大切なことですが，すぐに判断できないときは，**数の並び方**（**順序**）で考えます。つまり，1から順に数を唱え，大小比較をします。

3 **数の並び方**を理解する問題です。ここでは，数の並び方を見て，「2とび」で数が並んでいることに気づかなくてはなりません。0から順に唱えて，□にあてはまる数を埋めていく方法もありますが，ぜひ，**2とびの数の並び方**「2，4，6，8，10」を覚えて，解けるようにしましょう。下段は，**2とびの数が逆順**に並んでいます。「10，9，8，……」と逆順に唱えて，□にあてはまる数を埋めていきますが，このように，逆順に並んでいる場合は，問題が解けた後に，右から順に数を唱えて，答えを確かめてみることも大切です。

本冊 21ページ

1 10までの 数 1年

まず やってみよう！

10は いくつと いくつですか。

❶ 10は，6と 4 に 分けられます。

❷ 6と 4 で，10に なります。

10	
6	4

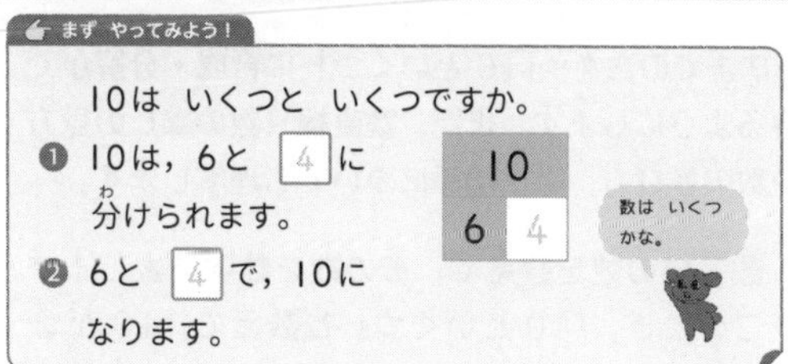

1 いくつと いくつですか。

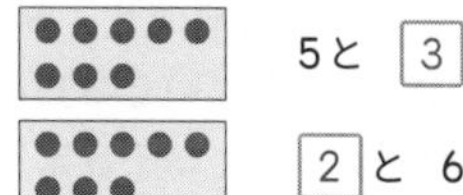

5と 3

2 と 6

2 7に なるように，線で むすびましょう。

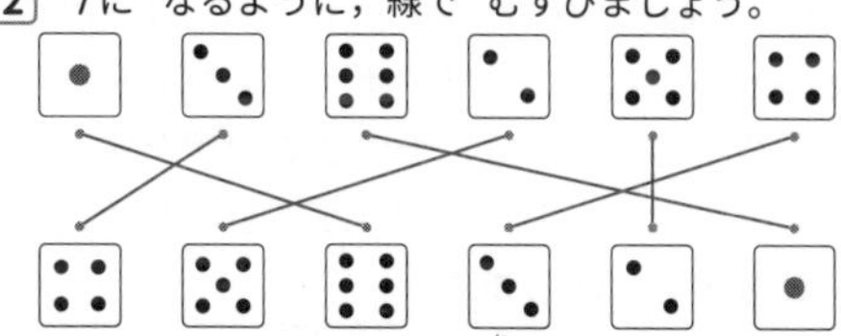

3 □に あてはまる 数を 書きましょう。

8		9		10		9	
3	5	3	6	2	8	5	4

アドバイス

▸ **10までの数**について，いろいろな見方ができるようにします。

▸ **10までの数の合成と分解**では，たとえば，「6と4で10」と見る合成的な見方と，「10は6と4」と見る分解的な見方の両面から見ることができるようにします。

1 図で表された「8」を，2**つの数に分解**します。丸の色の違いに着目して考えます。ここでは2通りの分解を扱っていますが，ほかの数の組み合わせ方を取り上げてみるのもよいでしょう。

2 上下のさいころの目の数を合わせて，「7」をつくります。**7になる組み合わせ方**は，この**6通り**があり，7の合成・分解について習熟できるようにします。

3 左の2問は，**数の分解**，右の2問は，**数の合成**です。「8は3とあといくつ」，「2と8でいくつ」という考え方で，□にあてはまる数を求めます。わからなければ，おはじきなどを使って理解させましょう。

本冊 22ページ

④ 10に なるように，線で むすびましょう。

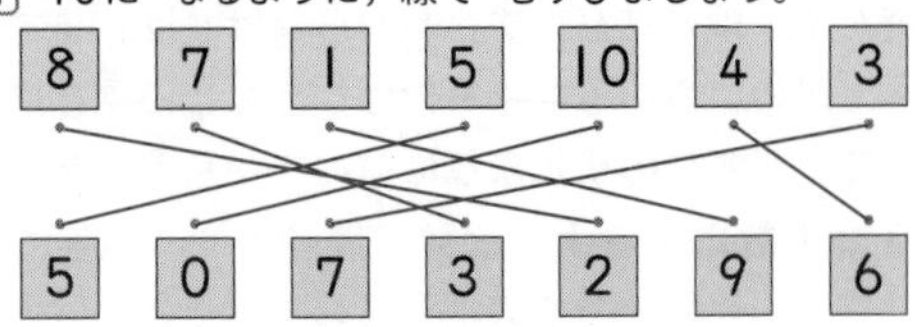

⑤ □に あてはまる 数を 書きましょう。

5と 2で 7　　7と 3で 10

4と 3で 7　　8と 1で 9

6と 2で 8　　2と 8で 10

⑥ □に あてはまる 数を 書きましょう。

8は 2と 6　　10は 4と 6

10は 5と 5　　9は 2と 7

10は 1と 9　　7は 3と 4

⑦ □に あてはまる 数を 書きましょう。

3と 5と 2で，10

7は，4と 2と 1

アドバイス

④ 上下の数を合わせて，「10」をつくります。0を含む合わせて10になる組み合わせ方は，このほかにも「0と10」「2と8」「6と4」「9と1」があり，全部で**11通り**あります。こうした問題を解くことで,「あといくつで10になるか」という，**10の補数**を速く見つける練習になります。この考え方は，今後学習する，「繰り上がりのあるたし算」や「繰り下がりのあるひき算」で必要となるので，しっかりと身につけましょう。

⑤ **数の合成**を考えます。ただし，下2段の問題の解き方は，**数の分解**になるので注意します。

⑥ **数の分解**を考えます。ただし，最下段の問題の解き方は，**数の合成**になるので注意します。

⑦ **3つの数による，数の合成と分解**です。
初めの2つの数を先に考え，次に，その合成した数と残りの数で考えます。
3と5と2で，□→8と2で，□→□＝10
□は，4と2と1→□は，6と1→□＝7

本冊 23ページ

2 20までの 数 1年

まず やってみよう！

おはじきの 数は いくつですか。

❶ 1を 10こ あつめると，10

❷ 10と 3で 13

❸ 13は 十三 と 読みます。

① 数は いくつですか。

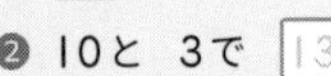

12　　20

② □に あてはまる 数を 書きましょう。

10と 4で 14　　10と 6で 16

10と 5で 15　　10と 7で 17

12は 10と 2　　18は 10と 8

13は 10と 3　　20は 10と 10

③ 大きい ほうに ○を つけましょう。

アドバイス

► **20までの数の構成と表し方，その読み方**について学びます。

► 20までの数を，「10といくつ」に**合成・分解**ができるようにします。また，**数直線（数の線）**の見方や数の並び方，大小関係についても理解します。

① 数え棒の数を数えて，その数を**数字**で表します。このとき，「10といくつ」と数えて，10が2個の場合は，「20」と表すことを理解します。

② **20までの数の合成**（上2段）**と分解**（下2段）を考えます。このとき，数を「10といくつ」と見ることで,数の構成を理解することができます。

③ **20までの数の大小比較**の問題です。10以上の数の大小比較の場合は，まず，いちばん大きい位の数字，ここでは，**十の位の数字**を比べます。このとき，十の位の数字が等しければ，**一の位の数字**で判断します。
大きい位の数字から順に，数の大小を判断する考え方は，数が大きくなっても同様です。ここでしっかりと理解できるようにしておきましょう。

本冊 24ページ

4 □に あてはまる 数を 書きましょう。

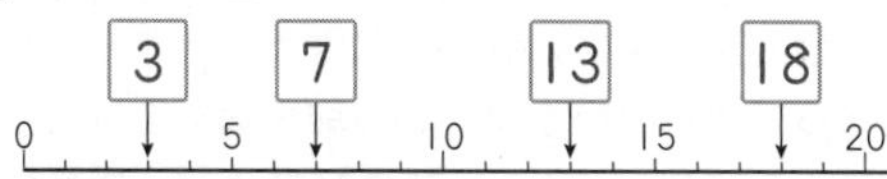

10	11	12	13	14	15
20	19	18	17	16	15
10	12	14	16	18	20
3	6	9	12	15	18

5 数の線の □は どんな 数ですか。

3　7　13　18

0　5　10　15　20

6 □に あてはまる 数を 書きましょう。

(1) 11より 3 大きい 数は 14

(2) 19より 4 小さい 数は 15

(3) 15より 5 大きい 数は 20

(4) 18より 7 小さい 数は 11

(5) 12より 6 大きい 数は 18

(6) 19より 7 小さい 数は 12

アドバイス

4 **20までの数の並び方**について，習熟をはかる問題です。まず，数がどのようなきまりにしたがって並んでいるかを読み取らなくてはいけません。
2問目は**逆順**，3問目は**2とび**，4問目は**3とび**で並んでいます。
わかりにくい場合は，4問目であれば，「3，4，……，17，18」と順にすべての数を書き，次に，示されている数「3，9，12，18」に○をつけ，その数の並び方の特徴に気がつくようにします。

5 **数直線**（**数の線**）の見方を理解し，**目盛り**に対応する□の数を求めます。このとき，次のような**数直線の性質**について教えるようにします。
㋐右にいくほど，数が大きくなる。
㋑順に数が並んでいる。
㋒数と数の間は，同じ幅になっている。

6 5の**数直線**をもとに考えます。基準の数との大小関係，向きをしっかりとおさえます。
(5)では，18より6左へ，(6)では，12より7右へ進むことに注意します。

本冊 25ページ

3 100までの 数 〈1年〈〈

まず やってみよう！

2けたの 数 37に ついて，しらべましょう。

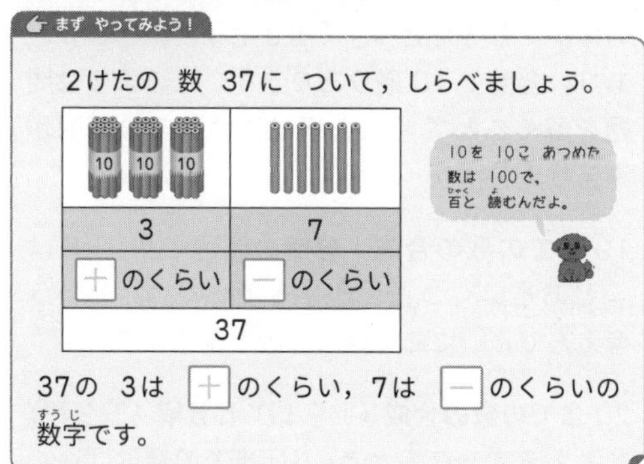
10を 10こ あつめた
数は 100で，
百と 読むんだよ。

10 10 10	(ばら7本)
3	7
十のくらい	一のくらい
37	

37の 3は 十のくらい，7は 一のくらいの 数字です。

1 数は いくつですか。

32　50

2 □に あてはまる 数を 書きましょう。

(1) 10が 8こと 1が 9こで，89

(2) 10が 7こで，70

(3) 68は，10が 6こと 1が 8こ

(4) 80は，10が 8こ

アドバイス

▸ **100までの数の構成**と位取りに注意した**数の表し方**，その読み方について理解します。このとき，「**一の位**」や「**十の位**」の用語についても学びます。

▸ 100までの数を，「10がいくつと1がいくつ」に**合成・分解**ができるようにします。また，**数直線**（**数の線**）の見方や数の並び方，大小関係についても理解します。

1 数え棒の数を数えて，その数を**数字**で表します。このとき，「10がいくつと1がいくつ」と数えて，10のまとまりの数を左側（**十の位**）に，1（ばら）の数を右側（**一の位**）に表します。
また，10が5個だけの場合は，一の位は0とし，「50」と表すことを理解します。

2 **100までの数の合成**（上2段）**と分解**（下2段）を考えます。「10がいくつと1がいくつ」と見ることで，数の構成を理解することができます。

本冊 26ページ

3 □に あてはまる 数(かず)を 書(か)きましょう。

(1) 十(じゅう)のくらいが 7，一(いち)のくらいが 5の 数は 75

(2) 52は，十のくらいが 5，一のくらいが 2

4 大(おお)きい ほうに ○を つけましょう。

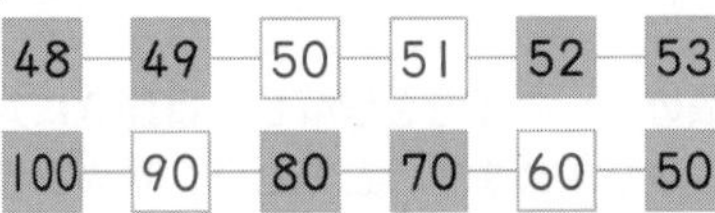

5 □に あてはまる 数を 書きましょう。

48 ― 49 ― 50 ― 51 ― 52 ― 53

100 ― 90 ― 80 ― 70 ― 60 ― 50

6 数の線(せん)の □は どんな 数ですか。

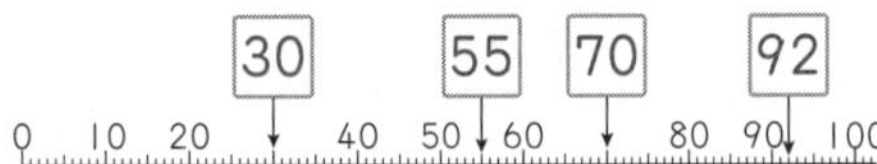

7 □に あてはまる 数を 書きましょう。

(1) 78より 5 大きい 数は 83

(2) 98より 3 小(ちい)さい 数は 95

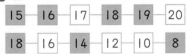

アドバイス

3 十の位の数字，一の位の数字から，**2けたの数**を書いたり，その逆を書く問題です。

4 **100までの数の大小比較**の問題です。10以上の数の大小比較の場合は，まず，いちばん大きい位の数字，ここでは，**十の位の数字**を比べます。このとき，十の位の数字が等しければ，**一の位の数字**で判断します。

5 **100までの数の並び方**について，理解を深める問題です。まず，数がどのようなきまりにしたがって並んでいるかを読み取らなくてはいけません。下段は，**10とびの数**ですが，**逆順**に並んでいることに注意します。

6 **数直線**（**数の線**）の見方を理解し，**目盛り**に対応する□の数を求めます。

7 **6**の**数直線**をもとに考えます。このとき，1目盛りの大きさ，基準の数との大小関係，向きをしっかりとおさえて答えます。

本冊 27ページ

力をためすもんだい 1

1 9に なるように，線(せん)で むすびましょう。

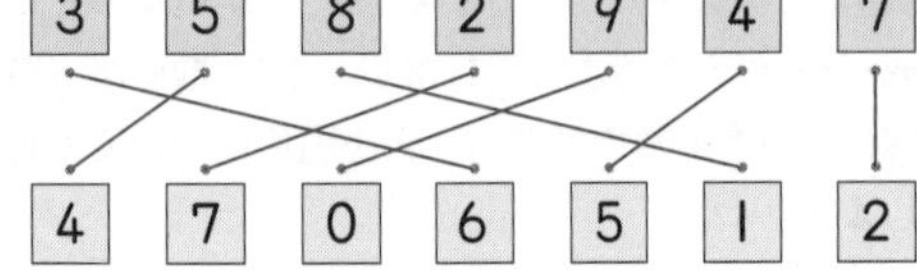

2 □に あてはまる 数(かず)を 書(か)きましょう。

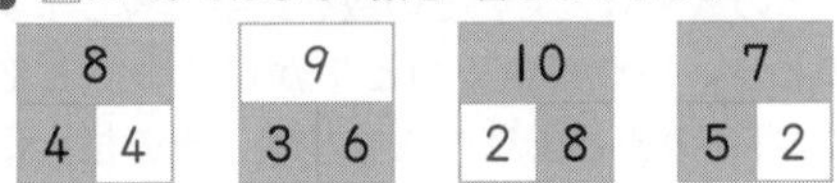

3 □に あてはまる 数を 書きましょう。

4と 5で 9　　6と 1で 7

10と 3で 13　　10と 9で 19

9は 3と 6　　10は 5と 5

17は 10と 7　　19は 10と 9

4 □に あてはまる 数を 書きましょう。

15 ― 16 ― 17 ― 18 ― 19 ― 20

18 ― 16 ― 14 ― 12 ― 10 ― 8

アドバイス

1 上下の数を合わせて，「9」をつくります。0を含む合わせて9になる組み合わせ方は，このほかにも「0と9」「1と8」「6と3」があり，全部で**10通り**あります。このような問題を解くことで，9の構成についての理解が深まります。

2 **10までの数の合成・分解**の問題です。「8は4とあといくつ」，「3と6でいくつ」という考え方で，□にあてはまる数を求めます。

3 **20までの数の合成**（上2段）と**分解**（下2段）を考えます。このとき，10までの数は「いくつといくつ」，11から20までの数は「10といくつ」と見ることで，数の構成を理解することができます。

4 **20までの数の並び方**を考えます。まず，数がどのようなきまりにしたがって並んでいるかを読み取らなくてはいけません。
下段は，**2とびの数**ですが，**逆順**に並んでいることに注意します。

本冊 ･･ 28ページ

力をためすもんだい ❷

1 数(かず)は いくつですか。

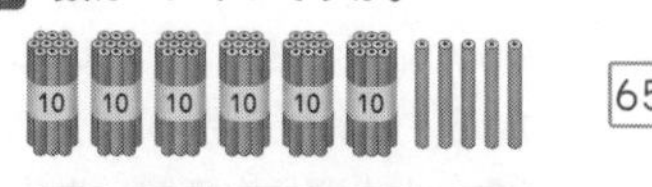

65

50

2 □に あてはまる 数を 書(か)きましょう。

(1) 10が 3こと 1が 7こで，37

(2) 76は，10が 7 こと 1が 6 こ

3 □に あてはまる 数を 書きましょう。

60 — 61 — 62 — 63 — 64 — 65

83 — 82 — 81 — 80 — 79 — 78

4 大(おお)きい ほうに ○を つけましょう。

5 数の線(せん)の □は どんな 数ですか。

12　40　63　95

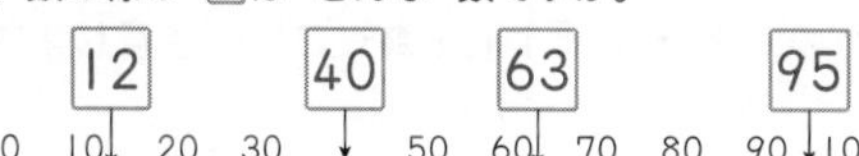

アドバイス

1 数え棒や色紙の数を数えて，その数を**数字**で表します。このとき，「10 がいくつと 1 がいくつ」と数えて，10 のまとまりの数を左側（**十の位**）に，1（ばら）の数を右側（**一の位**）に表します。

2 **100 までの数の合成・分解**を考えます。このとき，数を「10 がいくつと 1 がいくつ」と見ることで，数の構成を理解します。

3 **100 までの数の並び方**についての問題です。まず，数がどのようなきまりにしたがって並んでいるかを読み取らなくてはいけません。
下段は，**逆順**に並んでいることに注意します。

4 **100 までの数の大小比較**の問題です。いちばん大きい位の数字，ここでは，十の位の数字から順に比べます。

5 **数直線（数の線）**の見方を理解し，**目盛り**に対応する□の数を求めます。

本冊 ･･ 29ページ

力をのばすもんだい

《はってん》
1 □に あてはまる 数(かず)を 書(か)きましょう。

(1) 4と 2と 3で，9

(2) 9は，5と 2 と 2

2 □に あてはまる 数を 書きましょう。

(1) 45の 十(じゅう)のくらいは 4，一(いち)のくらいは 5

(2) 80 は，十のくらいが 8，一のくらいが 0

3 □に あてはまる 数を 書きましょう。

(1) 35より 7 大(おお)きい 数は 42

(2) 72より 6 小(ちい)さい 数は 66

《はってん》
4 □に あてはまる 数を 書きましょう。

4 — 8 — 12 — 16 — 20 — 24

45 — 40 — 35 — 30 — 25 — 20

《はってん》
5 大きい じゅんに ならべましょう。

18　42　39　　　68　75　80

（ 42，39，18 ）　（ 80，75，68 ）

アドバイス

1 **3 つの数による，数の合成と分解**です。
初めの 2 数や，わかっている 2 数を先に考え，次に，その合成した数と残りの数で考えます。
(1) 4 と 2 と 3 で，□→ 6 と 3 で，□→□＝9
(2) 9 は，5 と□と 2 → 9 は，7 と□，□＝2

2 2 けたの数を見て，十の位と一の位の数字を書いたり，その逆を書く問題です。

3 **数直線（数の線）**をもとに考えます。基準の数との大小関係，向きをしっかりとおさえます。
(1)では，35 より 7 右へ，(2)では，72 より 6 左へ進むことに注意します。

4 **100 までの数の並び方**についての問題です。まず，数がどのようなきまりにしたがって並んでいるかを読み取らなくてはいけません。上段は 4 **とびの数**が順に，下段は 5 **とびの数**が**逆順**に並んでいることに注意します。

5 100 までの 3 つの数の大小を比べ，**大きい順に並べかえる**問題です。十の位の数字から順に見て，数の大小を判断します。

本冊 31ページ

1 1000までの 数 〈2年〈〈

まず やってみよう！

1000までの 数に ついて，しらべましょう。

❶ 367は，100を [3] こ，10を [6] こ，1を [7] こ あわせた 数で，[三百六十七] と 読みます。

3	6	7
百のくらい	十のくらい	一のくらい

❷ 100を 10こ あつめた 数を [1000] と 書き，[千] と 読みます。

999の つぎが 1000(千)だよ。

[1] 数は いくつですか。

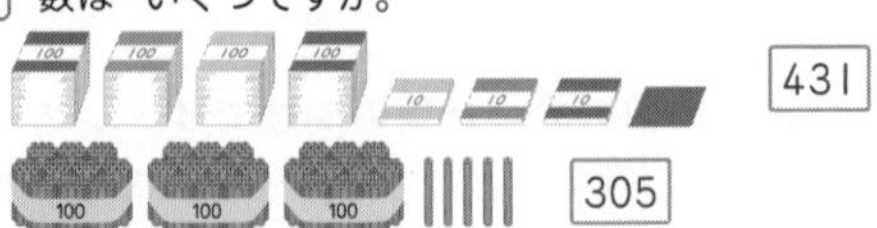

[431]

[305]

[2] 数を 読みましょう。

683 （六百八十三）　215 （二百十五）　908 （九百八）

[3] 数字で 書きましょう。

百六十八 （168）　三百五十 （350）　四百七 （407）　八百 （800）

アドバイス

▶ **1000までの数の構成**と，その書き方や読み方について理解します。また，**「百の位」**の用語についても学びます。

▶ 1000までの数を，「100がいくつと，10がいくつと，1がいくつ」に**合成・分解**ができるようにします。また，数の並び方，大小関係を理解します。

[1] 色紙や数え棒の数を数えて，その数を数字で表します。このとき，100，10，1のまとまりごとに数えて，**100のまとまり**の数から順に，左側（**百の位**）から表します。

[2] 数の読み方を**漢数字**で書きます。それぞれの位の数字の後ろに，位を表す言葉**「百，十」**をつけて読みますが，位の数字が「1」の場合，「百」や「十」とだけ読むことに注意します。

[3] 漢数字を**数字**で書きます。位を表す言葉がない位は，「0」を書き，「百」や「十」の前に数字がないときは，「1」を書くことに注意します。

本冊 32ページ

[4] □に あてはまる 数を 書きましょう。

(1) 100を 5こ，10を 6こ，1を 3こ あわせた 数は [563]

(2) 10を 76こ あつめた 数は [760]

(3) 430は，100を [4] こ，10を [3] こ あわせた 数

(4) 580は，10を [58] こ あつめた 数

(5) 一のくらいが 5，十のくらいが 7，百のくらいが 4の 数は [475]

[5] □に あてはまる 数を 書きましょう。

(1) 600より 100 大きい 数は [700]

(2) 1000より 1 小さい 数は [999]

(3) 850の つぎの 数は [851]

[6] 数の線の □は どんな 数ですか。

[50]　[380]　[600]　[840]

0　100　200　300　400　500　700　800　900　1000

[7] □に あてはまる ＞，＜を 書きましょう。

682 [＞] 593　467 [＜] 471　856 [＞] 852

アドバイス

[4] (1)〜(4)は，**1000までの数の合成・分解**を理解する問題です。
(5)は，一の位，十の位，百の位の数字から，**3けたの数**を書きます。
(2)，(4)では，**10を単位とした数の見方**が理解できるようにします。(2)は，「10が70個で700，10が6個で60，合わせて760」と考えます。

[5] **1000までの数の並び方**について理解します。
(1)**百の位だけ**に着目します。
(2) 1000より1つ前の数を書きます。

[6] **数直線**（**数の線**）の見方を理解し，**目盛り**に対応する□の数を求めます。このとき，**1目盛りが**10を表していることに注意します。

[7] **1000までの数の大小比較**の問題です。数の大小を比較するときは，上の位の数字から順に比べていきます。ここでは，**数の大小を表す記号**＞，＜（**不等号**といいます）を使って表します。
＞，＜の記号の使い方は，**大＞小，小＜大**になるように注意します。

本冊 33ページ

2 10000までの 数 〈2年〉

まず やってみよう！

10000までの 数に ついて，しらべましょう。

❶ 3205は，1000を [3] こ，100を [2] こ，1を [5] こ あわせた 数で，[三千二百五] と 読みます。

3	2	0	5
千のくらい	百のくらい	十のくらい	一のくらい

❷ 1000を 10こ あつめた 数を [10000] と 書き，[一万] と 読みます。

9999の つぎが 10000(一万)だよ。

[1] 数は いくつですか。

[3231]

[2] 数を 読みましょう。

4985 (四千九百八十五)　9120 (九千百二十)　6013 (六千十三)

[3] 数字で 書きましょう。

千五百六十八 (1568)　四千九 (4009)　八千 (8000)　五千六十 (5060)

アドバイス

► 10000までの数の構成と位取りに注意した数の表し方，その読み方について理解します。

► 10000までの数を，「1000がいくつと，100がいくつと，10がいくつと，1がいくつ」に合成・分解ができるようにします。また，数の並び方，大小関係を理解します。

[1] 色紙の数を数えて，その数を数字で表します。このとき，「1000がいくつと，100がいくつと，10がいくつと，1がいくつ」と数えて，1000のまとまりの数から順に，左側（千の位）から表します。

[2] 数の読み方を漢数字で書きます。それぞれの位の数字の後ろに，位を表す言葉「千,百,十」をつけて読みますが，位の数が「1」の場合，「千」や「百」や「十」とだけ読むことに注意します。

[3] 漢数字を数字で書きます。位を表す言葉がない位は，「0」を書き，「千」，「百」，「十」の前に数字がないときは，「1」を書くことに注意します。

本冊 34ページ

[4] □に あてはまる 数を 書きましょう。

(1) 1000を 6こ，100を 2こ，1を 4こ あわせた 数は [6204]

(2) 5037は，1000を [5] こ，10を [3] こ，1を [7] こ あわせた 数

(3) 100を 56こ あつめた 数は [5600]

(4) 千のくらいが 4，百のくらいが 9，十のくらいが 0，一のくらいが 1の 数は [4901]

[5] □に あてはまる 数を 書きましょう。

(1) 6000より 1000 大きい 数は [7000]

(2) 10000より 1 小さい 数は [9999]

(3) 8000の つぎの 数は [8001]

[6] 数の線の □は どんな 数ですか。

[2000] [4500] [6600] [9000]

0 1000 3000 4000 5000 6000 7000 8000 10000

[7] □に あてはまる >，<を 書きましょう。

7998 [<] 9001　6427 [>] 6423

アドバイス

[4] (1)〜(3)は，10000までの数の合成・分解を理解する問題です。
(4)は，千の位，百の位，十の位，一の位の数字から，4けたの数を書きます。
(3)では，100を単位とした数の見方が理解できるようにします。「100が50個で5000，100が6個で600，合わせて5600」と考えます。

[5] 10000までの数の並び方について理解します。
(1)千の位だけに着目します。
(2) 10000より1つ前の数を書きます。

[6] 数直線（数の線）の見方を理解し，目盛りに対応する□の数を求めます。1目盛りが100を表していることに注意します。

[7] 10000までの数の大小比較の問題です。数の大小を比較するときは，上の位の数字から順に比べていきます。ここでは，数の大小を表す記号>,<（不等号といいます）を使って表します。>，<の記号の使い方は，大>小，小<大になるように注意します。

本冊 35ページ

力をためすもんだい ❶

1 数(かず)は いくつですか。

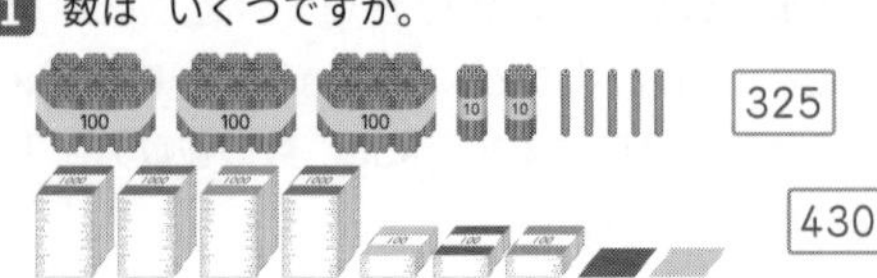

325

4302

2 数を 読(よ)みましょう。

576 (五百七十六)　302 (三百二)　4092 (四千九十二)

3 数字(すうじ)で 書(か)きましょう。

三百六十 (360)　五百二十八 (528)　六千九 (6009)　九千五百 (9500)

4 □に あてはまる 数や 読み方(かた)を 書きましょう。

(1) 678は，百(ひゃく)のくらいが [6]，十(じゅう)のくらいが [7]，一(いち)のくらいが [8]で，[六百七十八]と 読みます。

(2) 7601は，千(せん)のくらいが [7]，百のくらいが [6]，十のくらいが [0]，一のくらいが [1]で，[七千六百一]と 読みます。

アドバイス

1 数え棒や色紙の数を数えて，その数を**数字**で表します。このとき，1000，100，10，1のまとまりごとに数えて，いちばん大きいまとまりの数から順に，左側から表します。
下段では，10のまとまりがないので，十の位の数字は「0」として，「4302」と表すことに注意します。

2 数の読み方を**漢数字**で書きます。それぞれの位の数字の後ろに，位を表す言葉「**千,百,十**」をつけて読みますが，位の数が「0」の場合は，その位は読まないことに注意します。

3 漢数字を**数字**で書きます。位を表す言葉がない位は，「0」を書きます。数字で書いた後，その数を読んで，答えの確かめをすることも大切です。

4 3けたの数や4けたの数を見て，それぞれの位にあたる数字を答えたり，その数の読み方を，**漢数字**で書いたりします。

本冊 36ページ

力をためすもんだい ❷

1 □に あてはまる 数(かず)を 書(か)きましょう。

(1) 867は，100を [8]こ，10を [6]こ，1を [7]こ あわせた 数

(2) 4895は，1000を [4]こ，100を [8]こ，10を [9]こ，1を [5]こ あわせた 数

(3) 670は，10を [67]こ あつめた 数

(4) 4800は，100を [48]こ あつめた 数

2 数の線(せん)の □は どんな 数ですか。

300 … 400 の数の線：[320] [360] [390] [420]

3 □に あてはまる 数を 書きましょう。

2000 ― 2400 ― [2800] ― [3200] ― 3600

[8400] ― 8200 ― 8000 ― [7800] ― 7600

4 □に あてはまる >，<を 書きましょう。

587 [<] 591　887 [>] 886　1000 [>] 999

7531 [>] 7529　4946 [<] 5001　6000 [>] 5972

アドバイス

1 **10000までの数の合成・分解**についての問題です。(3)は，**10を単位とした数の見方**で，百と十の位にだけ着目して考えます。(4)は，**100を単位とした数の見方**で，千と百の位にだけ着目して考えます。

2 **数直線（数の線）**の見方を理解し，目盛りに対応する□の数を求めます。数直線は「0」から始まっていませんが，右へいくほど数が大きくなるということは変わらないことを理解できるようにします。また，**1目盛りが**10を表していることに注意します。

3 **10000までの数の並び方**についての問題です。まず，数がどのようなきまりにしたがって並んでいるかを読み取らなくてはいけません。
上段は，400ずつ大きく，下段は，200ずつ小さくなっていることに注意します。

4 **10000までの数の大小比較**の問題です。けた数が違うときは，けた数の多いほうが大きくなります。**数の大小を表す記号>，<**は，**大>小，小<大**となるように使います。

本冊 37ページ

力をのばすもんだい

1 □に あてはまる 数を 書きましょう。

(1) 6000より 1 大きい 数は 6001

(2) 400より 50 大きい 数は 450

(3) 7000より 1 小さい 数は 6999

(4) 10000より 10 小さい 数は 9990

2 大きい ほうに ○を つけましょう。

79□ — (800)　(495) — 4□2　601 — (6□8)

(43□8) — 4302　(7952) — 7□39

3 大きい じゅんに ならべましょう。

897　1005　923　　3498　3821　4000

(1005, 923, 897) (4000, 3821, 3498)

4 3，0，5，2の 数字を 1回 つかって，3052 のような 4けたの 数を つくりましょう。

(1) いちばん 大きい 数は 5320

(2) いちばん 小さい 数は 2035

(3) 5000に いちばん 近い 数は 5023

アドバイス

1 **10000までの数の並び方**についての問題です。
(2)**十の位だけ**に着目して考えます。
(4)**数直線**をもとに考えます。

2 一部分が虫食いになった数を，**大小比較**します。まず，**何けたの数**か確認し，次のように考えます。
495と4□2の大小比較では，□の数字が**最大の**9だとしても，495と492になるので，495のほうが大きいと考えられます。
601と6□8の大小比較では，□の数字が**最小の**0だとしても，601と608になるので，6□8のほうが大きいと考えられます。

3 **10000までの3つの数の大小**を比べ，大きい順に並べかえる問題です。**千の位，百の位，十の位，一の位**の数字を順に比較して，数の大小を判断します。

4 次のように考えます。
(1)左から順に大きい数字を並べます。
(2)左から順に小さい数字を並べますが，0はいちばん上の位には使えないので，**百の位**にします。

本冊 39ページ

1 1万を こえる 数 チャレンジ

まず やってみよう！

64380251 の 数に ついて，しらべましょう。

6	4	3	8	0	2	5	1
千万のくらい	百万のくらい	十万のくらい	一万のくらい	千のくらい	百のくらい	十のくらい	一のくらい

くらいに，一，十，百，千が くりかえし 出てくるね。

❶ くらい の 数字は，その くらい の 数が 何こ あるかを あらわして います。

❷ 64380251は，六千四百三十八万二百五十一 と 読みます。

1 数を 読みましょう。

24078301　　6015700

(二千四百七万八千三百一) (六百一万五千七百)

2 数字で 書きましょう。

五百七十万三千四百九十　(5703490)

四千六万九千八十七　(40069087)

十八万三千二十一　(183021)

六千二十万五百十　(60200510)

アドバイス

▶ **1万をこえる数の構成**と，位取りに注意した**数の読み方や書き方**について理解します。

▶ 1万をこえる数を，「1000万がいくつと，100万がいくつと，10万がいくつと，1万がいくつと，……」に合成・分解ができるようにします。

▶**数の並び方，大小関係**についても理解します。数の大小では，**不等号>，<**を使って，大小関係を正しく表せるようにします。

1 数の読み方を**漢数字**で書きます。右から**4けた**ずつ区切り，順に位を確認してから読みます。次の**位取り表**をつくると，理解しやすくなります。

千	百	十	一	千	百	十	一
			万				
2	4	0	7	8	3	0	1
	6	0	1	5	7	0	0

2 漢数字を**数字**で書きます。位を表す言葉がない位は，「0」を書きます。数字で書いた後，その数を読んで，答えの確かめをするようにします。

本冊 40ページ

3 □に あてはまる 数や 読み方を 書きましょう。

(1) 6750000は，100万を [6] こ，10万を [7] こ，1万を [5] こ あわせた 数で，[六百七十五万] と 読みます。

(2) 100万を 75こ あつめた 数は，[7500万] です。

(3) 1億は，1000万を [10] こ あつめた 数です。

4 32084071の 数に ついて，しらべましょう。

(1) 3は [千万] のくらい，7は [十] のくらいの 数字です。

(2) 百万のくらいの 数字は [2]，一万のくらいの 数字は [8]，百のくらいの 数字は [0] です。

5 数直線(数の線)の □は 何万ですか。

[19万] [23万] [26万] [29万]

20万　25万　30万

6 □に あてはまる 不等号を 書きましょう。

687254 [>] 59986　4637852 [<] 4795364

800000 [<] 4000000　10000000 [>] 1000000

アドバイス

3 1万をこえる数の構成を理解する問題です。

(1)右から4けたずつ区切り，順に位を確認します。そして，その位の数字が，それぞれの位の単位の個数を表していることを理解します。

(2) 100万を単位とした数の見方です。「100万が70個で7000万，100万が5個で500万，合わせて7500万」と考えます。

(3) 1000万が10個で，1億になります。

4 1万をこえる数を見て，各数字が示す位，また，その位にあたる数字を答えます。

5 **数直線**の見方を理解し，目盛りに対応する□の数を求めます。数直線は0から始まっていませんが，右へいくほど数が大きくなるということは変わらないことを理解できるようにします。また，**1目盛りが1万**を表していることに注意します。

6 **数の大小関係**を，**不等号**を用いて表します。けた数の多いほうが大きい数になり，けた数が同じ数であれば，大きい位の数字から順に比べて判断します。**大>小,小<大**となるようにします。

本冊 41ページ

力をためすもんだい

1 数を 読みましょう。

3042809　72005006

(三百四万二千八百九)　(七千二百万五千六)

2 数字で 書きましょう。

八千十万六百　六百八十三万四千　四千万六十

(80100600)　(6834000)　(40000060)

3 50920841の 数に ついて，しらべましょう。

(1) 5は [千万] のくらい，8は [百] のくらいの 数字です。

(2) 十万のくらいの 数字は [9] です。

(3) この 数は，[五千九十二万八百四十一] と 読みます。

4 □に あてはまる 数を 書きましょう。

468000は，10万を [4] こ，1万を [6] こ，1000を [8] こ あわせた 数です。

5 □に あてはまる 数を 書きましょう。

(1) 8000万より 1000万 小さい 数は [7000万]

(2) 1000万より 100万 大きい 数は [1100万]

アドバイス

1 数の読み方を**漢数字**で書きます。右から4**けたずつ**区切り，順に位を確認してから読みます。

2 漢数字を**数字**で書きます。位を表す言葉がない位は，「0」を書きます。数字で書いた後，その数を読んで，答えの確かめをするようにします。

3 1万をこえる数を見て，各数字が示す位，また，その位にあたる数字を答えます。

4 **1万をこえる数の構成**についての問題です。右から4**けたずつ**区切り，順に位を確認します。そして，その位の数字が，それぞれの位の単位の個数を表していることを理解します。

5 1万をこえる数の並び方についての問題です。

(1)**千万の位だけ**に着目します。

(2)**百万の位だけ**に着目します。

本冊 43ページ

1 かんたんな 分数 2年

まず やってみよう！

□に あてはまる ことばを 書きましょう。

❶ 同じ 大きさに 2つに 分けた 1つ分を，もとの 大きさの 二分の一 と いい，$\frac{1}{2}$と 書きます。

❷ 同じ 大きさに 4つに 分けた 1つ分を，もとの 大きさの 四分の一 といい，$\frac{1}{4}$と 書きます。

❸ $\frac{1}{2}$や $\frac{1}{4}$のような 数を 分数 と いいます。

1 色の ついた ところは，もとの 大きさの 何分の一ですか。

($\frac{1}{2}$)

($\frac{1}{4}$)

2 アの $\frac{1}{2}$の 大きさに なって いるのは どれですか。

ア イ ウ エ

(ウ)

アドバイス

► 3年から本格的に学習する分数の基礎学習として，$\frac{1}{2}$や$\frac{1}{4}$などの**簡単な分数の意味や読み方，書き方**を学習します。

► $\frac{1}{2}$は「半分の大きさ」を表し，「**二分の一**」と読むこと，$\frac{1}{4}$は「半分の半分の大きさ」を表し，「**四分の一**」と読むことを理解させます。

1 まず，全体の大きさを**何等分**しているかを見つけさせます。
上の図は**2等分**，下の図は**4等分**になっていることから，分母はそれぞれ2と4，分子には1を書くことができるようにさせます。

2 **アの長さの半分**になっているのはどれかを見つけさせる問題です。
アは全体を4つに等分した4つ分だから，その半分の2つ分になっているものをイ～エの中から選びます。すると，答えはウになります。

本冊 44ページ

3 つぎの 大きさに 色を ぬりましょう。

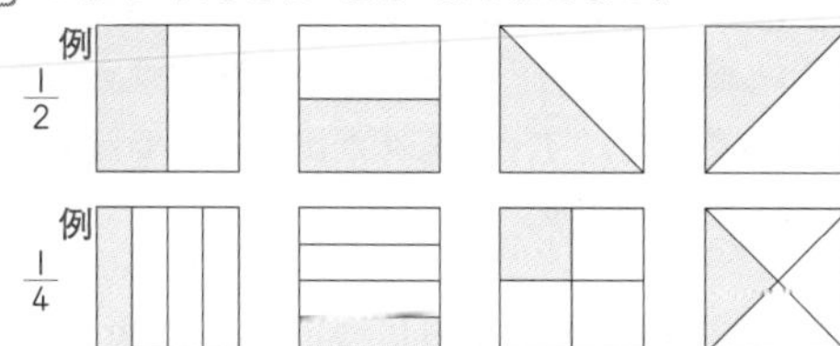

はってん

4 色の ついた ところは，もとの 大きさの 何分のいくつですか。

($\frac{2}{4}$)

($\frac{3}{4}$)

はってん

5 色の ついた ところは，もとの 大きさの 何分のいくつですか。

($\frac{1}{3}$)

($\frac{2}{3}$)

($\frac{1}{6}$)

($\frac{2}{6}$)

($\frac{3}{5}$)

アドバイス

3 分数で表された大きさを図で表す問題です。
$\frac{1}{2}$は「**半分**」，$\frac{1}{4}$は「**半分の半分**」であることを理解させ，その部分に色をぬれるようにします。
それぞれの図のいちばん小さい長方形や三角形に色がぬられていれば，ぬる場所は左右，上下どこでもかまいません。

4 上下のどちらの図も，**もとの大きさを4等分**してあるので，1つ分は$\frac{1}{4}$になることを理解させます。**分母の数は等分した数，分子の数は色のついた部分の数**になることを理解させます。
上の図は，色のついた部分が2つあるので，$\frac{2}{4}$になります。下の図は，色のついた部分が3つあるので，$\frac{3}{4}$になります。

5 4と同様に考えさせます。上から1番目と2番目の図は3等分，3番目と4番目の図は6等分，5番目の図は5等分してあることを見つけさせ，その数をそれぞれの**分母**にします。
次に，それぞれ色のついた部分がいくつあるかを見つけさせ，その個数を**分子**にします。

本冊 ⇒ 45ページ

力をためすもんだい

1 もとの 大きさの $\frac{1}{8}$に 色を ぬりましょう。

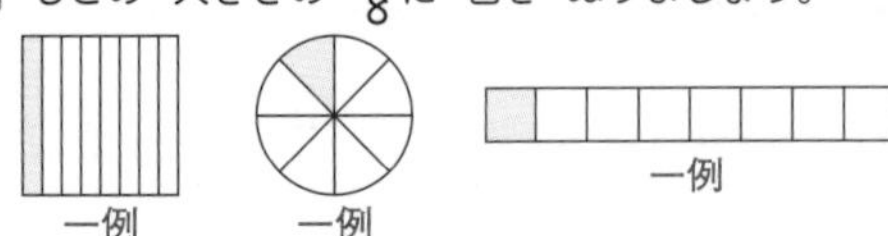

2 色の ついた ところは，もとの 大きさの 何分の一ですか。

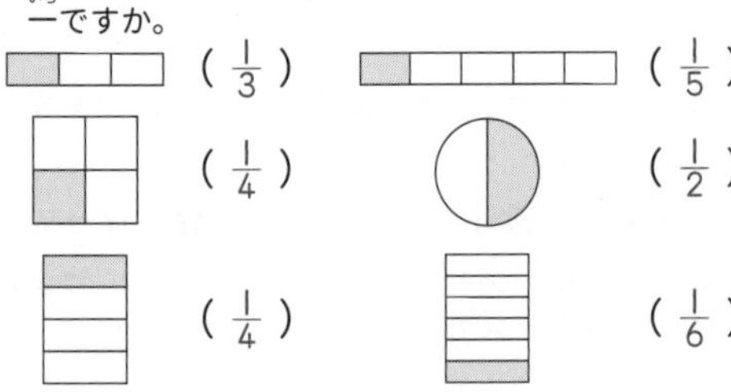

($\frac{1}{3}$)　($\frac{1}{5}$)

($\frac{1}{4}$)　($\frac{1}{2}$)

($\frac{1}{4}$)　($\frac{1}{6}$)

3 色の ついた ところは，もとの 大きさの 何分の いくつですか。

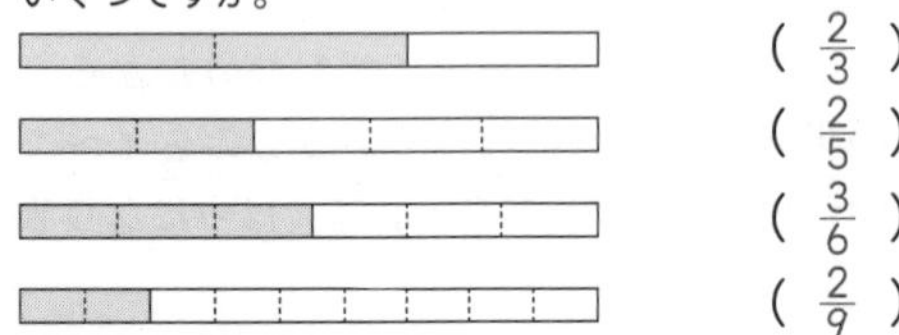

($\frac{2}{3}$)

($\frac{2}{5}$)

($\frac{3}{6}$)

($\frac{2}{9}$)

アドバイス

1 どの図も，もとになる正方形や円，長方形を8等分してあるので，それぞれ，どれか1つに色をぬればよいことになります。

全体を8つに等分した1つ分が$\frac{1}{8}$であること，$\frac{1}{8}$を8つ集めると全体になることをしっかりと理解させます。

2 分数を求めるには，まず，**もとの大きさを何等分**したかを調べます。
もとになる大きさを何等分したかで**分母**が決まり，等分した部分がいくつ分あるかで**分子**が決まります。
上段の左図は3等分，右図は5等分
中段の左図は4等分，右図は2等分
下段の左図は4等分，右図は6等分
であることを見つけさせます。

3 **2**と同様に考えさせます。**2**と違って，色のついた部分は等分した部分がいくつかあるので，その数をそれぞれ**分子**にします。

本冊 ⇒ 46ページ

とっくんもんだい 1

1 □に あてはまる 数を 書きましょう。

9	9	10	10
6　3	5　4	2　8	3　7

2 □に あてはまる 数を 書きましょう。

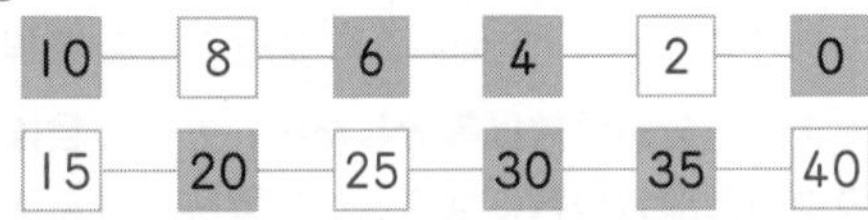

3 □に あてはまる 数を 書きましょう。

(1) 十のくらいの 数字が 6，一のくらいの 数字が 4の 数は，64 です。

(2) 78は，10が 7 こと，1が 8 こ

4 風船が ならんで います。

(1) 黄色の 風船は，左から 3 番目です。

(2) 右から 4番目の 風船に ○を つけましょう。

アドバイス

1 **10までの数の合成・分解**の問題です。
「9は6とあといくつ」，「5と4でいくつ」という考え方で，□にあてはまる数を求めますが，数を見て，すぐに答えが出せるまで習熟することが必要です。

2 **100までの数の並び方**についての問題です。
まず，数がどのようなきまりにしたがって並んでいるかを読み取らなくてはいけません。上段は，**2とびの数**が**逆順**に並んでいます。下段は，**5とびの数**の並び方です。

3 **100までの数のしくみ**についての問題です。
(1)十の位の数字と一の位の数字から，**2けたの数**を書きます。
(2) 100までの数を，「10がいくつと1がいくつ」に**分解**します。

4 具体的な場面について，その順番を考える問題です。「左から」「右から」の言葉から，**基準の位置と方向**に注意します。

本冊 ⁂ 47ページ

とっくんもんだい ❷

1 □に あてはまる 数(かず)や 読(よ)み方(かた)を 書(か)きましょう。

(1) 5360000は，100万(まん)を [5] こ，10万を [3] こ，1万を [6] こ あわせた 数です。

(2) 67000は，1000を [67] こ あつめた 数で，[六万七千] と 読みます。

2 71408906の 数に ついて，しらべましょう。

(1) 1は [百万] のくらいの 数字(すうじ)，8は [千] のくらいの 数字です。

(2) 十万(じゅうまん)のくらいの 数字は [4]，一万(いちまん)のくらいの数字は [0] です。

(3) この 数は，[七千百四十万八千九百六] と 読みます。

3 □に あてはまる ＞，＜を 書きましょう。

539 [＞] 486　837 [＜] 841　3651 [＜] 3657

4 □に あてはまる 数を 書きましょう。

(1) 100万(まん)より 1万 大(おお)きい 数は [101万]

(2) 1億(おく)より 100万 小(ちい)さい 数は [9900万]

アドバイス

1 **1万をこえる数の構成**についての問題です。

(1)右から，**4けたずつ**区切り，順に位を確認します。そして，その位の数字が，それぞれの位の単位の個数を表していることを理解します。

(2) **1000を単位とした数**の見方で，一万の位と千の位だけに着目して考えます。

2 1万をこえる数を見て，各数字が示す位，また，各位にあたる数字を答えます。

3 **10000までの数の大小比較**の問題です。数の大小を比較するときは，上の位の数字から順に比べていきます。
また，**数の大小を表す記号＞，＜は，大＞小，小＜大**となるように使います。

4 **1万をこえる数の並び方**についての問題です。

(1)**一万の位だけ**に着目します。

(2) 1億は「100万が100個集まった数」だから，1億より100万小さい数は，「100万が100－1＝99（個）」と考えます。

本冊 49ページ

1 たし算の しき 〈1年〉

まず やってみよう！

あわせて 何台に なりますか。

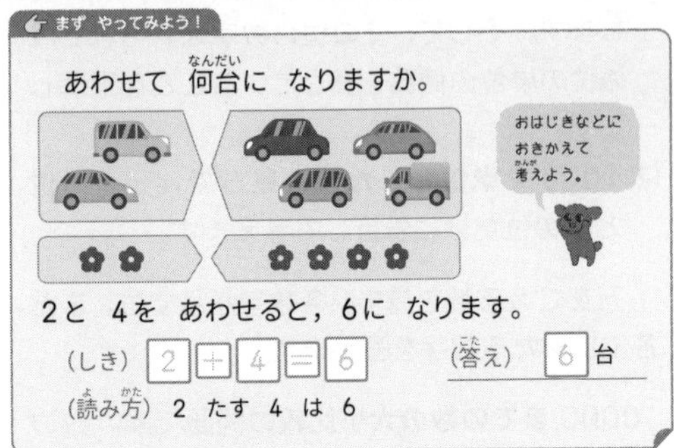

おはじきなどに
おきかえて
考えよう。

2と 4を あわせると，6に なります。

（しき） 2 ＋ 4 ＝ 6　（答え） 6 台

（読み方） 2 たす 4 は 6

1 ぜんぶで 何こに なりますか。

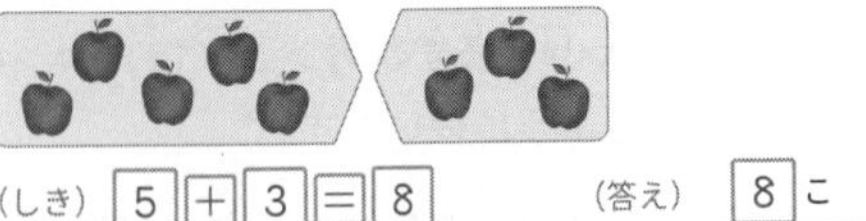

（しき） 5 ＋ 3 ＝ 8　（答え） 8 こ

2 みんなで 何人に なりますか。

（しき） 3＋4＝7　（答え） 7 人

アドバイス

▶ここでは，**合併**の場合について，**たし算の式**に表したり，**答え**を求めたりすることができるようにします。

▶問題の場面を，おはじきなどに置き換えて考えます。「2と4を合わせると6になる」ことを,「+」と「=」の記号を使って「2＋4＝6」と表すことや，その**読み方**を理解します。また，**「しき」**や**「答え」**の用語についても教えます。

1 りんごをおはじきなどに置き換えて，5個と3個を合わせる場面を実際につくって，**「合わせる」ことの意味**を理解できるようにします。

2 ここでは，1のように，空欄にあてはまる数字や記号を１つずつ書くのではなく，**式全体**を書けるようにします。

〉答えの表し方〉 答えは「6台」「8こ」「7人」のように，**単位**を付けて表すことに気をつけます。

本冊 50ページ

まず やってみよう！

みんなで 何びきに なりますか。

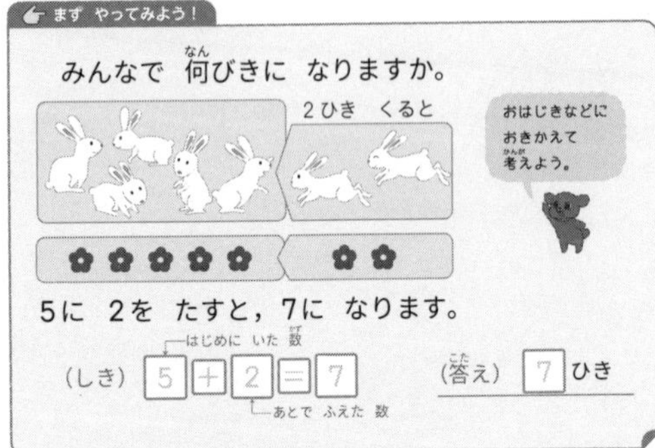

2ひき くると
おはじきなどに
おきかえて
考えよう。

5に 2を たすと，7に なります。

（しき） 5 ＋ 2 ＝ 7　（答え） 7 ひき

（はじめに いた 数）（あとで ふえた 数）

1 みんなで 何人に なりますか。

（しき） 3 ＋ 3 ＝ 6　（答え） 6 人

2 ぜんぶで 何こに なりますか。

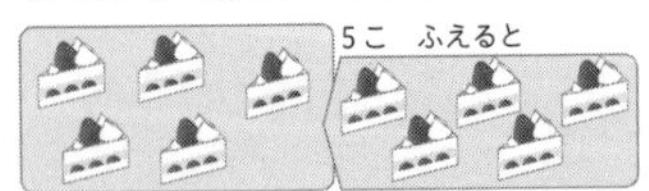

（しき） 5＋5＝10　（答え） 10 こ

アドバイス

▶ここでは，**増加**の場合について，**たし算の式**に表したり，**答え**を求めたりすることができるようにします。

▶問題の場面を，おはじきなどに置き換えて考えます。「5から2増えると7になる」ことを,「+」と「=」の記号を使って「5＋2＝7」と表すことを理解します。
また，増加の場合も，たし算に表してよいことを教えます。その際,「+」の記号の前には,初めからあったものの数，後ろには，増えたものの数を書くことを確認します。

1 子どもをおはじきなどに置き換えて，3人いたところに，さらに3人増える場面を実際につくって，**「増える」ことの意味**を理解できるようにします。

2 ここでは，1のように，空欄にあてはまる数字や記号を１つずつ書くのではなく，**式全体**を書けるようにします。

本冊 51ページ

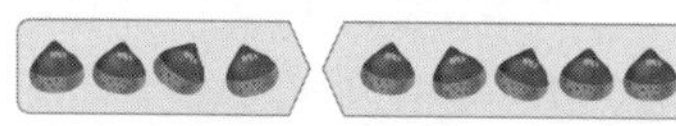

1 ぜんぶで 何こに なりますか。

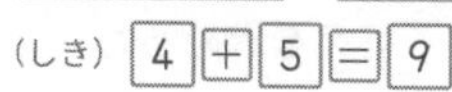

(しき) 4 + 5 = 9　(答え) 9 こ

2 みんなで 何羽に なりますか。

(しき) 6 + 2 = 8　(答え) 8 羽

3 ぜんぶで 何こに なりますか。

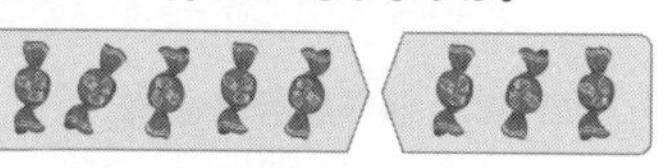

(しき) 5＋3＝8　(答え) 8 こ

4 ぜんぶで 何まいに なりますか。

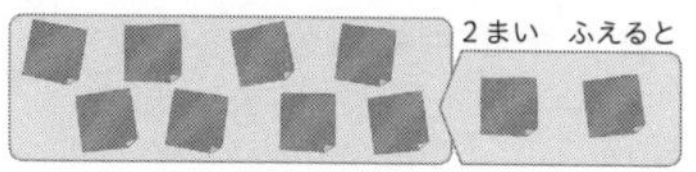

(しき) 8＋2＝10　(答え) 10 まい

アドバイス

1 **合併**の問題です。わかりにくければ，くりをおはじきなどに置き換えて，４個と５個を合わせる場面を実際につくって，**「合わせる」ことの意味**を理解できるようにします。

2 **増加**の問題です。わかりにくければ，すずめをおはじきなどに置き換えて，６羽いたところに，さらに２羽が増える場面を実際につくって，**「増える」ことの意味**を理解できるようにします。式に表すとき，「＋」の記号の前には，初めにいたすずめの数，後ろには，増えたすずめの数を書くようにします。

3 **合併**の問題です。ここでは，**たし算の式全体**を書けるようにします。

4 **増加**の問題です。ここでは，**たし算の式全体**を書けるようにします。その際，「＋」の記号の前には，初めからあった色紙の数，後ろには，増えた色紙の数を書くようにします。

本冊 53ページ

1 くり上がりの ない たし算 ① 〈1年〈〈

まず やってみよう！

4＋2 の 計算を しましょう。

❶ 4に 2 を たす。

❷ 答えは 6 です。

❸ しきに 書くと，

4 ＋ 2 ＝ 6 です。

おはじきを つかって，考えよう。

[1] 計算を しましょう。

2＋2＝4　3＋2＝5　1＋2＝3　2＋4＝6

1＋8＝9　2＋5＝7　8＋1＝9　5＋2＝7

3＋5＝8　5＋4＝9　6＋2＝8　7＋3＝10

5＋5＝10　1＋7＝8　7＋1＝8　8＋2＝10

7＋2＝9　2＋8＝10　1＋5＝6　6＋3＝9

[2] まん中の 数に まわりの 数を たしましょう。

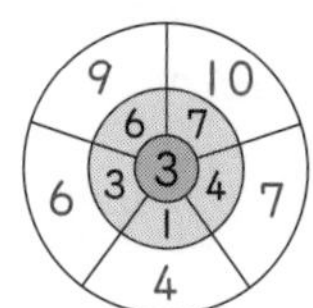

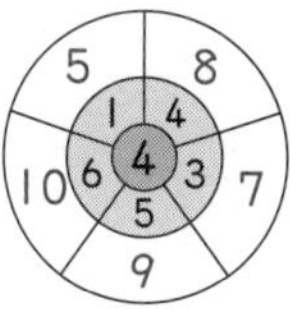

アドバイス

▶ここでは，合併や増加の場面に関係なく，**数のたし算**ができるようにします。

▶**繰り上がりのない１けたの数のたし算**の仕方は，実際におはじきなどを使って考えると，理解しやすくなります。

[1] **繰り上がりのない１けたの数のたし算**の習熟をはかる問題です。式を見て，すぐに答えが出せるようになるまで習熟することが大切です。式からすぐに答えが見つけられないときは，おはじきなどを使って考えます。

[2] 真ん中の数に周りの数をたす計算です。計算の式は，右上から時計回りに次のようになります。

【左側の計算】	【右側の計算】
3＋7＝10	4＋4＝8
3＋4＝7	4＋3＝7
3＋1＝4	4＋5＝9
3＋3＝6	4＋6＝10
3＋6＝9	4＋1＝5

本冊 ⇒ 54ページ

3 答えが 7に なる カードに ○，9に なる カードに △を つけましょう。

1+6（○）	3+6（△）	7+2（△）	3+4（○）	6+2
4+5（△）	5+2（○）	3+5	6+3（△）	6+1（○）

4 答えが 同じに なる カードを，線で むすびましょう。

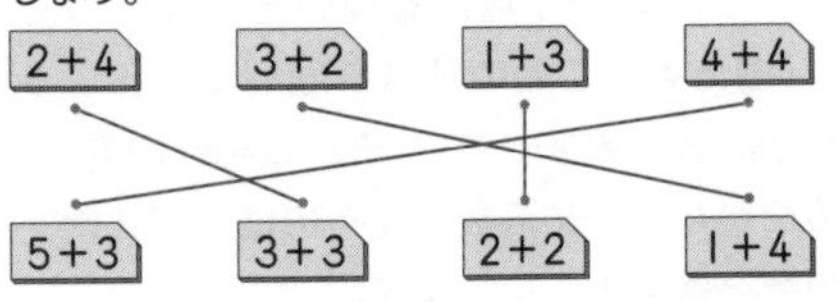

5 男の子 4人と 女の子 3人で，なわとびを して います。みんなで 何人 なわとびを して いますか。

（しき） 4＋3＝7

（答え） 7人

6 はとが 6羽 いました。そこに，2羽 とんで きました。ぜんぶで はとは 何羽に なりましたか。

（しき） 6＋2＝8

（答え） 8羽

アドバイス

3 それぞれの式を計算して答えを求めると，上のカードの答えは，左から７，９，９，７，８ 下のカードの答えは，左から９，７，８，９，７ になります。この中から，７に○，９に△の印をカードにつけます。

4 それぞれの式を計算して答えを求めると，上のカードの答えは，左から６，５，４，８ 下のカードの答えは，左から８，６，４，５ になります。この中で，同じ答えになるカードを線で結びます。

5 **合併**の問題です。わかりにくければ，**問題の場面を表す図**をかき，その図から**式**を立てます。この問題では，子どもを●に置き換えて計算します。

●●●●＋●●●＝●●●●●●●
　４　＋　３　＝　　７

6 **増加**の問題です。**5**と同様に考えます。この問題では，はとを●に置き換えて計算します。

●●●●●●＋●●＝●●●●●●●●
　６　＋　２　＝　　８

本冊 ⇒ 55ページ

2 くり上がりの ある たし算 〈1年〉

まず やってみよう！

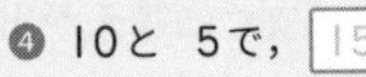

8＋7 の 計算を しましょう。

❶ 8は，あと [2] で，10
❷ 7を [2] と 5に 分ける。
❸ 8に [2] を たして，10
❹ 10と 5で，[15]

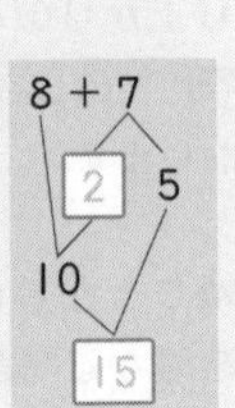

1 計算を しましょう。

5＋6＝11	9＋2＝11	9＋4＝13	8＋8＝16
6＋8＝14	3＋9＝12	6＋7＝13	4＋9＝13
5＋8＝13	2＋9＝11	9＋9＝18	8＋6＝14
9＋5＝14	7＋7＝14	3＋8＝11	6＋6＝12
5＋9＝14	4＋7＝11	9＋7＝16	5＋7＝12

2 まん中の 数に まわりの 数を たしましょう。

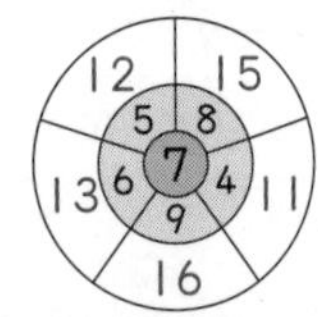

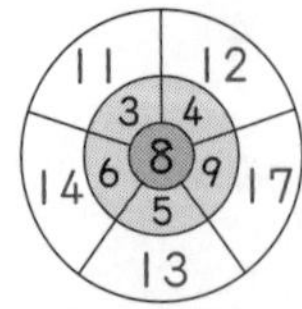

アドバイス

▶ここでは，**繰り上がりのある１けたのたし算**の仕方を理解し，数のたし算ができるようにします。この計算では，「**10のまとまりをつくる**」ことが基本となります。その際に，**たす数を分解する方法**をおもに学習します。

8＋7 → 8＋(2＋5) → (8＋2)＋5
→ 10＋5

1 **繰り上がりのある１けたの数のたし算**の習熟をはかる問題です。式を見て，すぐに答えが出せるようになるまで習熟することが大切です。式からすぐに答えが見つけられないときは，「**10のまとまりをつくる**」ことを考えます。

2 真ん中の数に周りの数をたす計算です。計算の式は，右上から時計回りに次のようになります。

【左側の計算】	【右側の計算】
7＋8＝15	8＋4＝12
7＋4＝11	8＋9＝17
7＋9＝16	8＋5＝13
7＋6＝13	8＋6＝14
7＋5＝12	8＋3＝11

本冊 56ページ

3 答え(こた)が 12に なる カードに ○，16に なる カードに △を つけましょう。

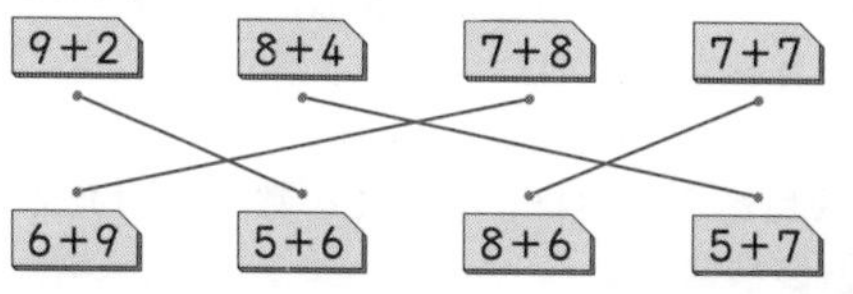

4 答えが 同(おな)じに なる カードを，線(せん)で むすびましょう。

9+2　8+4　7+8　7+7

6+9　5+6　8+6　5+7

5 だいきさんは どんぐりを 9こ，ゆいさんは 6こ ひろいました。2人(ふたり)で どんぐりを 何(なん)こ ひろいましたか。

（しき）
9＋6＝15

（答え） 15こ

6 なみさんは さつまいもを 8こ とりました。あとで，5こ もらうと，ぜんぶで 何こに なりますか。

（しき）
8＋5＝13

（答え） 13こ

アドバイス

3 それぞれの式を計算して答えを求めると，
上のカードの答えは，左から 12，15，12，13，12
下のカードの答えは，左から 17，12，12，16，16
になります。この中から，12 に○，16 に△の印をカードにつけます。

4 それぞれの式を計算して答えを求めると，
上のカードの答えは，左から 11，12，15，14
下のカードの答えは，左から 15，11，14，12
になります。この中で，同じ答えになるカードを線で結びます。

5 **合併**の問題です。わかりにくければ，**問題の場面を表す図**をかき，その図から**式**を立てます。この問題では，どんぐりを●に置き換えて計算します。

●●●●●●●●● ＋ ●●●●●● ＝ ●●●●●●●●●●●●●●●
9 ＋ 6 ＝ 15

6 **増加**の問題です。5と同様に考えます。

本冊 57ページ

3 0の たし算(ざん) 1年

まず やってみよう！

わなげを しました。入(はい)った わの 数(かず)は いくつですか。

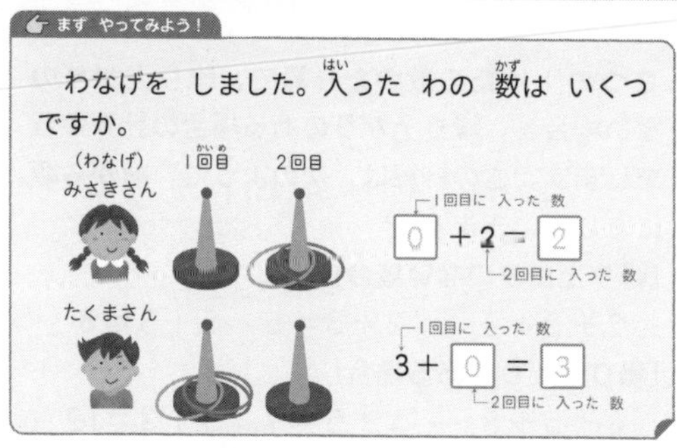

1 計算(けいさん)を しましょう。

1＋0＝1	8＋0＝8	2＋0＝2	0＋6＝6
5＋0＝5	0＋0＝0	0＋9＝9	7＋0＝7
0＋7＝7	6＋0＝6	0＋5＝5	9＋0＝9
0＋4＝4	0＋8＝8	10＋0＝10	0＋3＝3

2 けいたさんは わなげを 2回 しました。1回目は 4こ 入り，2回目は 1つも 入りませんでした。ぜんぶで 何(なん)こ 入りましたか。

（しき）
4＋0＝4

（答(こた)え） 4こ

アドバイス

▶ **0を含むたし算の式の意味**を理解し，その計算ができるようにします。

▶ 0を含むたし算も，これまでのたし算と同じように計算できるということを学びます。つまり，0**とは何もないことと同じ**であるから，
㋐ 0にたす場合は，答えはたす数
㋑ 0をたす場合は，答えはたされる数
㋒ 0に0をたす場合は，答えは0
になります。

1 **0と10までの数のたし算**の習熟をはかる問題です。式を見て，すぐに答えが出せるようになるまで習熟することが大切です。これらの計算で，「**0とある数とのたし算の答えは，ある数のままで変わらない**」ことをしっかりと理解します。

2 答えを求めるだけなら1回目に入った数だけでよいのですが，問題の場面を式に表すには，0という数を使う必要があることを理解します。

本冊 58ページ

4 くり上がりの　ない　たし算 ②　1年

まず やってみよう！

14＋3 の 計算を しましょう。

❶ 一のくらいは，4＋3＝ 7

❷ 十のくらいは，10が 1 つ

❸ 答えは， 17

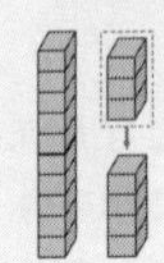

1 計算を しましょう。

12＋6＝18　15＋4＝19　13＋2＝15

36＋3＝39　41＋5＝46　26＋2＝28

4＋12＝16　5＋11＝16　9＋10＝19

3＋45＝48　2＋27＝29　6＋70＝76

2 男の子 11人と 女の子 7人で，なわとびを して います。みんなで 何人 いますか。

（しき）11＋7＝18

（答え）18人

3 どんぐりを，あきとさんは 8こ，はるかさんは 21こ ひろいました。2人で，どんぐりを 何こ ひろいましたか。

（しき）8＋21＝29

（答え）29こ

アドバイス

► ここでは，**繰り上がりのない２けたの数と１けたの数のたし算**の仕方を理解し，その計算ができるようにします。

► 繰り上がりのない２けたの数と１けたの数のたし算は，一の位の数だけに着目して，たし算をすればよいことを教えます。

14＋3 → 一の位のたし算は，4＋3＝7
→ 10と7で，17

1 １段目と２段目は，**２けたの数＋１けたの数**の計算練習です。

12＋6 → 一の位のたし算は，2＋6＝8
→ 10と8で，18

３段目と４段目は，**１けたの数＋２けたの数**の計算練習です。

4＋12 → 一の位のたし算は，4＋2＝6
→ 10と6で，16

2 3 「みんなで」や「２人で」だから，たし算の式になることに気づかせます。答えには，「人」や「こ」をつけるのを忘れないように注意します。

本冊 59ページ

5 3つの　数の　たし算　1年

まず やってみよう！

5＋4＋8 の 計算を しましょう。

❶ 5と 4を たして， 9

❷ 5と 4を たした 答えに 8を たして， 17

❸ 答えは， 17 に なります。

5＋4＋8 → 9 → 17

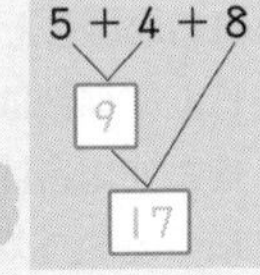

1 計算を しましょう。

2＋3＋3＝8　4＋2＋4＝10　3＋1＋5＝9

4＋5＋3＝12　5＋3＋7＝15　3＋6＋9＝18

2 計算を しましょう。

4＋6＋2＝12　7＋3＋9＝19　8＋2＋5＝15

7＋7＋4＝18　6＋6＋6＝18　4＋8＋3＝15

3 うんどう会で，赤い はたを 6本，白い はたを 7本，黄色い はたを 5本 じゅんびしました。ぜんぶで，何本の はたを じゅんびしましたか。

（しき）6＋7＋5＝18

（答え）18本

アドバイス

► **３つの数のたし算**の仕方を理解し，その計算ができるようにします。

1 **３つの１けたの数のたし算**で，繰り上がりのない場合と，繰り上がりのある場合の計算練習をします。この計算は，次のように，**前から順**にたしていきます。

〔繰り上がりのない場合〕
2＋3＋3 → 2＋3＝5　5＋3＝8

〔繰り上がりのある場合〕
4＋5＋3 → 4＋5＝9　9＋3＝12

2 ３つの１けたの数のたし算で，前の２つの数のたし算の計算結果が，**２けたの数になる場合のたし算**をします。

4＋6＋2 → 4＋6＝10　10＋2＝12
7＋7＋4 → 7＋7＝14　14＋4＝18

3 合併の問題です。**３つの数のたし算**を使った文章題では，問題の場面から，適切な式を立てることができるようにします。

本冊 60ページ

力をためすもんだい ❶

1 計算を しましょう。

6＋3＝9　2＋5＝7　4＋6＝10　2＋7＝9
8＋8＝16　3＋9＝12　9＋4＝13　0＋0＝0
7＋5＝12　9＋7＝16　8＋0＝8　6＋5＝11
13＋5＝18　0＋12＝12　16＋2＝18　4＋15＝19
25＋4＝29　8＋30＝38　41＋7＝48　4＋55＝59

2 はるかさんは どんぐりを 5こ もって いました。しょうさんから 3こ もらいました。はるかさんの もって いる どんぐりは ぜんぶで 何こに なりましたか。

(しき)　5＋3＝8

(答え)　8こ

3 たての 数と よこの 数を たしましょう。

＋	3	6	0	9	5	1	7	4	2	8
2	5	8	2	11	7	3	9	6	4	10
8	11	14	8	17	13	9	15	12	10	16
4	7	10	4	13	9	5	11	8	6	12
10	13	16	10	19	15	11	17	14	12	18

アドバイス

1 1～4段目は，**和が20までの数になるたし算**です。繰り上がりのない場合，0を含む場合，繰り上がりのある場合がありますが，その区別なくすぐに答えが出せるようになるまで習熟することが必要です。

5段目は，**和が20より大きい数になるたし算**です。繰り上がりはありません。

2 増加の問題です。わかりにくければ，**問題の場面を表す図**をかき，その図から**式**を立てます。この問題では，どんぐりを●に置き換えて計算します。

●●●●●＋●●●＝●●●●●●●●
5　＋　3　＝　8

3 マス目によるたし算の計算練習です。縦が**たされる数**，横が**たす数**になり，計算の式は，たされる数が2の場合は，左から順に次のようになります。

2＋3＝5，2＋6＝8，2＋0＝2，
2＋9＝11，2＋5＝7，2＋1＝3，
2＋7＝9，2＋4＝6，2＋2＝4，
2＋8＝10

本冊 61ページ

力をためすもんだい ❷

1 計算を しましょう。

4＋3＋1＝8　6＋3＋7＝16　2＋5＋8＝15
3＋7＋2＝12　5＋6＋3＝14　6＋9＋3＝18

2 答えが 同じに なる カードを，線で むすびましょう。

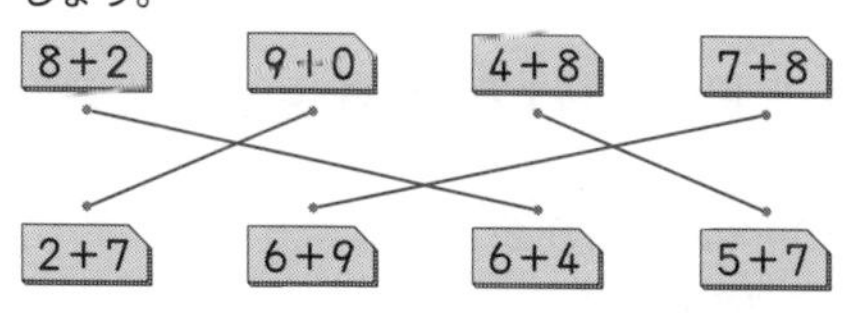

3 男の子が 9人，女の子が 5人 あそんで います。みんなで 何人 あそんで いますか。

(しき)　9＋5＝14

(答え)　14人

4 わなげで，あゆみさんは 1回目に 4こ，2回目に 5こ，3回目に 3こ 入れました。ぜんぶで 何こ 入れましたか。

(しき)　4＋5＋3＝12

(答え)　12こ

アドバイス

1 **3つの数のたし算**です。次のように，**前から順に計算**します。

4＋3＋1　の計算の考え方は，
4＋3＝7　→　7＋1＝8
これより，答えは 4＋3＋1＝8 になります。

2 まず，上のカードの式の答えを求め，次に，下のカードの式の答えを求めます。
上のカードの答えは，左から 10，9，12，15
下のカードの答えは，左から 9，15，10，12
になります。

3 合併の問題です。わかりにくければ，子どもをおはじきなどに置き換えて，9個と5個を合わせる場面を実際につくって，**「合わせる」ことの意味**を理解できるようにします。

4 **3つの数をたす計算**になります。3つの数のたし算の仕方は，2つの数のたし算と同様に，前から順に計算します。問題の意味がわかりにくければ，おはじきなどを使って，問題の場面を理解します。

本冊 62ページ

力をのばすもんだい

1 □に あてはまる 数を 書きましょう。

7＋[1]＝8　　5＋[2]＝7

6＋[0]＝6　　[8]＋2＝10

[9]＋6＝15　　[5]＋7＝12

2 答えが 大きい ほうに ○を つけましょう。

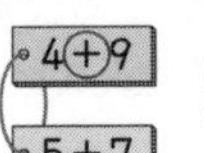

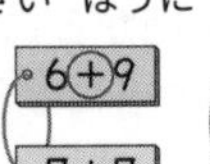

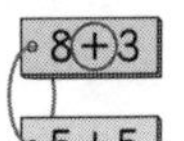

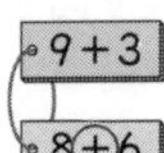

3 計算を しましょう。

2＋3＋3＋1＝9　　3＋5＋2＋4＝14

4＋3＋2＋2＝11　　6＋3＋2＋4＝15

6＋7＋4＋2＝19　　8＋0＋2＋7＝17

4 ボール入れで，1回目は 4こ，2回目は 8こ，3回目は 7こ 入りました。ボールは ぜんぶで 何こ入りましたか。

（しき）4＋8＋7＝19

（答え）19こ

アドバイス

1 式中の□**の中にあてはまる数を求める**問題です。7＋□＝8の計算は，「7に何をたすと8になるか」ということを示していますが，これは見方を変えると，「8は7といくつか」となるので，8を分解して考えます。

2 **計算結果の大小を比べる**問題です。まず，それぞれの答えを求めてから，数の大小を比べます。それぞれの答えは次のようになります。

(13, 12)　(15, 14)　(11, 10)　(12, 14)

3 4**つの数のたし算**です。この計算は1年では学習しませんが，計算の仕方は，これまでのたし算の計算と同様に，前から順にたしていきます。
2＋3＋3＋1 の計算の考え方は，
2＋3＝5 → 5＋3＝8 → 8＋1＝9
これより,答えは 2＋3＋3＋1＝9 になります。

4 式は3**つの数のたし算の式**になります。3つの数のたし算の仕方は，2つの数のたし算と同様に，前から順に計算します。

本冊 64ページ

1 何十の たし算 〈1～2年〉

まず やってみよう！

40＋30 の 計算を しましょう。

❶ 40は 10が [4] こ

❷ 30は 10が [3] こ

❸ 10が [4]＋[3]＝[7] で [7] こ あるから，答えは [70]

40＋30

10 10 10 10　10 10 10

10の まとまりが 何こ あるかな。

[1] 計算を しましょう。

20＋30＝50　50＋20＝70　40＋40＝80

60＋40＝100　30＋70＝100　20＋70＝90

[2] 計算を しましょう。

80＋50＝130　50＋60＝110　50＋90＝140

70＋40＝110　90＋60＝150　80＋80＝160

[3] 色紙を りなさんは 60まい，るいさんは 70まい もって います。2人 あわせて 何まい もって いますか。

（しき）60＋70＝130

（答え）130まい

アドバイス

▶ここでは，**何十＋何十 のたし算**の仕方を理解し，その計算ができるようにします。

▶**何十のたし算**は，「**10のまとまりが何個あるか**」という考え方をもとにして，**十の位の数だけに着目**して，たし算をすればよいことを教えます。
40+30 → 10が 4＋3＝7（個）
→ 10が7個 → 70

[1] **何十＋何十＝何十または百** になるたし算の練習です。
20+30 → 10が 2＋3＝5（個）
→ 10が5個 → 50

[2] **何十＋何十＝百何十** になるたし算の練習です。
80+50 → 10が 8＋5＝13（個）
→ 10が13個 → 130

[3] 合併の問題ですが，**何十＋何十** の式を立てて，答えが正しく出せるようにします。また，答えには「まい」をつけるのを忘れないように注意します。

本冊 65ページ

2 くり上がりの ない ひっ算 〈2年〈〈

まず やってみよう！

32＋46 の 計算を ひっ算で しましょう。

| 32
＋46
↓
32
＋46
8
↓
32
＋46
78 |

❶ くらいを たて に そろえて 書く。
❷ 一 のくらいを 計算する。
2 ＋ 6 ＝ 8 の 8 を，一 の くらいに 書く。
❸ つぎに，十 のくらいを 計算する。
3 ＋ 4 ＝ 7 の 7 を，十 のくらいに 書く。
❹ 答えは 78 に なる。

くらいごとに たし算を するんだよ。

1 ひっ算で しましょう。

43＋16

	4	3
＋	1	6
	5	9

62＋24

	6	2
＋	2	4
	8	6

31＋6

	3	1
＋		6
	3	7

2 計算を しましょう。

32＋57＝89　13＋25＝38　62＋5＝67　4＋71＝75　44＋32＝76

アドバイス

▶ここでは，2けたの数のたし算で，**繰り上がりのない場合の筆算**ができるようにします。

▶繰り上がりのない2けたの数のたし算の筆算は，次のように計算します。
①位を縦にそろえて，数字を書く。
②一の位のたし算をし，答えを一の位に書く。
③十の位のたし算をし，答えを十の位に書く。

1 マス目の中に，きちんと位をそろえて，それぞれの数字を書きます。そして，**一の位，十の位の順に計算**します。ときどき，十の位から計算する子どもがいますが，繰り上がりのある場合は計算間違いのもとになるので注意しましょう。

43＋16 → 43＋16＝□9（3＋6＝9） → 43＋16＝59（4＋1＝5）

一方の数が1けたの数の場合は，十の位をあけて，一の位に数字を書くようにします。

2 **筆算形式の2けたの数のたし算**です。一方の数に十の位がない場合の答えは，もう一方の十の位の数字を，そのまま下におろします。

本冊 66ページ

3 たし算は，たされる数と たす数を 入れかえて 計算しても，答えは 同じに なります。この ことを つかって，つぎの 計算の たしかめを して，答えが あって いれば ○，まちがって いれば ×を，（ ）に 書きましょう。

56＋32＝88（○）　（たしかめ）32＋56＝88

32＋35＝77（×）　（たしかめ）35＋32＝67

67＋12＝75（×）　（たしかめ）12＋67＝79

18＋31＝49（○）　（たしかめ）31＋18＝49

4 □に あてはまる 数を 書きましょう。

4[2]＋23＝[6]5　[7]3＋1[6]＝89　3[4]＋41＝[7]5

5 赤色の 色紙が 23まい，黄色の 色紙が 35まい あります。色紙は ぜんぶで 何まい ありますか。

（しき）23＋35＝58

（答え）58まい

アドバイス

3 たし算は，「たされる数とたす数を入れかえて計算しても，答えは同じになる」（**たし算の交換法則**という）という性質を利用して，**答えの確かめ**をします。

56＋32＝88 ←同じ答え→ 32＋56＝88

4 2けたの数の**虫食い算**です。たし算やひき算の計算の仕方が理解できていれば，解くことができるはずです。

4□＋23＝□5
【一の位の計算】□＋3＝5
□＝5－3＝2
【十の位の計算】□＝4＋2＝6

5 2けたの数のたし算を使った問題を解けるようにします。「ぜんぶで」より，**たし算の式**になることに気づくようにし，計算は**筆算**でします。また，答えには，「まい」をつけるのを忘れないように注意します。

第1章 第2章 第3章 第4章 第5章 第6章 第7章 第8章

本冊 67ページ

3 くり上がりの ある ひっ算 ① 〈2年〉

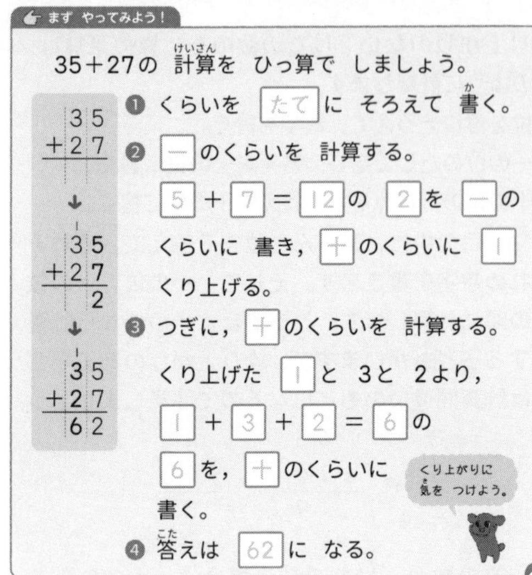

まず やってみよう！
35＋27の 計算を ひっ算で しましょう。
❶ くらいを たて に そろえて 書く。
❷ 一 のくらいを 計算する。
5 ＋ 7 ＝ 12 の 2 を 一 の くらいに 書き，十 のくらいに 1 くり上げる。
❸ つぎに，十 のくらいを 計算する。
くり上げた 1 と 3と 2より，
1 ＋ 3 ＋ 2 ＝ 6 の 6 を，十 のくらいに 書く。
❹ 答えは 62 に なる。
くり上がりに 気を つけよう。

1 ひっ算で しましょう。

14＋29

	1	4
＋	2	9
	4	3

58＋36

	5	8
＋	3	6
	9	4

48＋9

	4	8
＋		9
	5	7

アドバイス

▶ここでは，２けたの数のたし算で，**一の位に繰り上がりがある場合の筆算**ができるようにします。

▶一の位に繰り上がりがある場合の２けたの数の筆算は，次のように計算します。
①位を縦にそろえて，数字を書く。
②一の位のたし算をし，繰り上げた１を十の位の上に小さく書く。
③繰り上げた１と十の位のたし算をする。

1 マス目の中に，きちんと位をそろえて，それぞれの数字を書きます。そして，次のように，**一の位，十の位の順に計算**をします。

14＋29 → 14＋29（一の位 3，十の位の上に１） → 14＋29＝43

4＋9＝13 十の位に１繰り上げる　　1＋1＋2＝4

また，48＋９ のたし算のように，一方の数が１けたの数の場合は，十の位をあけて，一の位に数字を書くように注意します。

本冊 68ページ

2 計算を しましょう。

16＋47＝63　34＋49＝83　64＋26＝90　15＋36＝51　47＋29＝76

31＋9＝40　65＋7＝72　8＋28＝36　4＋76＝80　2＋89＝91

3 つぎの ひっ算は まちがって います。正しい 答えを，(　)の 中に 書きましょう。

47＋27＝64　（74）
36＋22＝68　（58）
25＋6＝211　（31）
4＋39＝79　（43）

4 （はってん） □に あてはまる 数を 書きましょう。

1[8]＋78＝[9]6
[2]6＋27＝5[3]
[4][6]＋35＝81

5 赤い おはじきが 27こ，青い おはじきが 16こ あります。おはじきは ぜんぶで 何こ ありますか。

（しき）27＋16＝43

（答え）43こ

アドバイス

2 **筆算形式のたし算**です。このとき，繰り上げた１は，十の位の上に小さく書くようにします。

3 筆算形式によるたし算の**計算間違いを見つける**問題です。それぞれの計算間違いは，左から
・繰り上がりがあるのに，十の位の数に１をたしていない。
・繰り上がりがないのに，十の位の数に１をたしている。
・繰り上げた１を，そのまま十の位の答えに書いている。
・一の位の４を，十の位の数にたしている。
になります。

4 ２けたの数の**虫食い算**です。繰り上がりがあるので，一の位から１繰り上げていることを忘れないようにします。□にあてはまる数を書いた後は，必ず計算をして正しいことを**確かめ**ます。

1□＋78＝□6
【一の位の計算】□＋8＝16
□＝16－8＝8
【十の位の計算】□＝1＋1＋7＝9

5 合併の問題です。答えは**筆算**で求めます。

本冊 69ページ

4 くり上がりの　ある　ひっ算 ②　2年

まず　やってみよう！

73＋52 の 計算を ひっ算で しましょう。

```
  73
+52
   5
 ↓
  73
+52
 125
```

❶ 一のくらいを 計算する。
3 ＋ 2 ＝ 5 の 5 を 一 の くらいに 書く。
❷ つぎに，十 のくらいを 計算する。
7 ＋ 5 ＝ 12 の 2 を 十のくらいに 書き，百 のくらいに 1 くり上げる。
❸ 百 のくらいに 1 を 書く。
❹ 答えは 125 に なる。

答えが 3けたに なるよ。

1 計算を しましょう。

```
  63     35     87     70     48
+51    +93    +30    +30    +81
 114    128    117    100    129
```

2 ひっ算で しましょう。

56＋52　43＋80　90＋13　72＋43

```
  56     43     90     72
+52    +80    +13    +43
 108    123    103    115
```

アドバイス

▶ここでは，**十の位だけに繰り上がりがある2けたの数のたし算の筆算**の仕方を理解します。このとき，**答えは3けたの数になる**ことを教えます。百の位に繰り上げた1は，答えの**百の位**のところへ書きます。

▶十の位だけに繰り上がりがある場合の**筆算**は，次のように計算します。
①位を縦にそろえて，数字を書く。
②一の位のたし算をする。
③十の位のたし算をし，繰り上げた1は，答えの百の位のところに書く。

1 筆算形式の計算練習をします。次のように，**一の位，十の位の順に計算**します。

```
  63       63       63
+51  →  +51  →  +51
            4      114
        3+1=4   6+5=11
```

2 式で書かれた問題を筆算の形に書くときは，**位を縦にそろえて書く**ようにします。

本冊 70ページ

まず　やってみよう！

68＋57 の 計算を ひっ算で しましょう。

```
  1
  68
+57
   5
 ↓
  1
  68
+57
 125
```

❶ 一 のくらいを 計算する。
8 ＋ 7 ＝ 15 の 5 を 一 の くらいに 書き，十 のくらいに 1 くり上げる。
❷ つぎに，十 のくらいを 計算する。
くり上げた 1 と 6と 5より，
1 ＋ 6 ＋ 5 ＝ 12 の 2 を 十 のくらいに 書き，くり上げた 1を 百 のくらいに 書く。
❸ 答えは 125 に なる。

くり上がりが 2回 あるね。

1 計算を しましょう。

```
  75     38     69     24     93
+87    +93    +51    +77    + 8
 162    131    120    101    101
```

2 ひっ算で しましょう。

87＋96　43＋89　65＋75　5＋96

```
  87     43     65      5
+96    +89    +75    +96
 183    132    140    101
```

アドバイス

▶ここでは，**繰り上がりが2回**ある，2けたの数のたし算の筆算の仕方を理解します。このとき，**答えは3けたの数になる**ことを教えます。そして，百の位に繰り上げた1は，答えの**百の位**のところへ書きます。

▶一の位と十の位に繰り上がりがある場合の**筆算**は，次のように計算します。
①位を縦にそろえて，数字を書く。
②一の位のたし算をする。
③繰り上げた1と十の位のたし算をし，このとき繰り上げた1は，答えの百の位のところに書く。

1 筆算形式の計算練習をします。次のように，**一の位，十の位の順に計算**します。

```
            1        1
  75       75       75
+87  →  +87  →  +87
            2      162
        5+7=12  1+7+8=16
```

2 式で書かれた問題を，筆算の形に書くときは，**位を縦にそろえて書く**ようにします。そして，1と同じように計算します。

第1章　第2章　第3章　第4章　第5章　第6章　第7章　第8章

本冊 71ページ

3 計算を しましょう。

32	43	76	47	86
16	35	42	18	16
＋22	＋30	＋28	＋35	＋64
70	108	146	100	166

4 □に あてはまる 数を 書きましょう。

4[1]	36	3[7]
＋87	＋[8][9]	＋[6]7
1[2]8	125	104

5 ひとみさんは，いちごを 46こ とりました。お姉さんから 60こ もらいました。ひとみさんの もって いる いちごは，ぜんぶで 何こに なりましたか。

（しき） 46＋60＝106

（答え） 106こ

6 さやかさんは，お店で，85円の けしゴムと 49円の えんぴつを 買います。ぜんぶで 何円 はらえば よいですか。

（しき） 85＋49＝134

（答え） 134円

アドバイス

3 ３つの数のたし算を**筆算**で計算します。３つの数の筆算の考え方は，２つの数の筆算と同じように，**一の位，十の位の順に計算**します。

３問目は，次のように計算します。

76		76		76
42		42		42
＋28	→	＋28	→	＋28
		6		146

6＋2＋8＝16 十の位に１繰り上げる　1＋7＋4＋2＝14

4 ２けたの数の**虫食い算**です。繰り上がりが２回あるものもあります。繰り上げた１を忘れないようにします。２問目は，次のように計算します。

36	【一の位の計算】	6＋□＝15
＋□□		□＝15－6＝9
125	【十の位の計算】	1＋3＋□＝12
		□＝12－4＝8

5 増加の問題です。答えは**筆算**で求めます。

6 合併の問題です。答えは**筆算**で求めます。

本冊 72ページ

5 （ ）を つかった たし算 〈2年〉

まず やってみよう！

26＋17＋13 の 計算の しかたを くふうしましょう。

❶ 前から じゅんに たすと，

26＋17＋13＝[43]＋13＝[56]

❷ （ ）を つかって，まとめて たすと，

26＋(17＋13)＝26＋[30]＝[56]

（ ）の 中は 先に 計算する

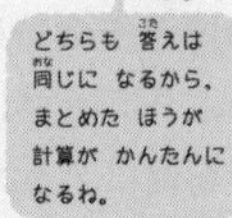

どちらも 答えは 同じに なるから、まとめた ほうが 計算が かんたんに なるね。

1 くふうして 計算しましょう。

49＋37＋3
49＋(37＋3)＝89

63＋26＋4
63＋(26＋4)＝93

21＋43＋17
21＋(43＋17)＝81

29＋35＋15
29＋(35＋15)＝79

2 つぎの もんだいを，（ ）の ある しきに 書いて 答えましょう。

あゆみさんは，色紙を 28まい もって いました。お姉さんから 14まい，お兄さんから 16まい もらいました。あゆみさんの もって いる 色紙は，ぜんぶで 何まいに なりましたか。

（しき） 28＋(14＋16)＝58

（答え） 58まい

アドバイス

▶**「たし算では，たす順序を変えても，答えは同じになる」**ことを理解します。このことを利用すると，３つ以上の数のたし算のときに，前から順に計算するよりも，**（ ）を使ってまとめて計算するほうが，**計算が簡単になる場合があります。

1 **３つの数のたし算**ですが，計算を簡単にするために，**一の位の数をたすと 10 になる**ような２つの数を（ ）でまとめ，先に計算するようにします。

49＋37＋3 の計算は，49 と 37 と 3 の一の位を調べると，**7 と 3 で 10 になる**から，37 と 3 を**（ ）を使って先に計算する**と，計算が簡単になります。

49＋(37＋3)＝49＋40＝89

となります。

2 ３つの数を使った増加の問題です。問題の場面に沿って式に表しますが，ここでは，姉と兄からもらった色紙の数を**（ ）でくくる**と，計算が簡単になります。

本冊 ➡ 73ページ

力をためすもんだい ①

1 計算を　しましょう。

40＋50＝90　60＋20＝80　30＋30＝60

70＋30＝100　90＋80＝170　50＋70＝120

2 くふうして　計算しましょう。

28＋19＋21　　24＋32＋18

28＋(19＋21)＝68　　24＋(32＋18)＝74

27＋25＋45　　43＋18＋32

27＋(25＋45)＝97　　43＋(18＋32)＝93

3 計算を　しましょう。

43	18	35	52	5
＋15	＋71	＋52	＋ 3	＋34
58	89	87	55	39
12	43	54	31	3
＋29	＋27	＋38	＋ 9	＋83
41	70	92	40	86
19	34	46	47	5
＋28	＋59	＋49	＋ 6	＋28
47	93	95	53	33

4 校ていで，女の子が　24人，男の子が　32人　あそんで　います。みんなで　何人　あそんで　いますか。

(しき)　24＋32＝56

(答え)　56人

アドバイス

1 **何十＋何十** の計算練習です。「**10のまとまりが何個あるか**」という考え方をもとに，**十の位の数だけに着目**します。

40＋50 → 10が　4＋5＝9（個）→ 90

2 「**たし算では，たす順序を変えても答えは同じになる**」ことを利用して，**(　)を使って工夫して計算**します。
一の位の数をたすと10になるような2つの数を(　)でまとめ，先に計算します。
28＋19＋21＝28＋(19＋21)＝28＋40＝68

3 **筆算形式の2けたの数のたし算**です。一の位，十の位の順に計算しますが，繰り上がりがある場合は，**繰り上げた1を十の位の上に小さく書いて**おきます。

4 合併の問題です。**たし算の式**を正確に書くようにします。

本冊 ➡ 74ページ

力をためすもんだい ②

1 計算を　しましょう。

85	61	94	28	37
＋73	＋44	＋53	＋80	＋92
158	105	147	108	129
35	40	37	92	45
＋71	＋68	＋82	＋13	＋74
106	108	119	105	119
95	37	82	53	74
＋76	＋68	＋59	＋68	＋57
171	105	141	121	131
16	79	48	29	57
＋96	＋51	＋85	＋92	＋88
112	130	133	121	145

2 貝ひろいに　行きました。ひろとさんは　27こ，ゆうかさんは　46こ　ひろいました。2人　あわせて，何こ　ひろいましたか。

(しき)　27＋46＝73

(答え)　73こ

3 うんどう会で，赤い　はたを　58本，白い　はたを　62本　つかいました。ぜんぶで　何本の　はたを　つかいましたか。

(しき)　58＋62＝120

(答え)　120本

アドバイス

1 **筆算形式の2けたの数のたし算**です。次のように，繰り上がりに注意しながら，**一の位から順に計算**します。

〔十の位だけに繰り上がりがある場合〕…1，2段目

85		85		85
＋73	→	＋73	→	＋73
		8		158
		5＋3＝8		8＋7＝15

〔繰り上がりが2回ある場合〕…3，4段目

		1		1
95		95		95
＋76	→	＋76	→	＋76
		1		171
		5＋6＝11 十の位に1繰り上げる		1＋9＋7＝17

2 合併の問題です。答えは**筆算**で求めます。また，答えには，「こ」をつけるのを忘れないように注意します。

3 合併の問題です。答えは**筆算**で求めます。また，答えには，「本」をつけるのを忘れないように注意します。

本冊 75ページ

力をのばすもんだい

1 計算を しましょう。

55+45	35+69	82+18	98+7	95+9
100	104	100	105	104

82+19	74+26	36+64	4+97	8+93
101	100	100	101	101

2 計算を しましょう。

23+15+41	18+27+53	42+6+54	67+58+85	35+88+79
79	98	102	210	202

3 □に あてはまる 数を 書きましょう。

7[6] + [6]9 = 145　　[2]6 + 7[5] = [1]01　　95 + [2]4 = [1]1[9]

4 あすかさんは，あきかんを 6月は 48こ，7月は 75こ，8月は 86こ あつめました。あわせて 何こ あつめましたか。

（しき） 48＋75＋86＝209　　（答え） 209こ

アドバイス

1 **筆算形式の2けたの数のたし算**です。**繰り上がりが2回**ある場合のたし算ですが，一の位の繰り上がりを忘れると1回のみの計算になってしまいます。計算間違いのないよう，**繰り上げた1を十の位の上に小さく書く**ようにします。

2 **3つの数のたし算の筆算**をします。2つの数の筆算と同じようにします。

18＋27＋53 → 8（8＋7＋3＝18　十の位に1繰り上げる） → 98（1＋1＋2＋5＝9）

3 2けたの数の**虫食い算**です。繰り上がりがあるので，繰り上げた1を忘れないようにします。

7□＋□9＝145
【一の位の計算】□＋9＝15　□＝15－9＝6
【十の位の計算】1＋7＋□＝14　□＝14－8＝6

4 合併の問題です。答えは**筆算**で求めます。

本冊 77ページ

1 何百の たし算 〈2年・チャレンジ〉

まず やってみよう！

500＋200 の 計算を しましょう。

❶ 500は 100が [5] こ

❷ 200は 100が [2] こ

❸ 100が [5]＋[2]＝[7] で [7] こ あるから，答えは [700]

500＋200

100の まとまりが何こ あるかを考えよう。

1 計算を しましょう。

400＋300＝700　　700＋200＝900

200＋600＝800　　300＋300＝600

2 計算を しましょう。

600＋400＝1000　　500＋900＝1400

800＋400＝1200　　300＋800＝1100

3 色紙を つかって，あおいさんは つるを 200羽，妹は 100羽 つくりました。2人 あわせて 何羽 つくりましたか。

（しき） 200＋100＝300　　（答え） 300羽

アドバイス

► ここでは，**何百＋何百 のたし算**の仕方を理解し，その計算ができるようにします。

► 何百のたし算は，**「100のまとまりが何個あるか」**という考え方をもとにして，**百の位の数だけに着目**して，たし算をすればよいことを教えます。
500+200 → 100が 5＋2＝7（個）
→ 100が7個 → 700

1 **何百＋何百＝何百** になるたし算の練習です。
400+300 → 100が 4＋3＝7（個）
→ 100が7個 → 700

2 **何百＋何百＝千または千何百** になるたし算の練習です。
600+400 → 100が 6＋4＝10（個）
→ 100が10個 → 1000

3 合併の問題です。**何百のたし算の式**を正確に書くようにします。

本冊 78ページ

2 たし算の ひっ算 ① 2年

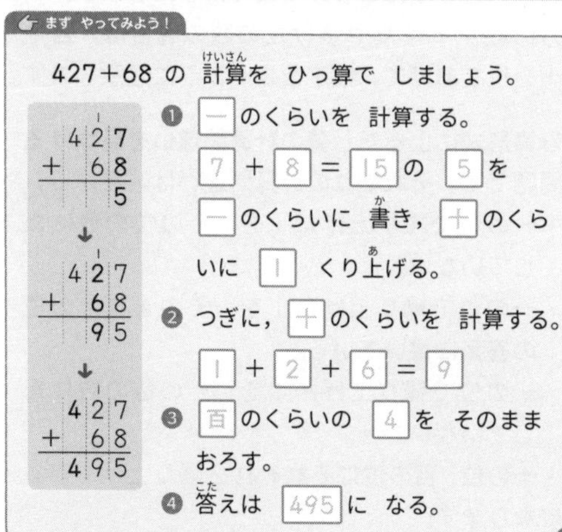

1 計算を しましょう。

526 + 57	409 + 83	758 + 19	427 + 33
583	492	777	460
372 + 19	815 + 27	539 + 36	657 + 7
391	842	575	664

アドバイス

▶ここでは，**3けたの数と2けたの数のたし算の筆算で，百の位に繰り上がりのない場合**の計算ができるようにします。

▶このたし算の筆算の仕方は，2けたの数のたし算の筆算と同じようにします。

1 筆算形式の計算練習をします。次のように，**一の位，十の位の順に計算**します。繰り上がるときは，繰り上げた1を，十の位の上に小さく書くようにします。

526+57 → 3（6+7=13 十の位に1繰り上げる）→ 83（1+2+5=8）→ 583（5を下におろす）

本冊 79ページ

3 たし算の ひっ算 ② チャレンジ

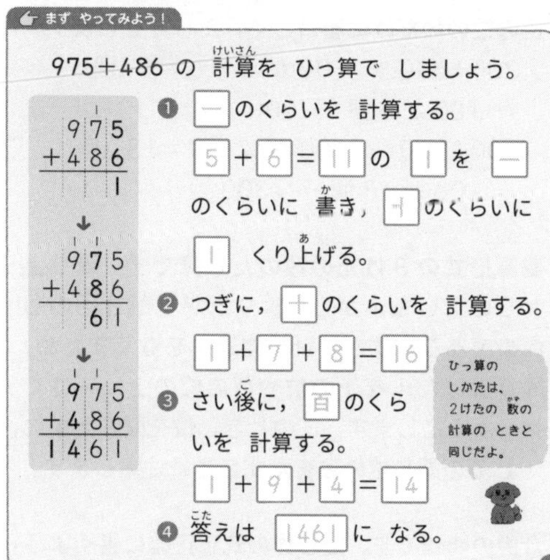

ひっ算の しかたは、2けたの 数の 計算の ときと 同じだよ。

1 計算を しましょう。

304 + 212	223 + 559	438 + 371	528 + 652
516	782	809	1180
497 + 874	755 + 697	896 + 508	792 + 208
1371	1452	1404	1000

アドバイス

▶ここでは，**3けたの数のたし算の筆算**ができるようにします。この計算は，**3年で学習する内容**ですが，2けたの数のたし算の筆算の仕方と同じように計算すればよいことを教えます。

▶3けたの数のたし算の**筆算の手順**は，次のようになっていることをしっかりと理解させます。

①位を縦にそろえて，数字を書く。
②一の位のたし算をする。（繰り上がりに注意）
③十の位のたし算をする。（繰り上がりに注意）
④百の位のたし算をする。（繰り上がりに注意）

1 **筆算形式の3けたの数のたし算**をします。このとき，繰り上がりがある場合は，繰り上げた1を，十の位や百の位の上にそれぞれ小さく書くようにします。下段は，繰り上がりが3回ある場合です。

497+874 → 1（7+4=11 十の位に1繰り上げる）→ 71（1+9+7=17 百の位に1繰り上げる）→ 1371（1+4+8=13）

本冊 80ページ

2 ひっ算で しましょう。

765＋83　98＋609　99＋905　996＋7

765	98	99	996
＋ 83	＋609	＋905	＋ 7
848	707	1004	1003

3 つぎの ひっ算は まちがって います。正しい 答えを，( )の 中に 書きましょう。

538	348	508	8
＋262	＋753	＋497	＋994
790	10911	995	1112
(800)	(1101)	(1005)	(1002)

4 □に あてはまる 数を 書きましょう。

2 [5] 8	8 8 [7]	[6] 0 5
＋ 6 7 [3]	＋ [6] 9 2	＋ 3 [9] 8
[9] 3 1	[1] 5 [7] 9	1 0 0 [3]

5 さきさんの 町には，2つの 小学校が あります。東小学校には 659人，西小学校には 582人 います。2校 あわせて 何人 いますか。

(しき)　659＋582＝1241

(答え) 1241人

アドバイス

2 たし算の式を**筆算の形**にして計算します。このとき，**位を縦にそろえて書く**ようにします。一方の数が1けたや2けたの数の場合は，百や十の位をあけて，数字を書くように注意します。

3 筆算形式によるたし算の**計算間違いを見つける**問題です。それぞれの計算間違いは，左から，
- 一の位で繰り上げた1を，十の位の数にたしていない。
- 一の位で繰り上げた1を，そのまま十の位の答えに書いている。
- 一の位で繰り上げた1を，十の位の数にたしていない。
- 十の位，百の位にそれぞれ2繰り上げている。

になります。

4 3けたの数の**虫食い算**です。繰り上がりがあるので，繰り上げた1を忘れないようにします。そして，□にあてはまる数を書いた後は，必ず計算をして正しいことを**確かめ**ます。

5 合併の問題です。答えは**筆算**で求めます。

本冊 81ページ

力をためすもんだい

1 計算を しましょう。

300＋600＝900　500＋500＝1000

400＋900＝1300　800＋700＝1500

2 計算を しましょう。

302	625	518	729
＋ 29	＋ 47	＋ 43	＋ 56
331	672	561	785
224	758	295	493
＋351	＋961	＋307	＋578
575	1719	602	1071
403	458	847	507
＋156	＋638	＋567	＋496
559	1096	1414	1003
806	47	983	5
＋ 95	＋953	＋ 18	＋998
901	1000	1001	1003

3 りょうさんは，お店で，785円の 本と 576円の ふでばこを 買いました。2つ あわせた だい金は 何円ですか。

(しき)　785＋576＝1361

(答え) 1361円

アドバイス

1 **何百＋何百**の計算練習です。「100**のまとまりが何個あるか**」という考え方をもとにして，**百の位の数だけに着目**して，たし算をします。

300+600 → 100が 3＋6＝9 (個)
→ 100が9個 → 900
400+900 → 100が 4＋9＝13 (個)
→ 100が13個 → 1300

2 **筆算形式の3けたの数のたし算**です。繰り上がりのないものから，繰り上がりが3回のものまでありますが，計算間違いをなくすため，繰り上げた1を十の位や百の位の上に小さく書くようにします。このとき，位を間違えずに，1とその同じ位の数をたすことに注意します。

3 合併の問題です。**たし算の式**を正確に書くようにして，答えは**筆算**で求めます。

本冊 82ページ

とっくんもんだい ①

1 計算を しましょう。

6＋2＝8　　4＋8＝12　　5＋0＝5
0＋2＝2　　9＋1＝10　　0＋0＝0
10＋8＝18　　14＋3＝17　　15＋2＝17
40＋7＝47　　70＋2＝72　　50＋6＝56
64＋5＝69　　53＋6＝59　　44＋3＝47

2 計算を しましょう。

50＋30＝80　　40＋60＝100　　80＋30＝110

3 計算を しましょう。

400＋300＝700　　200＋700＝900
300＋700＝1000　　600＋800＝1400

4 計算を しましょう。

2＋5＋1＝8　　5＋4＋6＝15
8＋2＋3＝13　　6＋5＋8＝19

5 くふうして 計算しましょう。

23＋14＋16
23＋(14＋16)＝53

26＋25＋15
26＋(25＋15)＝66

45＋38＋22
45＋(38＋22)＝105

33＋19＋21
33＋(19＋21)＝73

アドバイス

▶たし算の仕上げとして，**筆算形式ではないたし算の計算問題**を取り上げています。

1 1～3段目は，**和が20までの数になるたし算**です。繰り上がりのない場合，0を含む場合，繰り上がりのある場合があります。
4～5段目は，**和が20より大きい数になるたし算**です。繰り上がりはありません。

2 **何十＋何十 のたし算**です。「**10のまとまりが何個あるか**」と考えて，**十の位の数だけの計算**をします。

3 **何百＋何百 のたし算**です。「**100のまとまりが何個あるか**」という考え方をもとにして，**百の位の数だけに着目**して，たし算をします。

4 **3つの数のたし算**です。前から順に計算します。

5 3つの数のたし算は，計算を簡単にするために，**「一の位の数をたすと10になる」ような2つの数を（　）でまとめ，先に計算する**ようにします。

本冊 83ページ

とっくんもんだい ②

1 計算を しましょう。

63	43	75	81	29
＋21	＋38	＋43	＋65	＋91
84	81	118	146	120

86	78	98	93	6
＋79	＋49	＋27	＋ 7	＋95
165	127	125	100	101

2 計算を しましょう。

14	12	45	36	87
23	28	18	27	68
＋32	＋45	＋57	＋49	＋49
69	85	120	112	204

3 計算を しましょう。

542	265	156	4
＋ 25	＋ 29	＋ 9	＋388
567	294	165	392

546	438	361	805
＋213	＋925	＋872	＋195
759	1363	1233	1000

4 □に あてはまる 数を 書きましょう。

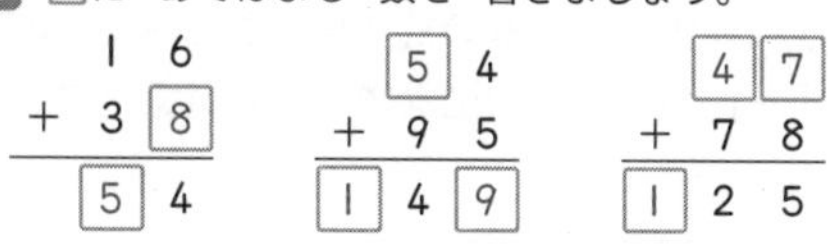

アドバイス

▶たし算の仕上げとして，**筆算形式による2けたの数のたし算**と，**3けたの数のたし算**を取り上げています。

1 **筆算形式による2けたの数のたし算**です。繰り上がりなし，繰り上がり1回，繰り上がり2回の計算を取り上げています。

2 **3つの数のたし算の筆算**をします。2つの数と同じように，繰り上がりに注意して，一の位から順に計算します。

3 **筆算形式による3けたの数のたし算**です。繰り上がりがないものから，繰り上がりが3回のものまでありますが，計算間違いをなくすため，繰り上げた1を，十の位や百の位の上に小さく書いておきます。

4 2けたの数の**虫食い算**です。計算をして，□にあてはまる数を書いた後は，必ず計算をして正しいことを**確かめ**ます。

第3章 ひき算

本冊 85ページ

1 ひき算の しき 〈1年〉

まず やってみよう！

5羽 いました。のこりは 何羽に なりますか。

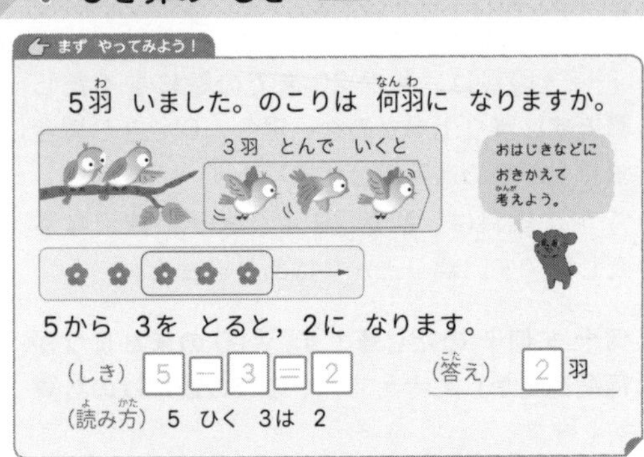

3羽 とんで いくと
おはじきなどに
おきかえて
考えよう。

5から 3を とると，2に なります。

（しき） 5 － 3 ＝ 2　（答え） 2 羽

（読み方） 5 ひく 3は 2

1 7こ ありました。のこりは 何こに なりますか。

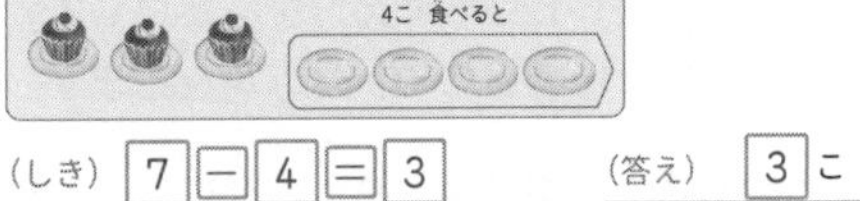

（しき） 7 － 4 ＝ 3　（答え） 3 こ

2 8人 いました。のこりは 何人に なりますか。

（しき） 8－2＝6　（答え） 6 人

アドバイス

►ここでは，**求残の場合について，ひき算の式**に表したり，**答えを求めたり**することができるようにします。

►問題の場面を，おはじきなどに置き換えて考えます。「5から3を取ると，2になる」ことを，「－」と「＝」の記号を使って「5－3＝2」と表すことやその**読み方**を理解します。

1 りんごをおはじきなどに置き換えて，7個から4個を取る場面を実際につくって，**減少の意味**を理解できるようにします。

2 ここでは，1のように，空欄にあてはまる数字や記号を1つずつ書くのではなく，**式全体**を書けるようにします。

〉答えの表し方〉 答えは「2羽」「3こ」「6人」のように，**単位を付けて表すことに気をつけます。**

本冊 86ページ

まず やってみよう！

カップケーキは おさらより 何こ 多いですか。

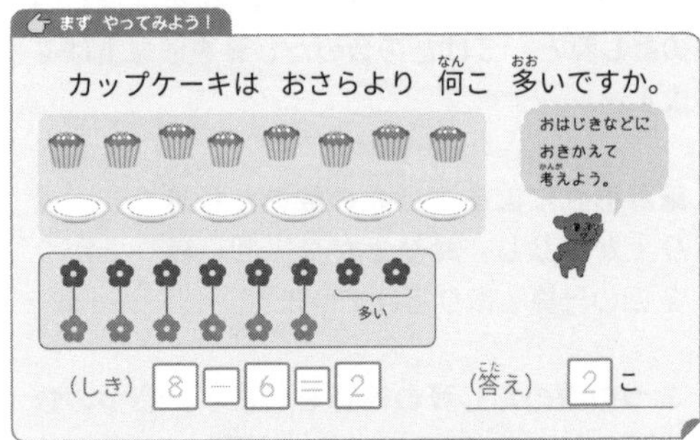

おはじきなどに
おきかえて
考えよう。
多い

（しき） 8 － 6 ＝ 2　（答え） 2 こ

1 りんごと みかんでは，どちらが 何こ 多いですか。

（しき） 9 － 7 ＝ 2

（答え） りんご が 2 こ 多い。

2 ちがいは 何本ですか。

（しき） 8－5＝3　（答え） 3 本

アドバイス

►ここでは，**求差の場合について，ひき算の式**に表したり，**答えを求めたり**することができるようにします。

►問題の場面を，おはじきなどを使って動かし，それぞれのおはじきを**1対1対応させて，余った数**を確認することが大切です。

1 問題を見てもわかりにくい場合は，みかんと同じ数だけりんごに印をつけて**1対1対応**させ，**余った数**を確認します。また，この問題では「どちらが何こ多い」ということを同時に考えなくてはならないので，最初に「どちらが多いか」という補助的な質問をして，子どもが考えやすいようにすることも必要です。

2 1のように，空欄に1つずつ数字や記号を書くのではなく，**式全体**を書けるようにします。その際に，式を「5－8＝3」と書く間違いが見られます。**ひき算の式では，数の大きいほうが「－」の記号の前になる**ことに注意します。

本冊 87ページ

力をためすもんだい

1 7こ ありました。のこりは 何(なん)こに なりますか。

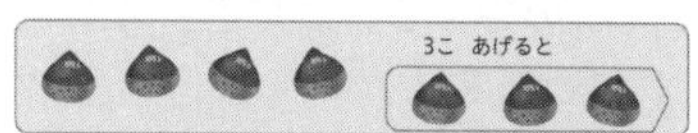

（しき） 7 − 3 ＝ 4　　（答(こた)え） 4 こ

2 赤(あか)い はたは 白(しろ)い はたより 何本(なんぼん) 多(おお)いですか。

（しき） 9 − 6 ＝ 3　　（答え） 3 本

3 ちがいは 何こですか。

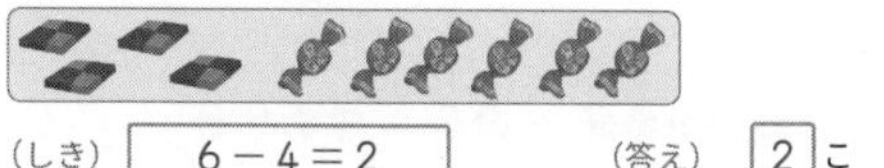

（しき） 6－4＝2　　（答え） 2 こ

4 ねこと ねずみでは どちらが 何(なん)びき 多いですか。

（しき） 8－7＝1

（答え） ねずみ が 1 ぴき 多い。

アドバイス

1 **求残**の問題です。わからなければ，おはじきなどを実際に動かして考えます。

2 **求差**の問題です。それぞれの旗を，下の図のように**1対1対応**させて，余った赤い旗の本数を確認します。

赤い旗 ●●●●●●●●●
白い旗 ○○○○○○　（多い分）

3 **求差**の問題ですが，ひき算の式に表すときは，「4－6＝2」のように，先に示された数を機械的に最初に書かないようにします。**必ず数の大きいほうが「－」の記号の前になる**ことに注意します。

4 数の違いだけでなく，**「どちらが多いのか」**も尋ねられている「求差」の問題です。まず，「どちらが多いのか」ということを考え，次に，ねことねずみを**1対1対応**させて，残ったほうとその数を答えます。

本冊 89ページ

1 くり下がりの ない ひき算(ざん) ① 〈1年〉

まず やってみよう！

6－2 の 計算(けいさん)を しましょう。

❶ 6から 2 を ひく。
❷ 答(こた)えは 4 です。
❸ しきに 書(か)くと，
6 － 2 ＝ 4 です。

おはじきを つかって、考(かんが)えよう。

1 計算を しましょう。

4－2＝2	5－1＝4	3－2＝1	4－1＝3
7－3＝4	6－4＝2	9－1＝8	4－3＝1
8－2＝6	6－5＝1	8－6＝2	5－2＝3
9－3＝6	8－4＝4	3－1＝2	6－3＝3
8－7＝1	5－3＝2	8－5＝3	9－4＝5

2 まん中(なか)の 数(かず)から まわりの 数を ひきましょう。

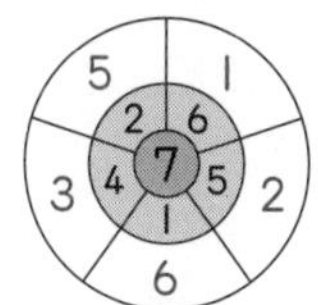

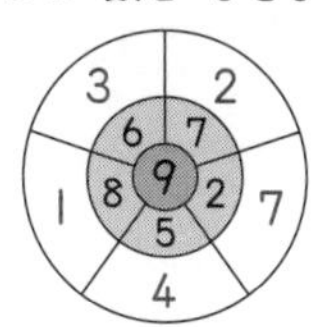

アドバイス

▶ここでは，求残や求差の場面に関係なく，数のひき算ができるようにします。

▶**繰り下がりのない1けたの数のひき算**の仕方は，実際におはじきなどを使って動かすと，理解しやすくなります。

1 **繰り下がりのない1けたの数のひき算**の習熟をはかる問題です。式を見て，すぐに答えが出せるようになるまで習熟することが大切です。式からすぐに答えが見つけられないときは，おはじきなどを使って考えます。

2 真ん中の数から周りの数をひく計算です。計算の式は，右上から時計回りに次のようになります。

【左側の計算】	【右側の計算】
7－6＝1	9－7＝2
7－5＝2	9－2＝7
7－1＝6	9－5＝4
7－4＝3	9－8＝1
7－2＝5	9－6＝3

本冊 ⇢ 90ページ

3 答(こた)えが 3に なる カードに ○，4に なる カードに △を つけましょう。

9⊖6　8－6　7△3　5⊖2　9△5

8△4　6⊖3　6－5　8⊖5　7⊖4

4 答えが 同(おな)じに なる カードを，線(せん)で むすびましょう。

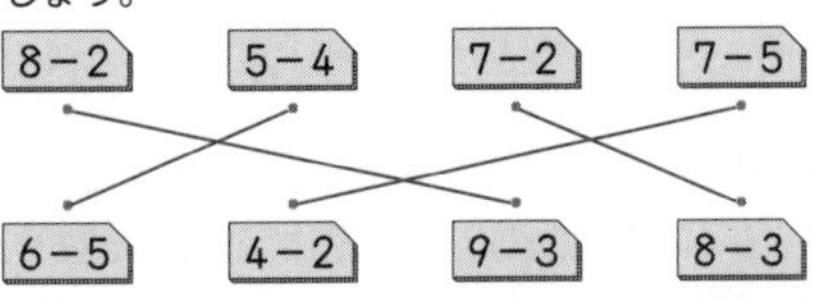

5 みかんが，かごに 6こ ありました。みさきさんは，そのうち 2こ 食(た)べました。何(なん)こ のこって いますか。

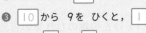

（しき）
6－2＝4

（答え） 4こ

6 男(おとこ)の子(こ)が 9人(にん)，女(おんな)の子が 7人で，おにごっこを して います。どちらが 何人 多(おお)いですか。

（しき）
9－7＝2

（答え） 男の子が 2人 多い。

アドバイス

3 それぞれの式を計算して答えを求めると，
上のカードの答えは，左から３，２，４，３，４
下のカードの答えは，左から４，３，１，３，３
になります。この中から，３に○，４に△の印をカードにつけます。

4 それぞれの式を計算して答えを求めると，
上のカードの答えは，左から６，１，５，２
下のカードの答えは，左から１，２，６，５
になります。この中で，同じ答えになるカードを線で結びます。

5 **求残**の問題です。わかりにくければ，**問題の場面を表す図**をかき，その図から**式**を立てます。この問題では，みかんを●に置き換えて計算します。

●●●●●● － ●● ＝ ●●●●
6 － 2 ＝ 4

6 **求差**の問題です。**5**と同様に考えます。この問題では，子どもを●に置き換えて計算します。

●●●●●●●●● － ●●●●●●● ＝ ●●
9 － 7 ＝ 2

本冊 ⇢ 91ページ

2 くり下(さ)がりの ある ひき算(ざん) 〈1年〈〈

まず やってみよう！

12－9 の 計算(けいさん)を しましょう。

❶ 2から [9] は ひけない。

❷ 12を 2と [10] に 分(わ)ける。

❸ [10] から 9を ひくと，[1]

❹ 2と [1] で，[3]

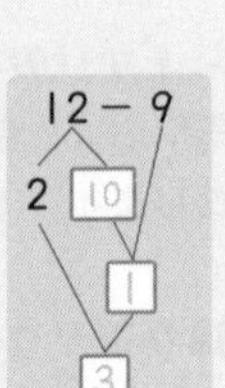

1 計算を しましょう。

14－8＝6　11－9＝2　15－6＝9　16－7＝9
15－8＝7　12－4＝8　16－9＝7　11－4＝7
11－2＝9　17－9＝8　13－6＝7　14－6＝8
11－7＝4　14－5＝9　18－9＝9　17－8＝9
15－7＝8　11－6＝5　14－7＝7　15－9＝6

2 まん中(なか)の 数(かず)から まわりの 数を ひきましょう。

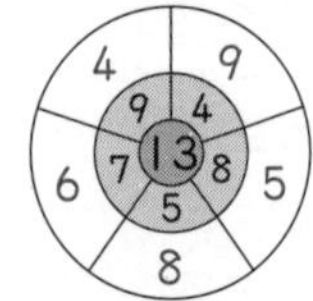

アドバイス

▶ここでは，**繰り下がりのあるひき算**の仕方を理解し，その計算ができるようにします。
この計算では，「**10のまとまりをつくる**」ことが基本となります。その際に，**ひかれる数を分解する方法**をおもに学習します。

12－９ →（２＋10）－９ → ２＋(10－９)
→ ２＋１

1 **繰り下がりのあるひき算**の習熟をはかる問題です。式を見て，すぐに答えが出せるようになるまで習熟することが大切です。式からすぐに答えが見つけられないときは，**ひかれる数を分解**して，「**10のまとまりをつくる**」ことを考えます。

2 真ん中の数から周りの数をひく計算です。計算の式は，右上から時計回りに次のようになります。

【左側の計算】	【右側の計算】
13－４＝９	12－６＝６
13－８＝５	12－５＝７
13－５＝８	12－８＝４
13－７＝６	12－７＝５
13－９＝４	12－３＝９

本冊 92ページ

3 答え(こた)が 7に なる カードに ○，4に なる カードに △を つけましょう。

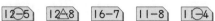

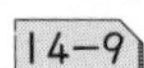   

11-7 △	14-9	15-8 ○	13-9 △	14-6
12-5 ○	12-8 △	16-7	11-8	11-4 ○

4 答えが 同(おな)じに なる カードを，線(せん)で むすびましょう。

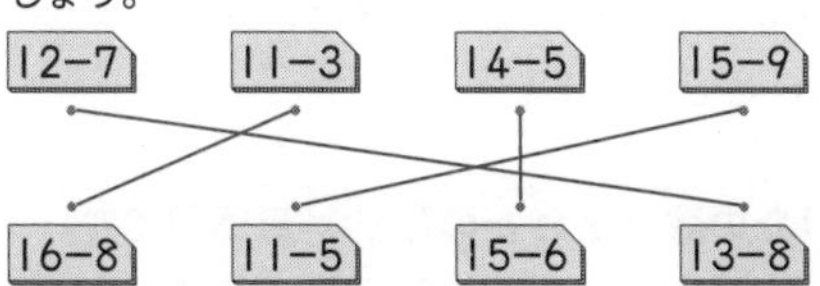

12-7	11-3	14-5	15-9
16-8	11-5	15-6	13-8

5 けんじさんたちは，12人(にん)で あそんで いました。そのうち，3人が 帰(かえ)りました。いま，何人(なんにん) あそんで いますか。

（しき） 12－3＝9

（答え） 9人

6 くりひろいで，ななさんは 11こ，りきさんは 9こ ひろいました。どちらが 何こ 多(おお)く ひろいましたか。

（しき） 11－9＝2

（答え） ななさんが 2こ 多く ひろった。

アドバイス

3 それぞれの式を計算して答えを求めると，
上のカードの答えは，左から４，５，７，４，８
下のカードの答えは，左から７，４，９，３，７
になります。この中から，７に○，４に△の印をカードにつけます。

4 それぞれの式を計算して答えを求めると，
上のカードの答えは，左から５，８，９，６
下のカードの答えは，左から８，６，９，５
になります。この中で，同じ答えになるカードを線で結びます。

5 **求残**の問題です。わかりにくければ，**問題の場面を表す図**をかき，その図から**式**を立てます。この問題では，子どもを●に置き換えて計算します。

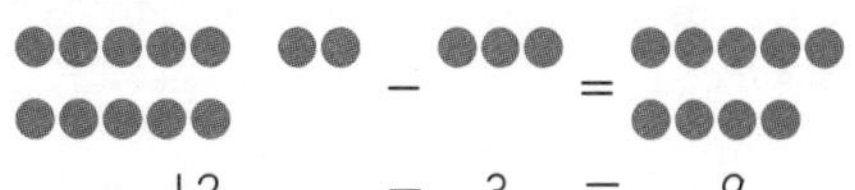

12 － 3 ＝ 9

6 **求差**の問題です。5と同様ですが，まず，「**どちらが多いのか**」を考えます。

本冊 93ページ

3 0の ひき算(さん) 1年

まず やってみよう！

金魚(きんぎょ)を すくいました。水(すい)そうに のこった 金魚の 数(かず)は いくつですか。

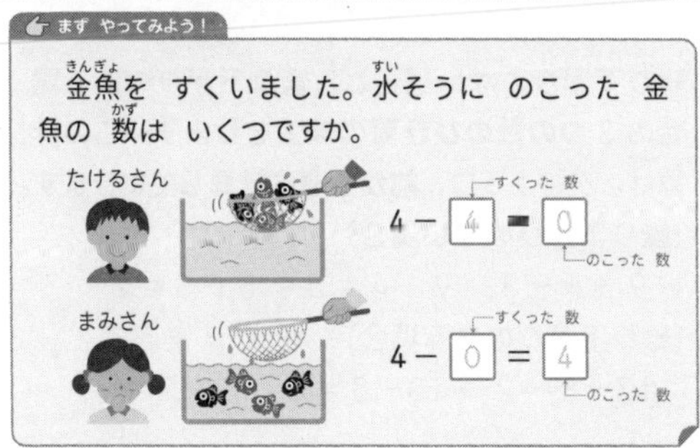

1 計算(けいさん)を しましょう。

7－0＝7	9－0＝9	1－0＝1	3－0＝3
2－0＝2	5－0＝5	0－0＝0	6－0＝6
8－0＝8	1－1＝0	6－6＝0	2－2＝0
3－3＝0	7－7＝0	5－5＝0	9－9＝0

2 わなげで，みさきさんは 3こ 入(はい)り，れんさんは 1つも 入りませんでした。2人(ふたり)が 入れた わの 数の ちがいは 何(なん)こですか。

（しき） 3－0＝3

（答(こた)え） 3こ

アドバイス

► **0をひくひき算の式の意味**を理解し，その計算ができるようにします。「**0をひくとは，何もひかないことと同じ**」であるから，答えは「**ひかれる数と同じ**」になります。

► **答えが0になるひき算の意味**を理解し，その計算ができるようにします。つまり，「**ひかれる数とひく数が同じ数のときは，答えは0**」になります。

1 **1けたの数から0をひくひき算**と，**答えが0になるひき算**の習熟をはかる問題です。式を見て，すぐに答えが出せるようになるまで習熟することが大切です。これらの計算で，「**ある数から0をひいても，ひき算の答えは，ある数のままで変わらない**」ことや「**同じ数どうしのひき算の答えは0になる**」ことをしっかりと理解します。

2 答えを求めるだけなら，みさきさんの入れた個数だけでよいのですが，問題の場面を式に表すには0という数を使う必要があることを理解します。

本冊 94ページ

4 くり下がりの ない ひき算 ② 1年

まず やってみよう！

17－4の 計算を しましょう。

❶ 一のくらいは，7－4＝3

❷ 十のくらいは，10が1つ

❸ 答えは，13

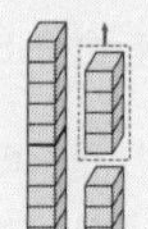

1 計算を しましょう。

13－2＝11　16－4＝12　19－5＝14

27－7＝20　29－5＝24　38－6＝32

42－2＝40　56－3＝53　87－5＝82

68－7＝61　49－9＝40　34－2＝32

2 いちごが 17こ あります。さくらさんは そのうち，6こ 食べました。いちごは 何こ のこって いますか。

（しき）17－6＝11　（答え）11こ

3 色紙が 26まい あります。そのうち，4まい つかいました。何まい のこって いますか。

（しき）26－4＝22　（答え）22まい

アドバイス

▶ここでは，**繰り下がりのない2けたの数と1けたの数のひき算**の仕方を理解し，その計算ができるようにします。

▶繰り下がりのない2けたの数と1けたの数のひき算は，一の位の数だけに着目して，ひき算をすればよいことを教えます。

17－4 → 一の位のひき算は，7－4＝3
→ 10と3で，13

1 **2けたの数ー1けたの数** の計算練習です。
13－2 → 一の位のひき算は，3－2＝1
→ 10と1で，11

2 3 「のこって いますか。」だから，ひき算の式になることに気づかせます。答えには,「こ」や「まい」をつけるのを忘れないように注意します。

本冊 95ページ

5 3つの 数の 計算 1年

まず やってみよう！

14－5－3 の 計算を しましょう。

❶ 14から 5を ひいて，9

❷ 14から 5を ひいた 答えから 3を ひいて，6

❸ 答えは，6に なります。

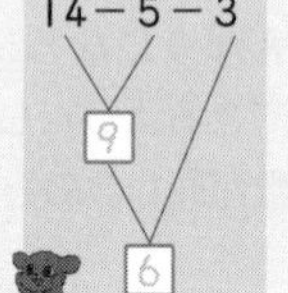

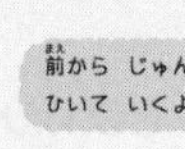

1 計算を しましょう。

9－4－3＝2　10－2－5＝3　13－8－2＝3

12－4－5＝3　16－6－8＝2　15－3－6＝6

2 計算を しましょう。

8－3＋5＝10　12－4＋6＝14　18－5＋2＝15

4＋5－6＝3　6＋9－7＝8　4＋12－5＝11

3 あゆみさんは，色紙を 15まい もって います。そのうち，6まい つかって，4まい もらいました。色紙は 何まいに なりましたか。

（しき）15－6＋4＝13　（答え）13まい

アドバイス

▶ **3つの数の計算**の仕方を理解し，その計算ができるようにします。

1 繰り下がりのない場合と，繰り下がりのある場合の3**つの数のひき算**の練習をします。この計算は，次のように，**前から順**に計算していきます。
〔繰り下がりのない場合〕
9－4－3→9－4＝5　5－3＝2
〔繰り下がりのある場合〕
13－8－2→13－8＝5　5－2＝3

2 **3つの数のたし算やひき算が混じった計算**です。1と同様に，前から順に計算していきます。
8－3＋5→8－3＝5　5＋5＝10
4＋5－6→4＋5＝9　9－6＝3

3 3つの数の計算を使った文章題では，問題の場面から，適切な式を立てることができるようにします。このとき，**3つの数を1つの式で表せる**よう，増加と減少が混じった場面であることに気づくようにします。

本冊 ⇒ 96ページ

力をためすもんだい ❶

1 計算を しましょう。

8－5＝3　9－7＝2　9－0＝9　6－3＝3

7－7＝0　12－4＝8　15－6＝9　8－0＝8

13－8＝5　16－7＝9　13－6＝7　15－8＝7

15－9＝6　12－9＝3　16－8＝8　14－7＝7

17－5＝12　25－4＝21　48－6＝42　36－3＝33

2 いちごが 8こ あります。まさとさんは そのうち，5こ 食べました。いま，何こ のこって いますか。

（しき）　8－5＝3

（答え）　3こ

3 たての 数から よこの 数を ひきましょう。

－	7	3	9	0	6	8	5	4	1	2
9	2	6	0	9	3	1	4	5	8	7
12	5	9	3	12	6	4	7	8	11	10
16	9	13	7	16	10	8	11	12	15	14
13	6	10	4	13	7	5	8	9	12	11
19	12	16	10	19	13	11	14	15	18	17

アドバイス

1 **1けたの数をひくひき算**の計算練習です。式を見て，すぐに答えが出せるようになるまで習熟することが大切です。繰り下がりのある計算では，ひかれる数を分解して「**10のまとまりをつくる**」ことを考えます。また，「**ある数から0をひくひき算の答えは，ある数のままで変わらない**」ことをしっかりと理解します。

2 求残の問題です。わかりにくければ，**問題の場面を表す図**をかき，その図から**式**を立てます。この問題では，いちごを●に置き換えて計算します。

●●●●●●●● － ●●●●● ＝ ●●●
　　8　　　－　　5　　＝　3

3 マス目によるひき算の計算練習です。縦が**ひかれる数**，横が**ひく数**になり，計算の式は，ひかれる数が9の場合は，左から順に次のようになります。

9－7＝2，9－3＝6，9－9＝0，
9－0＝9，9－6＝3，9－8＝1，
9－5＝4，9－4＝5，9－1＝8，
9－2＝7

本冊 ⇒ 97ページ

力をためすもんだい ❷

1 計算を しましょう。

10－3－6＝1　12－4－2＝6　15－5－8＝2

7－3＋5＝9　5＋8－7＝6　16－4＋5＝17

2 答えが 同じに なる カードを，線で むすびましょう。

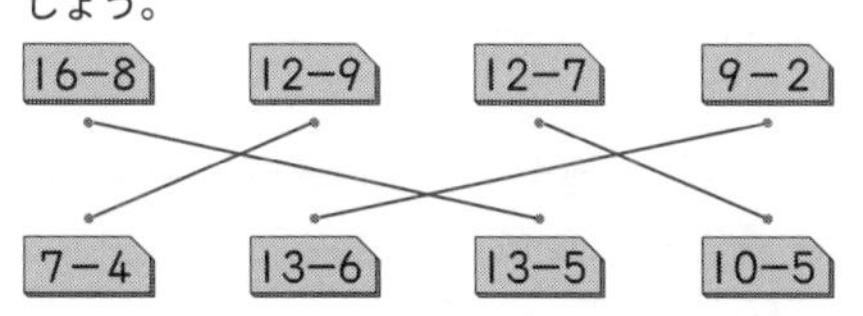

3 色紙が 12まい あります。そのうち，8まい つかいました。何まい のこって いますか。

（しき）　12－8＝4

（答え）　4まい

4 18この いちごが ありました。妹に 5こ，弟に 4こ あげました。いちごは 何こ のこって いますか。

（しき）　18－5－4＝9

（答え）　9こ

アドバイス

1 **3つの数の計算練習**です。次のように，**前から順**に計算します。
10－3－6のひき算の考え方は，
10－3＝7→7－6＝1
これより，答えは10－3－6＝1になります。

2 まず上のカードの式の答えを求め，次に，下のカードの式の答えを求めます。
上のカードの答えは，左から8，3，5，7
下のカードの答えは，左から3，7，8，5
になります。

3 求残の問題です。わかりにくければ，色紙をおはじきなどに置き換えて，12個のおはじきから8個を取る場面を実際につくり，「**残りはいくつ**（何枚）」**の意味**を理解できるようにします。

4 求残の問題ですが，**2回ひき算をする計算**になります。3つの数のひき算の仕方は，2つの数のひき算と同様に，前から順に計算します。問題の意味がわかりにくければ，おはじきなどを使って，問題の場面を理解します。

本冊 98ページ

力をのばすもんだい

1 □に あてはまる 数を 書きましょう。

8－ 3 ＝5　　6 －4＝2

13－ 9 ＝4　　15 －8＝7

16－ 2 ＝14　　26 －3＝23

2 答えが 大きい ほうに ○を つけましょう。

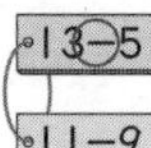

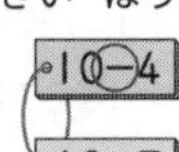

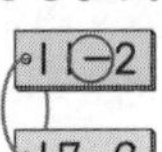

3 計算を しましょう。

18－9－4－3＝2　　19－6－3－7＝3

4＋5－7＋3＝5　　10－2＋5－6＝7

17－4＋5－1＝17　　16＋2－7－8＝3

4 玉入れで，赤組は 11こ，白組は 9こ 入れました。どちらの 組が 何こ 多く 入れましたか。

（しき）
11－9＝2

（答え） 赤組が 2こ 多く 入れた。

アドバイス

1 式中の□**にあてはまる数を求める**問題です。
8－□＝5の計算は，「8から何をひくと5になるか」ということを示していますが，これは見方を変えると「8は5といくつか」とも考えられるので，**8－5 のひき算**にもなることを理解します。

2 **計算結果の大小を比べる**問題です。まず，それぞれの答えを求めてから，数の大小を比べます。
それぞれの答えは次のようになります。

（8　2）　（6　5）　（3　9）　（9　8）

3 4**つの数の計算**です。この計算は1年では学習しませんが，計算の仕方は，これまでと同様に，**前から順**に計算していきます。
4＋5－7＋3の計算の考え方は，
4＋5＝9 → 9－7＝2 → 2＋3＝5
これより，答えは 4＋5－7＋3＝5 になります。

4 個数の違いだけでなく，「**どちらが多いのか**」も尋ねられている「求差」の問題です。まず，「どちらが多いのか」ということを考えます。

本冊 100ページ

1 何十の ひき算 〈1～2年〉

まず やってみよう！

50－30 の 計算を しましょう。

❶ 50は 10が 5 こ

❷ 30は 10が 3 こ

❸ 10が 5 － 3 ＝ 2 で 2 こ あるから，答えは 20

1 計算を しましょう。

40－20＝20　　50－40＝10　　30－30＝0

90－40＝50　　80－20＝60　　90－10＝80

2 計算を しましょう。

110－20＝90　　120－40＝80　　110－50＝60

170－90＝80　　140－70＝70　　150－70＝80

3 色紙を みどりさんは 90まい，あやねさんは 60まい もって います。2人の もって いる 色紙の ちがいは 何まいですか。

（しき）
90－60＝30

（答え） 30まい

アドバイス

▶ここでは，**何十－何十，百何十－何十 のひき算**の仕方を理解し，その計算ができるようにします。

▶**何十や百何十のひき算**は，「**10のまとまりが何個あるか**」という考え方をもとにして，**百と十の位の数だけに着目**して，ひき算をすればよいことを教えます。
50－30 → 10が 5－3＝2（個）
→ 10が2個 → 20

1 **何十－何十＝何十** になるひき算の練習です。
40－20 → 10が 4－2＝2（個）
→ 10が2個 → 20

2 **百何十－何十＝何十** になるひき算の練習です。
110－20 → 10が 11－2＝9（個）
→ 10が9個 → 90

3 求差の問題ですが，**何十－何十** の式を立てて，答えが正しく出せるようにします。また，答えには「まい」をつけることを忘れないように注意します。

本冊 ⇨ 101ページ

2 くり下がりの ない ひっ算 〈2年〉

まず やってみよう！

86－52 の 計算を ひっ算で しましょう。

```
 86
－52
 ↓
 86
－52
  4
 ↓
 86
－52
 34
```

❶ くらいを [たて] に そろえて 書く。
❷ [一]のくらいを 計算する。
[6] － [2] ＝ [4] の [4] を，[一] のくらいに 書く。
❸ つぎに，[十]のくらいを 計算する。
[8] － [5] ＝ [3] の [3] を，[十]のくらいに 書く。
❹ 答えは [34] に なる。

くらいごとに，1けたの数の ひき算を すれば いいよ。

1 ひっ算で しましょう。

78－43

	7	8
－	4	3
	3	5

93－40

	9	3
－	4	0
	5	3

54－4

	5	4
－		4
	5	0

2 計算を しましょう。

```
 97    45    74    56    68
－51  －25  －70  －43  －  7
 46    20     4    13    61
```

アドバイス

►ここでは，2けたの数のひき算で，**繰り下がりのない場合の筆算**ができるようにします。

►繰り下がりのない2けたの数のひき算の筆算は，次のように計算します。
①位を縦にそろえて，数字を書く。
②一の位のひき算をし，答えを一の位に書く。
③十の位のひき算をし，答えを十の位に書く。

1 マス目の中に，きちんと位をそろえて，それぞれの数字を書きます。そして，**一の位，十の位の順に計算**します。ときどき，十の位から計算する子どもがいますが，繰り下がりのある場合は計算間違いのもとになるので注意しましょう。

```
 78        78        78
－43  →  －43  →  －43
            5        35
          8－3＝5   7－4＝3
```

一方の数が1けたの数の場合は，十の位をあけて，一の位に数字を書くようにします。

2 **筆算形式のひき算**です。ひく数の十の位に数がない場合の答えは，ひかれる数の十の位の数をそのまま下ろします。

本冊 ⇨ 102ページ

3 ひき算は，答えに ひく数を たすと，ひかれる数に なります。この ことを つかって，つぎの 計算の たしかめを して，答えが あって いれば ○，まちがって いれば ×を，(　)に 書きましょう。

```
 86
－24
 62
```
(○)

(たしかめ)

	6	2
＋	2	4
	8	6

```
 67
－25
 52
```
(×)

(たしかめ)

	5	2
＋	2	5
	7	7

```
 45
－12
 57
```
(×)

(たしかめ)

	5	7
＋	1	2
	6	9

```
 79
－48
 31
```
(○)

(たしかめ)

	3	1
＋	4	8
	7	9

はってん

4 □に あてはまる 数を 書きましょう。

```
  6[4]     [4] 7      9  8
－4 1    － 1 [5]   －[4] 7
 [2] 3      3  2      5 [1]
```

5 はるとさんの 小学校の 2年生は 85人 います。そのうち，男の子は 41人です。女の子は 何人ですか。

(しき) 85－41＝44

(答え) 44人

アドバイス

3 ひき算は，「答えにひく数をたすと，ひかれる数になる」という性質があることを，**答えの確かめ**を通して理解します。

```
 86         62
－24  →   ＋24
 62         86
```

4 2けたの数の**虫食い算**です。ひき算の計算の仕方が理解できていれば，解くことができるはずです。次のような解き方のほかに，**3**の確かめの方法を利用して求めることもできます。

```
 6□   【一の位の計算】□－1＝3
－41                  □＝3＋1＝4
 □3   【十の位の計算】□＝6－4＝2
```

5 2けたの数のひき算を使った問題を解けるようにします。これは「求補」(全体と1つの部分から他の部分を求める)の問題で，**ひき算の式**になることに気づかなくてはいけません。計算は**筆算**でするようにします。また，答えには，「人」をつけることを忘れないように注意します。

本冊 103ページ

3 くり下がりの ある ひっ算 ① 2年

まず やってみよう！

82−39 の 計算を ひっ算で しましょう。

❶ くらいを たて に そろえて 書く。
❷ 一 のくらいを 計算する。
2 から 9 は ひけないので，
十 のくらいから 1 くり下げる。
12 − 9 = 3 の 3 を，一 のくらいに 書く。
❸ つぎに，十 のくらいを 計算する。
8 から 1 を くり下げたので，
7。7 − 3 = 4 の 4 を，十 のくらいに 書く。
❹ 答えは 43 に なる。

くり下がりに 気を つけよう。

1 ひっ算で しましょう。

73−26

	7	3
−	2	6
	4	7

95−68

	9	5
−	6	8
	2	7

85−9

	8	5
−		9
	7	6

アドバイス

▶ここでは，２けたの数のひき算で，**十の位から繰り下げる場合の筆算**ができるようにします。

▶十の位から繰り下げる場合の２けたの数の筆算は，次のように計算します。
①位を縦にそろえて，数字を書く。
②十の位から１繰り下げて，一の位のひき算をする。
③繰り下げた１をひき，十の位のひき算をする。

1 マス目の中に，きちんと位をそろえて，それぞれの数字を書きます。そして，次のように，**一の位，十の位の順に計算**をします。

73 − 26 → (6 を十の位の上に書き) 7 … 13−6＝7 十の位から１繰り下げる → 47 … 6−2＝4

また，85−９のひき算のように，ひく数が１けたの数の場合は，十の位をあけて，一の位に数字を書くように注意します。

本冊 104ページ

2 計算を しましょう。

76−28＝48　83−36＝47　52−24＝28　90−15＝75　31−19＝12
54−46＝8　62−56＝6　81−73＝8　40−8＝32　33−7＝26

3 つぎの ひっ算は まちがって います。正しい 答えを，(　)の 中に 書きましょう。

93−26＝73 (67)　50−37＝87 (13)　74−58＝26 (16)　72−6＝12 (66)

4 □に あてはまる 数を 書きましょう。

[8]2 − 37 ＝ 4[5]　9[0] − [6]1 ＝ 29　9[6] − 8[9] ＝ 7

5 96ページ ある 絵本を，かずきさんは きのう 38ページ 読みました。あと 何ページ のこって いますか。

(しき) 96−38＝58

(答え) 58ページ

アドバイス

2 **筆算形式のひき算**です。このとき，繰り下げて小さくなった数を，十の位の上に小さく書くようにします。

3 筆算形式によるひき算の**計算間違いを見つける**問題です。それぞれの計算間違いは，左から
・一の位のひき算を逆にしている。
・ひき算ではなく，たし算をしている。
・繰り下げた１を，十の位の数からひいていない。
・一の位の６を，十の位の数からひいている。
になります。

4 ２けたの数の**虫食い算**です。繰り下がりがあるので，十の位から１繰り下げていることを忘れないようにします。そして，□にあてはまる数を書いた後は，必ず計算をして正しいことを**確かめ**ます。

□2 − 37 ＝ 4□
【一の位の計算】□＝12−7＝5
【十の位の計算】□−1−3＝4
□＝4＋4＝8

5 求残の問題です。答えは**筆算**で求めます。

本冊 ➡ 105ページ

4 くり下がりの ある ひっ算 ② 〈2年〉

まず やってみよう！

116−74 の 計算を ひっ算で しましょう。

```
  116        ⇒    ⁰116
−  74             −  74
    2                42
```

❶ [一]のくらいを 計算する。
[6]−[4]＝[2] の [2]を，[一]のくらいに 書く。

❷ つぎに，[十]のくらいを 計算する。
[1]から [7]は ひけないので，[百]のくらいから [1] くり下げる。
[11]−[7]＝[4] の [4]を，[十]のくらいに 書く。

❸ 答えは [42]に なる。

百のくらいから、くり下げるよ。

[1] 計算を しましょう。

```
  137     112     154     108
−  62   −  81   −  70   −  58
   75      31      84      50
```

[2] ひっ算で しましょう。

116−46　135−74　128−53　105−40

```
  116     135     128     105
−  46   −  74   −  53   −  40
   70      61      75      65
```

アドバイス

▶ここでは，**3けたの数−2けたの数＝2けたの数**で，**百の位から繰り下げる場合の筆算**の仕方を理解します。

▶百の位から繰り下げる場合の**筆算**は，次のように計算します。
①位を縦にそろえて，数字を書く。
②一の位のひき算をする。
③百の位から1繰り下げて，十の位のひき算をする。このとき，百の位の1を繰り下げたので，**答えの百の位は0，つまり書かないこと**を教えます。

[1] 筆算形式の計算練習をします。次のように，**一の位，十の位の順に計算**をします。

```
  137        137        ⁰137
−  62   →  −  62   →  −  62
               5          75
            7−2=5      13−6=7
```

[2] 式で書かれた問題を筆算の形に書くときは，**位を縦にそろえて書く**ようにします。そして，[1]と同じように計算します。

本冊 ➡ 106ページ

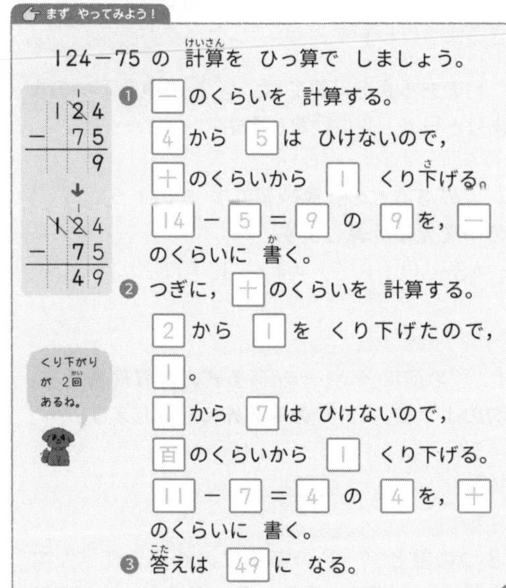

まず やってみよう！

124−75 の 計算を ひっ算で しましょう。

```
  1²⁄4       ⇒    ⁰1²⁄4
−  75             −  75
    9                49
```

❶ [一]のくらいを 計算する。
[4]から [5]は ひけないので，[十]のくらいから [1] くり下げる。
[14]−[5]＝[9] の [9]を，[一]のくらいに 書く。

❷ つぎに，[十]のくらいを 計算する。
[2]から [1]を くり下げたので，[1]。
[1]から [7]は ひけないので，[百]のくらいから [1] くり下げる。
[11]−[7]＝[4] の [4]を，[十]のくらいに 書く。

❸ 答えは [49]に なる。

くり下がりが 2回 あるね。

[1] ひっ算で しましょう。

137−49　120−25　102−96　108−9

```
  137     120     102     108
−  49   −  25   −  96   −   9
   88      95       6      99
```

アドバイス

▶ここでは，**3けたの数−2けたの数＝2けたまたは1けたの数**で，**繰り下がりが2回ある場合の筆算**の仕方を理解します。

▶十の位と百の位から繰り下げる場合の**筆算**は，次のように計算します。
①位を縦にそろえて，数字を書く。
②十の位から1繰り下げて，一の位のひき算をする。
③②で繰り下げた1をひき，百の位から1繰り下げて，十の位のひき算をする。
②のとき，ひかれる数の十の位が0で繰り下げられない場合は，**百の位から順に繰り下げ**ます。

[1] 式で書かれた問題を筆算の形に書くときは，**位を縦にそろえて書く**ようにします。そして，次のように，**一の位，十の位の順に計算**します。

```
               2           2
  137        1 3 7      ⁰1 3 7
−  49   →  −  49   →  −  49
               8          88
           17−9=8      12−4=8
         十の位から1
          繰り下げる
```

本冊 107ページ

2 計算を しましょう。

```
  142     135     106     103
−  93   −  48   −  98   −  25
   49      87       8      78

  128     110     101     105
−  49   −  45   −   6   −   9
   79      65      95      96
```

3 ひっ算で しましょう。

46−19−18　38+25−54　62−18+26

```
  46    27    38    63    62    44
−19   −18   +25   −54   −18   +26
  27     9    63     9    44    70
```

4 □に あてはまる 数を 書きましょう。

```
  1 [5] 3      1  2 [2]     1  0 [5]
−    7 [1]   −   [4] 3    −    6  8
     8  2         7  9        [3] 7
```

5 あかねさんの 小学校の 1年生は 95人です。2年生は 113人です。2年生は，1年生よりも 何人 多いですか。

(しき) 113−95=18

(答え) 18人

アドバイス

2 筆算形式の計算練習をします。十の位から繰り下げられない場合は，次のように計算します。

```
  106         9           9
−  98  →    1̸0̸6   →    1̸0̸6
           −  98       −  98
               8           8
```

16−8=8 百の位から順に繰り下げる　9−9=0

3 3つの数の計算を**筆算**でします。ひき算が含まれている場合は，**2段階に分けて計算**します。
46−19−18の計算は，次のようにします。

```
  46    →    27
−19        −18
  27           9
```

4 3けたの数から2けたの数をひく**虫食い算**です。繰り下がりがあるので，繰り下げた1を忘れないように，十の位の上に1ひいた数を小さく書いておきます。

5 求差の問題です。答えは**筆算**で求めます。

本冊 108ページ

5 ( )の ある 計算 〈2年〉

まず やってみよう！

( )の ある 計算を しましょう。

❶ 50−(30+14)=50−44 ……㋐
　　　　　　=6 ……㋑

❷ 50−(30−14)=50−16 ……㋐
　　　　　　=34 ……㋑

( )の 中は 先に 計算を するんだよ。

1 計算を しましょう。

43−(11+19)=13　62−(12+26)=24

35−(30−15)=20　56−(31−12)=37

2 計算を しましょう。

24+(42+18)=84　37+(50−14)=73

52−(34−19)=37　74−(28+17)=29

3 つぎの もんだいを，( )の ある しきに 書いて 答えましょう。

ゆうやさんは 色紙を 42まい もって います。そのうち，14まいを 弟に，16まいを 妹に あげました。色紙は 何まい のこって いますか。

(しき) 42−(14+16)=12

(答え) 12まい

アドバイス

► **( )のある式の計算**の仕方を理解し，その計算ができるようにします。

► ( )のある式の計算では，**( )の中を1つのまとまりと見て，先に計算**します。

1 ( )のある式の計算練習です。次のように，**( )の中を先に計算**します。

43−(11+19)=43−30㋐=13㋑

2 ( )の前に＋や−がある式の計算練習です。次のように，**( )の中を先に計算**します。

24+(42+18)=24+60㋐=84㋑

3 **3つの数と( )のある式の計算**を使った文章題では，問題の場面から，適切な式を立てることができるようにします。このとき，3つの数と( )を使って**1つの式で表せる**よう，弟と妹にあげた枚数を( )を使って先にたしてからひきます。

本冊 109ページ

力をためすもんだい ❶

1 計算を しましょう。

80－30＝50　50－20＝30　60－10＝50

90－90＝0　120－50＝70　160－70＝90

100－40＝60　130－50＝80　110－90＝20

2 計算を しましょう。

80－(45－35)＝70　39－(52－17)＝4

76＋(92－58)＝110　27＋(38－25)＝40

58－(19＋21)＝18　62－(30＋21)＝11

3 計算を しましょう。

34－22＝12　58－16＝42　75－31＝44　47－45＝2　63－3＝60

82－34＝48　51－17＝34　67－38＝29　34－25＝9　78－9＝69

4 くりひろいで，たつやさんは 30こ，のりかさんは 50こ ひろいました。どちらが 何こ 多く ひろいましたか。

(しき) 50－30＝20

(答え) のりかさんが 20こ 多く ひろった。

アドバイス

1 **何十または百何十－何十＝何十 になる計算**です。「**10のまとまりが何個あるか**」という考え方をもとにして，**百と十の位の数だけに着目**して，ひき算をします。

80－30 → 10が8－3＝5（個）
→ 10が5個 → 50

2 **( ) のある式の計算**です。次のように，**( ) の中を先に計算**します。

80－（45－35）＝80－10＝70
（45－35 が ㋐ で 10，80－10 が ㋑ で 70）

3 **筆算形式の2けたの数のひき算**です。上段は，繰り下がりがない場合，下段は，繰り下がりが1回ある場合の計算です。**一の位，十の位の順に計算**しますが，繰り下がりがある場合は，1小さくなった数を十の位の上に書いておくようにします。

4 個数の違いだけでなく，「**どちらが多いのか**」も尋ねられている「求差」の問題です。まず，「どちらが多いのか」ということを考えます。

本冊 110ページ

力をためすもんだい ❷

1 計算を しましょう。

121－51＝70　156－90＝66　143－62＝81　107－24＝83

114－78＝36　128－39＝89　153－54＝99　162－95＝67

135－76＝59　120－38＝82　146－89＝57　181－98＝83

105－78＝27　102－43＝59　105－16＝89　100－27＝73

2 うんどう会で 玉入れを しました。赤組は 124こ，白組は 96こ 入りました。白組は，赤組より 何こ 少なかったですか。

(しき) 124－96＝28

(答え) 28こ

3 りえこさんは 142ページ ある 本を 95ページ 読みました。あと，何ページ のこって いますか。

(しき) 142－95＝47

(答え) 47ページ

アドバイス

1 筆算形式の**3けたの数－2けたの数＝2けたの数**の計算です。次のように，繰り下がりに注意しながら，**一の位から順に計算**します。

〔繰り下がりが1回ある場合〕…1段目

121－51 → 一の位 1－1＝0 → 十の位 12－5＝7 → 70

〔繰り下がりが2回ある場合〕…2，3段目

114－78 → 一の位 14－8＝6（十の位から1繰り下げる）→ 十の位 10－7＝3 → 36

〔百の位から順に繰り下げる場合〕…4段目

105－78 → 一の位 15－8＝7（百の位から順に繰り下げる）→ 十の位 9－7＝2 → 27

2 求差の問題です。答えは**筆算**で求めます。

3 求残の問題です。答えは**筆算**で求めます。

本冊 111ページ

力をのばすもんだい

1 計算を しましょう。

105 − 98 = 7　103 − 97 = 6　100 − 91 = 9　106 − 99 = 7

105 − 6 = 99　100 − 5 = 95　107 − 9 = 98　101 − 4 = 97

2 ひっ算で しましょう。

83−38−21　48−19+31　54+29−47

83 − 38 = 45　45 − 21 = 24　48 − 19 = 29　29 + 31 = 60　54 + 29 = 83　83 − 47 = 36

3 □に あてはまる 数を 書きましょう。

12 1 − [4]5 = 7[6]　[1]06 − 6[9] = [3]7　1[5]6 − 58 = 9[8]

4 たろうさんの 小学校の 2年生は 134人 います。そのうち，男の子は 65人です。女の子は 何人 いますか。

（しき） 134−65=69

（答え） 69人

アドバイス

1 筆算形式の 3**けたの数 − 2けたまたは1けたの数** の計算です。ひかれる数の十の位が0で繰り下げられない場合は，百の位から順に繰り下げます。

2 3つの数の計算を**筆算**でします。ひき算が含まれている場合は，**2段階に分けて計算**します。
83−38−21 の計算は，次のようにします。

83 − 38 = 45 → 45 − 21 = 24

3 3けたの数から2けたの数をひく**虫食い算**です。繰り下がりが2回あるので，繰り下げた1を忘れないようにします。□にあてはまる数を書いた後は，必ず計算をして正しいことを**確かめ**ます。

121 − □5 = 7□
【一の位の計算】□=11−5=6
【十の位の計算】12−1−□=7
□=11−7=4

4 これは**求補**（全体と1つの部分から他の部分を求める）の問題です。答えは**筆算**で求めます。

本冊 113ページ

1 何百の ひき算 〈2年・チャレンジ〉

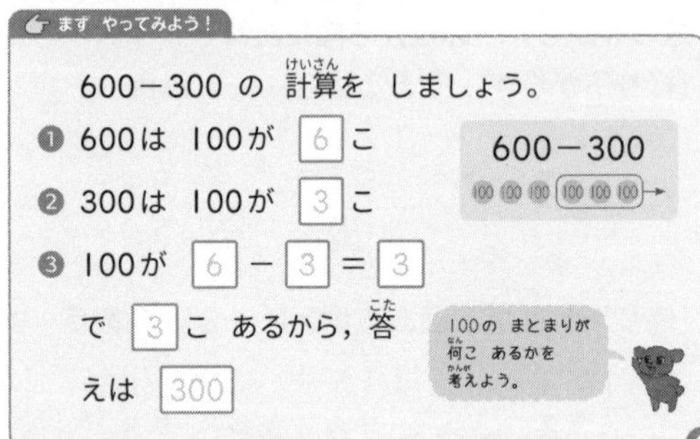

まず やってみよう！
600−300 の 計算を しましょう。
❶ 600は 100が 6 こ
❷ 300は 100が 3 こ
❸ 100が 6 − 3 = 3
で 3 こ あるから，答えは 300
600−300
100 100 100 100 100 100
100の まとまりが 何こ あるかを 考えよう。

1 計算を しましょう。

500−300=200　700−400=300

900−600=300　600−200=400

2 計算を しましょう。

1000−600=400　1200−400=800

1500−900=600　1400−700=700

3 おりづるを，ゆうなさんは 300羽，妹は 200羽 つくりました。ゆうなさんは 妹より 何羽 多く つくりましたか。

（しき） 300−200=100

（答え） 100羽

アドバイス

► ここでは，**何百 − 何百, 千何百 − 何百 のひき算**の仕方を理解し，その計算ができるようにします。

► **何百や千何百のひき算**は，「**100 のまとまりが何個あるか**」という考え方をもとにして，**千と百の位の数だけに着目**して，ひき算をすればよいことを教えます。
600−300 → 100が6−3=3(個) → 100が3個 → 300

1 **何百 − 何百 = 何百** になるひき算の練習です。
500−300 → 100が5−3=2(個) → 100が2個 → 200

2 **千何百 − 何百 = 何百** になるひき算の練習です。
1000−600 → 100が10−6=4(個) → 100が4個 → 400

3 求差の問題です。**何百のひき算の式**を正確に書くようにします。

本冊 ⇒ 114ページ

2 ひき算の ひっ算 ① 〈2年〈

まず やってみよう！

472−49 の 計算を ひっ算で しましょう。

❶ 一 のくらいを 計算する。
2 から 9 は ひけないので，
十 のくらいから 1 くり下げる。
12 − 9 = 3 の 3 を，一 のくらいに 書く。

❷ 十 のくらいを 計算する。
6 − 4 = 2

❸ 百 のくらいの 4 を そのまま おろす。

❹ 答えは 423 に なる。

```
  6        6        6
 4 7 2    4 7 2    4 7 2
−  4 9   −  4 9   −  4 9
     3      2 3    4 2 3
```

1 計算を しましょう。

758 − 39	362 − 28	595 − 67	145 − 19
719	334	528	126
820 − 13	**487 − 48**	**996 − 49**	**463 − 6**
807	439	947	457

アドバイス

▶ここでは，**3けたの数と2けたの数のひき算の筆算**で，**百の位に繰り下がりのない場合**の計算ができるようにします。

▶このひき算の筆算の仕方は，2けたの数のひき算の筆算と同じようにします。

1 筆算形式の計算練習をします。次のように，**一の位，十の位，百の位の順**に計算します。繰り下がるときは，繰り下げた1を忘れないように，十の位の上に1ひいた数を小さく書いておきます。

```
                  4          4          4
 7 5 8         7 5 8      7 5 8      7 5 8
−  3 9   →   −  3 9  →  −  3 9  →  −  3 9
                  9        1 9      7 1 9
             18−9=9      4−3=1      7−0=7
           十の位から1
           繰り下げる
```

本冊 ⇒ 115ページ

3 ひき算の ひっ算 ② 〈チャレンジ〈

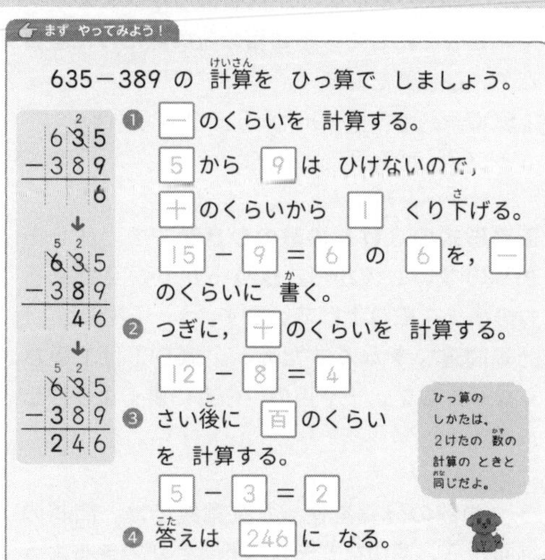

まず やってみよう！

635−389 の 計算を ひっ算で しましょう。

❶ 一 のくらいを 計算する。
5 から 9 は ひけないので，
十 のくらいから 1 くり下げる。
15 − 9 = 6 の 6 を，一 のくらいに 書く。

❷ つぎに，十 のくらいを 計算する。
12 − 8 = 4

❸ さい後に 百 のくらいを 計算する。
5 − 3 = 2

❹ 答えは 246 に なる。

```
    2       5 2       5 2
 6 3 5    6 3 5     6 3 5
−3 8 9   −3 8 9    −3 8 9
     6      4 6     2 4 6
```

ひっ算の しかたは，2けたの 数の 計算の ときと 同じだよ。

1 計算を しましょう。

837 − 216	751 − 238	487 − 293	812 − 574
621	513	194	238
300 − 297	**604 − 509**	**401 − 65**	**806 − 7**
3	95	336	799

アドバイス

▶ここでは，**3けたの数のひき算の筆算**ができるようにします。この計算は，**3年で学習する内容**ですが，2けたの数のひき算の筆算の仕方と同じように計算すればよいことを教えます。

▶**3けたの数のひき算の筆算の手順**は，次のようになっていることをしっかりと理解します。

①位を縦にそろえて，数字を書く。
②一の位のひき算をする。(繰り下がりに注意)
③十の位のひき算をする。(繰り下がりに注意)
④百の位のひき算をする。(繰り下がりに注意)

1 **筆算形式の3けたの数のひき算**です。このとき，繰り下がりのある場合は，1繰り下げて小さくなった数を，十や百の位の上に書くようにします。下段のように，ひかれる数の十の位が0で繰り下げられない場合は，**百の位から順に繰り下げ**ます。

```
               3 9        3 9        3 9
 4 0 1        4 0 1      4 0 1      4 0 1
−  6 5   →   −  6 5  →  −  6 5  →  −  6 5
                  6        3 6      3 3 6
            11−5=6      9−6=3      3−0=3
          百の位から順
          に繰り下げる
```

本冊 116ページ

2 ひっ算で しましょう。

704－309　492－395　504－78　702－3

704－309	492－395	504－78	702－3
395	97	426	699

3 つぎの ひっ算は まちがって います。正しい 答えを，(　)の 中に 書きましょう。

867－695	503－205	602－49	408－9
232	308	563	499
(172)	(298)	(553)	(399)

4 □に あてはまる 数を 書きましょう。

[8]41－6[7]9＝16[2]	32[4]－1[5]9＝[1]65	4[0]5－[2]46＝15[9]

5 まなみさんの 町には，2つの 小学校が あります。北小学校には 652人，南小学校には 589人 います。どちらの 小学校が 何人 多いですか。

(しき) 652－589＝63

(答え) 北小学校が 63人 多い。

アドバイス

2 ひき算の式を**筆算の形**にして計算します。このとき，**位を縦にそろえて書く**ようにします。ひく数が１けたや２けたの数の場合は，百の位や十の位をあけて，数字を書くように注意します。

3 筆算形式によるひき算の**計算間違いを見つける**問題です。それぞれの計算間違いは，左から

- 十の位のひき算を逆にしている。
- 繰り下げた１を，百の位と十の位の数からひいていない。
- 繰り下げた１を十の位の数からひいていない。
- 繰り下げた１を百の位の数からひいていない。

になります。

4 ３けたの数の**虫食い算**です。繰り下がりが２回あるので，繰り下げた１を忘れないようにします。そして，□にあてはまる数を書いた後は，必ず計算をして正しいことを**確かめ**ます。

5 人数の違いだけでなく，**「どちらが多いのか」**も尋ねられている「求差」の問題です。まず，「どちらが多いのか」ということを考え，答えは**筆算**で求めます。

本冊 117ページ

力をためすもんだい

1 計算を しましょう。

500－200＝300　1000－300＝700

1500－600＝900　1800－900＝900

2 計算を しましょう。

354－28＝326	571－46＝525	462－58＝404	783－9＝774
758－446＝312	362－192＝170	453－216＝237	609－537＝72
537－169＝368	684－598＝86	826－157＝669	602－145＝457
403－387＝16	603－595＝8	707－68＝639	503－8＝495

3 かずきさんは，324ページの 本を きのう 135ページ，今日 97ページ 読みました。あと，何ページ のこって いますか。

(しき) 324－(135＋97)＝92

または324－135－97＝92

(答え) 92ページ

アドバイス

1 **何百または千何百－何百＝何百**になる計算です。「**100のまとまりが何個あるか**」という考え方をもとにして，**千と百の位の数だけに着目**して，ひき算をします。

500−200 → 100が 5－2＝3(個)
→ 100が3個 → 300

2 **筆算形式の３けたの数のひき算**です。繰り下がりのないものから，繰り下がりが２回あるものまでを取り上げています。
計算間違いをなくすため，１繰り下げて小さくなった数を，十や百の位の上に書くようにします。

3 ３つの数の計算を使った文章題では，問題の場面から，適切な式を立てることができるようにします。このとき，(　)を使うのであれば，**(　)の中を１つのまとまりと見る**ため，324−(135+97) となります。
答えは**筆算**で求めますが，ひき算が含まれているので，**２段階に分けて計算**します。

本冊 118ページ

とっくんもんだい ❶

1 計算を しましょう。

5－2＝3　9－9＝0　8－0＝8
11－9＝2　0－0＝0　17－8＝9
14－4＝10　18－2＝16　16－5＝11
38－8＝30　25－5＝20　56－6＝50
48－7＝41　64－3＝61　87－5＝82

2 計算を しましょう。

60－40＝20　100－70＝30　120－50＝70

3 計算を しましょう。

700－400＝300　500－100＝400
1000－300＝700　1400－600＝800

4 計算を しましょう。

8－2－4＝2　12－3－7＝2
6＋10－5＝11　14－4＋2＝12

5 計算を しましょう。

29－(16－12)＝25　30－(35－33)＝28
45－(28＋12)＝5　67－(30＋27)＝10
26＋(31－25)＝32　37＋(29－18)＝48

アドバイス

▶ひき算の仕上げとして，**筆算形式ではないひき算の計算問題**を取り上げています。

1 **1けたの数をひくひき算**です。繰り下がりのない場合，繰り下がりのある場合，0を含む場合がありますが，その区別なくすぐに答えが出せるようになるまで習熟することが必要です。

2 **何十または百何十－何十＝何十になるひき算**です。「10のまとまりが何個あるか」という考え方をもとにして，**百と十の位の数だけ**に着目して，ひき算をします。

3 **何百または千何百－何百＝何百になるひき算**です。「100のまとまりが何個あるか」という考え方をもとにして，**千と百の位の数だけ**に着目して，ひき算をします。

4 **3つの数の計算**です。前から順に計算します。

5 **(　)のある式の計算**です。**(　)の中をひとまとまり**と見て，先に計算します。

本冊 119ページ

とっくんもんだい ❷

1 計算を しましょう。

58－21＝37　67－24＝43　72－48＝24　58－29＝29　74－68＝6
124－51＝73　151－68＝83　136－69＝67　103－7＝96

2 ひっ算で しましょう。

56－38－12　35＋29－47　43－15＋24

56－38＝18，18－12＝6　35＋29＝64，64－47＝17　43－15＝28，28＋24＝52

3 計算を しましょう。

582－49＝533　365－37＝328　215－8＝207　706－342＝364
832－575＝257　305－149＝156　627－289＝338　681－483＝198

4 □に あてはまる 数を 書きましょう。

[4]1－2[2]＝19　[1]02－[4]8＝5[4]　[1]1[5]－76＝[3]9

アドバイス

▶ひき算の仕上げとして，**筆算形式による2けたの数のひき算と，3けたの数のひき算**を取り上げています。

1 **筆算形式による2けたの数のひき算**と，**3けたの数－1けたまたは2けたの数**の計算です。繰り下がりなし，繰り下がり1回，繰り下がり2回の計算を取り上げています。

2 **3つの数の計算を筆算**でします。ひき算が含まれているので，**2段階に分けて計算**します。

3 **筆算形式による3けたの数のひき算**です。繰り下がりに注意して，一の位から順に計算します。下段は，すべて2回繰り下がりがあります。

4 2けたの数と3けたの数の**虫食い算**です。繰り下がりがあるので，繰り下げた1を忘れないように，十の位の上に1ひいた数を小さく書いておきます。そして，□にあてはまる数を書いた後は，必ず計算をして正しいことを**確かめ**ます。

本冊 ⇒ 121ページ

1 図を かいて 考える ① 〈1年〉

まず やってみよう！

ゆかりさんは，前から 5番目です。ゆかりさんの 後ろには 6人 います。みんなで 何人 いますか。

（図）
ゆかり
前 ●●●●●●●●●●●
5人　6人

図を かくと，わかりやすく なるよ。

（しき）5＋6＝11　（答え）11人

1 りきさんの 前に 7人 います。りきさんは 後ろから 5番目です。みんなで 何人 いますか。

（図）

（しき）7＋5＝12　（答え）12人

2〈はってん〉 ゆりさんは 前から 5番目です。ひろきさんは，ゆりさんの 後ろから かぞえて 4番目です。ひろきさんは 前から 何番目ですか。

（しき）5＋4＝9　（答え）9番目

アドバイス

► **順序数の問題で，「全体の数量を求める」**場合の解き方について学びます。

► 順序数の問題を解くには，**問題の場面を○の図に表すようにします。**そうすることで，視覚的に考えることができ，問題の意味がわかりやすくなります。

1 **○の図**に表すと，問題の意味がよくわかるようになります。まず，問題の場面を正しく図に表しましょう。

2 この問題では，頭の中で問題の場面を考えて，**式に表す**ことができるようにします。わかりにくければ，下のような**○の図**に表して，問題の意味を正しく理解するようにします。

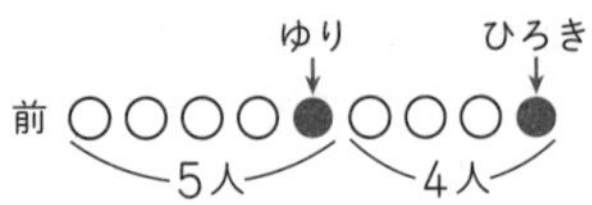

本冊 ⇒ 122ページ

まず やってみよう！

子どもが 14人 ならんで います。ひなのさんは 前から 7番目です。ひなのさんの 後ろには 何人 いますか。

（図）
ひなの
前 ●●●●●●●●●●●●●●
7人
14人

（しき）14－7＝7　（答え）7人

1 9人で きょう走を しました。みかさんの 後ろに 5人 いました。みかさんは 前から 何番目でしたか。

（図）

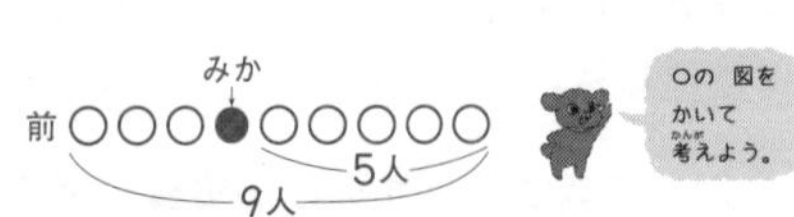

（しき）9－5＝4　（答え）4番目

2〈はってん〉 かいだんが 12だん あります。さとしさんは 8だん目まで のぼりました。かいだんは，あと 何だん ありますか。

（しき）12－8＝4　（答え）4だん

アドバイス

► **順序数の問題で，「残りの数量を求める」**場合の解き方について学びます。

► 順序数の問題を解くには，**問題の場面を○の図に表すようにします。**そうすることで，視覚的に考えることができ，問題の意味がわかりやすくなります。

1 **○の図**に表すと，問題の意味がよくわかるようになります。まず，問題の場面を正しく図に表しましょう。

2 この問題では，頭の中で問題の場面を考えて，**式に表す**ことができるようにします。わかりにくければ，下のような**○の図**に表して，問題の意味を正しく理解するようにします。

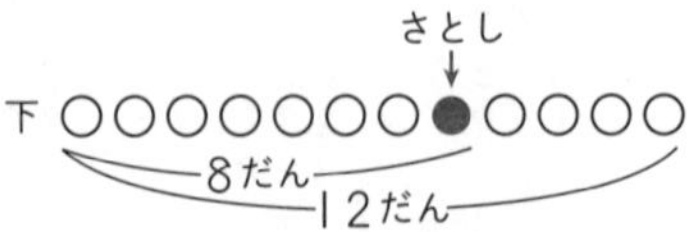

本冊 123ページ

まず やってみよう！

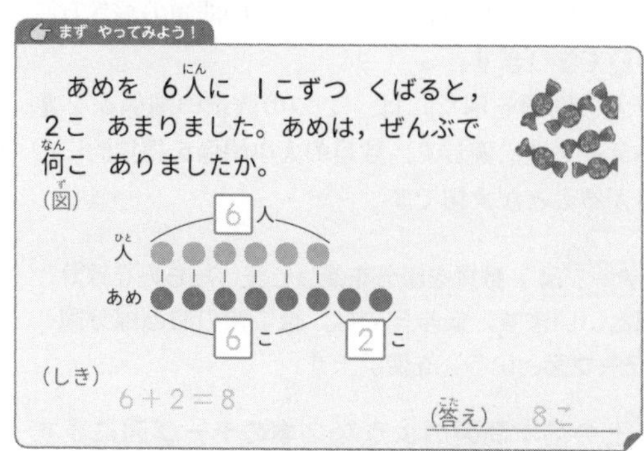

1 いすに 1人ずつ，7人 すわって います。あいて いる いすが 4こ あります。いすは，ぜんぶで 何こ ありますか。

（図）

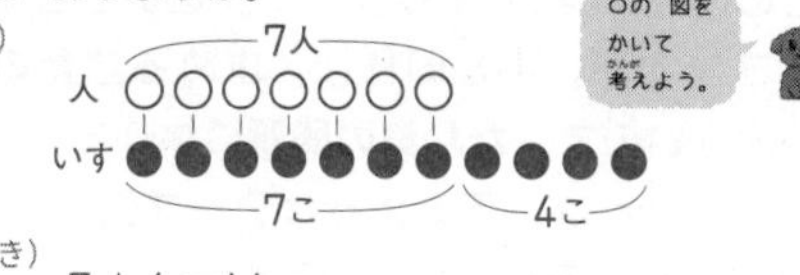

（しき） 7＋4＝11

（答え） 11こ

2 10人に，はたを 1本ずつ わたすと，3本 のこりました。はたは，はじめ 何本 ありましたか。

（しき） 10＋3＝13

（答え） 13本

アドバイス

▶**置き換える問題**で，「**全体の数量を求める**」場合の解き方について学びます。

▶置き換える問題を解くには，「**何を求めるのか**」をはっきりさせ，「**何を何に置き換えるのか**」を明らかにします。あめの個数を求める問題では，「６人を６個に置き換える」ことに気づかなくてはいけません。また，式の意味は「６人＋２こ」でなく，「６こ＋２こ」になります。

1 **○の図**に表すと，問題の意味がよくわかるようになります。まず，問題の場面を正しく図に表しましょう。

2 この問題では，頭の中で問題の場面を考えて，**式に表す**ことができるようにします。わかりにくければ，下のような**○の図**に表して，問題の意味を正しく理解するようにします。

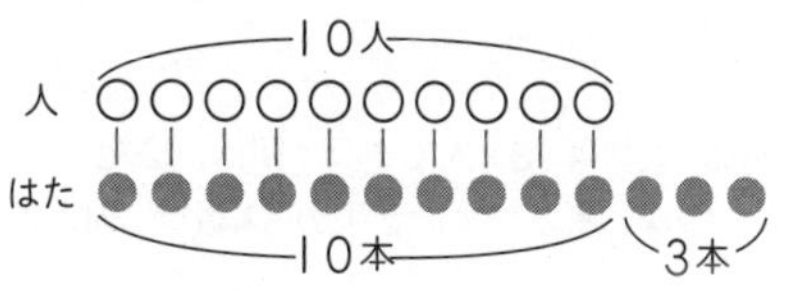

本冊 124ページ

まず やってみよう！

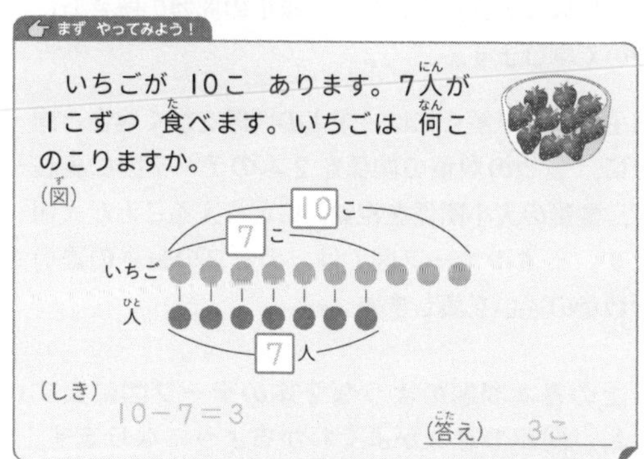

1 ケーキが 8こ あります。6人の 子どもが 1こずつ 食べると，ケーキは 何こ のこりますか。

（図）

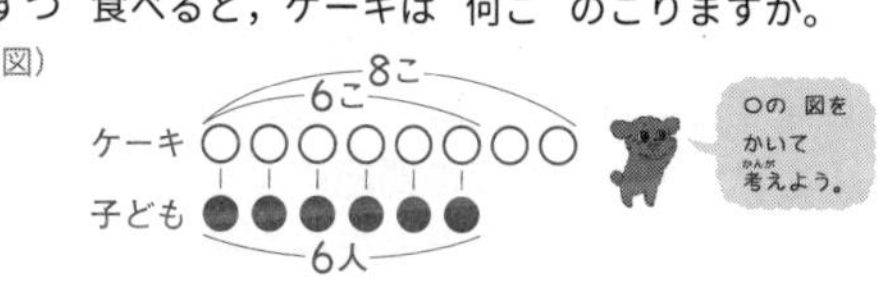

（しき） 8－6＝2

（答え） 2こ

2 12この 風船が あります。9人の 子どもに 1こずつ あげると，風船は 何こ のこりますか。

（しき） 12－9＝3

（答え） 3こ

アドバイス

▶**置き換える問題**で，「**残りの数量を求める**」場合の解き方について学びます。

▶置き換える問題を解くには，「**何を求めるのか**」をはっきりさせ，「**何を何に置き換えるのか**」を明らかにします。いちごの個数を求める問題では，「７人を７個に置き換える」ことに気づかなくてはいけません。

1 **○の図**に表すと，問題の意味がよくわかるようになります。まず，問題の場面を正しく図に表しましょう。

2 この問題では，頭の中で問題の場面を考えて，**式に表す**ことができるようにします。わかりにくければ，下のような**○の図**に表して，問題の意味を正しく理解するようにします。

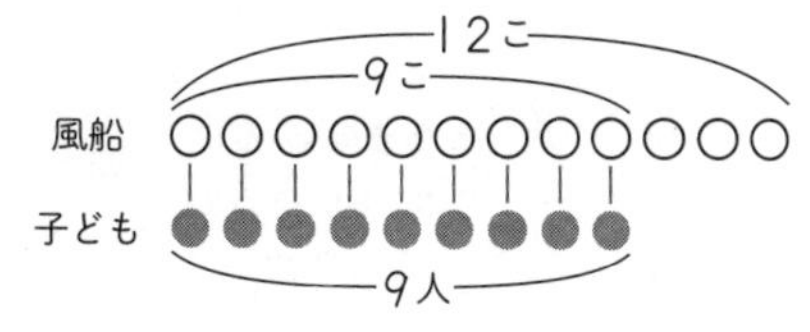

本冊 ➡ 125ページ

2 図を かいて 考える ② 〈2年〈

まず やってみよう！

赤い 色紙が 25まい あります。青い 色紙は，赤い 色紙より 8まい 多く あります。青い 色紙は 何まい ありますか。

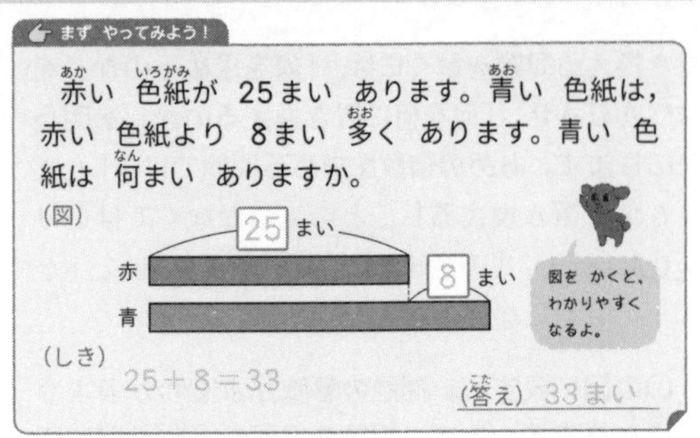

（しき）25＋8＝33　（答え）33まい

1 玉入れで，白組は 玉を 18こ 入れました。赤組は，白組より 4こ 多く 入れました。赤組は 玉を 何こ 入れましたか。

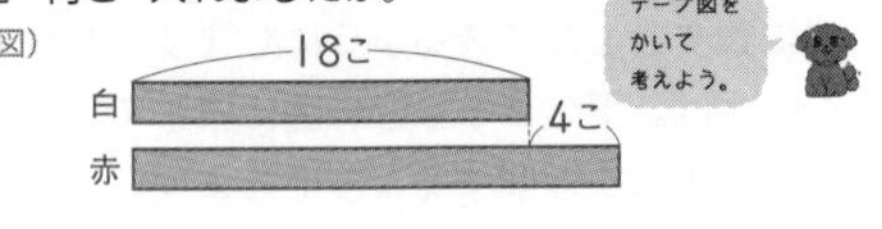

（しき）18＋4＝22　（答え）22こ

2 1組の 人数は 31人です。1組は，2組より 2人 少ないそうです。2組の 人数は 何人ですか。

（しき）31＋2＝33　（答え）33人

アドバイス

► 大きいほうの数量を求める，**求大の問題**の解き方について学びます。

► 求大の問題を解くには，２つの数量の関係を**２本のテープ図**に表して，**数量の大小関係**を視覚的にとらえることが大切です。

〉**テープ図**〉 数量を線分を使って表したものを**線分図**といいます。低学年では，線に幅のある線分図（**テープ図**という）を使います。

1 上の基本問題のような２**本のテープ図**に表すと，問題の意味がよくわかるようになります。まず，問題の場面を正しく図に表しましょう。

2 この問題には，「より少ない」という言葉が出てきますが，1と同様に，**求める数量のほうが大きい**ので，**たし算の問題**になります。わかりにくければ，下のような**テープ図**に表して，**数量の大小関係**を正しく理解するようにします。

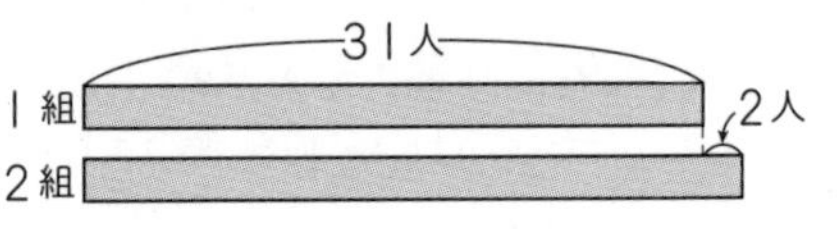

本冊 ➡ 126ページ

まず やってみよう！

どんぐりひろいを しました。あきらさんは 27こ ひろい，ゆりさんは あきらさんより 6こ 少なかったそうです。ゆりさんは どんぐりを 何こ ひろいましたか。

（図）27こ　あきら　ゆり　6こ

（しき）27－6＝21　（答え）21こ

1 みかんを 18こ 買いました。りんごは，みかんより 4こ 少なく 買いました。りんごは 何こ 買いましたか。

（図）18こ　みかん　りんご　4こ

テープ図を かいて 考えよう。

（しき）18－4＝14　（答え）14こ

2 赤い 花が 21本 あります。赤い 花は，白い 花より 5本 多いそうです。白い 花は 何本 ありますか。

（しき）21－5＝16　（答え）16本

アドバイス

► 小さいほうの数量を求める，**求小の問題**の解き方について学びます。

► 求小の問題を解くには，求大の問題を解く場合と同様に，２つの数量の関係を**２本のテープ図**に表して，**数量の大小関係**を視覚的にとらえることが大切です。２本のテープ図では，テープの長さの違いが数量の違いを表します。

1 上の基本問題のような２**本のテープ図**に表すと，問題の意味がよくわかるようになります。まず，問題の場面を正しく図に表しましょう。

2 この問題には，「より多い」という言葉が出てきますが，1と同様に，**求める数量のほうが小さい**ので，**ひき算の問題**になります。わかりにくければ，下のような**テープ図**に表して，**数量の大小関係**を正しく理解するようにします。

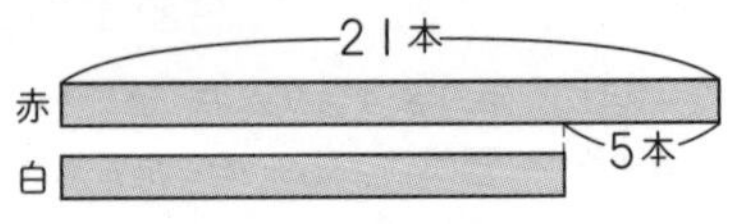

本冊 127ページ

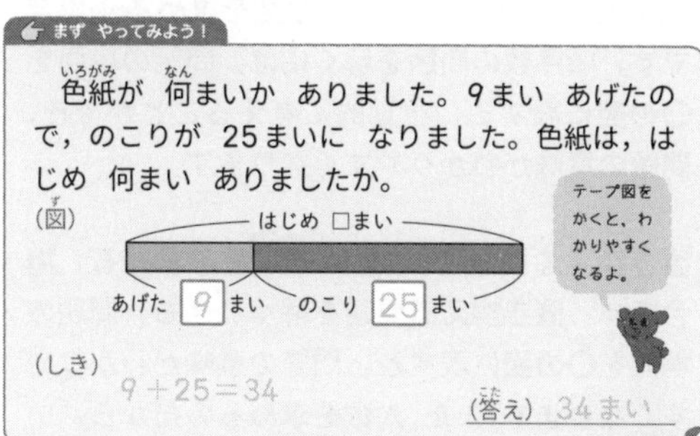

まず やってみよう！
色紙が 何まいか ありました。9まい あげたので，のこりが 25まいに なりました。色紙は，はじめ 何まい ありましたか。
(図)
はじめ □まい
あげた 9 まい
のこり 25 まい
テープ図をかくと、わかりやすくなるよ。
(しき)
9＋25＝34
(答え) 34まい

1 公園で，子どもが 何人か あそんでいました。8人 帰ったので，16人に なりました。子どもは，はじめ 何人 いましたか。

(図) はじめ □人／帰った 8人／のこり 16人

(しき) 8＋16＝24

(答え) 24人

2 みんなで おもちを 10こ 食べたので，12こ のこりました。おもちは，はじめ 何こ ありましたか。

(しき) 10＋12＝22

(答え) 22こ

アドバイス

- 逆思考の問題で，**「初めにあった数量を求める」**場合の解き方について学びます。
- 逆思考の問題を解くには，**わからない数量を□として**，問題の場面をテープ図に表し，**「全体と部分」**の数量関係を視覚的にとらえることが大切です。

1 **テープ図**に表すと，「初めの人数」，「帰った人数」，「残りの人数」という3つの数量間の関係がよくわかるようになります。まず，数量関係を正しく図に表しましょう。

2 この問題では，頭の中で問題の場面を考えて，**式に表す**ことができるようにします。わかりにくければ，下のような**テープ図**に表して，**全体と部分**の数量関係を正しく理解するようにします。

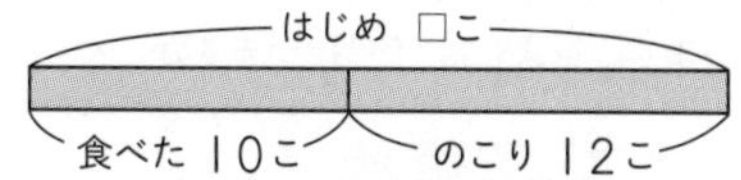

はじめ □こ
食べた 10こ
のこり 12こ

本冊 128ページ

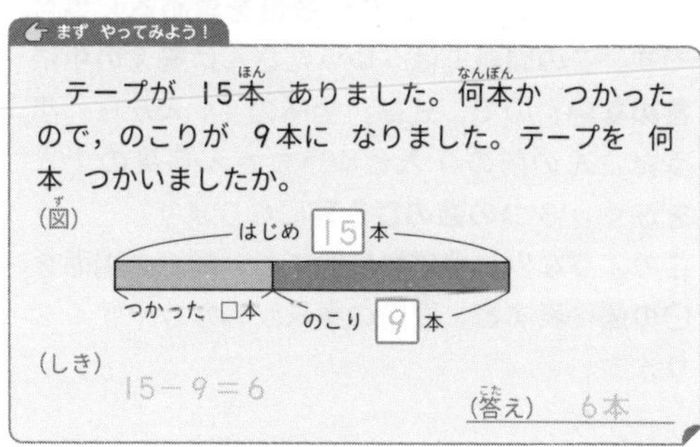

まず やってみよう！
テープが 15本 ありました。何本か つかったので，のこりが 9本に なりました。テープを 何本 つかいましたか。
(図)
はじめ 15 本
つかった □本
のこり 9 本
(しき)
15－9＝6
(答え) 6本

1 すずめが 16羽 いました。何羽か とんで いったので，7羽 のこりました。とんで いった すずめは 何羽ですか。

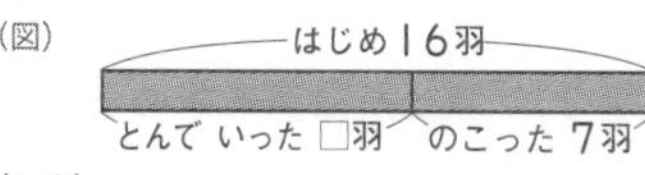

(図)
はじめ 16羽
とんで いった □羽
のこった 7羽

(しき) 16－7＝9

(答え) 9羽

2 みさきさんは カードを 34まい もって いました。妹に 何まいか あげたので，26まいに なりました。妹に あげた カードは 何まいですか。

(しき) 34－26＝8

(答え) 8まい

アドバイス

- 逆思考の問題で，**「減った数量を求める」**場合の解き方について学びます。
- 逆思考の問題を解くには，**わからない数量を□として**，問題の場面をテープ図に表し，**「全体と部分」**の数量関係を視覚的にとらえることが大切です。

1 **テープ図**に表すと，「初めにいた数」，「飛んでいった数」，「残りの数」という3つの数量間の関係がよくわかるようになります。まず，数量関係を正しく図に表しましょう。

2 この問題では，頭の中で問題の場面を考えて，**式に表す**ことができるようにします。わかりにくければ，下のような**テープ図**に表して，**全体と部分**の数量関係を正しく理解するようにします。

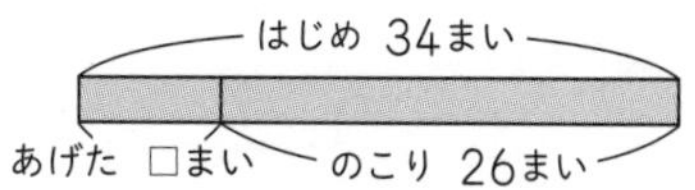

はじめ 34まい
あげた □まい
のこり 26まい

本冊 → 129ページ

力をためすもんだい

1 子どもが 13人 ならんで います。さやかさんの 前に 6人 います。さやかさんは 後ろから 何番目ですか。

(図)

さやか

前 ○○○○○○●○○○○○○

6人

13人

(しき) 13－6＝7

(答え) 7番目

2 子どもが，9この いすに 1人ずつ すわり，4人は 立って います。みんなで 何人 いますか。

(図)

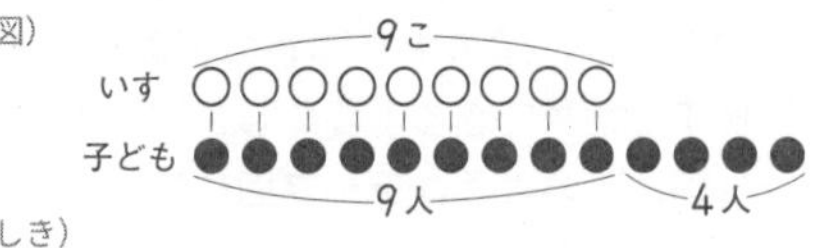

(しき) 9＋4＝13

(答え) 13人

3 にわとりは 8羽，ひよこは にわとりより 5羽 多く います。ひよこは 何羽 いますか。

(図)

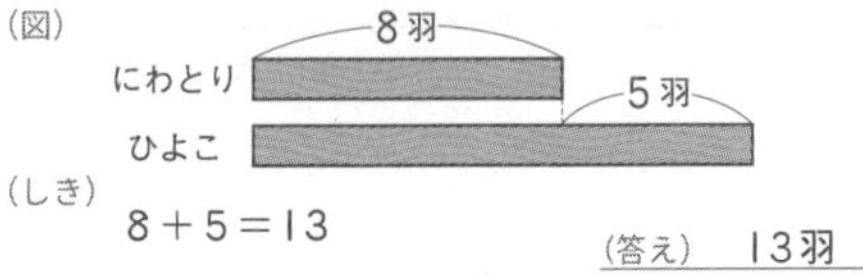

(しき) 8＋5＝13

(答え) 13羽

アドバイス

1 **順序数の問題**で，**「残りの数量を求める」**場合です。順序数の問題を解くには，問題の場面を**○の図**に表すと，視覚的に考えることができ，問題の意味がわかりやすくなります。

2 **置き換える問題**で，**「全体の数量を求める」**場合です。置き換える問題を解くときも，問題の場面を**○の図**に表すと，問題の意味がわかりやすくなります。また，人数を求めるのだから，「いすの個数を子どもの人数に置き換えればよい」ことに気づかなくてはいけません。

3 大きいほうの数量を求める**求大の問題**です。求大の問題を解くには，2つの数量の関係を**2本のテープ図**に表して，**数量の大小関係**を視覚的にとらえることが大切です。2本のテープ図では，テープの長さの違いが，数量の違いを表します。

本冊 → 130ページ

力をのばすもんだい

(ほってん)

1 14人が 1れつに ならんで います。ゆうたさんの 前に 7人 います。ゆうたさんの 後ろには 何人 いますか。

(図)

ゆうた

前 ○○○○○○○●○○○○○○

7人

14人

(しき) 14－7－1＝6

(答え) 6人

2 バナナを 18本 くばると，のこりが 14本に なりました。バナナは，はじめ 何本 ありましたか。

(図)

はじめ □本

くばった 18本　のこり 14本

(しき) 18＋14＝32

(答え) 32本

3 ちゅう車場に，車が 28台 ありました。何台か 出て いったので，19台に なりました。出て いった 車は 何台ですか。

(図)

はじめ 28台

出た □台　のこり 19台

(しき) 28－19＝9

(答え) 9台

アドバイス

1 **順序数の問題**で，**「残りの数量を求める」**場合です。この問題では「ゆうたさんは**答えの中に含めない**」ので，式は，全体の14人から，ゆうたさんの前の7人とゆうたさん自身の1人をひく，**3つの数のひき算**になります。

このような少し複雑な問題でも，問題の場面を**○の図**に表すと，問題の意味がわかりやすくなります。

2 **逆思考の問題**で，**「初めにあった数量を求める」**場合です。初めのバナナの本数を□本として，問題の場面を**テープ図**に表し，**「全体と部分」**の数量関係をとらえます。

3 **逆思考の問題**で，**「減った数量を求める」**場合です。出ていった車の台数を□台として，問題の場面を**テープ図**に表し，**「全体と部分」**の数量関係をとらえます。

本冊→131ページ

とっくんもんだい

1 子どもが　1れつに　ならんでいます。

(1) まことさんは　前から　5番目です。ゆりさんは，まことさんの　後ろから　かぞえて　6番目です。ゆりさんは　前から　何番目ですか。

(図)
まこと　ゆり
前 ○○○○●○○○○○●
5人　6人

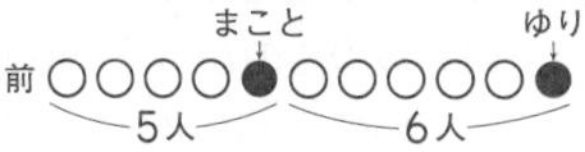

(しき)
5＋6＝11

(答え)　11番目

(2) ひろしさんは，前から　4番目で，後ろから　8番目です。子どもは　みんなで　何人　いますか。

(図)
ひろし
前 ○○○●○○○○○○○
4人　8人

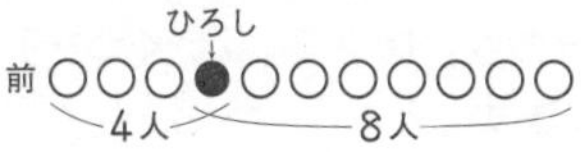

(しき)
4＋8－1＝11

(答え)　11人

2 女の子が　1れつに　ならんで　います。はるかさんの　前に　3人，後ろに　8人　います。みんなで何人　いますか。

(しき)
3＋8＋1＝12

(答え)　12人

アドバイス

►ここでは，すべて**順序数の問題**を取り上げています。子どもにとっては，それぞれの問題の意味がつかみにくいかもしれないので，問題の場面を，**○の図**に正しくかき表すことができるようにします。

1 (1)ゆりさんまでの並んでいる人数を求めることになるから，「ゆりさんまでの**全体の人数を求める**」ことになります。

(2)「**全体の人数を求める**」ことになりますが，この問題では，ひろしさんを，「前から４番目」「後ろから８番目」というように**２回数えている**ので，ひろしさんの１回分をたし算の式からひくことに注意します。

2 「前にいる３人」と「後ろにいる８人」に，はるかさんを**たすことを忘れない**ようにします。わかりにくければ，下のような**○の図**に表して，問題の意味を正しく理解するようにします。

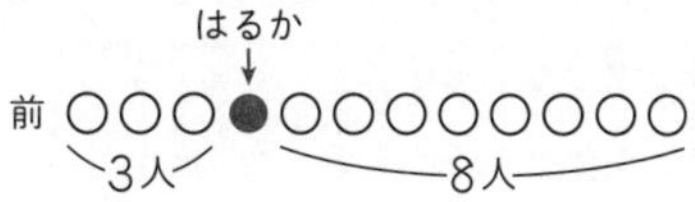

はるか
前 ○○○●○○○○○○○○
3人　8人

第5章 かけ算

本冊 133ページ

1 かけ算の いみ 〈2年〉

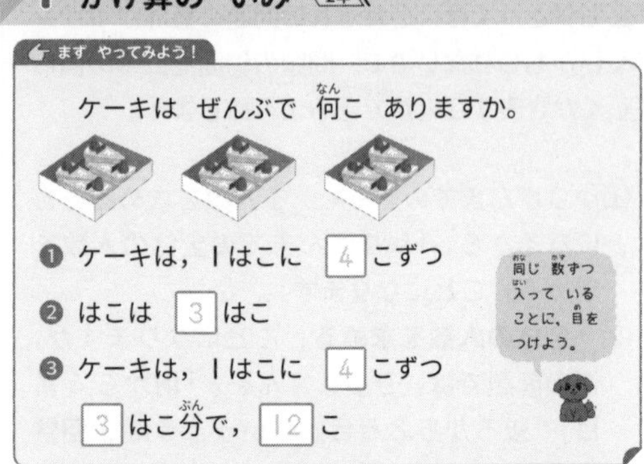

1 ぜんぶで 何こ ありますか。

(1) 1さらに 2 こずつ 6 さら分で, 12 こ

(2) 1ふくろに 5 こずつ 4 ふくろ分で, 20 こ

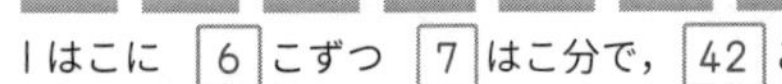

(3) 1はこに 6 こずつ 7 はこ分で, 42 こ

アドバイス

▶ここでは，同じ数ずつのものが何個かあるとき，全部の数を求める場面をもとに，**かけ算の意味**について理解します。

▶かけ算の式のもとになる「**1つ分の数**」,「**いくつ分**」に着目します。このとき，「1つ分の数」は，**それぞれの数が等しいこと**を確認します。
「いくつ分」は，同じ数のものがいくつあるかを考えます。そして，「4個の3箱分」といった言葉にまとめられるようにします。

▶「全部の数」は，**2とびや5とび**の数え方を利用して求めます。

1 (1)「1つ分の数」は2個，「いくつ分」は6皿分になります。
(2)「1つ分の数」は5個，「いくつ分」は4袋分になります。
(3)「1つ分の数」は6個，「いくつ分」は7箱分になります。

本冊 134ページ

2 かけ算の しき 〈2年〉

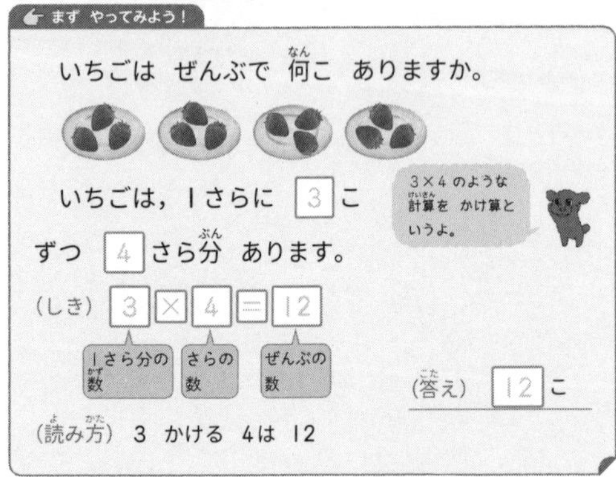

1 ケーキは ぜんぶで 何こ ありますか。

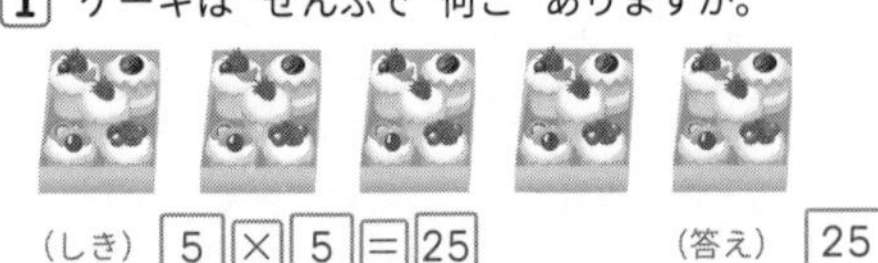

(しき) 5 × 5 = 25　　(答え) 25 こ

2 あめは ぜんぶで 何こ ありますか。

(しき) 4×6=24　　(答え) 24 こ

アドバイス

▶ここでは，かけ算の場面をもとに，**かけ算の式**について理解し，式に表せるようにします。

▶かけ算の場面を，おはじきなどを使って実際につくり,「3の4つ分は12になる」ことを,「×」と「=」の記号を使って「3×4=12」と表すことや，その**読み方**を理解します。このとき，それぞれの数は，次の数を表しています。

3 × 4 = 12
(1つ分の数)(いくつ分)(全部の数)

1 まず，「1つ分の数」,「いくつ分」にあたる数をそれぞれ考えてから，空欄にあてはまる**数字**や**記号**を1つずつ書き，かけ算の式全体を完成させます。

2 1と同じように考えますが，ここでは，**かけ算の式全体**を書きます。このとき，かけられる数が「1つ分の数」，かける数が「いくつ分」になっているかどうか注意します。逆になっている場合は，答えは同じになりますが，かけ算の意味が理解できていないことになります。

本冊 ⇒ 135ページ

3 ばいと かけ算 〈2年〈〈

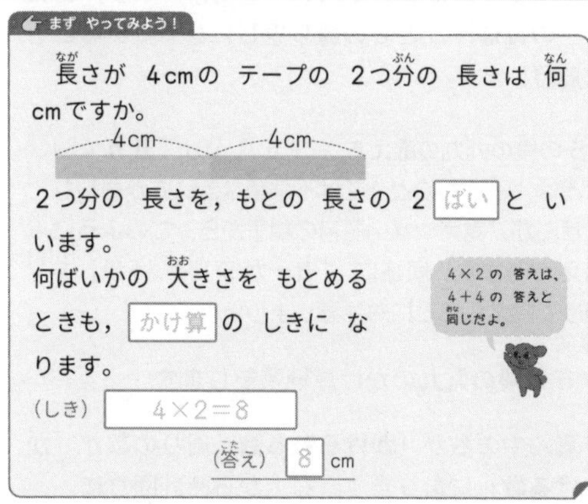

まず やってみよう！
長さが 4cmの テープの 2つ分の 長さは 何cmですか。
4cm
4cm
2つ分の 長さを，もとの 長さの 2 ばい と いいます。
何ばいかの 大きさを もとめる ときも，かけ算 の しきに なります。
(しき) 4×2＝8
(答え) 8 cm

4×2の 答えは，4＋4の 答えと 同じだよ。

1 8の 4ばいは いくつですか。

(しき) 8×4＝32 (答え) 32

2 あゆみさんは 色紙を 5まい もって います。くみさんは あゆみさんの 4ばい もって います。くみさんは 色紙を 何まい もって いますか。

(しき) 5×4＝20 (答え) 20まい

アドバイス

►ここでは，「いくつ分」のことを「倍」とも表すことを理解し，同じように**かけ算の式に表せる**ことを学びます。つまり，１個分，２個分，３個分，……を，１倍，２倍，３倍，……と表します。

►**かけ算**の答えは，**たし算**で求めることができることを理解します。つまり，４×２ の答えは，「４を２回たす」ことだから，４＋４ の答えと同じになります。

1 「○倍」だから，**かけ算**の場面であることを理解し，**式**に表して，**答え**を求める問題です。このとき，「倍」とは，「いくつ分」と同じであるから，８×４ と式に表します。答えは，８＋８＋８＋８ の**たし算**で求めます。

2 問題文を読み，まず，「答えが何枚のいくつ分になるか」を考えます。そして，**かけ算の式**に表し，答えを**たし算**で求めます。

本冊 ⇒ 136ページ

力をためすもんだい

1 ケーキは ぜんぶで 何こ ありますか。

(しき) 2×4＝8 (答え) 8こ

2 答えを もとめましょう。

(1) 7まいの 5ばい

(しき) 7×5＝35 (答え) 35まい

(2) 9人の 3ばい

(しき) 9×3＝27 (答え) 27人

3 かけ算の しきに 書きましょう。

(1) 5＋5＋5＋5＋5＋5＋5＝ 5×7

(2) 9＋9＋9＋9＋9＋9＝ 9×6

4 ななみさんは，ボールを 6こ もって います。みきさんは，ななみさんの 3ばい もって います。みきさんは ボールを 何こ もって いますか。

(しき) 6×3＝18 (答え) 18こ

アドバイス

1 絵を見て，**かけ算**の場面であることを理解し，それを式に表し，答えを求める問題です。ここでは，**１つ分の数×いくつ分**の式になるように，正しく数をあてはめているか注意します。

2 「倍」は「いくつ分」と同じなので，**かけ算**の場面になることを理解します。

3 たし算で表された式の意味を理解し，**かけ算の式**に直す問題です。
(1) ５を７回たしているから，「５の７倍」になり，式は ５×７ となります。
(2) ９を６回たしているから，「９の６倍」になり，式は ９×６ となります。

4 問題文を読み，まず，「答えが何個のいくつ分になるか」を考えます。そして，**かけ算の式**に表し，答えを**たし算**で求めます。つまり，６個の３つ分だから，式は ６×３ となります。

本冊 139ページ

1 5のだんの 九九 2年

まず やってみよう！

5のだんの 九九を おぼえましょう。

五一が 5　五二 10　五三 15
五四 20　五五 25　五六 30
五七 35　五八 40　五九 45

かける数が 1
ふえると、
答えは 5
ふえるよ。

1 計算を しましょう。

5×4＝20　5×6＝30　5×3＝15
5×8＝40　5×1＝5　5×7＝35
5×2＝10　5×9＝45　5×5＝25

2 まん中の 数に まわりの 数を かけましょう。

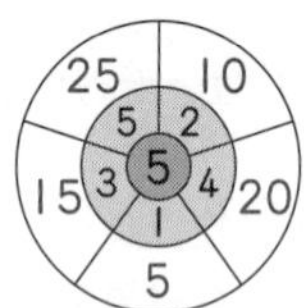

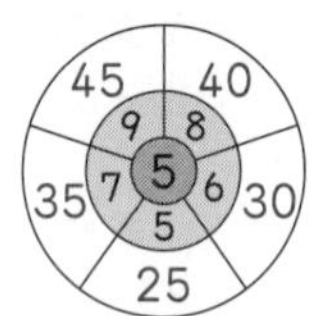

3 ケーキ 5こ入りの はこが 3はこ あります。ケーキは ぜんぶで 何こ ありますか。

(しき) 5×3＝15

(答え) 15こ

アドバイス

► **5の段の九九の唱え方**を正確に覚えます。5の段では，**5ずつ順に数が増えていく**，つまり，**答えの一の位は，5と0の繰り返し**になっていることに着目します。

5の段の九九の唱え方 「**五八**40」「**五九**45」などは，子どもにとっては不思議な言い方かもしれませんが，覚えやすい語呂の調子から，このように唱えています。同様に，「**五一が**5」と，「**が**」をつけて唱えることにも注意しましょう。

1 **5の段の九九**のかけ算練習をします。

2 真ん中の数が「**かけられる数**」,周りの数が「**かける数**」になります。右上から時計回りに，
左側は，5×2，5×4，5×1，5×3，5×5
右側は，5×8，5×6，5×5，5×7，5×9

3 **5の段の九九**を使って問題を解くことができるようにします。まず**式**を書き，その後，九九を唱えて**答え**を求めます。その際，5個の3箱分で「**5個の3倍**」になることをしっかりとおさえます。

本冊 140ページ

2 2のだんの 九九 2年

まず やってみよう！

2のだんの 九九を おぼえましょう。

二一が 2　二二が 4　二三が 6
二四が 8　二五 10　二六 12
二七 14　二八 16　二九 18

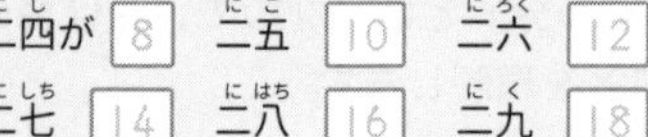

かける数が 1
ふえると、
答えは 2
ふえるよ。

1 計算を しましょう。

2×3＝6　2×6＝12　2×4＝8
2×7＝14　2×9＝18　2×1＝2
2×8＝16　2×2＝4　2×5＝10

2 まん中の 数に まわりの 数を かけましょう。

3 ドーナツを 1人に 2こずつ くばると，ちょうど 7人に くばれました。ドーナツは 何こ ありましたか。

(しき) 2×7＝14

(答え) 14こ

アドバイス

► **2の段の九九の唱え方**を正確に覚えます。2の段では，**2ずつ順に数が増えていく**ことに着目します。

2の段の九九の唱え方 「**二二が**4」は，子どもにとっては不思議な言い方かもしれませんが，覚えやすい語呂の調子から，このように唱えています。同様に,「**二一が**2」から「**二四が**8」**までは**,「**が**」をつけて唱えることにも注意しましょう。

1 **2の段の九九**のかけ算練習をします。

2 真ん中の数が「**かけられる数**」,周りの数が「**かける数**」になります。右上から時計回りに，
左側は，2×3，2×5，2×2，2×1，2×4
右側は，2×8，2×7，2×5，2×9，2×6

3 **2の段の九九**を使って問題を解くことができるようにします。まず**式**を書き，その後，九九を唱えて**答え**を求めます。その際，2個の7人分で「**2個の7倍**」になることをしっかりとおさえます。

本冊 141ページ

3 3のだんの 九九 〈2年〈

まず やってみよう！

3のだんの 九九を おぼえましょう。

三一が 3	三二が 6	三三が 9
三四 12	三五 15	三六 18
三七 21	三八 24	三九 27

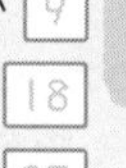

1 計算を しましょう。

3×2＝6　3×5＝15　3×7＝21
3×8＝24　3×9＝27　3×1＝3
3×3＝9　3×6＝18　3×4＝12

2 まん中の 数に まわりの 数を かけましょう。

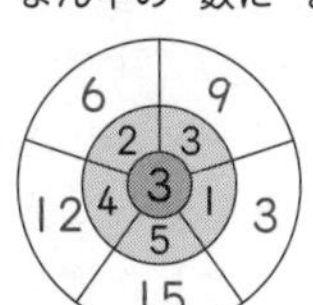

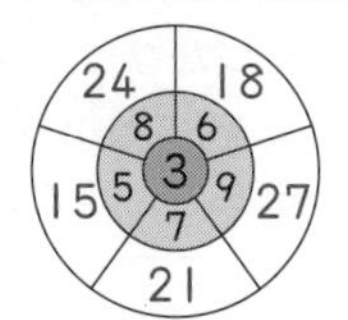

3 色紙を 1人に 3まいずつ，8人の 子どもに くばります。色紙は 何まい いりますか。

（しき）
3×8＝24

（答え） 24まい

アドバイス

▶ **3 の段の九九の唱え方**を正確に覚えます。3 の段では，**3 ずつ順に数が増えていく**ことに着目します。

3 の段の九九の唱え方　「**三三が 9**」「**三六 18**」「**三八 24**」などは，子どもにとっては不思議な言い方かもしれませんが，覚えやすい語呂の調子から，このように唱えています。同様に，「**三一が 3**」から「**三三が 9**」までは，「**が**」をつけて唱えることにも注意しましょう。

1 **3 の段の九九**のかけ算練習をします。

2 真ん中の数が「**かけられる数**」，周りの数が「**かける数**」になります。右上から時計回りに，
左側は，3×3，3×1，3×5，3×4，3×2
右側は，3×6，3×9，3×7，3×5，3×8

3 **3 の段の九九**を使って問題を解くことができるようにします。まず**式**を書き，その後，九九を唱えて**答え**を求めます。その際，3 枚の 8 人分で「3 枚の **8 倍**」になることをしっかりとおさえます。

本冊 142ページ

4 4のだんの 九九 〈2年〈

まず やってみよう！

4のだんの 九九を おぼえましょう。

四一が 4	四二が 8	四三 12
四四 16	四五 20	四六 24
四七 28	四八 32	四九 36

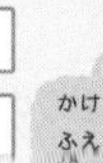

1 計算を しましょう。

4×3＝12　4×6＝24　4×2＝8
4×4＝16　4×8＝32　4×5＝20
4×1＝4　4×9＝36　4×7＝28

2 まん中の 数に まわりの 数を かけましょう。

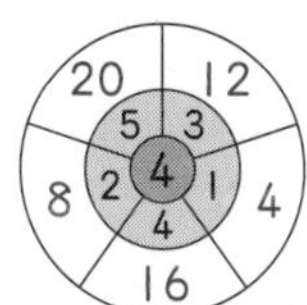

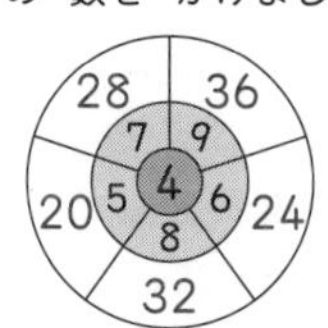

3 みどりさんの 学級には，4人の はんが 8つ あります。みどりさんの 学級の 人数は 何人ですか。

（しき）
4×8＝32

（答え） 32人

アドバイス

▶ **4 の段の九九の唱え方**を正確に覚えます。4 の段では，**4 ずつ順に数が増えていく**ことに着目します。

4 の段の九九の唱え方　「**四八 32**」は，子どもにとっては不思議な言い方かもしれませんが，覚えやすい語呂の調子から，このように唱えています。同様に，「**四一が 4**」と「**四二が 8**」は，「**が**」をつけて唱えることにも注意しましょう。

1 **4 の段の九九**のかけ算練習をします。

2 真ん中の数が「**かけられる数**」，周りの数が「**かける数**」になります。右上から時計回りに，
左側は，4×3，4×1，4×4，4×2，4×5
右側は，4×9，4×6，4×8，4×5，4×7

3 **4 の段の九九**を使って問題を解くことができるようにします。まず**式**を書き，その後，九九を唱えて**答え**を求めます。その際，4 人の 8 班分で「4 人の **8 倍**」になることをしっかりとおさえます。

本冊 143ページ

力をためすもんだい ❶

1 かけ算を しましょう。

5×4＝20　2×3＝6　4×6＝24　3×3＝9
3×7＝21　4×1＝4　3×4＝12　2×4＝8
2×9＝18　3×2＝6　5×6＝30　4×7＝28
5×5＝25　2×6＝12　4×8＝32　3×5＝15
3×6＝18　4×3＝12　2×2＝4　5×1＝5
2×1＝2　3×8＝24　2×5＝10　4×2＝8
5×7＝35　4×4＝16　3×9＝27　2×8＝16
4×9＝36　2×7＝14　5×2＝10　5×9＝45

2 答えが 12に なる カードに ○，16に なる カードに △を つけましょう。

3×5　2×6（○）　4×4（△）　5×6　2×8（△）
4×3（○）　3×7　5×2　3×4（○）　2×2

3 だんごが 1本の くしに 3こずつ さして あります。くし 4本では，だんごは 何こに なりますか。

（しき）3×4＝12

（答え）12こ

アドバイス

1 2～5**の段の九九**の習熟をはかる問題です。計算間違いがないように，正確に計算します。間違いがあれば，その段の九九をもう一度復習し，完全に覚えましょう。

2 それぞれのカードの計算をして，答えが12や16になるものを見つけ，カードに○や△をつけます。計算結果は，左から順に
上のカード 15，12，16，30，16
下のカード 12，21，10，12，4
になります。

3 「3こ**ずつ**」だから，**かけ算**を使って問題を解くことに気づかなくてはいけません。「3こずつ」で「4本」だから，式は「3×4」になります。そして，3**の段の九九**を使って答えを求めます。ここで，「4×3」とした場合は，「**1つ分の数**」と，「**いくつ分**」をはっきりと区別できていないことになるので注意します。また，答えには「こ」をつけることを忘れないようにします。

本冊 144ページ

力をためすもんだい ❷

1 かけ算を しましょう。

5×8＝40　4×2＝8　3×1＝3　2×3＝6
2×9＝18　5×6＝30　4×9＝36　3×6＝18
4×5＝20　2×4＝8　5×9＝45　3×9＝27
3×3＝9　5×1＝5　4×7＝28　5×4＝20
2×8＝16　3×7＝21　4×8＝32　2×7＝14
3×5＝15　2×6＝12　5×3＝15　4×6＝24
4×1＝4　5×5＝25　3×4＝12　4×4＝16

2 答えが 同じに なる カードを，線で むすびましょう。

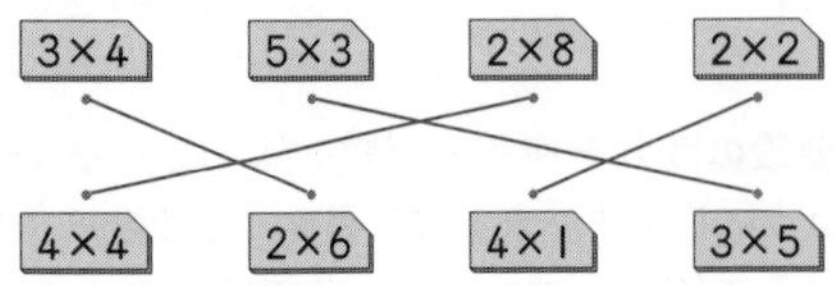

3 1ふくろに，みかんが 4こずつ 入って います。6ふくろでは，みかんは 何こに なりますか。

（しき）4×6＝24

（答え）24こ

アドバイス

1 2～5**の段の九九**の習熟をはかる問題です。計算間違いがないように，正確に計算します。間違いがあれば，その段の九九をもう一度復習し，完全に覚えましょう。

2 それぞれのカードの計算をして，答えが同じになるものを線で結びます。計算結果は，左から順に
上のカード　12，15，16，4
下のカード　16，12，4，15
になります。

3 「4こ**ずつ**」だから，**かけ算**を使って問題を解くことに気づかなくてはいけません。「4こずつ」で「6ふくろ」だから，式は「4×6」になります。そして，4**の段の九九**を使って答えを求めます。また，答えには「こ」をつけることを忘れないように注意します。

本冊 145ページ

力をのばすもんだい

1 □に あてはまる 数を 書きましょう。

2×[5]＝10　3×[7]＝21　4×[9]＝36
[5]×3＝15　[3]×8＝24　2×[3]＝6
5×[5]＝25　[2]×9＝18　[5]×8＝40
[4]×7＝28　[3]×4＝12　4×[4]＝16

2 答えが 大きい ほうに，○を つけましょう。

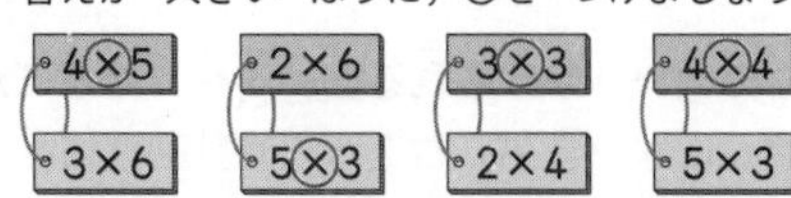

3 まんじゅう 3こ入りの はこが 6はこ あります。まんじゅうは ぜんぶで 何こ ありますか。

（しき）3×6＝18　（答え）18こ

4 自どう車が 4台 あります。1台の 自どう車に 5人ずつ のります。みんなで 何人 のれますか。

（しき）5×4＝20　（答え）20人

アドバイス

1 **2～5の段の九九**の答えから，かけられる数やかける数を見つける問題です。2×□＝10は，答えが10になる**2の段の九九**を見つけます。□×3＝15は，かける数が3で，答えが15になる九九を見つけます。

2 それぞれ上のカードと下のカードの計算をして，答えが大きいほうのカードに○をつけます。
計算の結果は，左から順に次のようになります。
(20, 18)　(12, 15)　(9, 8)　(16, 15)

3 「3こ入り」つまり「3こ**ずつ**」だから，**かけ算**を使って問題を解くことに気づかなくてはいけません。「3こずつ」で「6はこ」だから，式は「3×6」になります。

4 この問題のように，「いくつ分」が先に示されている場合，示された数値の順に「4×5」とする子どもがいますが，これではかけ算の意味を理解しているとはいえません。「**1つ分の数**」と「**いくつ分**」を区別し，「5人ずつが4台分」であることから，式を書くようにします。

本冊 146ページ

5 6のだんの 九九 2年

まず やってみよう！

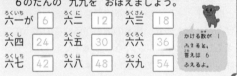

6のだんの 九九を おぼえましょう。

六一が [6]	六二 [12]	六三 [18]
六四 [24]	六五 [30]	六六 [36]
六七 [42]	六八 [48]	六九 [54]

かける数が 1 ふえると，答えは 6 ふえるよ。

1 計算を しましょう。

6×3＝18　6×6＝36　6×2＝12
6×8＝48　6×1＝6　6×9＝54
6×5＝30　6×7＝42　6×4＝24

2 まん中の 数に まわりの 数を かけましょう。

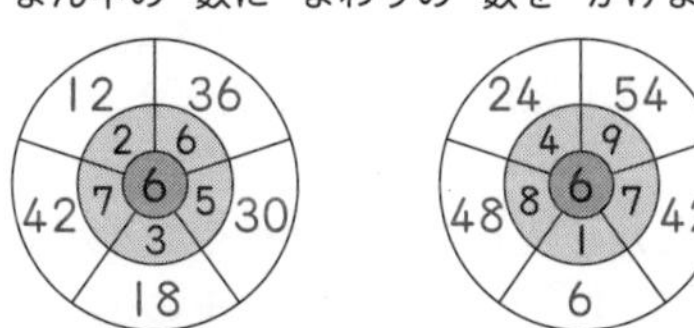

3 1はこに 6こずつ 入って いる チーズが あります。4はこでは，チーズは 何こに なりますか。

（しき）6×4＝24　（答え）24こ

アドバイス

▶ **6の段の九九の唱え方を正確に覚えます**。6の段では，**6ずつ順に数が増えていく**ことに着目します。

6の段の九九の唱え方　「六八48」「六九54」などは，子どもにとっては不思議な言い方かもしれませんが，覚えやすい語呂の調子から，このように唱えています。同様に，「**六一が**6」と，「**が**」をつけて唱えることにも注意しましょう。

1 **6の段の九九**のかけ算練習をします。

2 真ん中の数が「**かけられる数**」，周りの数が「**かける数**」になります。右上から時計回りに，
左側は，6×6，6×5，6×3，6×7，6×2
右側は，6×9，6×7，6×1，6×8，6×4

3 **6の段の九九**を使って問題を解くことができるようにします。まず**式**を書き，その後，九九を唱えて**答え**を求めます。その際，6個の4箱分で「6個の4**倍**」になることをしっかりとおさえます。

本冊 147ページ

6 7のだんの 九九 2年

まず やってみよう！

7のだんの 九九を おぼえましょう。

七一が	7	七二	14	七三	21
七四	28	七五	35	七六	42
七七	49	七八	56	七九	63

1 計算を しましょう。

7×3＝21　7×1＝7　7×6＝42

7×8＝56　7×4＝28　7×7＝49

7×2＝14　7×9＝63　7×5＝35

2 まん中の 数に まわりの 数を かけましょう。

7（中）：4→28，7→49，3→21，1→7，8→56

3 1週間は 7日です。3週間では，何日に なりますか。

(しき)
7×3＝21

(答え) 21日

アドバイス

▶ **7の段の九九の唱え方**を正確に覚えます。7の段では，7**ずつ順に数が増えていく**ことに着目します。

7の段の九九の唱え方 「**七八** 56」は，子どもにとっては不思議な言い方かもしれませんが，覚えやすい語呂の調子から，このように唱えています。同様に，「**七一が** 7」と，「**が**」をつけて唱えることにも注意しましょう。

1 **7の段の九九**のかけ算練習をします。

2 真ん中の数が「**かけられる数**」,周りの数が「**かける数**」になります。右上から時計回りに，
左側は，7×4，7×7，7×3，7×1，7×8
右側は，7×9，7×6，7×7，7×5，7×2

3 **7の段の九九**を使って問題を解くことができるようにします。まず**式**を書き，その後，九九を唱えて**答え**を求めます。その際，3週間分で「7日の3**倍**」になることをしっかりとおさえます。

本冊 148ページ

7 8のだんの 九九 2年

まず やってみよう！

8のだんの 九九を おぼえましょう。

八一が	8	八二	16	八三	24
八四	32	八五	40	八六	48
八七	56	八八	64	八九	72

かける数が 1 ふえると，答えは 8 ふえるよ。

1 計算を しましょう。

8×2＝16　8×6＝48　8×1＝8

8×7＝56　8×4＝32　8×9＝72

8×5＝40　8×8＝64　8×3＝24

2 まん中の 数に まわりの 数を かけましょう。

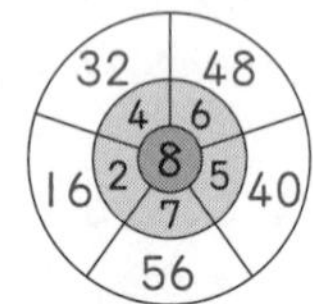

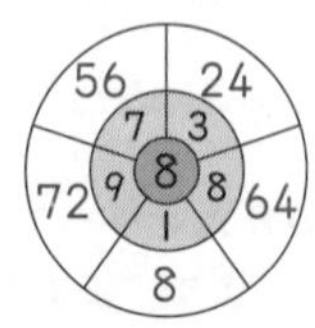

3 1はこに 8こ 入った ドーナツが 7はこ あります。ドーナツは ぜんぶで 何こ ありますか。

(しき)
8×7＝56

(答え) 56こ

アドバイス

▶ **8の段の九九の唱え方**を正確に覚えます。8の段では，8**ずつ順に数が増えていく**ことに着目します。

8の段の九九の唱え方 「**八八** 64」「**八九** 72」などは，子どもにとっては不思議な言い方かもしれませんが，覚えやすい語呂の調子から，このように唱えています。同様に，「**八一が** 8」と，「**が**」をつけて唱えることにも注意しましょう。

1 **8の段の九九**のかけ算練習をします。

2 真ん中の数が「**かけられる数**」,周りの数が「**かける数**」になります。右上から時計回りに，
左側は，8×6，8×5，8×7，8×2，8×4
右側は，8×3，8×8，8×1，8×9，8×7

3 **8の段の九九**を使って問題を解くことができるようにします。まず**式**を書き，その後，九九を唱えて**答え**を求めます。その際，8個の7箱分で「8個の7**倍**」になることをしっかりとおさえます。

本冊 149ページ

8 9のだんの 九九 2年

まず やってみよう！

9のだんの 九九を おぼえましょう。

九一が 9　九二 18　九三 27
九四 36　九五 45　九六 54
九七 63　九八 72　九九 81

かける数が 1 ふえると、答えは 9 ふえるよ。

1 計算を しましょう。

9×4＝36　9×2＝18　9×8＝72
9×3＝27　9×7＝63　9×9＝81
9×6＝54　9×1＝9　9×5＝45

2 まん中の 数に まわりの 数を かけましょう。

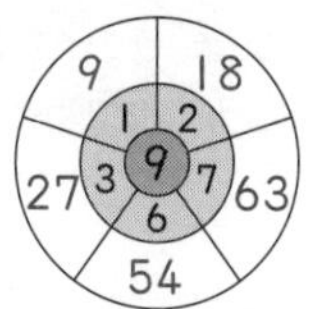

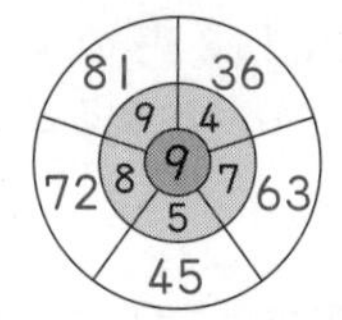

3 1チーム 9人で 野きゅうを します。6チームでは 何人に なりますか。

（しき）　9×6＝54

（答え）　54人

アドバイス

▶ 9の段の九九の唱え方を正確に覚えます。9の段では，**9ずつ順に数が増えていく**ことに着目します。また，答えの十の位の数と一の位の数をたすと，**いつも9になる**ことを教えます。

9の段の九九の唱え方　「九八 72」は，子どもにとっては不思議な言い方かもしれませんが，覚えやすい語呂の調子から，このように唱えています。同様に，「**九一が9**」と，「が」をつけて唱えることにも注意しましょう。

1 **9の段の九九**のかけ算練習をします。

2 真ん中の数が「**かけられる数**」，周りの数が「**かける数**」になります。右上から時計回りに，
左側は，9×2，9×7，9×6，9×3，9×1
右側は，9×4，9×7，9×5，9×8，9×9

3 **9の段の九九**を使って問題を解くことができるようにします。まず**式**を書き，その後，九九を唱えて**答え**を求めます。その際，9人の6チーム分で「9人の6**倍**」になることをしっかりとおさえます。

本冊 150ページ

9 1のだんの 九九 2年

まず やってみよう！

1のだんの 九九を おぼえましょう。

一一が 1　一二が 2　一三が 3
一四が 4　一五が 5　一六が 6
一七が 7　一八が 8　一九が 9

かける数が 1 ふえると、答えは 1 ふえるよ。

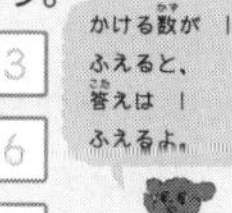

1 計算を しましょう。

1×7＝7　1×6＝6　1×5＝5
1×2＝2　1×1＝1　1×8＝8
1×4＝4　1×9＝9　1×3＝3

2 まん中の 数に まわりの 数を かけましょう。

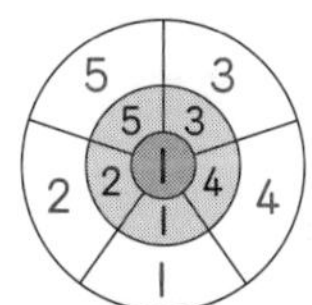

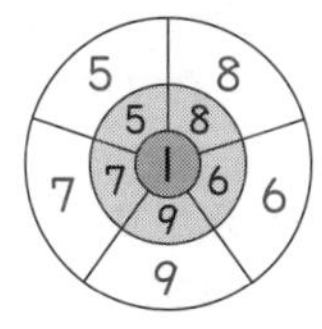

3 おさら 1さらに，1こずつ ケーキを のせて いきます。おさらが 6さら あります。ケーキは 何こ いりますか。

（しき）　1×6＝6

（答え）　6こ

アドバイス

▶ 1の段の九九の唱え方を正確に覚えます。1の段では，**1ずつ順に数が増えていく**ことに着目します。また，1の段の九九では，**答えがかける数と同じになっている**ことを教えます。

1の段の九九の唱え方　「**一一が1**」「**一二が2**」などは，子どもにとっては不思議な言い方かもしれませんが，覚えやすい語呂の調子から，このように唱えています。また，**すべて「が」をつけて唱える**ことにも注意しましょう。

1 **1の段の九九**のかけ算練習をします。

2 真ん中の数が「**かけられる数**」，周りの数が「**かける数**」になります。右上から時計回りに，
左側は，1×3，1×4，1×1，1×2，1×5
右側は，1×8，1×6，1×9，1×7，1×5

3 **1の段の九九**を使って問題を解くことができるようにします。まず**式**を書き，その後，九九を唱えて**答え**を求めます。その際，1個の6皿分で「1個の6**倍**」になることをしっかりとおさえます。

本冊 151ページ

10 九九を こえる かけ算 〈2年〉

まず やってみよう！

九九を こえる かけ算を しましょう。

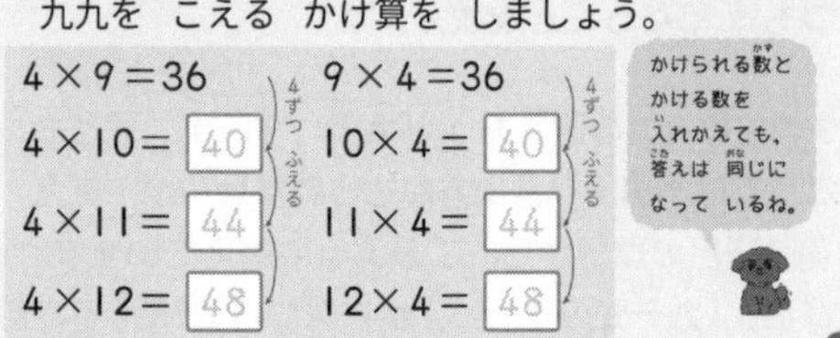
4×9＝36　　9×4＝36
4×10＝40　　10×4＝40
4×11＝44　　11×4＝44
4×12＝48　　12×4＝48

かけられる数と かける数を 入れかえても，答えは 同じに なって いるね。

1 計算を しましょう。

3×9＝27　　3×10＝30　　3×11＝33

9×5＝45　　10×5＝50　　11×5＝55

12×3＝36　　14×6＝84　　10×7＝70

2 1こ 12円の あめを 4こ 買います。いくら はらえば よいですか。

（しき）12×4＝48　　（答え）48円

3 だいちさんの はんは 3人 います。1人に 色紙を 14まいずつ くばると，色紙は 何まい いりますか。

（しき）14×3＝42　　（答え）42まい

アドバイス

▶**九九をこえるかけ算**です。**2けたの数と1けたの数のかけ算は3年で学習する内容**ですが，簡単なかけ算は2けたのかけ算の導入として2年で学習します。

1 **九九をこえるかけ算**の習熟をはかる問題です。上段では，かける数が1ずつ増えているので，答えは**かけられる数ずつ**順に増えます。
中段では，かけられる数が1ずつ増えているので，答えは**かける数ずつ**順に増えます。

2 **九九をこえるかけ算**を使って問題を解くことができるようにします。支払う金額は12円の4個分で，「12円の4倍」，つまり，式は12×4＝48となることをしっかりと理解します。

3 この問題では，「いくつ分」が先に示されています。示された数値の順に 3×14 と式を書かないように，「**1つ分の数**」と「**いくつ分**」をしっかりと区別してから式を書くようにします。

本冊 152ページ

11 0の かけ算 〈チャレンジ〉

まず やってみよう！

0の ある かけ算を しましょう。

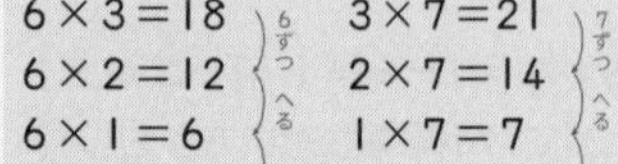
6×3＝18　　3×7＝21
6×2＝12　　2×7＝14
6×1＝6　　1×7＝7
6×0＝0　　0×7＝0

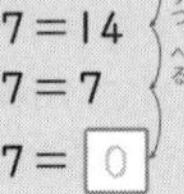

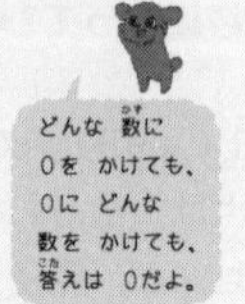

1 計算を しましょう。

4×2＝8　　4×1＝4　　4×0＝0

2×9＝18　　1×9＝9　　0×9＝0

2 計算を しましょう。

0×8＝0　　0×3＝0　　5×0＝0

2×0＝0　　1×0＝0　　0×4＝0

3 □に あてはまる 数を 書きましょう。

8×0＝0　　0×6＝0　　0×0＝0

4 答えが 0に なる カードに，○を つけましょう。

 3×2　 4×0（○）　 8×2　 9×3　0×8（○）

0×9（○）　5×1　2×5　 7×0（○）　3×6

アドバイス

▶ **0のかけ算は3年で学習する内容**ですが，かけ算をさらに深く理解するために取り上げています。

〉0のかけ算〉0は「何もない」ということを表す数字でもあるので，「**どんな数に0をかけても，0にどんな数をかけても，答えはいつも0になる**」ことを理解しましょう。

1 上段では，かける数が1ずつ減っているので，答えは**かけられる数ずつ**順に減っていきます。
下段では，かけられる数が1ずつ減っているので，答えは**かける数ずつ**順に減ります。

2 0のかけ算練習をします。**答えは，いつも0になる**ことに気づかなくてはいけません。

3 **かけ算の答えが**0になるときは，かけられる数か，かける数のどちらかが必ず0になります。また，**両方とも0のときも，答えは**0になります。

4 「答えが0になる」から，かけられる数か，かける数に0があるカードを選びます。

本冊 153ページ

力をためすもんだい❶

1 かけ算を しましょう。

6×4＝24	8×7＝56	9×2＝18	1×6＝6
7×3＝21	1×5＝5	8×5＝40	6×3＝18
6×1＝6	9×9＝81	7×9＝63	8×3＝24
9×3＝27	6×5＝30	7×5＝35	1×7＝7
8×2＝16	9×8＝72	6×8＝48	7×7＝49
7×4＝28	8×4＝32	9×7＝63	6×9＝54
1×9＝9	7×6＝42	1×3＝3	9×5＝45
6×2＝12	7×1＝7	8×9＝72	1×2＝2

2 答えが 18に なる カードに ○，36に なる カードに △を つけましょう。

6×6(△)　7×8　8×2　9×2(○)　6×8

8×5　6×3(○)　9×6　7×3　9×4(△)

3 1本の ひもから 9cmの ひもが ちょうど 8本 切りとれました。はじめ，ひもは 何cm ありましたか。

(しき)
9×8＝72

(答え) 72cm

アドバイス

1 **6〜9の段**と，**1の段の九九**の習熟をはかる問題です。計算間違いがないように，正確に計算します。間違いがあれば，その段の九九をもう一度復習し，完全に覚えましょう。

2 それぞれのカードの計算をして，答えが18や36になるものを見つけ，カードに○や△をつけます。計算結果は，左から順に
上のカード　36，56，16，18，48
下のカード　40，18，54，21，36
になります。

3 問題文の中に「ずつ」の言葉がありませんが，問題の意味から，**かけ算**を使って解く問題であることに気づかなくてはいけません。まず式を書き，その後，**九九**を唱えて答えを求めます。その際，9cmの8本分で「9cmの8倍」になることをしっかりとおさえます。また，答えには「cm」をつけることを忘れないように注意します。

本冊 154ページ

力をためすもんだい❷

1 かけ算を しましょう。

7×5＝35	6×9＝54	1×8＝8	8×2＝16
9×7＝63	6×7＝42	8×3＝24	7×2＝14
8×6＝48	9×6＝54	7×7＝49	1×4＝4
9×4＝36	7×8＝56	6×6＝36	8×8＝64
6×3＝18	8×4＝32	9×1＝9	1×6＝6
9×5＝45	8×1＝8	7×4＝28	6×5＝30
2×12＝24	4×11＝44	3×10＝30	5×13＝65
14×3＝42	12×5＝60	13×6＝78	11×7＝77

2 答えが 同じに なる カードを，線で むすびましょう。

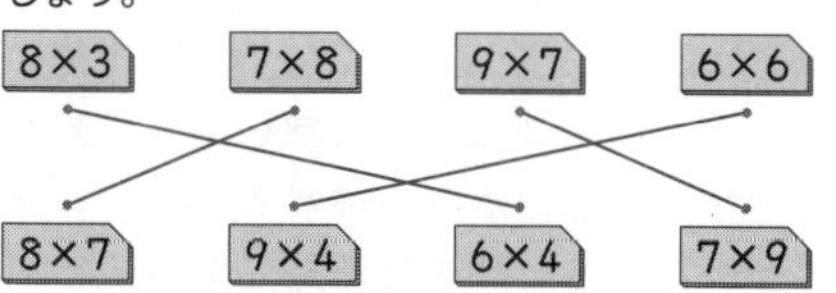

3 1れつに 7人ずつ すわって いくと，ちょうど 6れつ できました。みんなで 何人 いますか。

(しき)
7×6＝42

(答え) 42人

アドバイス

1 **6〜9の段**と，**1の段の九九**，**九九をこえるかけ算**の習熟をはかる問題です。計算間違いがないように，正確に計算します。

2 それぞれのカードの計算をして，答えが同じになるものを線で結びます。計算結果は，左から順に
上のカード　24，56，63，36
下のカード　56，36，24，63
になります。

3 「7人ずつ」だから，**かけ算**を使って問題を解くことに気づかなくてはいけません。「7人ずつ」で「6れつ」だから，式は 7×6 になります。そして，**7の段の九九**を使って答えを求めます。また，答えには「人」をつけることを忘れないように注意します。

本冊 155ページ

力をのばすもんだい

1 計算(けいさん)を　しましょう。

0×4＝0　　8×0＝0　　0×0＝0

9×10＝90　　12×3＝36　　11×7＝77

2 □に　あてはまる　数(かず)を　書(か)きましょう。

6×［7］＝42　　1×［8］＝8　　8×［9］＝72

［5］×3＝15　　［7］×4＝28　　［9］×5＝45

3 答(こた)えが　大(おお)きい　ほうに，○を　つけましょう。

（8⊗7／9×6）　（9×1／6⊗2）　（8×6／7⊗7）　（8⊗5／6×6）

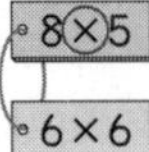

4 いちごを　5人(にん)の　子(こ)どもに　くばりました。どの子どもも　10こずつ　もらいました。ぜんぶで　何(なん)こ　くばりましたか。

（しき）　10×5＝50

（答え）　50こ

5 1本(ぽん)　6cmの　テープを　12本(ほん)　つなげました。はしから　はしまでは，何cmに　なりましたか。

（しき）　6×12＝72

（答え）　72cm

アドバイス

1 0のかけ算と九九をこえるかけ算の練習をします。

2 1〜9の段の九九から，かけられる数やかける数を見つける問題です。

6×□＝42　の場合は，答えが42になる**6の段の九九**を見つけます。

□×3＝15　の場合は，かける数が3で，答えが15になる九九を見つけます。

3 それぞれ上のカードと下のカードの計算をして，答えが大きいほうのカードに○をつけます。計算の結果は，左から順に次のようになります。

（56／54）　（9／12）　（48／49）　（40／36）

4 この問題では，「いくつ分」が先に示されています。示された数値の順に5×10と式を書かないように，「**1つ分の数**」と「**いくつ分**」をしっかりと区別してから式を書くようにします。

5 「ずつ」の言葉がありませんが，問題の意味から，**かけ算**を使って解く問題であることに気づかなくてはいけません。

本冊 157ページ

1 九九(くく)の　ひょう　〈2年・チャレンジ〉

まず　やってみよう！

九九の　ひょうを　しあげましょう。

×	1	2	3	4	5	6	7	8	9
1	1	2	3	4	5	6	7	8	9
2	2	4	6	8	10	12	14	16	18
3	3	6	9	12	15	18	21	24	27
4	4	8	12	16	20	24	28	32	36
5	5	10	15	20	25	30	35	40	45
6	6	12	18	24	30	36	42	48	54
7	7	14	21	28	35	42	49	56	63
8	8	16	24	32	40	48	56	64	72
9	9	18	27	36	45	54	63	72	81

（横：かける数　縦：かけられる数）

かける数が　1　ふえると，答(こた)えは　かけられる数　だけ　ふえるよ。

1 上(うえ)の　九九の　ひょうを　見(み)て，答えましょう。

(1) 2のだんの　九九の　答えは，いくつずつ　ふえていますか。　（ 2ずつ ）

(2) 7のだんの　九九で，かける数が　1　ふえると，答えは　いくつ　ふえますか。　（ 7 ）

2 □に　あてはまる　数を　書(か)きましょう。

4×［8］＝32　　9×［7］＝63　　［5］×8＝40

アドバイス

▶**九九の表**を完成させて，九九の表の仕組みを考えます。1の段，2の段，……，9の段と，順に九九を唱えながら，表を完成させていきます。

▶それぞれの段について，**答えの並び方**を調べて，かける数が1増えると，答えはかけられる数だけ増えていることを確認します。また，**表の見方**についても，しっかりと身につけます。

1 **2の段と7の段**について，**答えの並び方**を調べます。このとき，表を横に見ることに注意します。

2 **九九の表**を利用して，あてはまる数を見つけます。

4×□＝32　は，**4の段**だから，まず表の4の段を横に見て32を見つけ，次に表を縦に見て，32の真上にある**かける数**を見つけます。

□×8＝40　は，かける数が8だから，まず表のかける数8の列を縦に見て40を見つけ，次に表を横に見て，40の真横にある**かけられる数**を見つけます。

本冊 ⇒ 158ページ

2 九九の きまり 〈2年・チャレンジ〉

まず やってみよう！

□に あてはまる 数や ことばを 書きましょう。

❶ かけ算では，かける数が 1 ふえると，答えは［かけられる数］だけ ふえます。

4×8＝4×7＋［4］

❷ かけ算では，かけられる数と かける数を 入れかえても，答えは［同じ］に なります。

5×6＝［6］×5

1 □に あてはまる 数を 書きましょう。

5×6＝5×5＋［5］　5×6＝5×7−［5］

6×3＝6×［2］＋6　7×5＝7×［6］−7

2 □に あてはまる 数を 書きましょう。

4×3＝［3］×4　8×5＝5×［8］

［9］×7＝7×9　6×［2］＝2×6

3 つぎの 九九と 同じ 答えに なる 九九を 書きましょう。

4×5＝［5×4］　9×5＝［5×9］

アドバイス

▸ここでは，九九の表を調べて知った**九九のきまり**を，一般的な言葉で表現したり，**式に表したり**できるようにします。

▸**九九のきまり**には，次のようなものがあります。

①かけ算では，かける数が1増えると，答えはかけられる数だけ増える。

②かけ算では，かけられる数とかける数を入れかえても，答えは同じになる。

1 **九九のきまり①**をもとに，□にあてはまる数を求めます。

5×6＝5×5＋□ は，かける数が1減っているので，かけられる数の5だけ加えます。

6×3＝6×□＋6 は，かけられる数だけ加えているので，かける数は3より1小さくなります。

2 **九九のきまり②**をもとに，□の数を求めます。

4×3＝□×4 は，4と3を入れかえても**答えは同じ**だから，□＝3 になります。

3 **九九のきまり②**をもとに，同じ答えになる九九を書きます。

本冊 ⇒ 159ページ

4 答えが つぎの 数に なる 九九を，ぜんぶ 書きましょう。

9 （ 1×9，3×3，9×1 ）

16 （ 2×8，4×4，8×2 ）

18 （ 2×9，3×6，6×3，9×2 ）

24 （ 3×8，4×6，6×4，8×3 ）

36 （ 4×9，6×6，9×4 ）

はってん

5 49のように，1つしか 九九が ない 答えを，この ほかに ぜんぶ 書きましょう。

（ 1，25，64，81 ）

はってん

6 18のように，4つ 九九が ある 答えを，この ほかに ぜんぶ 書きましょう。

（ 6，8，12，24 ）

はってん

7 □に あてはまる 数を 書きましょう。

2×7＋4×7＝［6］×7　8×3＋8×2＝8×［5］

4×9＋3×［9］＝7×9　5×［3］＋5×8＝5×11

7×5−7×3＝7×［2］　8×6−2×6＝［6］×6

5×6−［5］×2＝5×4　9×［4］−1×4＝8×4

アドバイス

4 **九九の表**を見て，その答えになる**九九**を見つけます。このとき，「かけ算では，かけられる数とかける数を入れかえても，答えは同じになる」という**九九のきまり**を利用して求めます。つまり，9では，1×9 の九九が見つかったら，必ず，9×1 の九九も同じ答えになります。

5 **九九の表**を見て考えますが，「7×7＝49」から，かけられる数とかける数が同じ九九という特徴を，理解しなくてはいけません。このような九九の中から，答えが1つだけのものをさがします。

6 **九九の表**を見て考えます。落ちがないように，印を変えてチェックします。

7 「かけ算では，かけられる数やかける数を分けて計算しても，答えは同じになる」という**分配法則**を利用して解く問題です。

2×7＋4×7＝□×7 は，かける数がどちらも7であることから，**かけられる数**に着目すると，□＝2＋4＝6 となります。

本冊 160ページ

力をためすもんだい ①

1 下の ひょうの あいて いる ところに 答えを 書きましょう。

×	かける数								
	4	6	1	8	9	5	2	7	3
3	12	18	3	24	27	15	6	21	9
6	24	36	6	48	54	30	12	42	18
1	4	6	1	8	9	5	2	7	3
4	16	24	4	32	36	20	8	28	12
9	36	54	9	72	81	45	18	63	27
2	8	12	2	16	18	10	4	14	6
8	32	48	8	64	72	40	16	56	24
5	20	30	5	40	45	25	10	35	15
7	28	42	7	56	63	35	14	49	21

（かけられる数）

2 □に あてはまる 数を 書きましょう。

4×7＝4×[6]＋4　　3×8＝3×[9]－3

6×5＝6×4＋[6]　　7×2＝7×3－[7]

8×3＝[8]×2＋8　　5×3＝[5]×4－5

[7]×9＝7×8＋7　　[6]×2＝6×3－6

アドバイス

1 **九九**を唱えて表を完成させますが，かけられる数，かける数とも１から順に並んでいないことに注意します。このような問題を解くことで，九九の習熟をはかることができます。

2 **九九のきまり**「かけ算では，かける数が１増えると，答えはかけられる数だけ増える」をもとに，□にあてはまる数を求めます。

4×7＝4×□＋4 は，かけられる数だけ加えているので，かける数は7より１小さくなります。つまり，□＝6 になります。

6×5＝6×4＋□ は，かける数が１減っているので，かけられる数の6だけ加えます。つまり，□＝6 になります。

8×3＝□×2＋8 は，かける数が１増えると，かけられる数だけ増えるというきまりから，□＝8 になります。

□×9＝7×8＋7 は，かける数が１増えると，かけられる数だけ増えるというきまりから，□＝7になります。

本冊 161ページ

力をためすもんだい ②

1 □に あてはまる 数を 書きましょう。

4×[7]＝28　　1×[8]＝8　　[5]×8＝40

[3]×7＝21　　[6]×4＝24　　3×[9]＝27

7×[5]＝35　　[2]×8＝16　　[8]×9＝72

[8]×5＝40　　9×[6]＝54　　5×[9]＝45

2 □に あてはまる 数を 書きましょう。

4×7＝[7]×4　　5×8＝8×[5]

8×[3]＝3×8　　[7]×2＝2×7

6×4＝4×[6]　　9×[3]＝3×9

2×9＝[9]×2　　[3]×7＝7×3

3 答えが つぎの 数に なる 九九を，ぜんぶ 書きましょう。

8　（ 1×8，2×4，4×2，8×1 ）

12　（ 2×6，3×4，4×3，6×2 ）

48　（ 6×8，8×6 ）

アドバイス

1 **1～9の段**の九九の答えから，かけられる数やかける数を見つける問題です。

4×□＝28 の場合は，答えが28になる**4の段の九九**を見つけます。

□×8＝40 の場合は，かける数が8で，答えが40になる九九を見つけます。

2 **九九のきまり**「かけ算では，かけられる数とかける数を入れかえても，答えは同じになる」をもとに，□にあてはまる数を求めます。

4×7＝□×4 は，4と7を入れかえても**答えは同じ**だから，□＝7 になります。

3 **九九の表**を見て，その答えになる九九を見つけます。このとき，**九九のきまり**を利用して求めることに注意します。

8では，1×8 の九九が見つかったら，必ず，8×1 の九九も同じ答えになります。

本冊 162ページ

力をのばすもんだい

1 同じ 答えに なるように，□に あてはまる 数を 書きましょう。

4×3＝2×[6]　6×6＝[9]×4
3×8＝[6]×4　9×2＝3×[6]
6×[1]＝2×3　4×[2]＝1×8
[4]×4＝8×2　[4]×1＝2×2

2 それぞれの しきで，□に あてはまる 同じ 数を 書きましょう。

[5]×[5]＝25　[7]×[7]＝49　[1]×[1]＝1
[6]×[6]＝36　[9]×[9]＝81　[2]×[2]＝4
[3]×[3]＝9　[4]×[4]＝16　[8]×[8]＝64

3 □に あてはまる 数を 書きましょう。

3×7＋2×7＝[5]×7　6×5−4×5＝[2]×5
2×8＋[5]×8＝7×8　4×7−[3]×7＝1×7
8×4＝8×[2]＋8×2　5×3＝5×[8]−5×5
7×5＝7×3＋7×[2]　9×7＝9×9−9×[2]

アドバイス

1 同じ答えになるように，□にあてはまる，かけられる数やかける数を求める問題です。
まず，**かけ算の答え**を求め，次に，**九九**を唱えて□にあてはまる数を求めます。
4×3＝2×□ → 4×3＝12 だから，2×□＝12 → 2の段の九九を順に唱えて，□＝6
6×6＝□×4 → 6×6＝36 だから，□×4＝36 → かける数が4の九九を順に唱えて，□＝9

2 **かけられる数とかける数が同じである九九**を答えます。1×1，2×2，……，9×9まで9個あるので，順にあてはめて答えを見つけます。

3 「かけ算では，かけられる数やかける数を分けて計算しても，答えは同じになる」という**分配法則**を利用して解く問題です。
かけられる数やかける数に着目して，次のように計算します。
3×7＋2×7＝□×7 は，**かけられる数**に着目すると，□＝3＋2＝5 となります。
8×4＝8×□＋8×2 は，**かける数**に着目すると，4＝□＋2より，□＝4−2＝2 となります。

本冊 163ページ

とっくんもんだい 1

1 計算を しましょう。

6×8＝48　7×3＝21　2×9＝18　5×6＝30
9×5＝45　8×7＝56　4×8＝32　3×5＝15
3×9＝27　1×2＝2　7×7＝49　8×6＝48
6×4＝24　5×8＝40　3×4＝12　2×4＝8
1×7＝7　2×8＝16　4×7＝28　9×9＝81

2 計算を しましょう。

5×0＝0　8×0＝0　10×0＝0
0×9＝0　0×12＝0　0×0＝0

3 まん中の 数に まわりの 数を かけましょう。

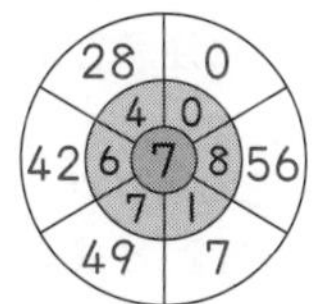

4 □に あてはまる 数を 書きましょう。

7×[4]＝28　[6]×3＝18　8×[5]＝40
[4]×6＝24　5×[7]＝35　[9]×7＝63

アドバイス

1 **九九**の計算の習熟をはかる問題です。計算間違いがないように，正確に計算します。間違いがあれば，その段の九九をもう一度復習し，完全に覚えましょう。

2 **0のかけ算**の練習をします。
0のかけ算では，答えは，**いつも**0になります。

3 真ん中の数が「**かけられる数**」，周りの数が「**かける数**」になります。0や10のかけ算が含まれていることに注意します。
左側は**7の段の九九**で，右上から時計回りに，
7×0，7×8，7×1，7×7，7×6，7×4
右側は**9の段の九九**で，右上から時計回りに，
9×6，9×4，9×9，9×10，9×7，9×2

4 答えから，かけられる数やかける数を見つける問題です。7×□＝28 の場合は，答えが28になる**7の段の九九**を見つけます。
□×3＝18 の場合は，かける数が3で，答えが18になる九九を見つけます。

本冊 164ページ

とっくんもんだい ❷

1 □に あてはまる 数を 書きましょう。

8×7＝7×[8]　　3×9＝[9]×3

[6]×5＝5×6　　4×[6]＝6×4

2 □に あてはまる 数を 書きましょう。

7×4＝7×5－[7]　　6×[7]＝6×8－6

8×6＝8×[5]＋8　　5×[5]＝5×4＋5

3 答えが つぎの 数に なる 九九を，ぜんぶ 書きましょう。

6　（ 1×6，2×3，3×2，6×1 ）

16（ 2×8，4×4，8×2 ）

24（ 3×8，4×6，6×4，8×3 ）

4 4のように，3つ 九九が ある 答えを，このほかに ぜんぶ 書きましょう。

（ 9，16，36 ）

5 □に あてはまる 数を 書きましょう。

3×6＋5×6＝[8]×6　　2×7－2×4＝2×[3]

8×7＝8×5＋8×[2]　　6×2＝6×4－6×[2]

アドバイス

1 **九九のきまり**「かけ算では，かけられる数とかける数を入れかえても，答えは同じになる」をもとに，□にあてはまる数を求めます。

2 **九九のきまり**「かけ算では，かける数が1増えると，答えはかけられる数だけ増える」をもとに，□にあてはまる数を求めます。
7×4＝7×5－□ は，かける数が1増えているので，かけられる数の7だけ減らします。
8×6＝8×□＋8 は，かけられる数だけ加えているので，かける数は6より1小さくなります。

3 **九九の表**を見て，その答えになる**九九**を見つけます。
6では，1×6 の九九が見つかったら，必ず，6×1 の九九も同じ答えになります。

4 **九九の表**を見て考えます。

5 「かけ算では，かけられる数やかける数を分けて計算しても，答えは同じになる」という**分配法則**を利用して解く問題です。

本冊 165ページ

とっくんもんだい ❸

1 計算を しましょう。

12×4＝48　　13×2＝26　　11×8＝88

14×2＝28　　12×6＝72　　13×3＝39

2×14＝28　　3×13＝39　　4×11＝44

5×13＝65　　5×12＝60　　3×14＝42

15×5＝75　　6×14＝84　　17×3＝51

2 □に あてはまる 数を 書きましょう。

8×11＝8×10＋[8]　　9×10＝9×[9]＋9

3×16＝3×17－[3]　　6×12＝6×[13]－6

3 1本の ひもから，14cmの ひもが ちょうど 5本 切りとれました。はじめ，ひもは 何cm ありましたか。

（しき）14×5＝70　　（答え）70cm

4 みかんを 3人の 子どもに くばりました。どの子どもも 12こずつ もらいました。ぜんぶで 何こ くばりましたか。

（しき）12×3＝36　　（答え）36こ

アドバイス

1 **九九をこえる，簡単な2けたの数と1けたの数のかけ算**の習熟をはかる問題です。計算間違いがないように，正確に計算します。

2 **九九のきまり**「かけ算では，かける数が1増えると，答えはかけられる数だけ増える」をもとに，□にあてはまる数を求めます。

3 問題文の中に「ずつ」の言葉がありませんが，問題の意味から，**かけ算**を使って解く問題であることに気づかなくてはいけません。まず式を書き，その後，答えを求めます。その際，14cmの5本分で「14cmの5倍」になることをしっかりとおさえます。また，答えにはcmをつけることを忘れないように注意します。

4 この問題では，「いくつ分」が先に示されています。示された数値の順に 3×12 と式を書かないように，「**1つ分の数**」と「**いくつ分**」をしっかりと区別してから式を書くようにします。

第6章 はかり方

本冊 167ページ

1 時計 〈1〜2年〈〈

まず やってみよう！

時計の はりの うごき方を しらべましょう。

❶ 時計の 長い はりは，1回りするのに，[1]時間 または [60]分 かかります。

❷ 時計の みじかい はりは，1回りするのに，[12]時間 かかります。

❸ 右の 時計は 3時[30]分ですが，3時[半]とも いいます。

3時30分と3時半は同じだよ。

1 何時 または 何時何分ですか。

（ 3時 ）（ 1時30分 ）（ 8時19分 ）

2 5時半の 時計に ○を つけましょう。

アドバイス

▶**時計の両針の動き方**を理解します。針が1回りするのに，長針は**1時間=60分**かかり，短針は**12時間**かかります。

▶**「何時」は短針，「何分」は長針**で読むことを理解し，時計が示す**時刻を正しく読める**ようにします。このとき，次のような点に注意します。

㋐短針と長針では，同じ目盛りであっても読み方が違うこと。

㋑目盛りの起点が**12の数字から**であること。

また，「何時30分」の別のいい方として，**「何時半」**といういい方があることも学びます。

1 時計の短針と長針が指し示す位置から，**時刻を読む**問題です。**短針→長針 の順**に読み取りますが，長針は，数字ごとに**5分刻みの読み方**を身につけるようにします。

2 短針が5と6の間，長針が**ちょうど**6を指している時計を見つけます。

本冊 168ページ

3 時計と 時こくを 線で むすびましょう。

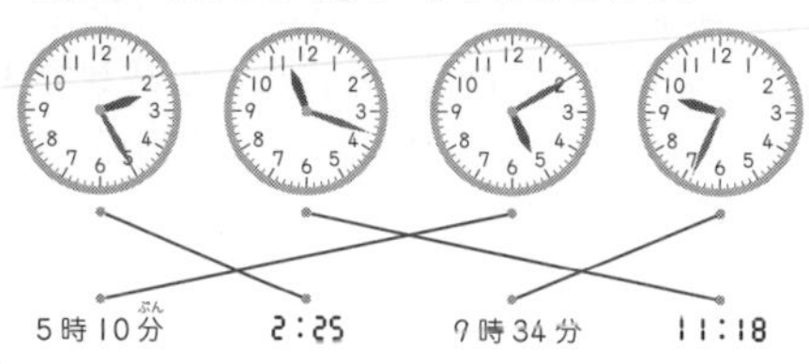

4 7時前の 時計に ○，7時すぎの 時計に △を つけましょう。

5 3時20分から 1時間 たった 時計に ○を つけましょう。

6 11時半より 30分前の 時計に ○を つけましょう。

アドバイス

3 時計と，時計が示す時刻を線で結びます。このとき，**デジタル表示**とも対応させ，時刻の読み取りの理解を深めます。

4 **「何時前」**や**「何時過ぎ」**といった表し方について理解し，7時を基準に，その「前」と「過ぎ」の時刻を考えます。長針の位置は，「前」の場合は7時ちょうどを示す「12」より**左側**，「過ぎ」の場合は**右側**にあります。

5 「3時20分から1時間たつ」ということは，**長針がちょうど1回り**して，「もとの4の位置」にきて，短針は，「3と4の間」から「4と5の間」に進むことです。つまり，**4時20分**を示している時計に○をつけます。

6 時計の針を**逆回転**させて，30分前を考えます。長針は，6から12に戻り，短針は，11と12の真ん中から11に戻ることを確認します。つまり，**11時**を示している時計に○をつけます。

本冊 169ページ

まず やってみよう！

時計の みじかい はりや，長い はりを かきましょう。

8時　8時15分　8時半

❶ 時計の みじかい はりは 時 を あらわします。

❷ 時計の 長い はりは 分 を あらわします。

1 時計の 長い はりを かきましょう。

3時　7時半　10時40分

（はってん）

2 時計の はりを かきましょう。

9時　6時　1時30分

アドバイス

▶長針と短針を用いて，**時刻を時計で表現**できるようにします。このとき，次の点に注意します。

㋐短針は**「時」**を表し，時計に示されている**数字**を用いて表現する。

㋑長針は**「分」**を表し，時計に示されている**目盛り**を用いて表現する。

1 示された時刻を**時計**で表します。短針はすでにかいてあるので，長針だけを考えます。
「何時ちょうど」は12，「何時半」つまり「何時30分」は6，「40分」は8の数字を指すことを確認します。長針は，目盛りに注意して正確にかくようにします。

2 示された時刻を**時計**で表します。短針と長針をかきますが，**短針は数字**，**長針は目盛り**に着目することに注意します。
「何時ちょうど」のときは,短針は「**何**」の数字，長針は「12」を指します。また，「**何**時30分」のときは，短針は何の数字と次の数字のちょうど**真ん中**，長針は6の数字を指すようにかきます。

本冊 170ページ

2 時こくと 時間 〈2年〉

まず やってみよう！

時こくと 時間を しらべましょう。

3時 → 40分後 → 3時40分

3時や 3時40分は 時こく、40分後の「40分」は 時間だよ。

❶ 時計の はりが さして いる 時を 時こく と いいます。

❷ 時こくと 時こくの 間を 時間 と いいます。

1 □に あてはまる 時こくを 書きましょう。

(1) 8時から 1時間後の 時こくは 9時 です。

(2) 5時より 40分前の 時こくは 4時20分 です。

（はってん）(3) 9時55分 を 10時5分前とも いいます。

2 □に あてはまる 時間を 書きましょう。

(1) 時計の 長い はりが 2から 3まで うごく 時間は 5分 です。

(2) 時計の みじかい はりが 7から 8まで うごく 時間は 1時間 です。

アドバイス

▶ここでは，**「時刻」**と**「時間」**の言葉の意味と，その違いを明確にします。時計の短針と長針が示している「3時」や「3時40分」などが**時刻**です。そして，「3時」と「3時40分」の間のように，時刻と時刻の間を**時間**といい，3時から3時40分までの時間は**「40分」**となります。

1 ある時刻と，そのへだたりとしての時間から，もう一方の時刻を求める問題です。**「前」「後」**の言葉に注意して，「前」であれば長針を逆回転させ，「後」であれば先に進ませることをイメージして考えます。わかりにくい場合は，実際に時計の針を回して理解するようにします。
(3)では，**10時より5分前の時刻**を求めますが，**「何時何分前」**という時刻の表し方についても学びます。

2 短針や長針の動きから，その**時間**を求めます。
(1)数字と数字の間は**5等分**されていて，長針は1分間に1目盛りずつ進むことから考えます。
(2)短針は，数字から数字まで，**1時間**で進むことを確認します。

本冊 ➡ 171ページ

3 時間の たんい 〈2年・チャレンジ〉

まず やってみよう！

時間の たんいを しらべましょう。

1時間＝［60］分

1分＝［60］秒

1 ［ ］に あてはまる 数を 書きましょう。

3時間＝［180］分　　1時間半＝［90］分

110分＝［1］時間［50］分　　3分＝［180］秒

1分30秒＝［90］秒　　100秒＝［1］分［40］秒

4 午前と 午後 〈2年〉

まず やってみよう！

1日の 時間を しらべましょう。

❶ 昼の 12時までを ［午前］，夜の 12時までを ［午後］と いいます。

❷ 昼の 12時を ［正午］と いいます。

1日＝［24］時間

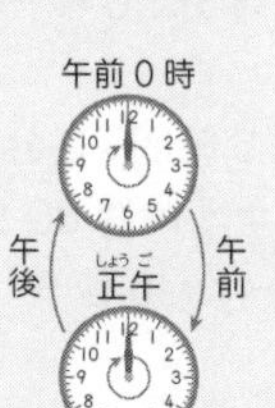

アドバイス

►時間の単位「時，分，秒」と，単位間の関係について理解します。**1時間＝60分**，**1分＝60秒**であり，十進法と違い，60を単位として，**秒→分→時** と単位が変わります。また，「時と分」，「分と秒」の**単位換算**ができるようにします。

1 **単位換算**の練習です。**1時間＝60分**，**1分＝60秒** の関係をもとに，次のように考えます。

1時間半＝60分＋30分＝90分

110分＝60分＋50分＝1時間50分

1分30秒＝60秒＋30秒＝90秒

100秒＝60秒＋40秒＝1分40秒

►時計の短針の動きから，**1日の時間**について学びます。時計の短針は，1日に2回転します。1回転目は**午前**，2回転目は**午後**といいます。そして，お昼の12時（午後0時）を**正午**ともいいます。つまり，正午を境にして，その前を**午前**，後を**午後**ということを理解させます。午前は12時間，午後も12時間だから，合わせて，**1日＝24時間**となることを理解させます。

本冊 ➡ 172ページ

1 ［ ］に あてはまる 数を 書きましょう。

(1) 午前0時は，午後［12］時とも いいます。

(2) 正午は，午前［12］時とも，午後［0］時ともいいます。

(3) 午前も 午後も，それぞれ ［12］時間ずつ あります。

はってん (4) 2日＝［48］時間

時計の みじかい はりは 1日 2回 まわるよ。

2 図を 見て，［ ］に あてはまる 時こくや 時間を 書きましょう。

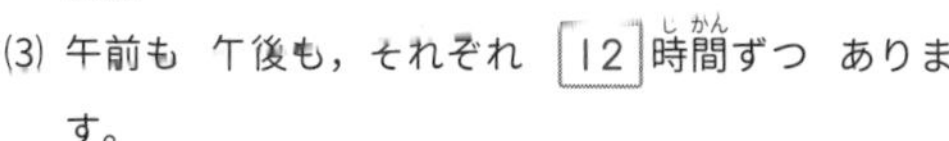

(1) 午前10時から 4時間後の 時こくは，［午後2時］です。

(2) 午後1時より 2時間前の 時こくは，［午前11時］です。

(3) 午前9時から 午後3時までの 時間は，［6時間］です。

アドバイス

1 **1日＝24時間** で，**午前は12時間**，**午後は12時間**であることを理解します。

(1)〜(3)**午前と午後の関係**は次のようになっていることを理解します。

午前0時 —12時間→ 午前12時
午後0時 —12時間→ 午後12時
（正午）　　午前0時→

(4) 1日は24時間だから，2日はその2倍になるから，24時間の2倍の48時間になることを理解させます。

2 **午前と午後**の時刻を，図を見ながら考えます。○時間後は，図では右へ○だけ進み，△時間前は，図では左に△だけ進むことを理解します。

(1) 4時間後だから，右へ4進むと，午後2時になります。

(2) 2時間前だから，左へ2進むと，午前11時になります。

(3) 午前9時から午後3時の間の目盛りは6つあるから，6時間になります。

本冊 173ページ

5 時間の 計算 チャレンジ

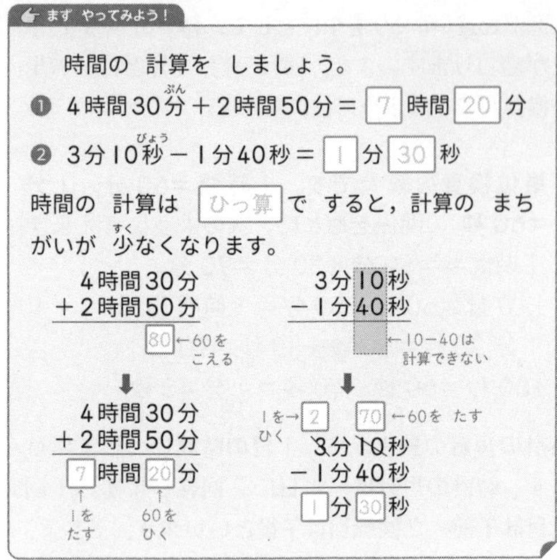

まず やってみよう!
時間の 計算を しましょう。
❶ 4時間30分＋2時間50分＝ 7 時間 20 分
❷ 3分10秒－1分40秒＝ 1 分 30 秒
時間の 計算は ひっ算 で すると，計算の まちがいが 少なくなります。
4時間30分
＋2時間50分
80 ←60を こえる
3分10秒
－1分40秒
←10－40は 計算できない
4時間30分
＋2時間50分
7 時間 20 分
1を たす
60を ひく
1を→ ひく
2 70 ←60を たす
3分10秒
－1分40秒
1 分 30 秒

1 計算を しましょう。

2時間40分＋1時間50分＝4時間30分
3分50秒＋2分50秒＝6分40秒
5時間20分－2時間40分＝2時間40分
4分10秒－1分30秒＝2分40秒

アドバイス

▶ここでは，**時間の計算**の仕方を学びます。時間の計算は，計算間違いのないように，**時間の単位**ごとに筆算でします。

計算は，**秒→分→時間** の順に，単位の小さいほうからします。

たし算では，60 **ごと**に，上の単位に1**繰り上げ**ます。

ひき算では，計算できないときは上の単位から1繰り下げ，下の単位に60を加えます。

1 **時間のたし算やひき算**の計算練習をします。**単位ごとに計算**しますが，繰り上がりや繰り下がりがあるので注意します。

2時間40分＋1時間50分＝3時間90分
＝4時間30分
3分50秒＋2分50秒＝5分100秒
＝6分40秒
5時間20分－2時間40分
＝4時間80分－2時間40分＝2時間40分
4分10秒－1分30秒＝3分70秒－1分30秒
＝2分40秒

本冊 174ページ

力をためすもんだい

1 何時 または 何時何分ですか。

（ 7時30分 ） （ 2時55分 ） （ 9時18分 ）

2 時計の 長い はりを かきましょう。

3時半 6時45分 8時14分

3 8時半から 40分後の 時計に ○，20分前の 時計に △を つけましょう。

4 □に あてはまる 数を 書きましょう。

1分＝ 60 秒　70秒＝ 1 分 10 秒
1時間＝ 60 分　80分＝ 1 時間 20 分

アドバイス

1 時計の短針と長針が指し示す位置から，**時刻を読む**問題です。**短針→長針** の順に読み取りますが，長針は，数字ごとに5**分刻みの読み方**を身につけるようにします。

真ん中の答えを「3時55分」と間違えたときは，「もうすぐ何時になるのか」をたずね，短針が2と3の間にあることを確認します。

2 示された時刻を**時計**で表します。短針はすでにかいてあるので，長針だけを考えます。長針は，1**目盛りが1分**，数字ごとに5**分刻み**で進みます。

3 8時半の短針と長針の位置を基準に考えます。「40分後」は，長針を6から**数字8個分**進ませます。このとき，数字の12を越えるので，「時」が1つ進むことに注意します。「20分前」は，長針を6から**数字4個分**逆回転させます。

4 **単位換算**の練習です。**1時間＝60分，1分＝60秒** の関係をもとに，次のように考えます。

70秒＝60秒＋10秒＝1分10秒
80分＝60分＋20分＝1時間20分

本冊 175ページ

力をのばすもんだい

1 時計の　はりを　かきましょう。

4時　8時　9時半

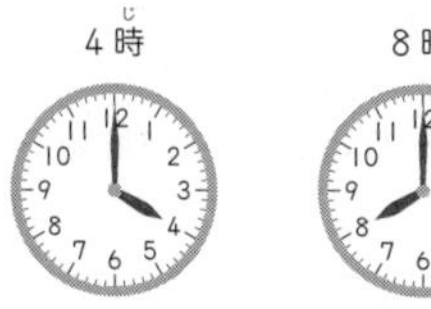

2 □に　あてはまる　時こくを　書きましょう。

(1) 午前9時30分から　4時間後は　午後1時30分

(2) 午後3時10分より　50分前は　午後2時20分

(3) 午後2時55分 を　午後3時5分前とも　いいます。

3 □に　あてはまる　数を　書きましょう。

3分24秒＝ 204 秒　　1 分 46 秒＝106秒

1時間28分＝ 88 分　　3 時間 15 分＝195分

4 計算を　しましょう。

5時間40分＋2時間50分＝8時間30分
6時間10分－2時間30分＝3時間40分
4分50秒＋5分30秒＝10分20秒
10分30秒－9分40秒＝50秒

アドバイス

1 示された時刻を**時計**で表します。**短針は数字，長針は目盛り**に着目します。「何時ちょうど」は，短針は「何」の数字，長針は「12」を指します。また，「何時半」は，短針は何の数字と次の数字のちょうど真ん中，長針は6を指すようにかきます。

2 (1)「4時間後」は，短針を9から右回りに**数字4個分**進ませます。「**午後**」になることに注意します。

(2)「50分前」は，長針を2から**数字10個分**逆回転させると，午後2時20分になります。

3 **単位換算**の練習です。**1時間＝60分，1分＝60秒** の関係をもとに，次のように考えます。

3分24秒＝60秒＋60秒＋60秒＋24秒
　　　　＝204秒
106秒＝60秒＋46秒＝1分46秒

4 時間の計算は，単位ごとに**時，分，秒**に分けて，**筆算**で計算します。
たし算では，**60ごと**に，上の単位に**1繰り上げ**ます。
ひき算では，計算できないときは上の単位から**1繰り下げ**，下の単位に60を加えます。

本冊 177ページ

1 長さくらべ 〈1年〉

まず やってみよう！

どんな　くらべ方ですか。上と　下を　線で　むすびましょう。

テープで くらべる　いくつ分で くらべる　はしを そろえて くらべる　おって くらべる

1 アと　イの　どちらが　長いですか。

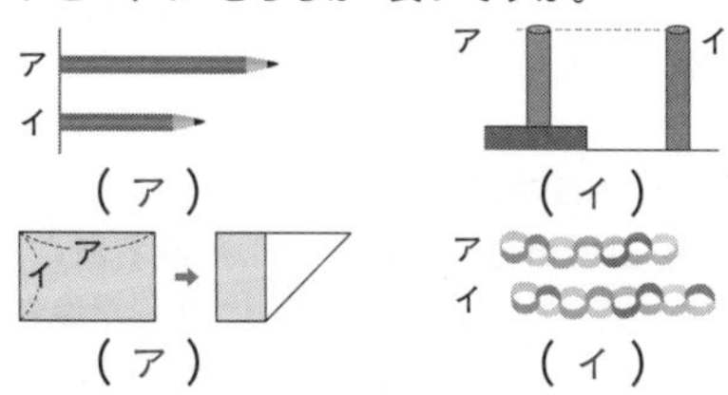

（ア）　（イ）
（ア）　（イ）

2 ノートの　たてと　よこの　長さを，同じ　けしゴムを　ならべて　はかると，たては　10こ，よこは　6こでした。どちらが　長いですか。

（たて）

アドバイス

►次のような長さの比べ方を知り，比べるものの長短を判断します。
㋐一方の端をそろえる（**直接比較**）
㋑折り重ねる（**直接比較**）
㋒同じテープに印をつける（**間接比較**）
㋓基準の単位を決め，その数を数える（**任意単位で比較**）

1 **長さ比べ**の図を見て，長いほうを答えます。このとき，それぞれ次のように比べます。
・左端がそろっていれば，右端の位置で比べる。
・上端がそろっていれば，下端の位置で比べる。
・一端をそろえて折り重ねれば，もう一方の位置で比べる。
・同じ物がいくつかつながっていれば，その個数で比べる。

2 **任意単位の長さ比べ**から，長いほうを答えます。このとき，消しゴムはすべて同じ長さということが前提であることを確認します。縦は消しゴム10個分，横は6個分の長さになることから，**消しゴムの個数の多少**で，**長さの比較**をします。

本冊 178ページ

3 長い じゅんに 番ごうを 書きましょう。

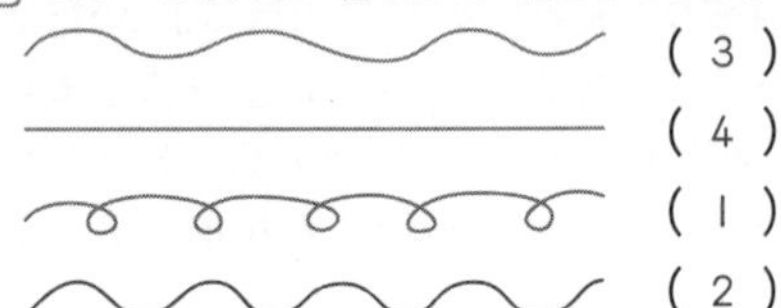

(3)
(4)
(1)
(2)

4 長い じゅんに ならべましょう。

(キ, エ, カ, ア, イ, オ, ウ, ク)

5 同じ 長さを 見つけましょう。

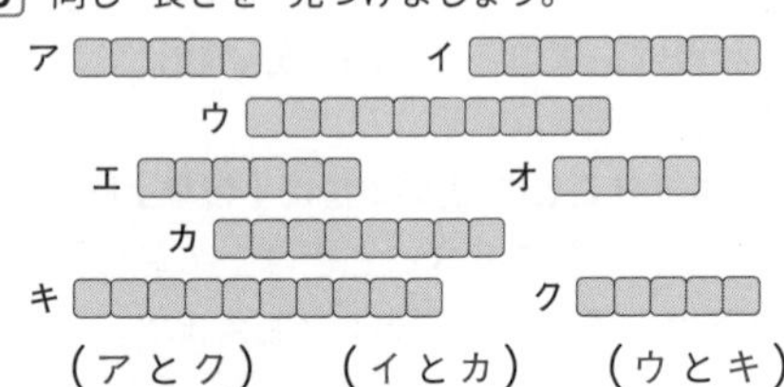

（アとク） （イとカ） （ウとキ）

アドバイス

3 両端が同じ位置にある，**直線といろいろな曲線の長さを比較**します。このとき，次のことを理解します。

㋐**曲線**は，曲がっている分だけ直線より長く，まっすぐに伸ばせば，直線より長くなる。

㋑曲線どうしでは，**曲がり方**が大きいほど，伸ばせば長くなる。

わかりにくい場合は，ひもなどを用いて，実際に比べてみます。

4 それぞれの長さが，**□の何マス分**あるかで比較して，長い順に記号を並べます。

同じ大きさのマス目を数えて長さを比べることは，実際に長さを測る導入につながります。このことより，**（左）端から１つずつ数える**ことを指導することが大切です。

5 ブロックの**個数が同じものが同じ長さ**になることを理解します。

本冊 179ページ

2 長さの はかり方 〈2年〉

まず やってみよう！

ものさしを つかって，テープの 長さを はかりましょう。

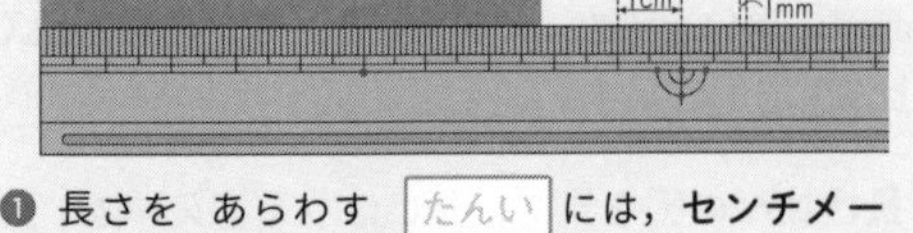

❶ 長さを あらわす たんい には，**センチメートル**が あり， cm と 書きます。

❷ 上の ものさしの １目もりは，1cmを 同じ 長さに 10こに 分けた 長さで， 1ミリメートル と いい， 1mm と 書きます。

❸ この テープの 長さは 7cm8mm です。

1 ものさしの 左の はしから，ア，イ，ウ，エまでの 長さは それぞれ どれだけですか。

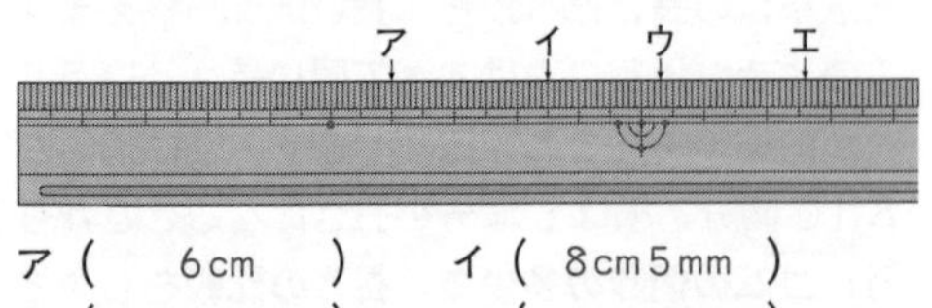

ア（ 6cm ）　イ（ 8cm5mm ）
ウ（ 10cm3mm ）　エ（ 12cm6mm ）

アドバイス

▶**ものさしを使った長さの測り方**を知り，その単位として，mmやcmを用いること，またその**読み方**や**書き方**について学びます。

▶ものさしで長さを測るには，次のことに注意します。

㋐ものさしの端と測りたいものの**端**をそろえる。

㋑測るものに沿ってものさしを**まっすぐ**に置き，**真上から**目盛りを読む。

㋒5，10，15cmなどの**目盛り**を目安にして，まず何cmか，次に何mmかを読む。

1 ものさしに示された**目盛り**を読み取ります。まず，大きい目盛りのcm，次に小さい目盛りのmmの順に読みます。

長さの表し方 長さの表し方には，8cm 5mmのように，2つの単位を用いて表した**複名数**と，85mmのように，1つの単位を用いて表した**単名数**があります。ここでは，単位換算の場合を除き，具体的に長さを実感しやすい複名数で表すことを指導します。

本冊 180ページ

[2] よこの 長さの 正しい はかり方は どれですか。

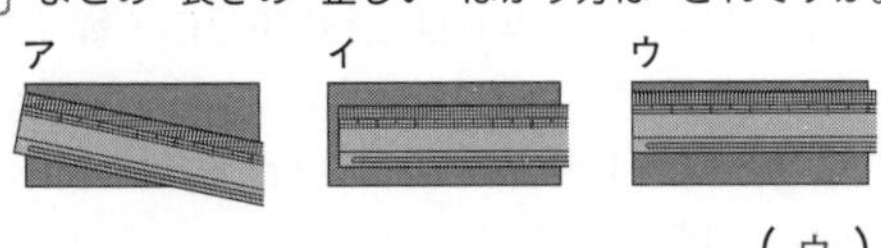

（ ウ ）

[3] 8cm9mmの 長さの テープは どちらですか。

（ イ ）

[4] 下の 線の 長さを はかりましょう。

（ 7cm3mm ）
（ 6cm5mm ）
（ 7cm8mm ）

[5] 線の 長さは どれだけですか。

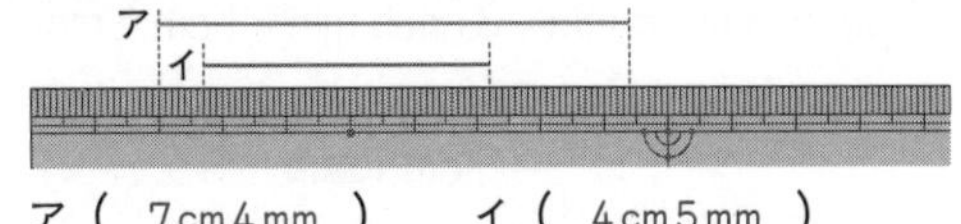

ア（ 7cm4mm ）　イ（ 4cm5mm ）

[6] 教科書の たてと よこの 長さを はかりましょう。

たて（ 25cm7mm ）　よこ（ 18cm2mm ）
または 21cm

アドバイス

[2] **ものさしを正しく使っている**ものを選びます。ものさしで長さを正しく測るには，
㋐測るものとものさしの**左端**をそろえる。
㋑測るものに沿って，ものさしを**まっすぐ**に置く。
の２つのことに注意します。

[3] [2]で示した㋐，㋑に注意して，ものさしでテープの長さを測ります。アは９cm２mmあります。

[4] **斜めの線の長さ**を測るには，ものさしを少し斜めにして，線に沿って置きます。

[5] 線の左端がものさしの左端にそろっていないので，５cmや10cmの目盛りを目安に，そのまま読んではいけないことに注意します。
アは，１cmの部分が７つと，１mmの部分が４つ
イは，１cmの部分が４つと，１mmの部分が両端の３つと２つで５つ
と考えます。

[6] 実際に，身の回りにあるものの長さを測定して，**ものさしの使い方**に慣れます。

本冊 181ページ

3 長さの たんい 〈2年〈

まず やってみよう！

長さの たんいを しらべましょう。
100cmを １メートルと いい，[1] mと 書きます。

１m＝[100] cm

１cm＝[10] mm

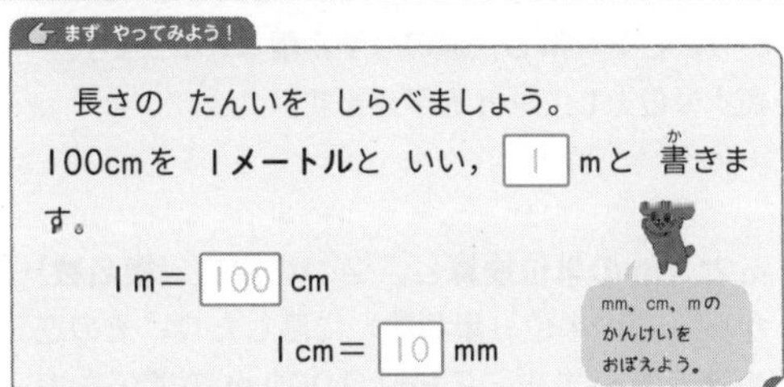

[1] □に あてはまる 数を 書きましょう。

2m＝[200] cm　　3m50cm＝[350] cm
400cm＝[4] m　　860cm＝[8] m [60] cm
4cm＝[40] mm　　57mm＝[5] cm [7] mm

[2] （はってん）長い じゅんに ならべましょう。
6cm9mm　72mm　7cm1mm
（ 72mm，7cm1mm，6cm9mm ）

[3] （ ）に あてはまる 長さの たんいを 書きましょう。
(1) 算数の ノートの あつさ　4（ mm ）
(2) つくえの たての 長さ　40（ cm ）
(3) 学校の ろう下の はば　2（ m ）

アドバイス

▶**長さの単位 m と，その読み方や書き方**，また，次のような単位間の関係について理解します。
１m＝100cm，１cm＝10mm

[1] **単位換算**と，２つの単位（**複名数**）から１つの単位（**単名数**）に直したり，その逆の練習をします。次のように，単位ごとに分けて考えます。
３m 50cm＝300cm＋50cm＝350cm
860cm＝800cm＋60cm＝８m 60cm
57mm＝50mm＋７mm＝５cm ７mm

[2] 真ん中の長さだけがmmで表されているので，ほかのものと単位をそろえて，**cmとmmに直してから長さの比較**をします。もちろん，逆に**すべてをmmに直して比べる**こともできます。
つまり，「６cm９mm，７cm２mm，７cm１mm」または「69mm，72mm，71mm」としてから比べます。

[3] ３つの単位**mm，cm，m**が，身の回りのどのようなものの長さを表すのに適切かを考えます。

本冊 182ページ

4 長さの 計算 〈2年〈〈

まず やってみよう！

長さの 計算を しましょう。

4cm5mm　2cm8mm

❶ 上の 2本の テープを あわせた 長さは，
4cm5mm＋2cm8mm＝ 7 cm 3 mm

❷ 上の 2本の テープの 長さの ちがいは，
4cm5mm－2cm8mm＝ 1 cm 7 mm

1 計算を しましょう。

4m30cm＋5m25cm＝9m55cm
6cm8mm＋4cm7mm＝11cm5mm
9cm2mm－5cm4mm＝3cm8mm
5m－2m30cm＝2m70cm
（はってん）3cm5mm＋16mm＝5cm1mm
（はってん）4cm2mm－23mm＝1cm9mm

（はってん）2 まさきさんは 手を のばすと，1m44cmまで 手が とどきます。68cmの 高さの 台に のると，何m何cmまで 手が とどきますか。

（しき）
1m44cm＋68cm＝2m12cm

（答え）2m12cm

アドバイス

▶長さの計算の仕方について理解します。たし算では，10 mm や 100 cm になれば，上の単位に 1 繰り上げます。ひき算では，ひけないときは，上の単位から 1 繰り下げ，下の単位に 100 cm や 10 mm を加えてから計算します。

1 **長さのたし算やひき算**の計算練習をします。**単位ごとに計算**して，繰り上がりや繰り下がりに注意します。

6 cm 8 mm＋4 cm 7 mm＝10 cm 15 mm
　＝11 cm 5 mm

9 cm 2 mm－5 cm 4 mm
＝8 cm 12 mm－5 cm 4 mm＝3 cm 8 mm

5 m－2 m 30 cm＝4 m100 cm－2 m 30 cm
　＝2 m70 cm

3 cm 5 mm＋16 mm＝3 cm 5 mm＋1 cm 6 mm
　＝4 cm 11 mm
　＝5 cm 1 mm

4 cm 2 mm－23 mm
＝3 cm 12 mm－2 cm 3 mm＝1 cm 9 mm

2 **長さ**を求める文章題です。台の上に乗ると，台の高さだけ高くなることを理解します。

本冊 183ページ

5 道のりと きょり 〈チャレンジ〈〈

まず やってみよう！

長い 長さの たんいを しらべましょう。

❶ 道に そって はかった 長さを 道のり ，まっすぐに はかった 長さを きょり と いいます。

道のり　きより

❷ 1000mを 1キロメートルと いい， 1km と 書きます。

1km＝ 1000 m

1 □に あてはまる 数を 書きましょう。

2km＝ 2000 m　　4km500m＝ 4500 m

3600m＝ 3 km 600 m　　5007m＝ 5 km 7 m

2 ゆいさんの 家から 学校までは，右の 図の とおりです。

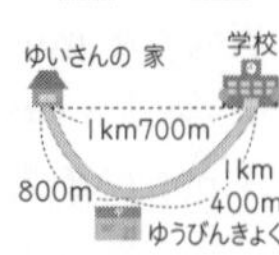

(1) ゆいさんの 家から 学校までの 道のりは，何km何mですか。

（しき）
800m＋1km400m＝2km200m

（答え） 2km200m

(2) ゆいさんの 家から 学校までの きょりは，何km何mですか。　(1km700m)

アドバイス

▶ 2 つの地点を結ぶ道に沿って測った長さを「**道のり**」，2 つの地点をまっすぐに測った長さを「**距離**」ということを理解し，道のりや距離などの長い長さを表す単位として km を学びます。

1 km＝1000 m

1 **m と km の単位換算**と，2 つの単位（**複名数**）から 1 つの単位（**単名数**）に直したり，その逆の練習をします。**1 km＝1000 m** の関係をもとに，次のように，単位ごとに分けて考えます。

4 km 500 m＝4000 m＋500 m＝4500 m
3600 m＝3000 m＋600 m＝3 km 600 m
5007 m＝5000 m＋7 m＝5 km 7 m

2 **道のり**と**距離**を区別してとらえ，その長さを求める文章題です。

(1)**道のり**を求めるので，ゆいさんの家から郵便局の前を通り学校までの，**道に沿った長さ**を求めます。

(2)距離を答えるので，ゆいさんの家から学校までの，**一直線の長さ**を答えます。

本冊 184ページ

力をためすもんだい ①

1 ものさしの 左の はしから，ア，イ，ウ，エまでの 長さは それぞれ どれだけですか。

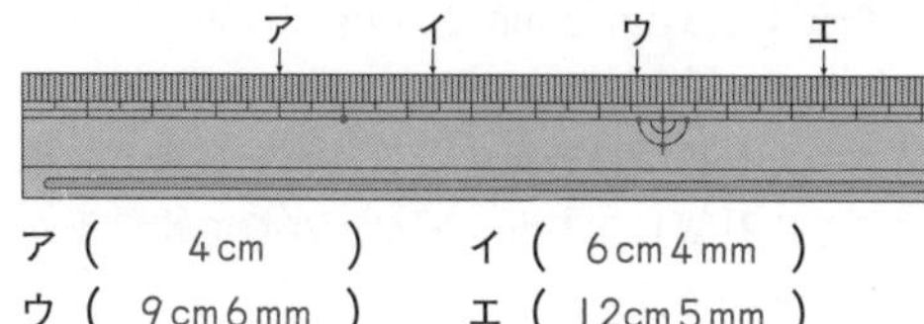

ア（ 4cm ）　イ（ 6cm4mm ）
ウ（ 9cm6mm ）　エ（ 12cm5mm ）

2 下の 線の 長さを はかりましょう。

（ 8cm5mm ）
（ 7cm ）
（ 7cm4mm ）

3 □に あてはまる 数を 書きましょう。

3m＝[300]cm　5cm＝[50]mm
200cm＝[2]m　4m20cm＝[420]cm
6km＝[6000]m　3800m＝[3]km[800]m

4 長い じゅんに ならべましょう。
18cm　56mm　1m
（ 1m，18cm，56mm ）

アドバイス

1 **ものさしに示された目盛り**を読み取ります。まず，大きい目盛りのcm，次に小さい目盛りのmmの順に読みます。

2 線の左端にものさしの左端を合わせ，線の右端のところの目盛りを読みます。**斜めの線の長さ**は,線に沿ってものさしを斜めに置いて測ります。

3 長さの単位の関係1km=1000m，1m=100cm，1cm=10mmをもとに，次のように**単位換算**をします。
4m20cm=400cm+20cm=420cm
3800m=3000m+800m=3km800m

4 長さの単位がすべて違うので，**同じ単位にそろえて**から，大小比較をします。
左から，「18cm，5cm6mm，100cm」になるから，長い順に「1m，18cm，56mm」であることがわかります。数字だけの大きさとは異なることに注意します。

本冊 185ページ

力をためすもんだい ②

1 線の 長さは どれだけですか。

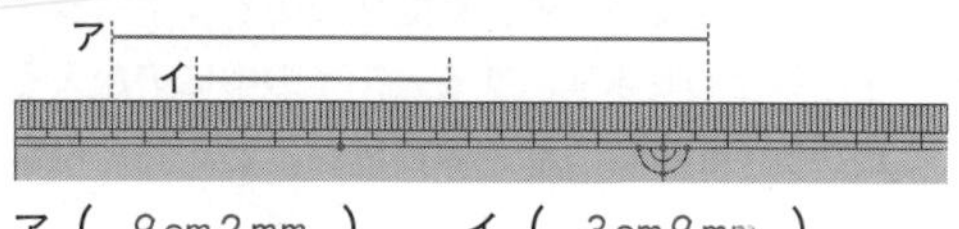

ア（ 9cm2mm ）　イ（ 3cm9mm ）

2 □に あてはまる 数を 書きましょう。

2km400m＝[2400]m　1m6cm＝[106]cm
3cm7mm＝[37]mm　3080m＝[3]km[80]m
1km7m＝[1007]m　49mm＝[4]cm[9]mm

3 長い じゅんに ならべましょう。
3km8m　3100m　3km62m
（ 3100m，3km62m，3km8m ）

4 計算を しましょう。
5cm6mm＋2cm9mm＝8cm5mm
2m85cm＋4m56cm＝7m41cm
1km800m＋2km400m＝4km200m
4m－1m60cm＝2m40cm
5km－2km400m＝2km600m

アドバイス

1 線の左端がものさしの左端にそろっていないので，5cmや10cmの目盛りを目安に，そのまま読んではいけないことに注意します。
アは，1cmの部分が8つと，1mmの部分が両端の5つと7つで12になります。
イは，1cmの部分が3つと，1mmの部分が両端の2つと7つで**9つ**になります。

2 **単位換算**と，**複名数**から**単名数**に直したり，その逆の練習をします。
1km=1000m，1m=100cm，
1cm=10mm
の関係をもとに，**単位ごと**に分けて考えます。

3 真ん中の長さを，**kmとmに直して単位をそろえて**から，長さの比較をします。もちろん，逆に**すべてをmに直して比べる**こともできます。つまり,「3km8m，3km100m，3km62m」または「3008m，3100m，3062m」と直します。

4 **長さのたし算やひき算**の計算練習をします。**単位ごとに計算**しますが，繰り上がりや繰り下がりがあるので注意します。

本冊 ⇒ 186ページ

力をのばすもんだい

1 下の 線の 長さを はかりましょう。

（ 8cm5mm ）

（ 9cm ）

2 計算を しましょう。

6cm5mm＋28mm＝ 9 cm 3 mm

5km300m＋2940m＝ 8 km 240 m

4km200m－2600m＝ 1 km 600 m

304cm－1m25cm＝ 1 m 79 cm

3 学校から 図書かんまでは，右の 図の とおりです。

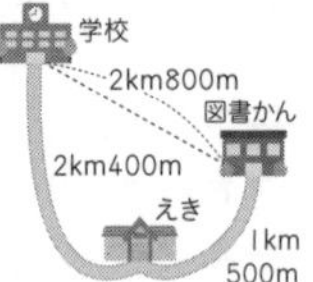

(1) えきから 学校までと，えきから 図書かんまでの 道のりは，どちらが 何m 長いですか。

（しき）
2km400m－1km500m＝900m

（答え）えきから 学校までが 900m 長い。

(2) 学校から 図書かんまでの きょりは どれだけですか。

（ 2km800m ）

アドバイス

1 **折れ曲がった線の長さ**を測ります。折れ曲がった線は，**いくつかの直線**に分け，１つ１つ測定し，それらの長さをたして**全体の長さ**を求めます。
上の線は，4 cm と 4 cm 5 mm をたします。
下の線は，3 cm 5 mm と 1 cm 5 mm と 4 cm をたします。

2 **長さのたし算やひき算**の計算練習をします。**単位ごとに計算**しますが，繰り上がりや繰り下がりがあるので注意します。
5 km 300 m＋2940 m
＝5 km 300 m＋2 km 940 m
＝7 km 1240 m＝8 km 240 m
4 km 200 m－2600 m
＝3 km 1200 m－2 km 600 m
＝1 km 600 m

3 **道のり**と**距離**を区別してとらえ，それらの長さを求める文章題です。
(1)長い道のりから短い道のりをひきます。そして，答え方にも注意します。
(2)**距離**を答えるので，学校から図書館までの，**一直線の長さ**を答えます。

本冊 ⇒ 188ページ

1 広さ くらべ 〈1年〉

まず やってみよう！

レジャーシートの 広さを くらべましょう。どちらが 広いですか。

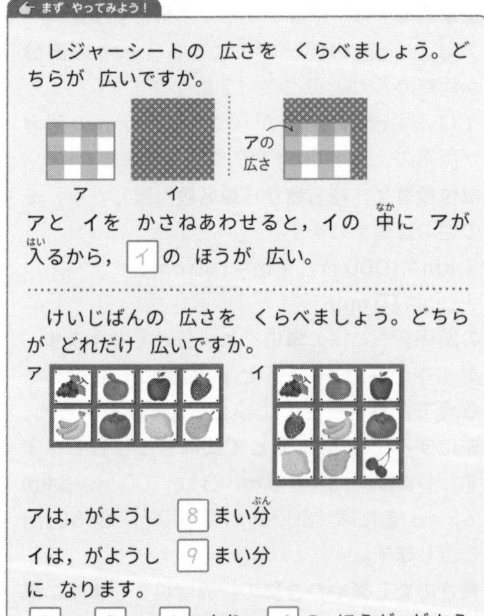

アと イを かさねあわせると，イの 中に アが 入るから，イ の ほうが 広い。

けいじばんの 広さを くらべましょう。どちらが どれだけ 広いですか。

アは，がようし 8 まい分

イは，がようし 9 まい分

に なります。

9 － 8 ＝ 1 より，イ の ほうが がようし 1 まい分 広い。

アドバイス

►**広さの比べ方として，直接比較と任意単位で比較する**ことを学習します。

①**直接比較**

アとイの端をそろえて，直接２つのレジャーシートを重ね合わせます。すると，イの中にアが入ることから，イのほうがアより広いことがわかります。

②**任意単位で比較**

任意単位として，子どもたちの身の回りにある物を使います。
例えば，計算カードやブロック，トランプカードなどを使って，**そのいくつ分かで広さを比べます**。
ここでは，掲示板の広さを貼ってある画用紙の枚数で比べます。
アは画用紙８枚，イは画用紙９枚だから，イのほうが１枚多く貼ってあるので，イのほうの掲示板のほうが広いことを理解させます。
このように，同じ大きさの画用紙やカードを使い，それらの枚数で**広さを比較する**ことを学習します。

本冊 ➡ 189ページ

1 広い じゅんに 番ごうを 書きましょう。

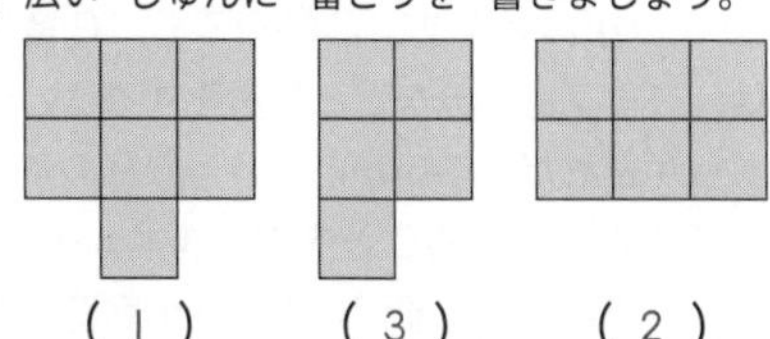

(1)　(3)　(2)

2 3人で，じんとりゲームを しました。広く とれた じゅんに 番ごうを 書きましょう。

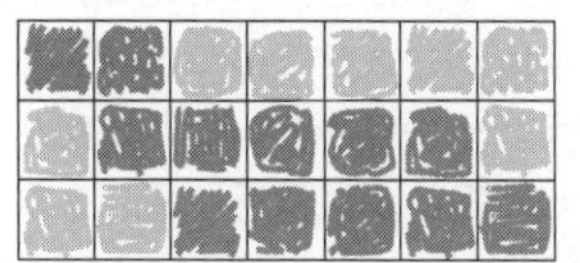

さくら		2
りつ		3
すみれ		1

3 どちらが 広いですか。広い ほうに ○を つけましょう。

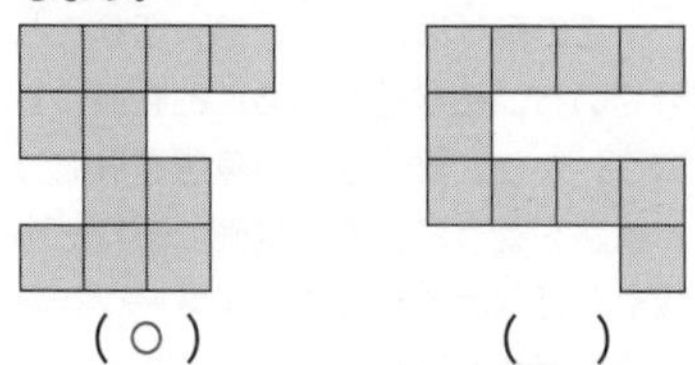

(○)　(　)

アドバイス

1 同じ大きさの正方形の個数で，**3つの図形の広さを比べる問題**です。左端の図形は正方形が7個，中央の図形は正方形が5個，右端の図形は正方形が6個あるから，左端の図形がいちばん正方形の個数が多いことになります。
このことから，左端の図形がいちばん広いことがわかることを理解させます。
この問題のように，同じ大きさの図形の個数で広さを比べる考え方は，**任意単位で比較**するという考え方であることを指導することが大切です。

2 **陣取りゲーム**をして**広さ比べ**をする問題です。3人の陣取り結果を調べると，さくらさんが7つ，りつさんが5つ，すみれさんが9つになっています。3人の取った数を比較すると，すみれ，さくら，りつの順に個数が多いので，この順に広いことがわかることを理解します。

3 **□を1つの単位**として，**広さを比較**します。左側は□が11個，右側は□が10個だから，左側のほうが広いことを理解します。

本冊 ➡ 190ページ

力をためすもんだい

1 どちらが 広いですか。広い ほうに ○を つけましょう。

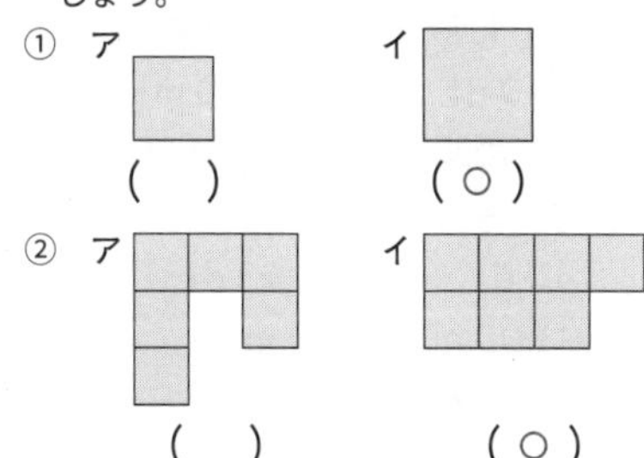

① ア ( )　イ (○)

② ア ( )　イ (○)

2 □が 何まいで できて いますか。しらべて，広い じゅんに，( )に 番ごうを 書きましょう。

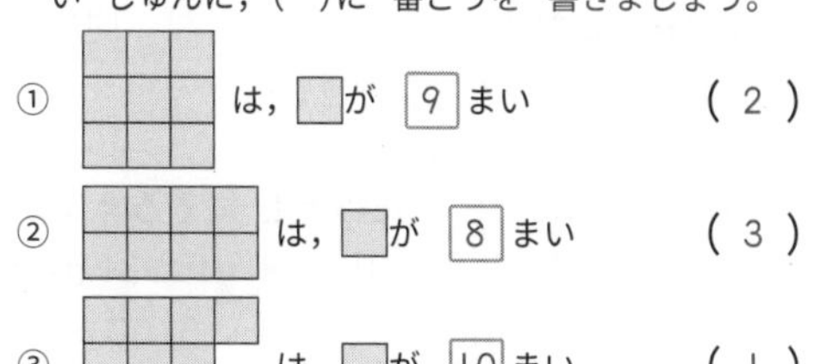

① は，□が 9 まい　(2)

② は，□が 8 まい　(3)

③ は，□が 10 まい　(1)

アドバイス

1 ①は**直接比較**，②は**任意単位で比較**する広さ比べの問題です。
①アとイの正方形を直接に重ね合わせると，アがイの中にすっぽりと入ることになります。だから，イのほうが広いことがわかります。
②■を**任意単位**として，アとイの形の**広さを比較**します。アは■が6つ，イは■が7つあるから，イのほうが広いことがわかります。

2 **任意単位で広さを比較**する問題です。□の数をそれぞれ調べ，**広さの順番**を決めていきます。①は□が9枚，②は□が8枚，③は□が10枚あるから，□の数が多い順に並べると，③，①，②となり，広さもこの順になることがわかります。このように，**□の数で広さの順が決まる**ことを理解します。

本冊 ⁛ 192ページ

1 かさくらべ 〈1年〈

まず やってみよう！

水とうに 入る 水の かさを しらべました。どちらが どれだけ 多く 入りますか。

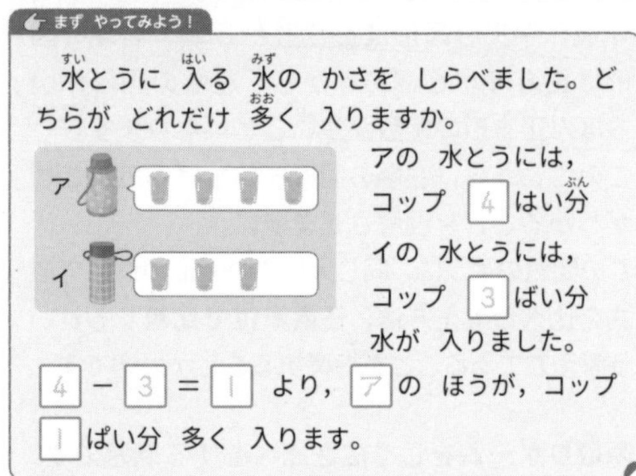

アの 水とうには，コップ 4 はい分

イの 水とうには，コップ 3 ばい分

水が 入りました。

4 − 3 = 1 より，ア の ほうが，コップ 1 ぱい分 多く 入ります。

1 いろいろな 入れものに 入る 水の かさを しらべました。水が 多く 入る じゅんに 番ごうを 書きましょう。

(3)

(4)

(2)

(1)

アドバイス

►かさ比べの方法には，**直接比較**，**間接比較**，**任意単位で比較**の３つがあります。この中でも，任意単位で比較は，コップ何杯分などと数量化することにより，どちらがどれだけ多いかという，かさの多少を詳しく知ることができることを学びます。また，この基準となる単位は，**必ず同じ大きさの容器**であることにも注意します。

1 **任意単位**（コップ）でのかさ比べを見て，その多少を判断します。同じ大きさのコップなので，コップの数を数え，その数の多いほうがかさが多いことを理解し，多い順に番号を書きます。上から，コップ５杯分，４杯分，６杯分，７杯分と，正確に数えます。

〉量感について〉 この章「はかり方」で大切なことは，実際に自分でいろいろな量を測ることを通して，**時間，長さ，広さ，かさ，重さなどの量感**を身につけることです。量感を養うことで，場面に適した単位や，**量の比較や計算**などを具体的にイメージすることができ，学習の理解を深めます。

本冊 ⁛ 193ページ

2 かさの たんい 〈2年〈

まず やってみよう！

かさの たんいを しらべましょう。

❶ かさを あらわす たんいに リットル が あり，Lと 書きます。

1 L＝ 10 dL

1 L＝ 1000 mL

❷ 1Lを 10こに 分けた 1こ分を 1dL と 書き，1デシリットル と 読みます。

❸ 1Lを 1000こに 分けた 1こ分を 1mL と 書き，1ミリリットル と 読みます。

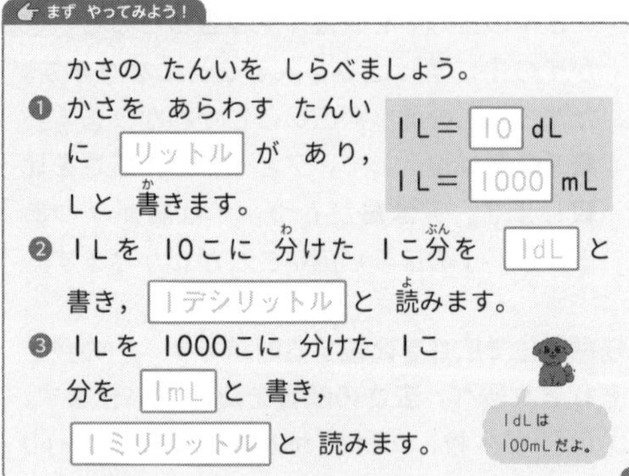

1 □に あてはまる 数を 書きましょう。

2L＝ 20 dL　　4L3dL＝ 43 dL

3dL＝ 300 mL　　1L5dL＝ 1500 mL

1200mL＝ 12 dL　　3800mL＝ 3 L 8 dL

はってん

2 かさの 多い じゅんに ならべましょう。

2L　2L1dL　1L9dL

（ 2L1dL，2L，1L9dL ）

3400mL　2L9dL　31dL

（ 3400mL，31dL，2L9dL ）

アドバイス

►**かさの単位** L，dL，mL と，**その読み方や書き方**，また，次のような単位間の関係について理解します。

1 L＝10 dL，1 L＝1000 mL

1 **単位換算**と，２つの単位（**複名数**）から１つの単位（**単名数**）に直したり，その逆の練習をします。1 L＝10 dL，1 L＝1000 mL，また，1 dL＝100 mL の関係をもとに，次のように，**単位ごと**に分けて考えます。

4 L 3 dL＝40 dL＋3 dL＝43 dL

1 L 5 dL＝1000 mL＋500 mL
＝1500 mL

1200 mL は，100 mL が 12 個分で，12 dL

3800 mL＝3000 mL＋800 mL
＝3 L＋8 dL＝3 L 8 dL

2 **単位の異なるかさ比べ**をするときには，**同じ単位にそろえる**必要があります。
上段は，２ L を基準に考えます。
下段は，**すべて dL または mL にそろえて**比較します。つまり，「34 dL，29 dL，31 dL」または，「3400 mL，2900 mL，3100 mL」とします。

本冊 ⁜ 194ページ

3 かさの 計算 〈2年〉

まず やってみよう！

計算を しましょう。

❶ 1L3dL＋7dL＝[2]L　❷ 1L6dL－6dL＝[1]L

❸ 3L6dL＋2L8dL

＝5L[14]dL＝[6]L[4]dL

❹ 4L5dL－1L7dL

＝3L[15]dL－1L7dL＝[2]L[8]dL

1L＝10dL だよ。

[1] 計算を しましょう。

1L3dL＋6dL＝1L9dL

2L＋1L4dL＝3L4dL

1L7dL＋2L5dL＝4L2dL

1L6dL－2dL＝1L4dL

2L5dL－1L3dL＝1L2dL

3L－1L6dL＝1L4dL

かさの計算は、
同じ たんいどう
しで 計算するん
だよ。

[2] やかんに 2Lの お茶が 入って います。水とうに お茶を 6dL 入れると，やかんには 何L何dL のこりますか。

（しき）
2L－6dL＝1L4dL

（答え）1L4dL

アドバイス

►**かさの計算**の仕方について理解します。**同じ単位ごとに筆算**で計算すると，計算間違いが少なくなります。

たし算では，10dL になれば，L の位に1繰り上げます。

ひき算では，ひけないときは，L の位から1繰り下げ，dL の位に 10dL を加えてから計算します。

[1] **かさのたし算やひき算**の計算練習をします。**単位ごと**に計算しますが，繰り上がりや繰り下がりがあるので注意します。

1L7dL＋2L5dL＝3L12dL
＝4L2dL

3L－1L6dL＝2L10dL－1L6dL
＝1L4dL

[2] **かさ**を求める文章題です。2L のお茶から 6dL をほかへ移した残りを求めることから，**ひき算の問題**であることを理解しなくてはいけません。式と計算は，次のようになります。

2L－6dL＝1L10dL－6dL
＝1L4dL

本冊 ⁜ 195ページ

力をためすもんだい

1 [　]に あてはまる 数を 書きましょう。

3L＝[30]dL　　4L5dL＝[45]dL

2dL＝[200]mL　　32dL＝[3]L[2]dL

5000mL＝[5]L　　4500mL＝[4]L[5]dL

（はってん）
2 □に あてはまる >，<を 書きましょう。

5L[>]48dL　　3L[<]3L1dL

1200mL[<]1L3dL　　450mL[<]45dL

3 計算を しましょう。

1L8dL＋2L4dL＝4L2dL

2L9dL＋1L8dL＝4L7dL

6L－2L3dL＝3L7dL

4L2dL－3L8dL＝4dL

（はってん）
4 やかんの お茶を 3dLずつ コップに 分けると，5この コップに 分ける ことが でき，2dL のこりました。やかんには，何L何dLの お茶が 入って いましたか。

（しき）
3×5＝15　15＋2＝17
17dL＝1L7dL

（答え）1L7dL

アドバイス

1 **単位換算**と，**複名数から単名数**に直したり，その逆の練習をします。1L=10dL，1L=1000mL，1dL=100mL の関係をもとに，**単位ごと**に分けて考えます。

2 **単位が異なるかさを比べ，大小関係を不等号を使って**表します。
大>小，小<大となるように，>，<の記号を使えるようにします。
5L=50dL，48dL
3L，3L 1dL……端数があるほうが多い。
1200mL，1L3dL=1300mL
450mL，45dL=4500mL

3 **かさ**の計算練習をします。繰り上がりや繰り下がりに注意しながら，**単位ごとに計算**します。

4 **かさ**を求める文章題です。問題の意味から，**かけ算**を用いて考えます。5個のコップに分けたということは，コップ全部で 3dL×5 となります。そして，その答えに残りの 2dL をたします。

本冊 197ページ

1 重さの たんい 〈チャレンジ〉

まず やってみよう！

重さの たんいを しらべましょう。

❶ 重さを あらわす たんいに **グラム**が あり，[g]と 書きます。

❷ 1000gを [1キログラム]と いい，[1kg]と 書きます。

❸ 1000kgを [1トン]と いい，[1t]と 書きます。

1kg＝[1000]g
1t＝[1000]kg

重い ものを はかる ときは，ふつう kg の たんいを つかうよ。

1 [ ]に あてはまる 数を 書きましょう。

2kg＝[2000]g　　3000g＝[3]kg

4800g＝[4]kg[800]g　　6kg30g＝[6030]g

6t＝[6000]kg　　5700kg＝[5]t[700]kg

2 （ ）に あてはまる たんいを 書きましょう。

(1) お父さんの 体重　67（ kg ）

(2) 絵本 1さつの 重さ　690（ g ）

(3) たまご 1この 重さ　68（ g ）

(4) ゾウの 体重　5（ t ）

アドバイス

▶**重さの単位g，kg，tと，その読み方や書き方，**また，次のような単位間の関係について理解します。

1kg＝1000g，1t＝1000kg

重さの単位には，このほかにもmgなどがありますが，今の段階では，gとkgとtを扱います。

1 **単位換算**と，**単名数**から**複名数**に直したり，その逆の練習をします。1kg＝1000g，1t＝1000kgの関係をもとに，次のように**単位ごと**に分けて考えます。

4800g＝4000g＋800g＝4kg800g
6kg30g＝6000g＋30g＝6030g
5700kg＝5000kg＋700kg＝5t700kg

2 3つの単位g，kg，tが，身の回りのどのようなものの重さを表すのに適切かを考えます。

本冊 198ページ

2 はかりの つかい方 〈チャレンジ〉

まず やってみよう！

正しい ほうに ○を つけましょう。

❶ はかる ものの （かさ 重さ）を よそうして，はかりを えらぶ。

❷ はかりを （たいらな かたむいた） ところに おく。

❸ はじめに，はりが （10 0）を さすように する。

❹ 目もりは （正めん ななめ）から 読む。

1 はりの さして いる 重さを 書きましょう。

（ 450g ）

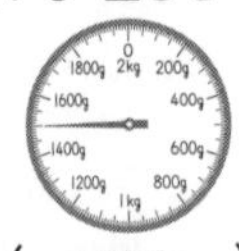

（ 1500g ）
または1kg500g

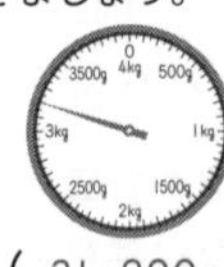

（ 3kg200g ）
または3200g

2 正しい 文には ○，正しく ない 文には ×を （ ）に 書きましょう。

（ × ）体重計の 上に 立つと，すわるより 体重が 重く なる。

（ ○ ）1円玉 1この 重さは 1gである。

（ × ）ねん土の 形を かえると，重さも かわる。

アドバイス

▶**はかりの使い方**として，以下の4つの注意点を知り，重さを正しく測定できるようにします。

①測るものの重さの見当をつけて，はかりを選ぶ。
②はかりを平らな所に置く。
③初めに，針が「0」を指すようにする。
④目盛りは，正面から読む。

1 **はかりが示す目盛り**を読みます。左側は**1kgばかり**，中央は**2kgばかり**，右側は**4kgばかり**で，それぞれ**1目盛りの大きさが違う**ので，注意が必要です。

左側は，400gと500gのちょうど真ん中，
中央は，1400gと1600gのちょうど真ん中を読みます。
右側は，3kgと，1kgを10個に分けた目盛り（100g）の2個分で，3kg200gとなります。

2 実際に，体重を測ったり，粘土の形を変えて測ったりして確認します。また，身の回りのもので，1g，100g，1kgの重さのものを覚えておくことで，**量感**が養われ，**重さの見当づけ**などに役立ちます。

本冊 199ページ

3 重さの 計算 〈チャレンジ〉

まず やってみよう！

計算を しましょう。

❶ 800g＋300g＝ 1100 g＝ 1 kg 100 g

❷ 1kg300g－700g＝ 1300 g－700g＝ 600 g

❸ 3kg600g＋2kg800g
＝5kg 1400 g＝ 6 kg 400 g

❹ 4kg200g－3kg500g
＝3kg 1200 g－3kg500g＝ 700 g

❺ 1t－800kg＝ 1000 kg－800kg＝ 200 kg

1 計算を しましょう。

1kg400g＋300g＝1kg700g
2kg700g＋3kg900g＝6kg600g
3kg800g－2kg600g＝1kg200g
2t－500kg＝1t500kg

重さの 計算は、同じ たんいどうしで 計算するんだよ。

2 みかんの 入った かごの 重さを はかったら，1kg200g ありました。かごだけの 重さは 180gです。みかんの 重さは どれだけですか。

（しき） 1kg200g－180g＝1kg20g

（答え） 1kg20g

アドバイス

▶**重さの計算**の仕方について理解します。**同じ単位ごとに筆算で計算すると**，計算間違いが少なくなります。

たし算では，1000gや1000kgになれば，それぞれkgの単位やtの単位に1繰り上げます。

ひき算では，ひけないときは，kgの単位やtの単位から1繰り下げ，それぞれgの単位やkgの単位に1000gや1000kgを加えてから計算します。

1 **重さのたし算やひき算**の計算練習をします。**単位ごとに計算**しますが，繰り上がりや繰り下がりがあるので注意します。

2kg700g＋3kg900g＝5kg1600g
＝6kg600g

2t－500kg＝1t1000kg－500kg
＝1t500kg

2 **重さ**を求める文章題です。みかんの入ったかごの重さから，みかんだけの重さを求めるので，**ひき算の問題**であることを理解しなくてはいけません。

本冊 200ページ

力をためすもんだい

1 はりの さして いる 重さを 書きましょう。

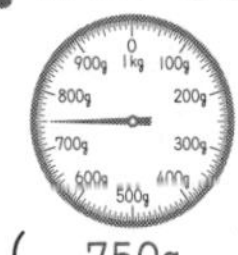  

（ 750g ） （ 1300g ） （ 2600g ）
または1kg300g　または2kg600g

2 □に あてはまる 数を 書きましょう。

3kg＝ 3000 g　3050g＝ 3 kg 50 g

2kg100g＝ 2100 g　2t300kg＝ 2300 kg

3 （はってん） 重い じゅんに ならべましょう。

1800g　1kg600g　1kg900g

（ 1kg900g，1800g，1kg600g ）

4 計算を しましょう。

1kg700g＋1kg500g＝3kg200g
3kg200g－1kg900g＝1kg300g
4t－2t800kg＝1t200kg

5 （はってん） さとうが 2kg あります。1600g つかうと，どれだけ のこりますか。

（しき） 2kg＝2000g　2000g－1600g＝400g

（答え） 400g

アドバイス

1 **はかりが示す目盛り**を読みます。それぞれ1**目盛りの大きさが違う**ので，注意が必要です。

左側は，700gと800gのちょうど真ん中，
中央は，1200gと1400gのちょうど真ん中，
右側は，2500gと，500gを5個に分けた目盛り（100g）の1個分で，2600gとなります。

2 **単位換算**の練習をします。**1kg＝1000g，1t＝1000kg**の関係をもとに，**単位ごと**に分けて考えます。

3050g＝3000g＋50g＝3kg50g
2kg100g＝2000g＋100g＝2100g

3 単位が違うので，1800gを**kgとgに直して単位をそろえて**から，重さの比較をします。逆に，**すべてをgに直して比べる**こともできます。

4 **重さ**の計算練習をします。繰り上がりや繰り下がりに注意しながら，**単位ごとに計算**します。

5 **重さ**を求める文章題です。問題文から，**ひき算**を用いて解くことを理解しなくてはいけません。

本冊 201ページ

とっくんもんだい ❶

1 何時 または 何時何分ですか。

（ 10時 ） （ 6時30分 ） （ 2時43分 ）

2 時計の はりを かきましょう。

7時　3時半　9時58分

3 □に あてはまる 数を 書きましょう。

2時間18分＝[138]分　28時間＝[1]日[4]時間

3分40秒＝[220]秒　100秒＝[1]分[40]秒

4 □に あてはまる 時こくや 時間を 書きましょう。

(1) 午前11時40分から 1時間30分後の 時こくは [午後1時10分] です。

(2) 午後4時20分から 午後8時10分までの 時間は [3時間50分] です。

アドバイス

1 時計の短針と長針が指し示す位置から，「何時ちょうど」，「何時30分」，「1分刻みの時刻」を読む問題です。**短針→長針 の順**に読み取ります。

2 示された時刻を**時計**で表します。**短針は数字，長針は目盛り**に着目します。「**何時ちょうど**」は，短針は「何」の数字，長針は「12」を指します。「**何時半**」は，短針は何の数字と次の数字のちょうど真ん中，長針は6を指すようにかきます。
9時58分は，「10時少し前」の時刻から，短針は「9と10の間の10に近いところ」にかきます。

3 **単位換算**の練習です。**1時間＝60分，1分＝60秒** をもとに，**60のまとまりごと**に考えます。また，**1日＝24時間** であることに注意します。

4 **時刻と時間を区別**し，答え方にも注意します。
(1)まず，午前11時40分から20分後は，**午前12時＝午後0時** になります。1時間30分－20分＝1時間10分より，午後1時10分になります。
(2)後の時刻から前の時刻をひきます。
8時10分－4時20分＝7時70分－4時20分＝3時50分 → 3時間50分

本冊 202ページ

とっくんもんだい ❷

1 下の 線の 長さを はかりましょう。

（ 6cm9mm ）
（ 5cm4mm ）
（ 6cm ）

2 線の 長さは どれだけですか。

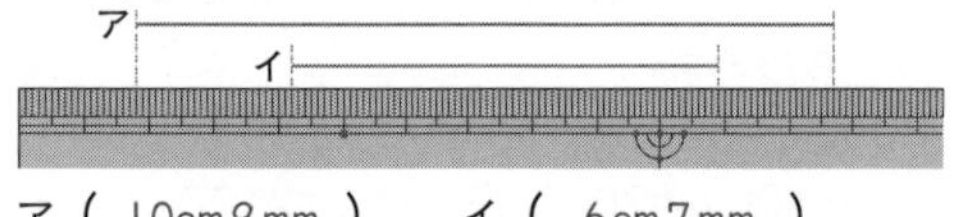

ア（ 10cm9mm ） イ（ 6cm7mm ）

3 □に あてはまる 数を 書きましょう。

1m58cm＝[158]cm　103cm＝[1]m[3]cm

36mm＝[3]cm[6]mm　2cm4mm＝[24]mm

5km＝[5000]m　2650m＝[2]km[650]m

4 計算を しましょう。

2m67cm＋1m48cm＝4m15cm
8cm9mm＋6cm5mm＝15cm4mm
3cm7mm－1cm9mm＝1cm8mm
3km200m－2km500m＝700m

アドバイス

1 それぞれの線の長さを測ります。**折れ曲がった線**は，**いくつかの直線**に分け，1つ1つ測定し，それらの長さをたして**全体の長さ**を求めます。

2 線の左端がものさしの左端にそろっていないので，5cmや10cmの目盛りを目安に，そのまま読んではいけないことに注意して，次のように考えます。
アは，1cmの部分が10と，1mmの部分が両端の2つと7つで9つ
イは，1cmの部分が5つと，1mmの部分が両端の8つと9つで17

3 **長さの単位換算**と，2つの単位（**複名数**）から1つの単位（**単名数**）に直したり，その逆の練習をします。1km=1000m，1m=100cm，1cm=10mmの関係をもとに，**単位ごと**に分けて考えます。

4 **長さのたし算やひき算**の計算練習をします。**単位ごとに計算**しますが，繰り上がりや繰り下がりがあるので注意します。

本冊 ⇒ 203ページ

とっくんもんだい ❸

1 はりの さして いる 重さを 書きましょう。

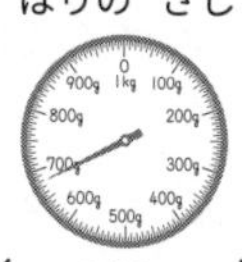

（ 680g ）（ 1850g ）（ 3kg350g ）
または1kg850g　または3350g

2 □に あてはまる 数を 書きましょう。

25dL＝［2］L［5］dL　2dL＝［200］mL
3070g＝［3］kg［70］g　4kg50g＝［4050］g
7000kg＝［7］t　6t30kg＝［6030］kg

3 多い じゅんや，重い じゅんに ならべましょう。

2800mL　2L5dL　29dL
（ 29dL，2800mL，2L5dL ）
4kg700g　4800g　4kg90g
（ 4800g，4kg700g，4kg90g ）

4 計算を しましょう。

2L4dL＋8dL＝3L2dL
5L2dL－2L6dL＝2L6dL
2kg800g＋1kg400g＝4kg200g
3t－800kg＝2t200kg

アドバイス

1 **はかりが示す目盛り**を読みます。左側は1kg**ばかり**，中央は2kg**ばかり**，右側は4kg**ばかり**で，それぞれ1目盛りの大きさが違うので，注意が必要です。いちばん小さい目盛りは，順に，「5g，10g，10g」となります。

2 1段目は**かさ**，2段目からは**重さの単位換算**をします。
1L=10dL，1L=1000mL，1dL=100mL
また，1kg=1000g，1t=1000kgの関係をもとに，次のように**単位ごと**に分けて考えます。
25dL=20dL＋5dL＝2L5dL
3070g=3000g+70g=3kg70g

3 **かさや重さ比べ**をします。まず，すべての単位を次のようにそろえてから比較します。
(28dL，25dL，29dL)
(4kg700g，4kg800g，4kg90g)

4 **かさや重さ**の計算練習をします。**単位ごとに計算**しますが，繰り上がりや繰り下がりがあるので注意します。

第1章 第2章 第3章 第4章 第5章 第6章 第7章 第8章

第7章 せい理の しかた

本冊 ⇒ 205ページ

1 絵や 図で せい理 〈1年〉

まず やってみよう！

くだものの 数を せい理しましょう。

❶ くだものの 数だけ 色を ぬりましょう。
❷ いちばん 多い くだものは みかん です。
❸ いちばん 少ない くだものは メロン です。

みかん	メロン	いちご

[1] おかしの 数だけ 色を ぬりましょう。

チョコレート	キャンディ	キャラメル

アドバイス

►いくつかの物の個数を**分類・整理**してわかりやすくするものに，**表やグラフ**があります。表は2年で学習し，グラフは3年で**棒グラフ**を学習します。1年では，グラフの導入として**絵グラフ**，2年では，○で個数を整理します。

►ここでは，3種類の果物を分類・整理して，それぞれの個数を調べることができるようにします。右の絵グラフから，いちばん多い果物は「みかん」（5個），次は「いちご」（4個），いちばん少ない果物は「メロン」（3個）であることを理解します。
このように，物の個数を調べるには，**分類・整理**することが大切であることを指導します。

[1] 上と同じように，3種類の物の個数を**分類・整理**できるようにします。
「チョコレート」は4個，「キャンディ」は5個，「キャラメル」は5個，色をぬることができるように指導します。

本冊 ⇒ 206ページ

2 ひょう 〈2年〉

まず やってみよう！

色ごとに チューリップの 数を しらべましょう。

下の ひょう に あらわすと，数が わかりやすく なります。

ひょうは，何が いくつ あるかが すぐ わかるよ。

チューリップの 数

色	白	赤	ピンク	黄
数	4	6	3	5

[1] くだものの 数を しらべましょう。

(1) くだものの 数を ひょうに あらわしましょう。

くだものの 数

名前	バナナ	みかん	いちご	ぶどう
数	6	3	5	2

(2) いちばん 多い くだものは 何ですか。

（ バナナ ）

アドバイス

►簡単なことがらを分類・整理して，その数を見やすいように並べたものを表といい，**表に表す手順，方法**を学びます。また，完成した表を読み取り，表に表すことのよさに気づかせます。

►**表に表す手順**は，次のようになります。
①表の**項目**（色や形，種類など）を決める。
②×などの印をつけて，**数え落としや重なりがないように数える。**
③何を調べたのかがわかるように，**適切な表題**をつける。

[1] 「果物の数」の表を完成させ，表を正しく読み取ります。
(1)種類ごとに×などの印をつけて，**数え落としや重なりがない**ように数えます。表が完成した後，すべての数をたし，**全体の数**と合っているか確認することも大切です。
(2)完成した表を見て，いちばん多い果物を答えます。表に表すことで，種類ごとの数量から，その多少がすぐにわかります。

本冊 ⇨ 207ページ

3 グラフ 〈2年〉

まず やってみよう！

前の ページの チューリップの 数を，○を つかって，グラフに あらわしましょう。

チューリップの 数

	○		
	○		○
○	○		○
○	○	○	○
○	○	○	○
○	○	○	○
白	赤	ピンク	黄

左のような 図を **グラフ** と いい，数の 多い じゅんが すぐに わかります。

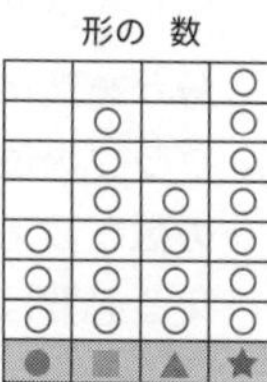
グラフは、何が
いちばん 多いか
少ないかが
すぐわかるよ。

1 いろいろな 形の 数を しらべましょう。

(1) ひょうと グラフに あらわしましょう。

形の 数

形	●	■	▲	★
数	3	6	4	7

形の 数

			○
	○		○
	○		○
	○	○	○
○	○	○	○
○	○	○	○
○	○	○	○
●	■	▲	★

(2) いちばん 多い 形は 何ですか。 （ ★ ）

アドバイス

▶表をもとにして，その数量を○などに置き換えて視覚的に表したものをグラフといい，**グラフに表す方法**を学びます。また，完成したグラフを読み取り，グラフに表すことのよさや，表とグラフを比べ，それぞれの特徴について気づかせます。

1 いろいろな形の数を調べ，**表とグラフ**にかき表します。

(1)まず，それぞれの形の数を正確に数え，**表**に表します。次に，表をもとにして，数を○に置き換え，**グラフ**に表します。

(2)完成した表とグラフを見て，いちばん多い形を答えます。ここでは，**グラフのほうがわかりやすい**ことに気づかせることが大切です。グラフでは，その高さにより，**数量の多少が一目でわかります**。いちばん高い☆を選びます。

また，「４つある形は何ですか」などの問いの場合は，数量化してある**表のほうがわかりやすく**，すぐに答えを求めることができます。

本冊 ⇨ 208ページ

2 おかしの 数を しらべましょう。

ガム
ガム
ガム
ガム

(1) ひょうと グラフに あらわしましょう。

おかしの 数

名前	チョコレート	キャンディ	ガム	クッキー
数	8	3	4	6

おかしの 数

○			
○			
○			○
○			○
○		○	○
○	○	○	○
○	○	○	○
○	○	○	○
チョコレート	キャンディ	ガム	クッキー

(2) 多い じゅんで，１番目と ２番目の ちがいは いくつですか。 （ ２つ ）

3 どうぶつの 数を しらべましょう。

(1) ひょうと グラフに あらわしましょう。

どうぶつの 数

名前	犬	さる	ねこ	ぶた
数	3	2	5	6

どうぶつの 数

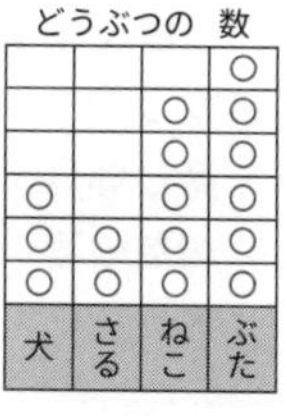

			○
		○	○
		○	○
○		○	○
○	○	○	○
○	○	○	○
犬	さる	ねこ	ぶた

(2) 数の ちがいが ２ひきの どうぶつは，どれと どれですか。 （ 犬 と ねこ ）

アドバイス

2 いろいろなお菓子の数を調べ，**表とグラフ**にかき表します。

(1) **1**と同じように，それぞれのお菓子の数を正確に数え，**表とグラフ**に表します。

(2)いちばん多いものと，２番目に多いものを比べて，その差を答えにします。ここでも**グラフのほうがわかりやすい**ことに気づかせることが大切です。**グラフの高さの差**から，「２つ」とわかります。表の場合は，それぞれの数の違いを，計算で求めることになります。

3 **1** **2**と同じように，**表とグラフ**にかき表します。

(2)完成した表とグラフを見て，数の違いが２匹の動物を答えます。ここでも，**グラフのほうがわかりやすい**ことに気づかせることが大切です。グラフでは，その高さにより，**数量の多少が一目でわかる**ことから，「○２つ分の違いがある，犬とねこ」を選びます。

表の場合は，それぞれの数の違いを，計算で求めることになります。

本冊 ⇒ 209ページ

力をためすもんだい

1 クラスの 人の すんで いる 地区を しらべました。

クラスの 人の すんで いる 地区

地区	東地区	西地区	南地区	北地区
人数	8	10	5	7

(1) いちばん 多くの 人が すんで いる 地区は，どの 地区ですか。　（ 西地区 ）

(2) 西地区と 南地区に すんで いる 人数の ちがいは 何人ですか。　（ 5人 ）

2 右の グラフは，1月の 天気を しらべた ものです。

(1) いちばん 多かった 天気は 何ですか。　（ 晴れ ）

(2) 雨の 日は 何日 ありましたか。　（ 5日 ）

(3) 雨の 日と 雪の 日の 日数の ちがいは 何日ですか。　（ 3日 ）

1月の 天気

晴れ	雨	くもり	雪
○			
○			
○		○	○
○		○	○
○		○	○
○	○	○	○
○	○	○	○
○	○	○	○
○	○	○	○
○	○	○	○

アドバイス

1 完成した表を見て，問いに応じて，**表**を正しく読み取ります。

(1)それぞれの地区の人数を比べ，いちばん多い地区を答えます。

(2)西地区と南地区の人数の違いを，**ひき算**をして求めます。
10－5＝5 だから，**5人**になります。

2 完成したグラフを見て，問いに応じて，グラフを正しく読み取ります。

(1)**グラフの高さがいちばん高い**ところの天気を，答えます。ここでは，それぞれの○の数を数える必要はありません。

(2)雨の日の日数を答えますが，○の数を正確に数え，「5日」と，「日」をつけて答えることに注意します。

(3)雨と雪のグラフの高さの違いは，**○がいくつ分**かを調べます。雨のグラフの上端を，雪のグラフの位置まで横に移し，**そこから上の○の数**を数えます。それぞれの○の数を全部数える必要はありません。

本冊 ⇒ 210ページ

力をのばすもんだい

1 クラスで，すきな 科目しらべを しました。

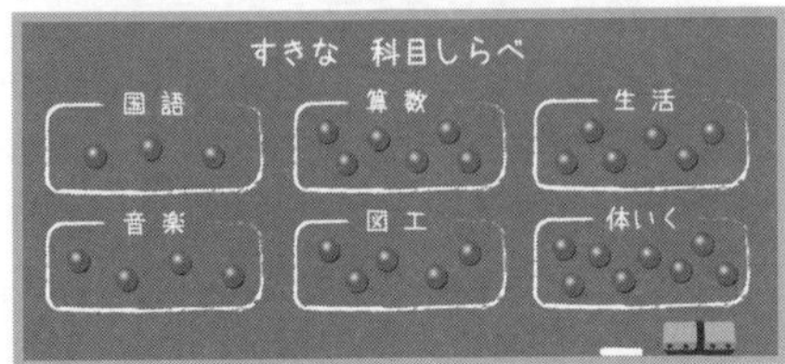

(1) すきな 科目しらべを，ひょうと グラフに あらわしましょう。

すきな 科目

科目	国語	算数	生活	音楽	図工	体いく
人数	3	6	6	4	5	8

(2) すきな 人が いちばん 多い 科目は 何ですか。　（ 体いく ）

(3) すきな 人が 5人 いる 科目は 何ですか。　（ 図工 ）

はってん (4) 人数の ちがいが 4人の 科目は，どれと どれですか。　（ 音楽 と 体いく ）

すきな 科目

国語	算数	生活	音楽	図工	体いく
					○
					○
	○	○			○
	○	○		○	○
	○	○	○	○	○
○	○	○	○	○	○
○	○	○	○	○	○
○	○	○	○	○	○

アドバイス

1 それぞれの科目の人数を調べ，**表とグラフ**にかき表します。また，完成した表とグラフを見て，問いに応じて，どちらかを適切に選び，正しく読み取ります。

(1)まず，科目ごとにまとまっているので，それぞれの科目の人数を正確に数え，**表**に表します。次に，表をもとにして，数を○に置き換え，**グラフ**に表します。

(2)人数がいちばん多い科目を答えますが，ここでは，**数量の多少がグラフの高さで一目でわかる**ので，**グラフで判断するほうがよい**ことになります。グラフの高さがいちばん高いところの科目を答えます。黒板の図を見て，直感的に答えることのないようにします。

(3)具体的な人数に対する科目は何かを問われているので，**表**を見て，「人数が5人いる科目」を答えます。

(4)**グラフ**を見て，○4つ分の違いがある，**音楽と体育**を選びます。表の場合は，それぞれの数の違いを，計算で求めなくてはいけません。

本冊 → 211ページ

とっくんもんだい

1 クラスで，すきな　デザートしらべを　しました。

(1) すきな　デザートしらべを，ひょうに　あらわしましょう。

すきな　デザート

食べもの	ショートケーキ	プリン	ドーナツ	チョコレートケーキ	ソフトクリーム
人数	6	8	7	5	4

(2) 上の　ひょうを，グラフに　あらわしましょう。

すきな　デザート

	○			
	○	○		
○	○	○		
○	○	○	○	
○	○	○	○	○
○	○	○	○	○
○	○	○	○	○
○	○	○	○	○
ショートケーキ	プリン	ドーナツ	チョコレートケーキ	ソフトクリーム

(3) すきな　人が　いちばん　多い　デザートは　何ですか。

（ プリン ）

(4) ドーナツが　すきな　人は　何人　いますか。　（ 7人 ）

(5) ショートケーキが　すきな　人と，プリンが　すきな　人の　人数の　ちがいは　何人ですか。

（ 2人 ）

アドバイス

1 絵からそれぞれのデザートが好きな人数を調べ，**表とグラフ**にかき表します。また，完成した表やグラフを見て，問いに応じて，どちらかを適切に選び，正しく読み取ります。

(1)それぞれのデザートの数を正確に数え，**表**に表します。絵はバラバラに並んでいるので，種類ごとに×などの印をつけて，**数え落としや重なりがない**ように数えます。表が完成した後，すべての数をたし，**全体の数**と合っているか確認することも大切です。

(2)表をもとにして，数を○に置き換え，**グラフ**に表します。

(3)人数がいちばん多いデザートを答えますが，ここでは，**数量の多少がグラフの高さで一目でわかる**ので，**グラフで判断するほうがよい**ことになります。グラフの高さがいちばん高いところのデザートを答えます。

(4)具体的な人数を問われているので，**表**を見て答えます。

(5)表から $8-6=2$ とするか，グラフから，○２つ分の高さが違うので，**2人**と答えます。

第8章 いろいろな 形

本冊 ⇒ 213ページ

1 つみ木の 形 〈1年〉

まず やってみよう！

つみ木の 形の 名前を しらべましょう。

ア　イ　ウ

アの 形を [はこ] の形，イの 形を [さいころ] の 形，ウの 形を [つつ] の 形と いいます。

[1] はこの 形に ○，さいころの 形に △，つつの 形に ×を つけましょう。

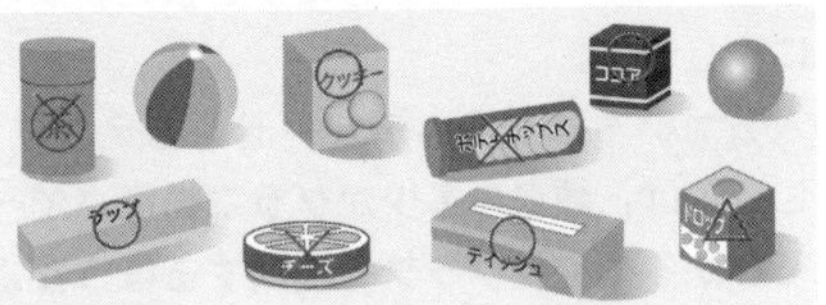

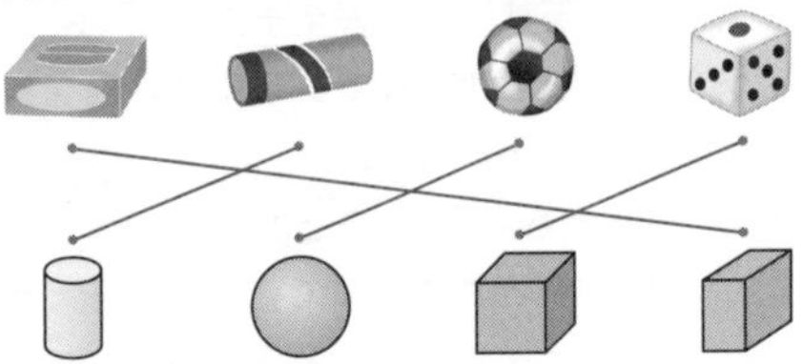

[2] 同じ なかまの 形を 線で むすびましょう。

アドバイス

▶「箱の形」「さいころの形」「筒の形」「ボールの形」という名前とその形の特徴を知り，身の回りにある箱や缶など，いろいろな物を，それぞれの形に正しく仲間分けすることによって，立体図形への理解を深めます。

[1] 身の回りにある立体図形を，**「箱の形」「さいころの形」「筒の形」**に正しく仲間分けします。筒の形は置き方が違っていても，同じ筒の形であることに注意します。また,印のつかない物は，**「ボールの形」**であることも教えるようにします。

[2] 身の回りにある立体図形と同じ形をした積み木を,線で結びます。問題の立体図形は左から順に，**箱の形，筒の形，ボールの形，さいころの形**であることを確認してから，線で結びます。

〉積み木の形〉 積み木には、ほかに**半円柱**などの形もありますが，ここでは，身近にある立体図形を取り上げています。

本冊 ⇒ 214ページ

[3] それぞれの 形が 何こ ありますか。

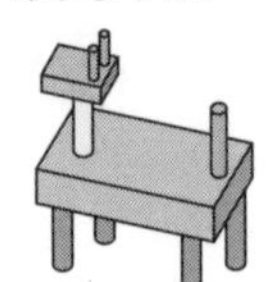

はこの 形 （ 3こ ）　はこの 形 （ 2こ ）

つつの 形 （ 5こ ）　つつの 形 （ 8こ ）

[4]（はってん） 同じ 色の つみ木を つみます。どの 色の つみ木が いちばん 高く なりますか。

（ 青色 ）

[5]（はってん） つぎの 形を つくるには，□の つみ木が 何こ いりますか。

（ 4こ ）

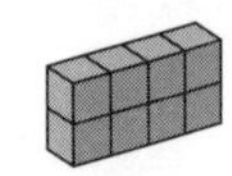

（ 8こ ）

（ 6こ ）

（ 8こ ）

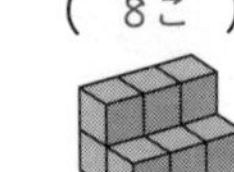

（ 9こ ）

（ 12こ ）

アドバイス

[3] 使われている積み木の形を区別し，それぞれの種類の個数を数えます。
左側の**汽車の形**では，車輪のほかに，煙突の部分にも**筒の形**が使われていることに注意します。
右側の**馬の形**では，首や両耳，しっぽ，脚の部分が**筒の形**であることに注意します。
また，箱の形の個数と筒の形の個数の合計が，全体の個数と合っているかも確かめるようにします。

[4] 積み木をいちばん高く積むには，いちばん多くある色の積み木を積めばよいことを理解します。
積み木の個数は，青色が５個，赤色が３個，黄色が３個なので，**青色の積み木を積む**といちばん高くなります。

[5] さいころの形をした積み木をいくつか積んである６つの立体を見て，使われている積み木の個数を数えます。上の段と下の段にある積み木の個数を数えることになりますが，**下の段の隠れて見えない積み木は，上の段と同じ個数だけある**ことを理解しなくてはいけません。わからなければ，実際に積み木を使って確かめます。

本冊 ⇒ 215ページ

まず やってみよう！

つみ木を つかって，紙に 形を うつしました。あって いる ものを 線で むすびましょう。

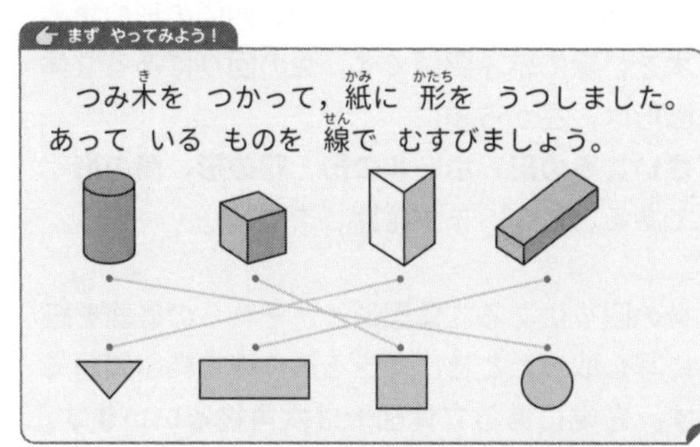

1 ア，イ，ウの つみ木を つかって，紙に 形を うつしました。それぞれ どの つみ木の 形ですか。

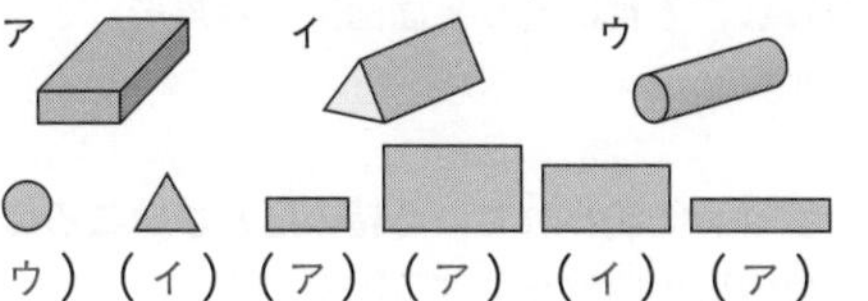

（ウ）（イ）（ア）（ア）（イ）（ア）

2 あって いる ものを 線で むすびましょう。

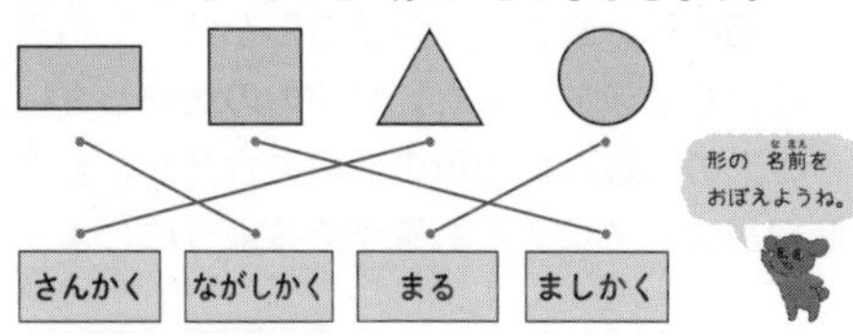

アドバイス

▶積み木の底面を紙に写し取ったときに，どんな形ができるかを考えて，下の**平面図形**と形が合っているものを線で結びます。
ここでは，新しい形として，**四角いところと三角のところがある形**（三角柱）も取り上げていますが，このような立体図形もあることを教えるようにします。

1 積み木の底面だけでなく，積み木の**すべての面を紙に写し取ったときにできる形**を考えます。アは**箱の形**，イは**四角いところと三角のところがある形**，ウは**筒の形**であることを，まず，確認します。そして，積み木の向きをいろいろと変えて，写し取れる形をすべて見つけ出します。わからなければ，実際に同じような積み木を使って，すべての面を紙に写し取って考えます。

2 **基本的な平面図形**とその**名前**を線で結びます。左の2つの図形はどちらも「**しかく**」としてもよいのですが，「**ながしかく**」（**長方形**）と「**ましかく**」（**正方形**）のように区別して覚えます。

本冊 ⇒ 216ページ

3 つみ木を つかって，紙に 形を うつします。

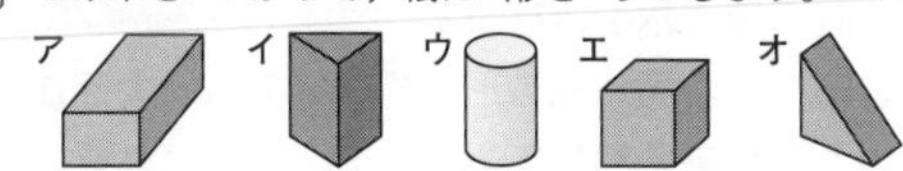

(1) ましかくだけが うつしとれる つみ木は どれですか。（エ）

(2) さんかくが うつしとれる つみ木は どれと どれですか。（イ と オ）

(3) まるが うつしとれる つみ木は どれですか。（ウ）

(4) ながしかくが うつしとれる つみ木を ぜんぶ 書きましょう。（ア，イ，オ）

4 つみ木を 前と 上から 見ました。あって いる ものを 線で むすびましょう。

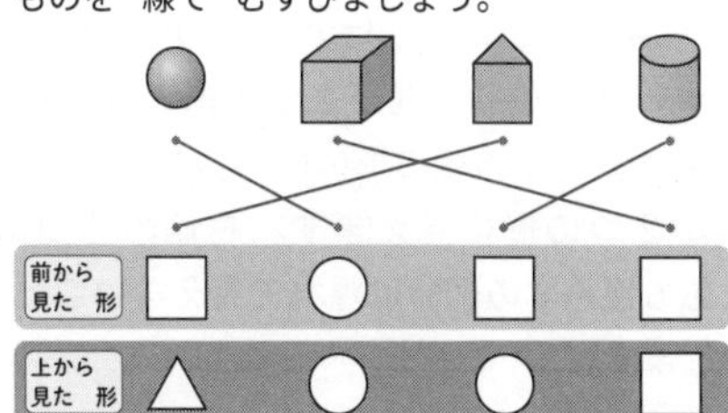

アドバイス

3 積み木を使って写し取れる形から，どの積み木を使うかを答えます。

(1)積み木のどの面を写し取っても**真四角**になる形は**さいころの形**なので，エになります。

(2)積み木のいろいろな面を写し取ったとき**三角**ができるのは**四角いところと三角のところがある形**なので，イとオになります。

(3)積み木のいろいろな面を写し取ったとき**丸**ができるのは**筒の形**なので，ウになります。

(4)積み木のいろいろな面を写し取ったとき**長四角**ができる形はアの**箱の形**のほかに，イとオの**四角いところと三角のところがある形**もあることを知らせます。また，ウの筒の形は**丸**だけしか写し取れないことに注意します。

4 積み木の面を写し取るのではなく，**正面と真上の2方向から見た形**を，頭の中で考えます。**ボールの形**は「どこから見ても丸い」，**さいころの形**は「前から見ても上から見ても真四角」であることを理解します。わかりにくければ，実際に積み木などを使って，どのように見えるか確認します。

本冊 → 217ページ

力をためすもんだい

1 同じ　なかまの　形を　線で　むすびましょう。

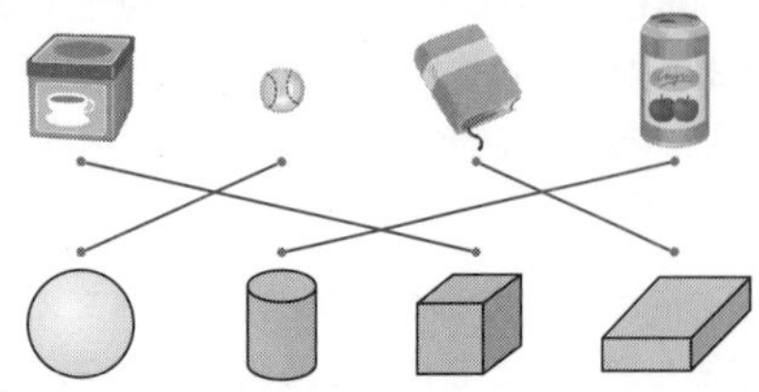

2 いろいろな　ものを　つかって，紙に　形を　うつしました。あって　いる　ものを　線で　むすびましょう。

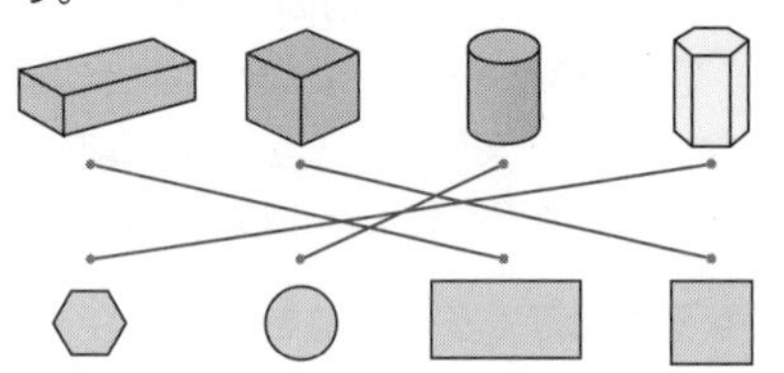

3 つぎの　形が　何こ　ありますか。

はこの　形　（ 4こ ）

さいころの　形　（ 2こ ）

つつの　形　（ 2こ ）

アドバイス

1 身の回りにある立体図形と同じ仲間の形の積み木を，線で結ぶ問題です。身の回りにある立体図形は，左から順に，
さいころの形，ボールの形，箱の形，筒の形
であることを，まず確認します。

2 身の回りにある立体図形と，それらの底面を紙に写し取ったときにできる形を線で結ぶ問題です。右端にある立体図形は**六角柱**といいます。この立体図形は子どもにとっては見慣れない形であると思いますが，**かどが 6 つある**ことに着目し，それに合う平面図形（**六角形**）を選びます。

3 ロボットに使われている**箱の形**と**さいころの形**と**筒の形**の個数を調べる問題です。
頭部と胴体の部分は**さいころの形**，腕と足の部分は**箱の形**，脚の部分は**筒の形**を使っていることに注意します。また，箱の形の個数とさいころの形の個数と筒の形の個数の合計が，全体の個数と合っているかも確かめるようにします。

本冊 → 218ページ

力をのばすもんだい

1 いろいろな　つみ木を　つかって，右の　トラックを　つくりました。つかった　つみ木に　○を　つけましょう。

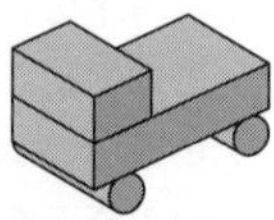

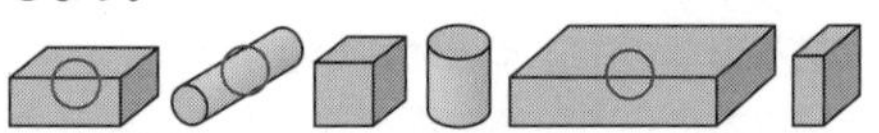

2 つぎの　形を　つくるには，□の　つみ木が　何こ　いりますか。

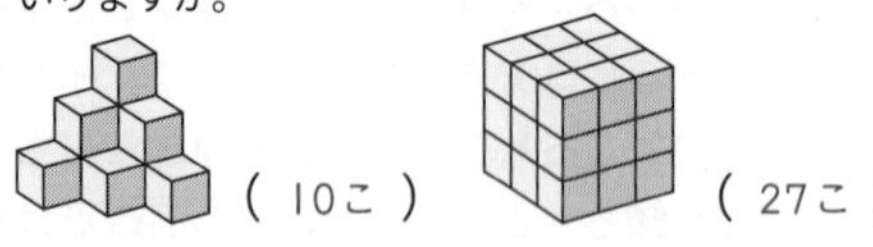

（ 10こ ）　（ 27こ ）

3 つみ木を　組み合わせて，いろいろな　形を　つくりました。上から　見た　形に　なって　いる　ものを　線で　むすびましょう。

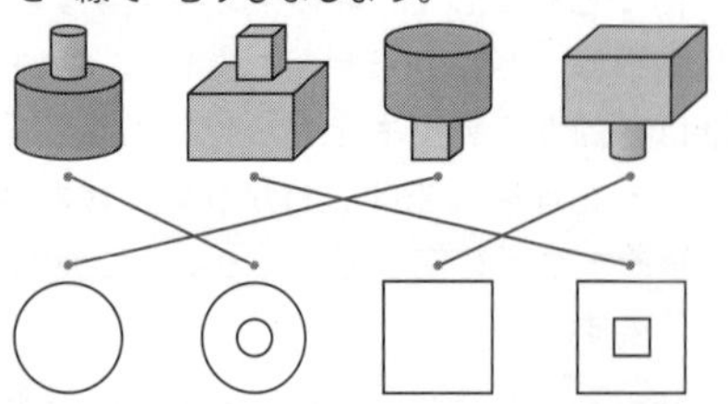

アドバイス

1 トラックに使われている積み木を区別し，それぞれの積み木を選びます。
ここでは，同じ箱の形や筒の形でも，**大きさが違うものを区別して選ぶ**ので，注意が必要です。タイヤに使われている筒の形は，その長さや太さに注目します。

2 さいころの形をした積み木をいくつか積んである 2 つの立体を見て，使われている積み木の個数を数える問題です。これらは 3 **段**になっているので，真ん中の段と下の段で**隠れて見えないところは，その上の段と同じ個数だけある**ものとして，１個ずつ正確に数えます。わからなければ，実際に積み木を使って確かめてみます。

3 大小 2 つの異なる積み木を組み合わせたものと，それを真上から見た形を線で結ぶ問題です。「上から見る」と，左端は大小 2 つの筒の形の組み合わせだから，**丸が 2 つの形**，左から 2 番目は大小 2 つの箱の形の組み合わせだから，**四角が 2 つの形**に見えます。右側の 2 つは，**下にある積み木の部分は隠れて見えない**ことに注意します。

本冊 ⋯ 220ページ

1 形づくり 〈1年〈〈

まず やってみよう！

色いたを つかって，いろいろな 形を つくります。下の 形は，右の 色いたを 何まい つかって いますか。

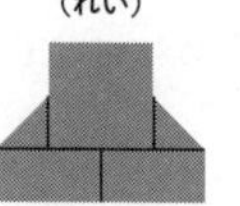
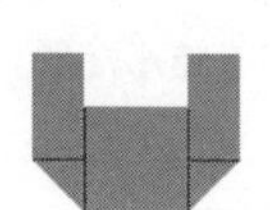
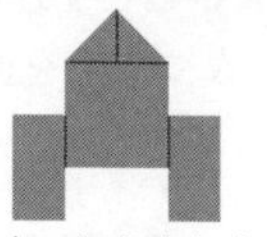

（2まい）（2まい）（4まい）（4まい）

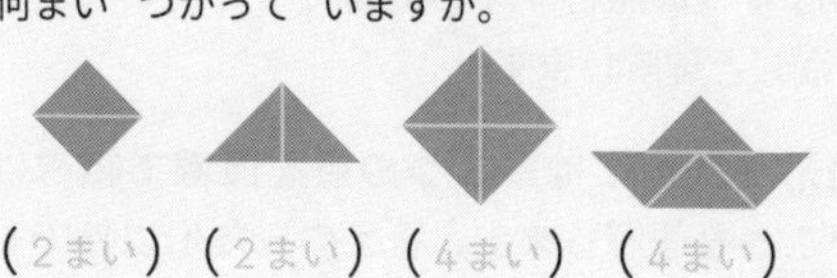

1 右の 色いたを ならべて，下の 形を つくりました。どのように ならべたか，れいのように 線を かき入れましょう。

（れい）

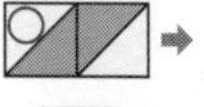
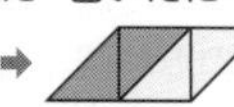

2 色いたを 1まい うごかして，形を かえました。うごかした 色いたに ○を つけましょう。

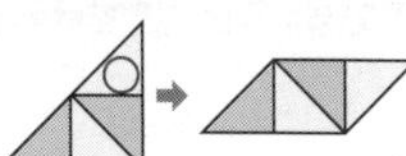

アドバイス

►正方形を1本の対角線で半分に分割したときにできる三角形（この形を**直角二等辺三角形**という）の色板を，どのように組み合わせると問題の形になるかを，**かどの形や辺の長さ**などを比べて考えます。わかりにくければ，実際に同じ大きさの色板を紙で作って，問題の図になるように，いろいろと組み合わせてみます。

1 5枚の色板をどのように並べたら問題の図形になるかを，（れい）を参考にして，問題の図形に線をかき入れます。その際，5枚の色板は，**正方形1枚，同じ形の長方形2枚，同じ形の直角二等辺三角形が2枚**あることから，その組み合わせ方を考えます。

2 どの色板をどのように**移動**させると，問題の形に**変形**するかを考えます。移動の仕方は，下のようになります。

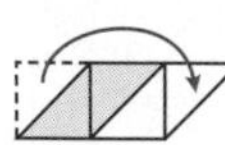
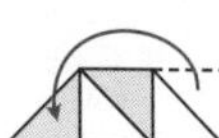
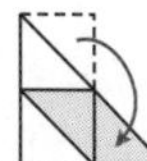
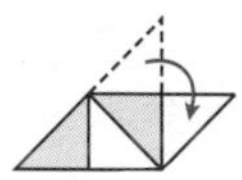

本冊 ⋯ 221ページ

2 三角形と 四角形 〈2年〈〈

まず やってみよう！

形の 名前を おぼえましょう。

❶ まっすぐな 線を ［直線］と いいます。
❷ 3本の 直線で かこまれた 形を ［三角形］と いいます。
❸ 4本の 直線で かこまれた 形を ［四角形］と いいます。

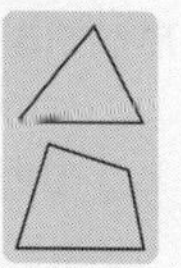

1 直線に ○を つけましょう。

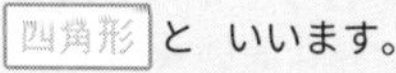
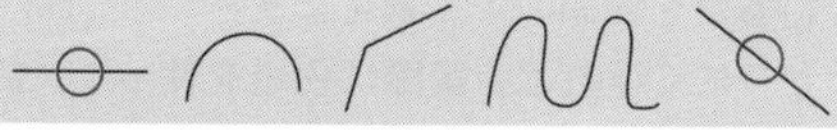

2 三角形や 四角形を 見つけましょう。

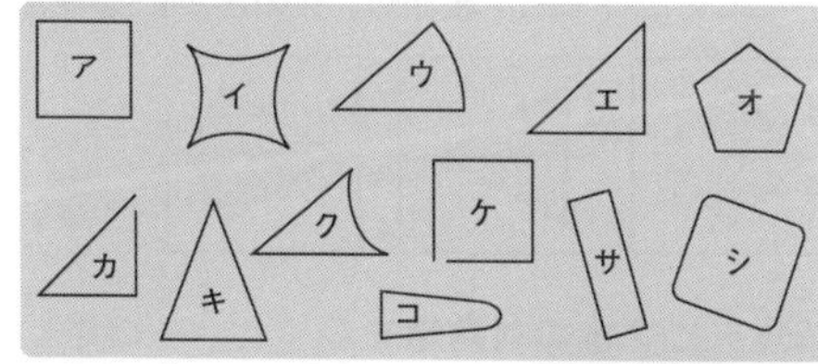

三角形 （エ，キ）
四角形 （ア，サ）

三角形や 四角形は，直線で かこまれた 形だよ。

アドバイス

►**直線や三角形・四角形の名前と定義を覚えます。**
1年で学習した「さんかく」は「**三角形**」，「しかく」は「**四角形**」として覚えます。
㋐**直線**……まっすぐな線
㋑**三角形**……3本の直線で囲まれた形
㋒**四角形**……4本の直線で囲まれた形

1 5つの線の中で，**まっすぐな線**を見つけ出します。それぞれの線は，左から順に，**直線，曲線，折れ線，曲線，直線**（**斜線**）です。

2 ア～シの12個の図形の中から，三角形と四角形を見つける問題です。まず，「直線だけで囲まれた形」を見つけ出すと，ア・エ・オ・キ・サの5つあります。この中で，オは「5本の直線で囲まれた形」（この形を**五角形**という）なので，除きます。残った4つの図形の中から「3本の直線で囲まれた形」（**三角形**）はエとキの2つ，「4本の直線で囲まれた形」（**四角形**）はアとサの2つあります。

本冊 ⇒ 222ページ

まず やってみよう！

三角形と 四角形を かきましょう。

❶ 三角形は，3つの 点を 直線で むすんで かきます。

❷ 四角形は，4つの 点を 直線で むすんで かきます。

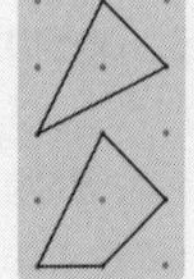

1 点と 点を 直線で むすんで，いろいろな 三角形を かきましょう。

例

2 点と 点を 直線で むすんで，いろいろな 四角形を かきましょう。

例

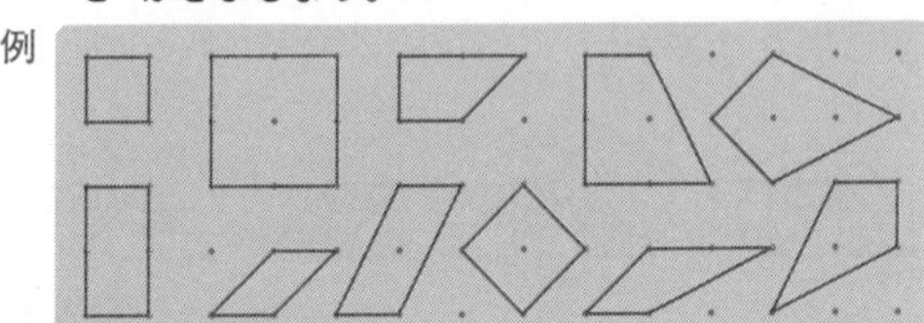

アドバイス

►点と点を直線で結んで，**三角形や四角形を作図**し，三角形や四角形についての理解を深めます。

►三角形や四角形を作図することで，**三角形は3つの点（頂点）と3本の直線（辺）**でできていること，**四角形は4つの点と4本の直線**でできていることをしっかりと理解します。

1 **三角形**をかくには，**3つの点**を**直線**で結べばよいことを理解します。答えの三角形以外でも「3つの点を直線で結んだ形」であれば，正解です。

2 **四角形**をかくには，**4つの点**を**直線**で結べばよいことを理解します。答えの四角形以外でも「4つの点を直線で結んだ形」であれば，正解です。

へこみのある四角形 4つの点を直線で結んだとき，右の図のような形ができることがありますが，この形も四角形です。（小学校では学習しません。）

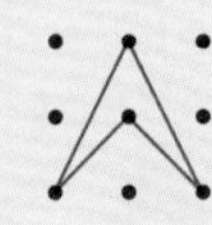

本冊 ⇒ 223ページ

3 三角形に 直線を 1本 かいて，三角形や 四角形を つくりましょう。

例

三角形を 2つ

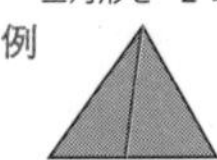

三角形と 四角形

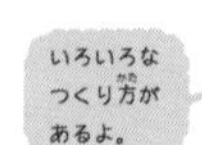

4 四角形に 直線を 1本 かいて，三角形や 四角形を つくりましょう。

例

三角形を 2つ

四角形を 2つ

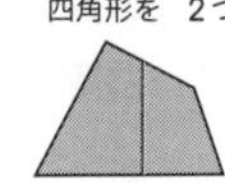

三角形と 四角形

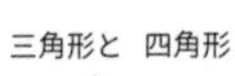

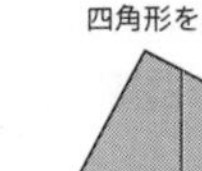

はってん 5 色紙を 下のように 2つに おって，太い 線の ところを 切りぬきます。紙を 広げると，どんな 形が できますか。

（ 四角形 ）

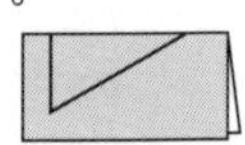

（ 三角形 ）

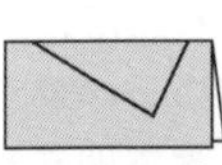

（ 四角形 ）

はってん 6 右の 四角形に，かどを むすぶ 2本の 直線を かきます。三角形は ぜんぶで 何こ できますか。

（ 8こ ）

アドバイス

3 三角形に1本の直線をひくと，次の2**つの図形**ができることを理解します。

㋐2つの三角形（かどから直線へ）

㋑三角形と四角形（直線から直線へ）

4 四角形に1本の直線をひくと，次の2**つの図形**ができることを理解します。

㋐2つの三角形（かどからかどへ）

㋑2つの四角形（向かい合う直線から直線へ）

㋒三角形と四角形（かどから直線へ）

5 切り抜いた形を広げたときに，どんな形になっているかを，頭の中で考えます。

わかりにくければ，実際に色紙を使って，問題のような線をかき，切り抜いてみます。切り抜いた形を広げると，左から，次のようになります。

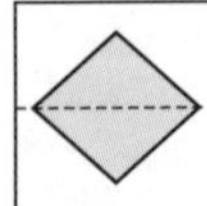

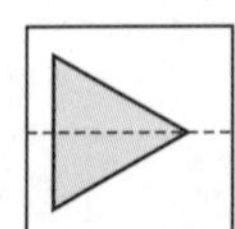

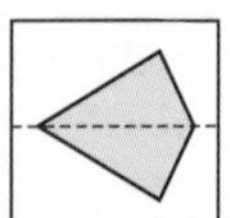

6 四角形に2**本の対角線**をひくと，その中に**三角形が8個**できることを確認します。

本冊 ⊹ 224ページ

3 長方形と 正方形 〈2年〈〈

まず やってみよう！

形の 名前を おぼえましょう。

❶ 三角形や 四角形の まわりの 直線を へん，かどの 点を ちょう点 と いいます。

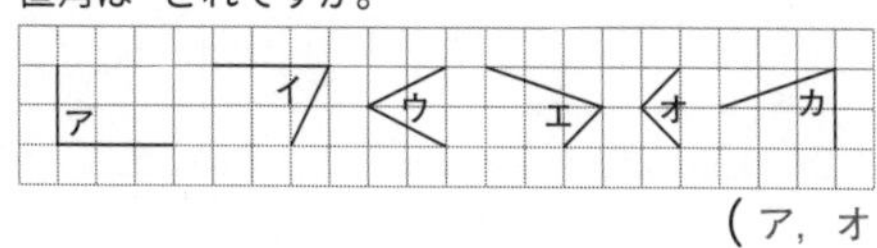

❷ 下のように，紙を 4つに おって できる かどの 形を 直角 と いいます。

1 □に あてはまる 数を 書きましょう。

(1) 三角形には，へんは 3 本，ちょう点は 3 こ あります。

(2) 四角形には，へんは 4 本，ちょう点は 4 こ あります。

2 直角は どれですか。

ア イ ウ エ オ カ

（ア，オ）

アドバイス

▶三角形や四角形を形づくっているものとして，「辺」や「頂点」があることを理解します。

▶「直角」は，紙を4つに折ったときにできるかどの形ですが，「長方形」や「正方形」の定義に関係のある重要な用語です。しっかりと覚えましょう。

1 三角形は，「3本の直線で囲まれた形」なので，**3つの直線→3本の辺，3つのかど→3個の頂点**として考えます。

2 「**直角**」を，**方眼紙**にかかれた6つの形の中から見つけ出す問題です。方眼のかどは，**すべて直角**になっています。
実際に，紙を4つに折ってできるかどを使って，調べてみます。

〉**方眼紙**〉 グラフなどをかくために，正方形に仕切った線のある用紙を**方眼紙**といいます。

本冊 ⊹ 225ページ

まず やってみよう！

形の 名前を おぼえましょう。

❶ 4つの かどが みんな 直角 に なって いる 四角形を 長方形 と いいます。

❷ 4つの かどが みんな 直角 で，4つの へん の 長さが みんな 同じに なって いる 四角形を 正方形 と いいます。

❸ 直角の かどが ある 三角形を 直角三角形 と いいます。

1 長方形や 正方形，直角三角形を 見つけましょう。

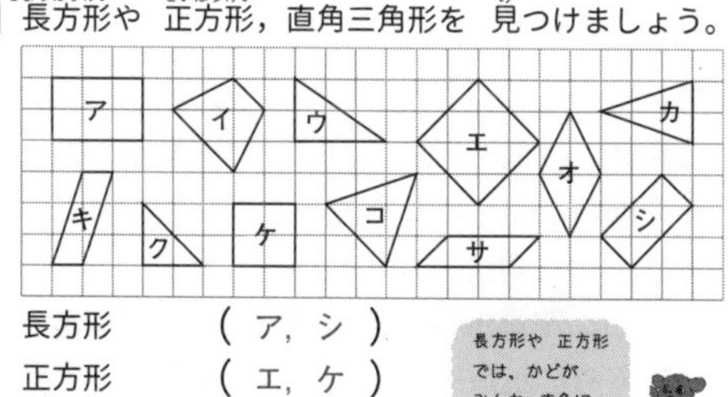

長方形 （ア，シ）

正方形 （エ，ケ）

直角三角形 （ウ，ク）

長方形や 正方形では，かどが みんな 直角に なって いるよ。

アドバイス

▶四角形の基本的なものとして，「**長方形**」と「**正方形**」の**名前や形の特徴**を学びます。

▶「**直角三角形**」は，「長方形」や「正方形」を**1本の対角線**で2等分したときにできる形であることを理解します。

▶「長方形」と「正方形」には，次のような違いがあることを，しっかりと理解します。
㋐**長方形**……4つのかどがすべて直角になっている四角形
㋑**正方形**……4つのかどがすべて直角で，4つの辺の長さがすべて同じになっている四角形

1 **方眼紙**にかかれた12個の三角形と四角形の中から，**長方形・正方形・直角三角形**を見つけ出す問題です。まず，四角形と三角形に仲間分けします。そして，四角形の中でかどがすべて直角になっているものを選び出し，辺の長さから，**長方形**と**正方形**に分けます。次に，三角形の中で，**直角**のかどがあるものを選びます。

本冊 226ページ

2 点と 点を 直線で むすんで，いろいろな 長方形や 正方形，直角三角形を かきましょう。

例

（はってん）3 長方形に 直線を 1本 かいて，つぎの 形を つくりましょう。

例

直角三角形を 2つ

長方形を 2つ

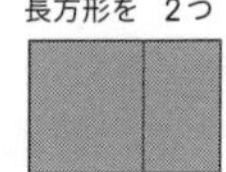

長方形と 正方形

（はってん）4 下の 直角三角形の 中で，どれと どれを 組み合わせると，長方形や 正方形に なりますか。

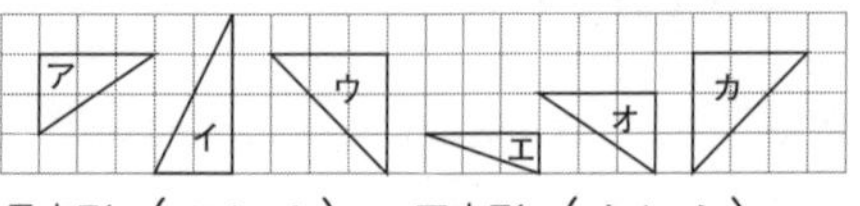

長方形（アとオ）　正方形（ウとカ）

（はってん）5 右の もようの 中に，直角三角形は 何こ ありますか。

（ 4こ ）

アドバイス

2 **長方形・正方形・直角三角形の作図**は，次のようにします。

㋐**長方形**……かどが直角になるように，4つの点を直線で結ぶ。

㋑**正方形**……長方形の作図で，4本の辺の長さが同じになるように結ぶ。

㋒**直角三角形**……1つのかどが直角になるように，3つの点を直線で結ぶ。

答え以外にも，上の条件に合っていれば正解です。

3 長方形のかどからかどへ1本の直線をひくと，**同じ形をした2つの直角三角形**ができます。また，向かい合う辺から辺へ，辺の長さに注意して1本の直線をひくと，**長方形**や**正方形**ができます。

4 同じ形をした2つの直角三角形を組み合わせると，**長方形**や**正方形**ができることを理解します。

5 問題の図形の中には，下のような**直角三角形**があることを見つけます。

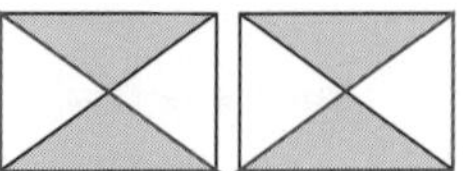

本冊 227ページ

力をためすもんだい 1

1 右の 色いたを 何まいか つかって，いろいろな 形を つくりました。色いたを 何まい つかいましたか。

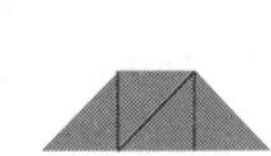

（ 4まい ）（ 4まい ）（ 4まい ）（ 4まい ）

2 三角形や 四角形を 見つけましょう。

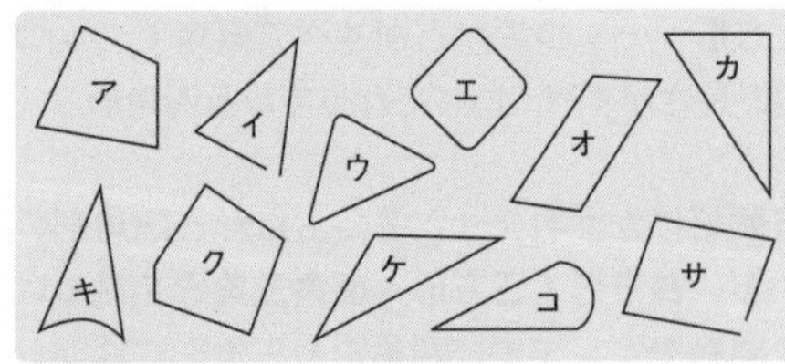

三角形（カ，ケ）　四角形（ア，オ）

3 四角形に 直線を 1本 かいて，三角形や 四角形を つくりましょう。

例

三角形を 2つ

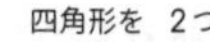

四角形を 2つ

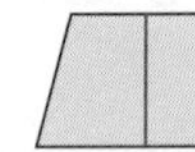

三角形と 四角形

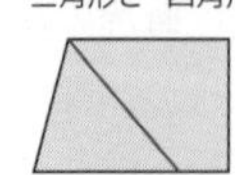

アドバイス

1 **直角二等辺三角形**の色板を使って作った，4つの形があります。4つの形は，色板をどのように組み合わせるとできるのかを，**かどの形や辺の長さ**を比べて考えます。

わかりにくければ，実際に同じ大きさの色板を紙で作って，問題の形になるように，いろいろと組み合わせてみます。

2 11個の図形の中から，三角形と四角形を見つける問題です。まず，「直線だけで囲まれた形」を見つけます。次に，その中で「3本で囲まれた形」（**三角形**）と「4本で囲まれた形」（**四角形**）を選びます。

3 四角形に1本の直線をひくと，次の**2つの図形**ができることを覚えます。223ページの4の問題の四角形と形は違っていますが，できる形の種類は同じになることを理解します。

㋐2つの三角形（かどからかどへ）

㋑2つの四角形（向かい合う直線から直線へ）

㋒三角形と四角形（かどから直線へ）

本冊 ⁘ 228ページ

力をためすもんだい ❷

1 直角は　どれですか。

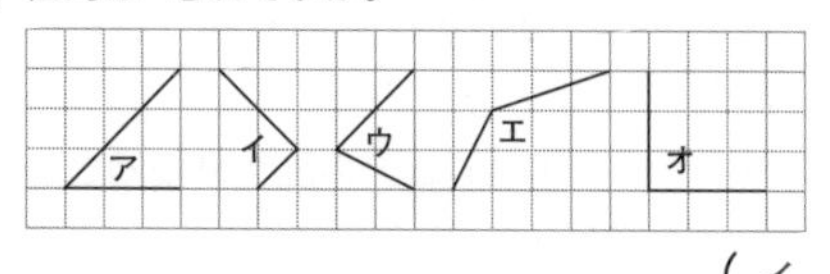

（ イ, オ ）

2 長方形や　正方形，直角三角形を　見つけましょう。

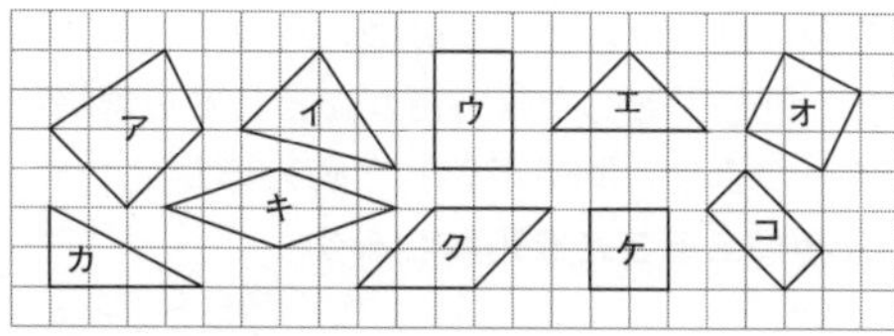

長方形 （ ウ, コ ）　正方形 （ オ, ケ ）

直角三角形 （ エ, カ ）

3 点と　点を　直線で　むすんで，大きさの　ちがう　正方形を　ぜんぶ　かきましょう。

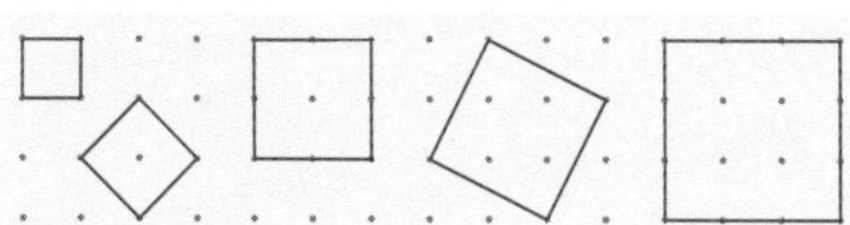

アドバイス

1 **方眼紙**にかかれた５つの形の中から，「**直角**」を選び出す問題です。**方眼のかどはすべて直角**になっています。実際に，紙を４つに折ってできるかどを使って，調べてみます。

2 方眼紙にかかれた10個の三角形と四角形の中から，**長方形・正方形・直角三角形**を見つけ出す問題です。まず，10個の図形を四角形と三角形に仲間分けすると，四角形はア，ウ，オ，キ，ク，ケ，コの７つあります。その中から，**４つのかどがすべて直角のもの**を選び，辺の長さから，**長方形**と**正方形**を区別します。三角形はイ，エ，カの３つです。その中から，**直角のかどがあるもの**を選ぶと，エとカになります。

3 正方形をかくには，**かどが直角で，辺の長さが同じになる**ように，４つの点を直線で結びます。正方形は，答えの図形のように，大きさの異なったものを**５種類**かくことができます。

本冊 ⁘ 229ページ

力をのばすもんだい

1 右の　色いたを　何まいか　つかって，いろいろな　形を　つくりました。色いたを　何まい　つかいましたか。

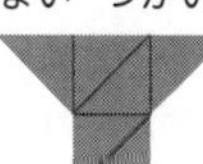
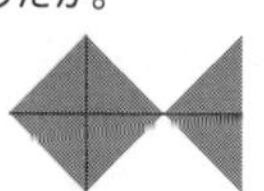
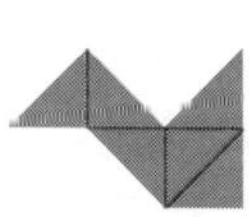

（ ６まい ）　（ ６まい ）　（ ６まい ）

2 下の　形に　直線を　１本　かいて，つぎの　形を　つくりましょう。

直角三角形と　三角形　　長方形と　四角形　　正方形と　直角三角形

例

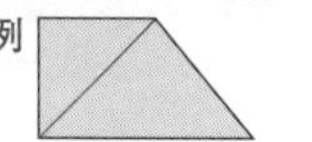
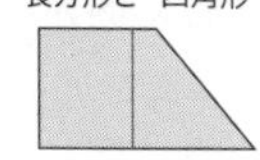
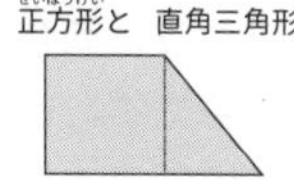

3 右の　もようの　中に，つぎの　形は　何こ　ありますか。

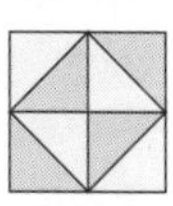

長方形 （ ４こ ）　正方形 （ ６こ ）

直角三角形 （ 12こ ）

4 右の　形が　四角形なら　○，ちがうなら　×を　書き，その　わけも　書きましょう。

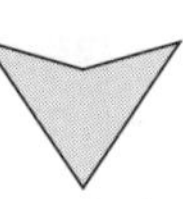

（ ○ ）（ ４本の　直線で　かこまれて　いるから ）

アドバイス

1 227ページの**1**の問題より，少し問題の形が複雑になっています。わかりにくければ，実際に同じ大きさの色板を紙で作って，組み合わせてみます。

2 問題の図形は四角形（**台形**）です。四角形では，直線のひき方によって，いろいろな**２つの図形**ができることを覚えます。

3 問題の模様の中には，下のようないろいろな形があることを見つけます。

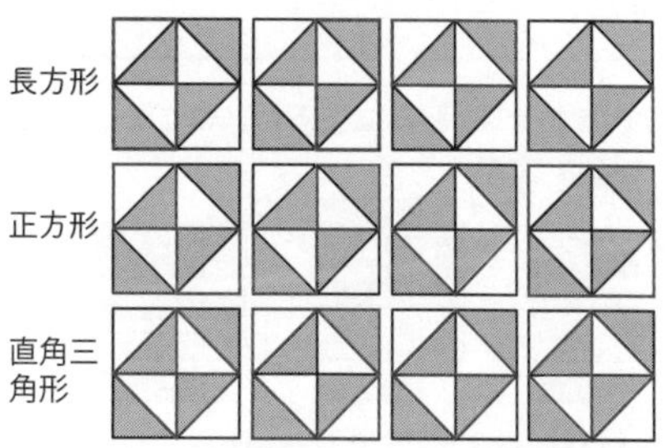

4 「４本の直線で囲まれた形」は**四角形**です。小学校では，このような**へこみのある四角形**は学習しませんが，四角形を深く理解するために覚えておくのもよいでしょう。

本冊 231ページ

1 はこの 形 〈2年〈〈

まず やってみよう！

はこの 形を しらべましょう。

❶ はこの 形で，たいらな ところを 面と いいます。

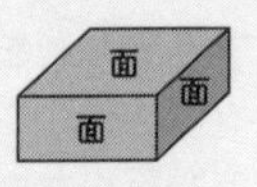

❷ はこの 面は，長方形や 正方形の 形をして います。

❸ はこの 面は，ぜんぶで 6つ あります。

1 下のような はこの 面を 紙に うつしとりました。ア，イ，ウと 同じ 形は，それぞれ いくつ ありますか。

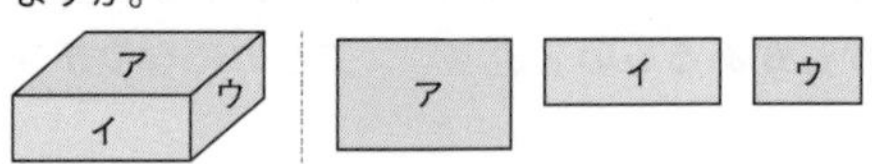

ア（ 2つ ），イ（ 2つ ），ウ（ 2つ ）

2 あって いる ものを 線で むすびましょう。

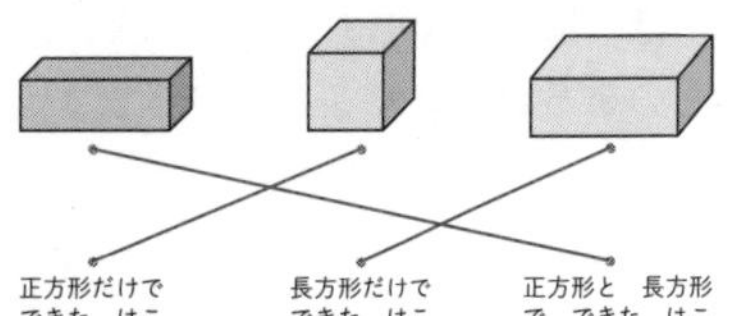

アドバイス

▶ここでは箱の形として，**直方体**や**立方体**の形をした箱を取り上げます。これらの立体の表面部分を**面**ということを学ばせます。面の形は，**長方形**や**正方形**になっていること，**面の数は全部で6つ**あることを理解します。

また，このような立体の表し方の図を**見取図**といい，4年で学ぶことになります。

1 長方形だけでできている箱を取り上げます。この箱には，ア，イ，ウの面のそれぞれ反対側にも，同じ形をした長方形があることを理解します。つまり，同じ形をした長方形が2つずつ，3種類あることを理解します。

2 「正方形だけでできた箱」，「長方形だけでできた箱」，「正方形と長方形でできた箱」を図から判断できるようにします。

本冊 232ページ

2 はこづくり 〈2年〈〈

まず やってみよう！

はこの 形を つくりましょう。

● 同じ 形の 面が 2つずつ，ぜんぶで 6つ あれば，はこの 形が できます。

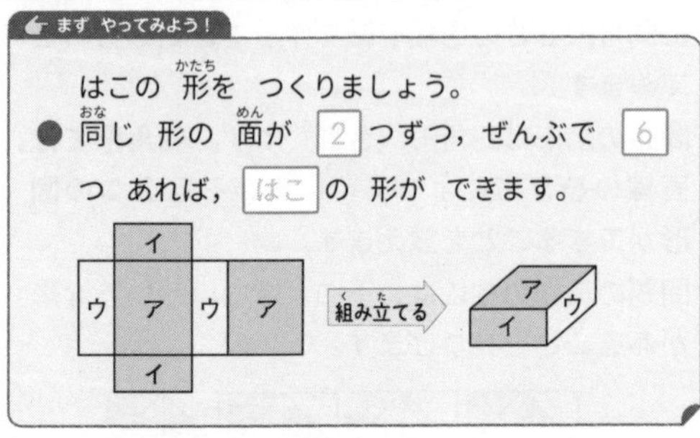

1 つなぎあわせて 組み立てると，はこの 形に なる ものは どれですか。

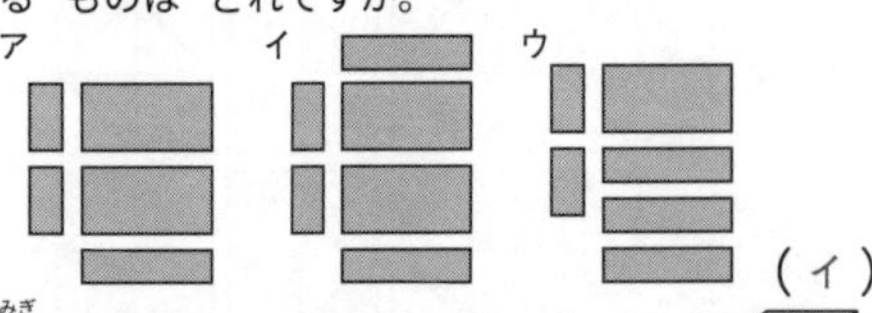

（イ）

2 右のような はこを つくりたいと 思います。下の どの 形が いくつ いりますか。

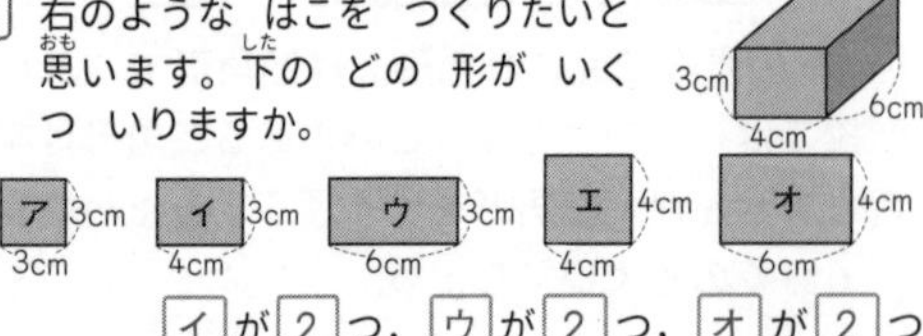

イが2つ，ウが2つ，オが2つ

アドバイス

▶ここでは，4年で学習する**展開図**のもとになる学習をします。

展開図とは，立体の各辺を切り開いて1枚の紙になるようにかいた図のことです。

直方体の形をした箱を作るには，ふつう同じ形の面が2つずつ，3種類，合計6つ必要であることを理解させます。また，それぞれの形の面が向かい合うようにつながっていることも気づかせてください。

1 展開図のもとになる**面の形と数**を調べる問題です。箱を作るには，**6つの面が必要**です。また，ふつう，**同じ形をした面が2つずつ，3種類**必要です。したがって，アは「面が5つ」で，箱はできません。ウは同じ面が2つずつないので，箱はできません。

2 **見取図**から**面の形**を読み取る問題です。見取図から読み取れる**辺の長さ**を図の中にかき込むと，**3種類の長方形**を見つけ出しやすくなります。そして，それらが2つずつ必要であることを理解します。

本冊 233ページ

3 へん，ちょう点 《2年》

まず やってみよう！

はこの 形の へんや ちょう点を しらべましょう。

へん　ちょう点　面　面　面

❶ はこの 面と 面の 間の 直線を [へん] と いい，ぜんぶで [12] 本 あります。

❷ へんが あつまった ところを [ちょう点] と いい，ぜんぶで [8] つ あります。

1 ひごと ねん土玉で，右のような はこの 形を つくります。

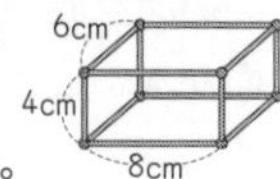

(1) 何cmの ひごが 何本 いりますか。

（ 4 cm 4 本），（ 6 cm 4 本），（ 8 cm 4 本）

(2) ねん土玉は 何こ いりますか。　（ 8こ ）

2 さいころの 形を しらべましょう。

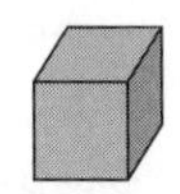

(1) 面の 形は どんな 四角形ですか。　（ 正方形 ）

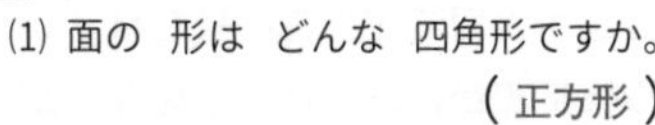

(2) へんは 何本 ありますか。　（ 12本 ）

(3) ちょう点は いくつ ありますか。　（ 8つ ）

アドバイス

▶ここでは，箱の形の構成要素である**辺・頂点**について学習します。

辺と頂点については，次のように覚えます。

㋐**辺**……面と面の間の直線

㋑**頂点**……辺が集まったところ

また，**面・辺・頂点の数**を表にまとめると，下のようになります。

名前	面	辺	頂点
数	6	12	8

1 ひごは箱の**辺**，粘土玉は箱の**頂点**を表しています。**箱の構成要素**である辺の長さと数，頂点の数について学習する問題です。ひごは３種類，それぞれ２本ずついり，粘土玉は８個いることを理解します。

2 **立方体の構成要素**について学習します。立方体では，面の形は**正方形**で，辺の長さは等しく，辺の数は12本で，頂点は８つあることを理解します。

本冊 234ページ

力をためすもんだい

1 下のような はこの ア，イ，ウの 名前を 書きましょう。

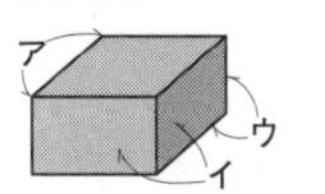

ア（ ちょう点 ）

イ（ 面 ）

ウ（ へん ）

2 右の 形は，さいころの 形です。[　　] に あてはまる ことばや 数を 書きましょう。

(1) 面の 形は どれも [正方形] で，[6] つ あります。

(2) へんの 長さは みな [同じ] で，[12] 本 あります。

(3) ちょう点は [8] つ あります。

3 組み立てたとき，さいころの 形に なるのは どれですか。

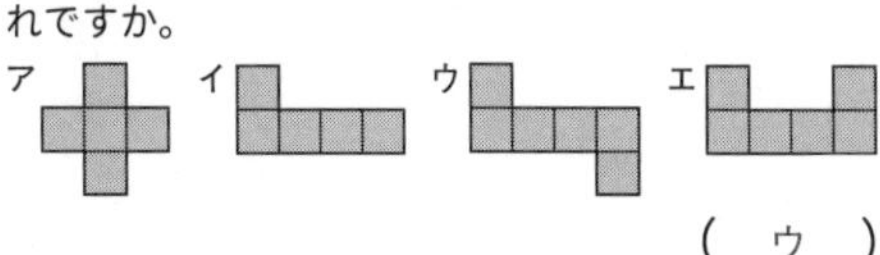

（ ウ ）

アドバイス

1 箱の形の構成要素の名前を覚えます。**面，辺，頂点**という名前と，それらが箱のどの部分にあたるかをしっかりと理解します。

また，それらの数も次の表のようになっていることを覚えます。

名前	面	辺	頂点
数	6	12	8

2 さいころの形，つまり，**立方体の見取図**から，**面の形と数，辺の長さと数，頂点の数**を学習します。立方体では，面の形は**すべて正方形**，辺の長さは**すべて等しい**という特徴があることを理解します。

3 さいころの形をした箱の**展開図**を見つける問題です。正しいものを選ぶときの基準として，**面の数**を考えます。**面は全部で６つ**必要だから，ア，イは５つなので，除きます。

また，展開図の１つの面を**底面**にして組み立てたときの形をイメージします。

たとえば，ウでは，右の図のように，□の面を底面にして組み立てた形をイメージします。

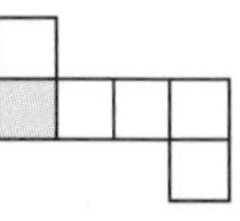

本冊 235ページ

力をのばすもんだい

1 右のような はこの 形に ついて しらべましょう。

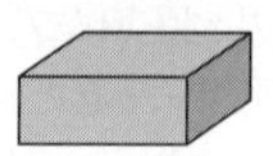

(1) 面は いくつ ありますか。 (6つ)

(2) へんは 何本 ありますか。 (12本)

(3) ちょう点は いくつ ありますか。 (8つ)

(4) 面は どんな 形ですか。 (長方形)

2 組み立てたとき，さいころの 形に なるように するには，あと 1つの 面を アから オの どこに かけば よいですか。 (ウ)

3 はこの 形を つくろうと 思い，下のように はこの 面を 5つ かきましたが，面が 1つ たりません。はこが つくれるように 面を 1つ かきましょう。

例

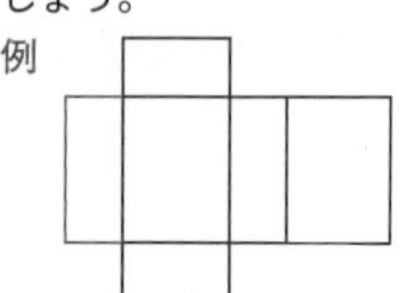

アドバイス

1 長方形だけで囲まれた**箱の形の構成要素**の数や面の形についての理解を深めます。**面，辺，頂点**の名前と，**面の数，辺の数，頂点の数**をしっかり覚えます。

2 **さいころの形の展開図**で，あと1つの面を見つける問題です。さいころの形の展開図には，**正方形の面が6つ**必要です。ここでは，5つの面が示されているので，右の図のように，その1つの面を**底面**として組み立てた形をイメージします。□の面を底面にして組み立てると，図の下側の面がないことがわかるので，ウが答えになります。

3 箱を作るには，3種類の同じ形と大きさをした長方形が2つずつ，計6つ必要です。あと1つの面をかき加えるには，面のつながり方をよく考えることが大切です。この場合は，いろいろと考えられますが，どれか一つをかき加えればよいことになります。

本冊 236ページ

とっくんもんだい 1

1 同じ なかまの 形を 線で むすびましょう。

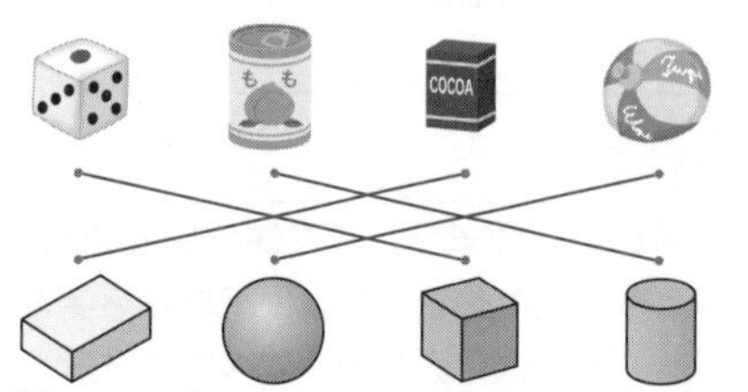

2 右の つみ木を つかって，紙に 形を うつしとりました。下の 形の 中で，うつしとれる 形を ぜんぶ 書きましょう。

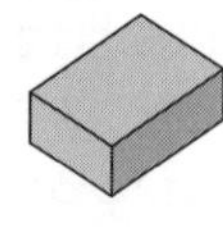

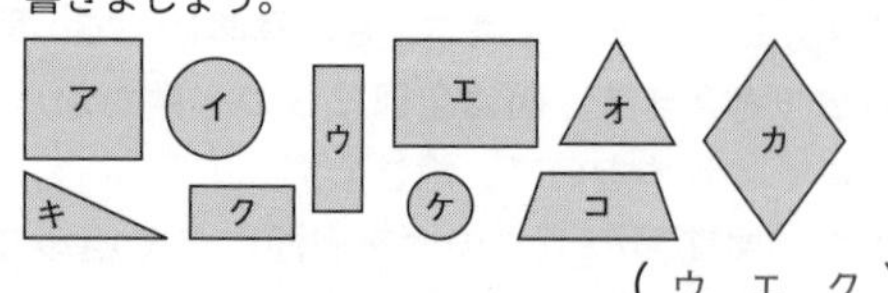

(ウ，エ，ク)

3 下のような はこで，ア，イ，ウの 名前を 書きましょう。

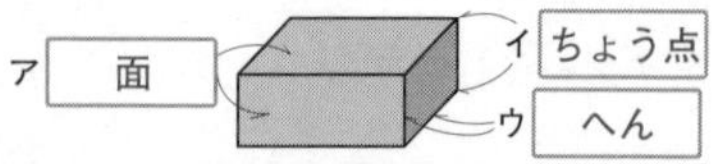

アドバイス

1 身の回りにある立体図形と，それらと同じ仲間の形の積み木を，それぞれ線で結ぶ問題です。身の回りにある立体図形は，左から，**さいころの形，筒の形，箱の形，ボールの形**の順に並んでいます。

2 **箱の形**には全部で**6つの面**がありますが，ここでは，箱の形を**真上や真横から見た形**を考えて選びます。
どこから見てもすべて**長四角**（**長方形**）に見えるので，問題の10個の形の中からウ，エ，クの3つを選びます。

3 **立体の構成要素**である，**面・辺・頂点**という用語の意味を確かめる問題です。
どの部分がどういう名前なのかをしっかり覚えます。

本冊 237ページ

とっくんもんだい❷

1 □に あてはまる ことばを 書きましょう。

(1) まっすぐな 線を 直線 と いいます。

(2) 3本の 直線で かこまれた 形を 三角形 と いいます。

(3) 4本の 直線で かこまれた 形を 四角形 と いいます。

(4) 三角形や 四角形の まわりの 直線を へん，かどの 点を ちょう点 と いいます。

(5) 紙を 4つに きちんと おって できる かどの 形を 直角 と いいます。

(6) 4つの かどが みんな 直角に なって いる 四角形を 長方形 と いいます。

(7) 4つの かどが みんな 直角で，4つの へんの 長さが みんな 同じに なって いる 四角形を 正方形 と いいます。

(8) 直角の かどが ある 三角形を 直角三角形 と いいます。

2 右の もようの 中に，正方形は ぜんぶで 何こ ありますか。

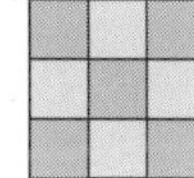

（ 14こ ）

アドバイス

1 **図形の名前**などを正確に覚えているかを確かめる問題です。

(1)「**直線**」の用語の意味を確かめる問題

(2)「**三角形**」の用語の意味を確かめる問題

(3)「**四角形**」の用語の意味を確かめる問題

(4)図形を形づくっている「**辺**」や「**頂点**」の用語の意味を確かめる問題

(5)「**直角**」の用語の意味を確かめる問題

(6)「**長方形**」の用語の意味を確かめる問題

(7)「**正方形**」の用語の意味を確かめる問題

(8)「**直角三角形**」の用語の意味を確かめる問題

2 正方形を9等分した模様の中から，**異なる正方形をすべて**見つけ出す問題です。
いちばん小さい正方形は9個，いちばん大きい正方形は1個あることは一目でわかりますが，下のような正方形が4個あることも見つけます。

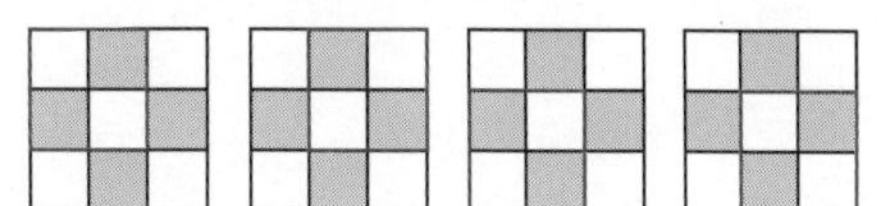